VW T5 Multivan

ab 2010

Benzin- und Dieselmotoren

Motor buch Verlag

Einbandgestaltung: Luis dos Santos

Bilder/Zeichnungen: Christoph Pandikow; Silke Pandikow; Fertan Korrosionsschutz Vertriebsgesellschaft mbh; Flex Elektrowerkzeuge GmbH; Kent Deutschland GmbH; Steinel Vertrieb GmbH; Volkswagen AG Mediaservice; Volkswagen AG, Wolfsburg; DVFG, Deutscher Verband Flüssiggas e.V., Berlin; Skippy Campingmodule, Bonn; Space-Camper, Darmstadt; Terra Camper, Hagen; VanEssa, Großhöhenrain; Westfalia (Westfalen Mobil), Rheda-Wiedenbrück; Werz Wohnmobile, St. Johann-Upfingen; Bi-Mobil, Oberpframmern

Vielen Dank für die tatkräftige Unterstützung an: DVFG, Deutscher Verband Flüssiggas e.V., Berlin; Dupli-Color, MotipDupli GmbH, Haßmersheim; Fertan Korrosionsschutz Vertriebsgesellschaft mbh, Saarbrücken; Flex Elektrowerkzeuge GmbH, Steinheim (speziell Martin Seidler); Steinel Vertrieb GmbH, Herzebrock-Clarholz (speziell Elmar Dücker); Kent Deutschland GmbH, Willich (speziell Wolfgang Keller); Nina Pandikow; Michael Mink, Moto-Drom Merenberg; Thomas Mink; Volkswagen AG Mediaservice; Volkswagen AG, Wolfsburg;

Text und redaktionelle Bearbeitung: Christoph und Silke Pandikow

ISBN 978-3-613-03939-1

1. Auflage 2018

Sie finden uns im Internet unter:
www.motorbuch-verlag.de

Herstellung: Ipa, 71665 Vaihingen/Enz
Druck und Bindung: Graspo, CZ-76302 Zlin
Printed in Tschechien

STARTLINE
WOB TV 106

Inhalt

Einleitung

Ein Ratgeber stellt sich vor

»An den neuen Autos kann ich doch nichts mehr selber machen«, ist ein Satz, den wir häufig hören, dem wir aber ebenso wenig zustimmen wie Sie. Denn wozu sollten Sie sonst dieses Buch in den Händen halten? Wahr ist, dass durch den vermehrten Anteil von Elektronik und vor allem die Vernetzung der Systeme im Fahrzeug mancher Fehler nicht so leicht zu orten ist. Wahr ist aber auch, dass moderne Autos durch den Einsatz der Elektronik wesentlich zuverlässiger, sicherer und umweltfreundlicher sind, als die simpel aufgebauten, aber auch wartungsintensiven Fahrzeuge früherer Tage. Es liegt uns also fern den Fortschritt zu verdammen, auch wenn er uns und Ihnen ab und zu einen Streich spielt.

Hilfe zur Selbsthilfe

Was Sie tun können, wenn das Auto den Dienst verweigert, oder besser noch: was Sie tun können damit es gar nicht erst so weit kommt, soll Gegenstand dieses Ratgebers sein. Und auch wenn Sie den Fehler vielleicht nicht selbst beheben können – wir zeigen Ihnen, wie Sie die Ursache präzise einkreisen können. Und zwar ohne Profi-Ausrüstung. So können Sie der Werkstatt wichtige Informationen liefern und kostbare Arbeitszeit für die Fehlersuche einsparen.

Tipps und Wissenswertes

Damit Ihnen niemand etwas vormachen kann, gewähren wir Einblick in die Autotechnik, erläutern Fachbegriffe und informieren Sie über Wissenswertes aus der Welt der Technik. Darüber hinaus erhalten Sie Tipps, die zum Teil bares Geld wert sind: So können Sie zum Beispiel die Lebensdauer Ihrer Scheibenwischer erheblich verlängern. Wie das geht, erfahren Sie im Kapitel »Fit durch den Winter«. Diesem Thema widmen wir übrigens ein ganzes Kapitel, da in der kalten Jahreszeit besonders viel zu beachten ist. Das fängt bei der Wahl der richtigen Bereifung an und endet mit einem Paar robuster Schuhe im Kofferraum noch lange nicht. Denn immer noch wagen sich zu viele Autofahrer mit Sommerreifen auf die Piste. Fest in dem Glauben »wird schon gut gehen«. Damit auch wirklich alles gut geht, sollten Sie dieses Buch von Anfang bis Ende durchlesen.

Sicherheit hat Vorrang

Wie durch den Winter, wollen wir Sie mit diesem Ratgeber natürlich auch durch die übrigen Jahreszeiten begleiten. Ihre Sicherheit und Zufriedenheit stehen dabei an erster Stelle. Wichtiger als das Reparieren von sicherheitsrelevanten Baugruppen erscheint uns in diesem Band das frühzeitige Erkennen eines Schadens. Genau dabei wollen wir Sie unterstützen. Ein Störungsbeistand ist daher fester Bestandteil eines jeden Kapitels. Zudem bieten wir Ihnen ein Diagnose-Schema, das ganz allgemein eventuelle Unzulänglichkeiten am Auto entlarvt. Und zwar bevor etwas schief geht. Auch bei einem anstehenden Termin zur Hauptuntersuchung kann diese Schnelldiagnose jede Menge Ärger und Geld sparen. Abgesehen davon haben wir regelmäßig wiederkehrende Überprüfungsarbeiten für Sie zusammengefasst. Diese dürfen Sie sich gerne kopieren und für sich abheften.

Reparaturen in der heimischen Garage

Sollten Sie bereits im Umgang mit Werkzeug geübt sein, werden wir Sie Schritt für Schritt durch die einzelnen Arbeitsgänge führen. Dabei beschränken wir uns in dieser Reihe auf leichte Wartungs-, Pflege- und Reparaturmaßnahmen, die Sie ohne weiteres in der heimischen Garage durchführen können. Welche Grundausstattung Sie dafür benötigen und wie das Ganze ideal in Ihre Garage passt, haben wir für Sie gleich am Anfang dieses Buches zusammengefasst. Gut ausgestattete Werkstätten, ob privat oder gewerblich betrieben, möchten wir auf den entsprechenden Band »Reparaturanleitung« des Bucheli-Verlages verweisen. Dort wird mit gewohnter Präzision das Zerlegen komplizierter Baugruppen wie Motor und Getriebe beschrieben.

Für mehr Spaß am Auto

Zum Schluss möchten wir Sie auf ein besonderes »Schmankerl« unseres Buches hinweisen: Zu jedem Kapitel bieten wir Ihnen einen Überblick zum Thema »besser machen«. Dort stellen wir Ihnen eine Auswahl von empfehlenswerten Zubehör- und Anbauteilen vor, die Sie in Eigenregie montieren können. Damit Sie in Zukunft noch mehr Freude an Ihrem Auto haben.

Damit Sie sich besser zurechtfinden

Wenn Sie etwas Bestimmtes in diesem Buch suchen, haben Sie verschiedene Möglichkeiten. Natürlich können Sie auf das vertraute Inhaltsverzeichnis zurückgreifen. Aber auch beim schnellen Durchblättern werden Sie sich leicht zurechtfinden. Den Hinweis, in welchem Kapitel Sie sich bewegen, finden Sie oben links. Dazu die Information, ob es sich in diesem Abschnitt um theoretisches Wissen, konkrete Arbeitsanleitungen oder Vorschläge zur Optimierung handelt. Rechts oben auf jeder Seite haben wir den Bereich dargestellt, der im jeweiligen Abschnitt behandelt wird. Damit können Sie das Buch auf der Suche nach bestimmten Inhalten auch durch die Finger laufen lassen, ohne zuerst im Inhaltsverzeichnis suchen zu müssen.

INFORMATION

Bevor Teile ausgebaut oder etwas auseinandergenommen wird, ist es immer besser, die theoretischen Zusammenhänge zu kennen. Wenn Sie dieses Zeichen sehen, erklären wir die Funktion der Technik, ihre Bedeutung für das gesamte Auto und Ihren Alltag damit. Oder wir informieren Sie ganz einfach auch einmal über den historischen Hintergrund der Entwicklung. Dieser Abschnitt soll Sie also mit der Technik Ihres Autos vertraut machen. Mit dem nötigen theoretischen Wissen im Hinterkopf schraubt es sich viel leichter.

ARBEITSSCHRITTE

So bald am Auto gearbeitet wird, werden Sie dieses Symbol sehen. Auf diesen Seiten erhalten Sie Schritt für Schritt Anleitungen zum Ein- und Ausbau von Teilen. Bei der Auswahl haben wir uns strikt daran gehalten, was in der heimischen Garage noch machbar ist und was nicht. Und damit Sie sehen, dass wir uns gerne die Finger für Sie schmutzig machen, haben wir uns bewusst gebrauchtes Werkzeug benutzt und uns nicht ständig die Hände gewaschen. Wir hoffen, dass die Fotos Ihnen dennoch Appetit auf das Schrauben machen.

BESSER MACHEN

Nicht alle Fahrzeuge müssen serienmäßig bleiben. In der Praxis gleicht sogar kaum ein Auto dem anderen. Autos werden tiefer gelegt, Karosseriebauteile werden verändert oder die Innenausstattung individualisiert. Vielleicht benutzen Sie dieses Buch ja auch, um Ihr Auto gezielt zu verbessern.
Damit wir uns richtig verstehen: Dieses Buch ist keine Tuninganleitung, aber immerhin stellen wir Ihnen verschiedenste zusätzliche Teile vor und verraten Ihnen, worauf Sie beim Einkauf von Zubehörteilen achten sollten.

Rechte und Pflichten

Sie haben einen Wagen erworben und sind der Meinung, er ist kaputt oder funktioniert nicht so, wie er sollte? Bevor Sie sich unnötig aufregen, sollten Sie sich zuerst kundig machen, wie es um Ihre Rechte steht. Dann müssen Sie sicherstellen, dass Sie keinem Irrtum unterliegen und es sich hier tatsächlich um einen Mangel handelt

Was ist ein Mangel?

Vereinfachte Darstellung des § 434 BGB:
Eine Sache ist frei von Mängeln, wenn sie sich für die Verwendung eignet für die sie gemäß Kaufvertrag gedacht war, oder sie sich für die gewöhnliche Verwendung eignet oder die Beschaffenheit aufweist, die man üblicherweise erwarten kann. Das beinhaltet auch Eigenschaften, von denen der Käufer aufgrund von Aussagen, die in der Werbung oder von Mitarbeitern des Verkäufers gemacht wurden, ausgehen kann. Liegt also tatsächlich ein Mangel vor, wie z. B. eine deutlich geringere Höchstgeschwindigkeit als im Prospekt angegeben, sollten Sie sich auf das Gespräch mit dem Kundendiensttechniker vorbereiten und Ihr Recht einfordern. Damit Sie Ihr Anliegen präzise und fachlich richtig an den Mann bringen können, nachfolgend einige Begriffserklärungen und Zusammenhänge:

Gewährleistung, Sachmangelhaftung & Garantie

Garantie und Gewährleistung (Letzteres ist die so genannte Sachmangelhaftung) sind zwei völlig verschiedene und vor allem unabhängige Sachverhalte. Diese beiden Begriffe werden oft umgangssprachlich miteinander verwechselt. Um nicht missverstanden zu werden, sollten Sie diese Begriffe unbedingt voneinander trennen.

Die **Garantie** ist eine freiwillige und zusätzliche Leistung des Verkäufers oder Herstellers. Sie kann nach Belieben ausgestaltet oder befristet sein, und sie folgt aus einer eigenständigen Vereinbarung im Rahmen des Kaufvertrages bzw. in Verbindung mit dem Kaufvertrag. Die Garantie kann an bestimmte Voraussetzungen geknüpft sein, kann bestimmte Kosten ausschließen und auch die Leistungen einschränken. Dies könnte beispielsweise bedeuten, dass die Garantie nur greift, wenn Sie das Fahrzeug regelmäßig in der dem Händler angegliederten Werkstatt warten lassen und Sie nur die Materialkosten und nicht die Arbeitszeit bei einem Schaden erstattet bekommen. Also sollten Sie sich die Garantiebedingungen vor dem Kauf genau anschauen, um diese später nicht durch ein Falschverhalten zu verwirken. Auf Verlangen müssen Ihnen die Garantiebestimmungen, wenn sie Ihnen zugesprochen werden, auch in schriftlicher Form ausgehändigt werden.

Die **Gewährleistung** (Sachmangelhaftung) folgt aus den gesetzlichen Regelungen zum Kaufvertrag. Eine Gewährleistung ist in dem Augenblick gegeben, wenn ein rechtsgültiger Kaufvertrag geschlossen wird. Eine Ausnahme ist nur möglich, wenn die Gewährleistung wirksam ausgeschlossen ist. Ein vollständiger Ausschluss der Gewährleistung im Rahmen eines Kaufvertrags zwischen einem Unternehmer (z. B. Kfz-Händler) als Verkäufer und einer Privatperson als Käufer ist nicht möglich. Die Gewährleistung kann aber z. B. bei Abschluss eines Kaufvertrages zwischen Privatpersonen vollständig ausgeschlossen werden. Dies muss dann aber ausdrücklich und individuell im Kaufvertrag geregelt sein.

Mit dem **Gewährleistungsrechts-Änderungsgesetz** vom 01.01.2007 ergaben sich unter anderem folgende Neuerungen:

- Bei neuen Sachen beträgt die Frist grundsätzlich 2 Jahre ab Datum der Übergabe.
- Bei gebrauchten Sachen kann eine Frist von 1 Jahr vereinbart werden (nicht in Allgemeinen Geschäftsbedingungen!), wobei nur Kraftfahrzeuge, die älter als ein Jahr (ab Erstzulassung) sind, als gebrauchte Sachen gelten.
- Innerhalb der ersten sechs Monate hat bei einer Reklamation der Händler zu beweisen, dass die Sache zum Zeitpunkt der Übergabe dem Vertrag entsprach (also keinen Mangel hatte). Nach sechs Monaten hat der Kunde die Beweispflicht (bisher hatte ausschließlich der Kunde die Beweispflicht).

Diese beschriebenen Regelungen, die das Recht des Endkunden stärken, sind verständlicherweise bei den Händlern nicht so gut angekommen, und diese suchen nach Möglichkeiten, wie sie die Gewährleistung einschränken oder gar ausschließen können. In den letzten Jahren hat darum der Handel mit Bastlerfahrzeugen und Schrottfahrzeugen massiv zugenommen. In solchen Verträgen werden dann sämtliche Gewährleistungsansprüche ausgeschlossen, obwohl die Fahrzeuge teilweise mit frischer Plakette der Haupt- und Abgasuntersuchung versehen sind. Solche und ähnliche Vorgänge können die Gerichte allerdings recht gut einschätzen und entscheiden meistens zugunsten des Verbrauchers. Ebenso verhält es sich mit den Verkäufen, die »im Auftrag« stattfinden. Ein Händler, der in seinem Namen die aktuelle Hauptuntersuchen und weitere Instandsetzungsarbeiten durchgeführt hat, wird es vor Gericht schwer haben zu beweisen, dass er den Verkauf nur vermittelt hat. Er wird damit auch nicht die gesetzlichen Regelungen beschneiden können. Je klarer die Vereinbarung und je genauer die Fahrzeugbeschreibung, desto geringer ist das Haftungsrisiko. Wir raten Ihnen, einen Musterkaufvertrag für Gebrauchtfahrzeuge sowie einen Gebrauchtfahrzeuge-Zustandsprüfbericht zu verwenden. Damit lassen sich kostspielige Prozesse und unangenehme Streitigkeiten vermeiden.

Zusammenfassung:
Eine freiwillige Garantie besteht also zusätzlich zur gesetzlichen Gewährleistung (Sachmangelhaftung) und ist im Umfang der Leistungen, im Vergleich zur Gewährleistung meistens eingeschränkt. Allerdings greift sie oft auch noch für Mängel, die erst nach dem Kauf auftreten, was so nicht auf die gesetzliche Gewährleistung zutrifft.

Zum Reizthema Farbabweichung

Farbabweichung kann ein Sachmangel sein. Das Oberlandesgericht Köln hat zu diesem Thema eine wichtige Entscheidung getroffen: Danach gehört die Farbe eines Neufahrzeugs zu den Beschaffenheitsmerkmalen und stellt ein äußerliches Merkmal des Fahrzeugs dar, welches für den Käufer im Rahmen der Kaufentscheidung maßgeblich ist. Ergeben sich Abweichungen im Farbton des bestellten zu dem tatsächlich gelieferten Fahrzeug, so kann der Käufer hierauf grundsätzlich Gewährleistungsansprüche geltend machen. Durch das OLF Köln bestätigtes Urteil des LG Aachen vom 26.04.2005 (Az. 12 O 493/04).

Das Recht der Nachbesserung

Seit dem 01.01.2002 gibt die neue Rechtslage sowohl dem Käufer als auch dem Verkäufer einen Anspruch auf Beseitigung eines Mangels. Anstatt von Nachbesserung spricht jetzt das Gesetz von Nacherfüllung. Grundsätzlich hat der Händler das Recht bis zu drei Mal nachzuerfüllen. Hierbei hat der Verkäufer die zum Zwecke der Nacherfüllung erforderlichen Aufwendungen zu tragen, das sind Transport-, Wege-, Arbeits- und Materialkosten. Zu beachten ist in diesem Zusammenhang, dass der Verkäufer sein Recht einen Mangel nachzubessern behält, auch wenn Reparaturen bereits in einer fremden Werkstatt erfolglos waren. Der Verkäufer muss sich diese Nachbesserungsversuche nicht zurechnen lassen, er kann auf eine Nacherfüllung im eigenen Firmensitz bestehen. OLG Köln vom 14.02.2006 (Az. 20U 188/05).

Wandlung und Preisnachlass

Hat sich ein erheblicher Mangel nach drei Nacherfüllungsversuchen immer noch nicht beseitigen lassen oder fehlen zugesicherte Eigenschaften, haben Sie das Recht auf Wandlung oder Preisnachlass. Dies ist dann auch der Zeitpunkt, an dem Sie einen Rechtsanwalt zu Rate ziehen sollten. Sie werden sich auf jeden Fall eine Nutzungspauschale, die abhängig ist von der genutzten Laufleistung des Fahrzeugs, anrechnen lassen müssen. Eine Wandlung ist grundsätzlich nur dann möglich, wenn sich das Fahrzeug noch im Originalzustand befindet.

Der Kulanzantrag

Nach Ablauf der Gewährleistungszeit und gegebenenfalls der Garantiezeit bleibt Ihnen immer noch die Möglichkeit der Kulanzregelung beim Händler. Die Kulanz bezeichnet im Allgemeinen ein Entgegenkommen zwischen den Vertragspartnern nach Vertragsabschluss. Sie regelt den Ablauf der freiwilligen Reparatur- und Serviceleistungen nach Ablauf der gesetzlichen oder individualvertraglichen Gewährleistungspflicht.

Hinweis: Dieses Kapitel soll nur erste Hinweise geben und erlaubt daher keinen Anspruch auf Vollständigkeit. Obwohl es mit der größtmöglichen Sorgfalt erstellt wurde, kann eine Haftung für die inhaltliche Richtigkeit nicht übernommen werden.

Lernen Sie Ihr Auto kennen

Egal, ob Sie Ihren VW T5 schon lange besitzen oder ihn eben erst erworben haben – nehmen Sie sich die Zeit und erkunden Sie Ihr Fahrzeug gründlich. Denn selbst wenn Sie die Bedienungsanleitung gelesen haben, wovon wir selbstverständlich ausgehen, kennen Sie bestimmt noch nicht alle Details Ihres Autos.

Die Fahrgestellnummer

Die Fahrgestellnummer enthält bereits etliche – in Zahlen- und Buchstabencodes verschlüsselte – Informationen zu Ihrem VW T5. Deren Bedeutung können Sie als »Do-it-Yourselfer« nun kennen lernen und auch entziffern. Die Fahrgestellnummer finden Sie an verschiedenen Stellen Ihres VW T5 angebracht: in den

Stelle	Bedeutung	Beispiele	Auswertung
1 2 3	Weltherstellercode	WVW	WVW=VW Pkw WV1=VW Nutzfahrzeuge Lkw WV2=VW Nutzfahrzeuge (T4/T5)
4 5 6	Füllzeichen	ZZZ	ohne Bedeutung
7 8	Fahrzeugmodel	7H/J	Modelltypenbezeichnung des Herstellers
9	Füllzeichen	Z	ohne Bedeutung
10	Modelljahr	E	A = 2010 B = 2011 C = 2012 D = 2013 E = 2014 F = 2015
11	Produktionsstandort E = Emden	D	W = Wolfsburg X = Poznan D = Bratislava
12	Laufende Nummer	000001	Fortlaufende Produktionsnummer

Die Fahrgestellnummer: Im Scheibenrahmen ist die Fahrgestellnummer in die Karosserie eingefräst.

Unterlagen für den Service, im Sichtfenster der Frontscheibe und an der Spritzwand rechts im Motorraum sowie als Datenträger auf der Konsole des linken vorderen Sitzes.

Das Typenschild

Das Fahrzeugtypenschild ist auf der Fahrerseite im Türrahmen aufgeklebt und kann dort abgelesen werden.

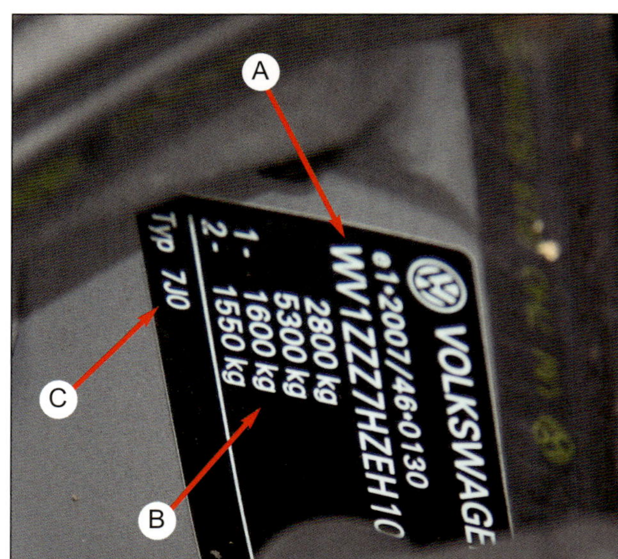

Typenschild im Motorraum: Angebracht auf der Spritzwand enthält die Plakette Fahrgestellnummer und Achslasten: A - Fahrzeugidentifizierungsnummer, B - variable Angaben wie z. B. Achslasten, zulässiges Gesamtgewicht, zulässiges Zuggewicht, C - Typ-Kennnummer.

Der Fahrzeugdatenträger

Den Fahrzeugdatenträger mit den Ausstattungscodes finden Sie gleich zweimal im Fahrzeug. Er ist bei den meisten Fahrzeugen auf der Schalttafelverkleidung oder dem Fahrersitzgestell verklebt. Bei einigen Fahrzeugen findet er sich auch im Bereich des Fußraumes unter der Verkleidung. Der gleiche Datenträger befindet sich auch im Serviceplan des Fahrzeuges. Der Aufkleber im Serviceplan und der im Fahrzeug unterscheiden sich nicht und enthalten die gleichen Daten.

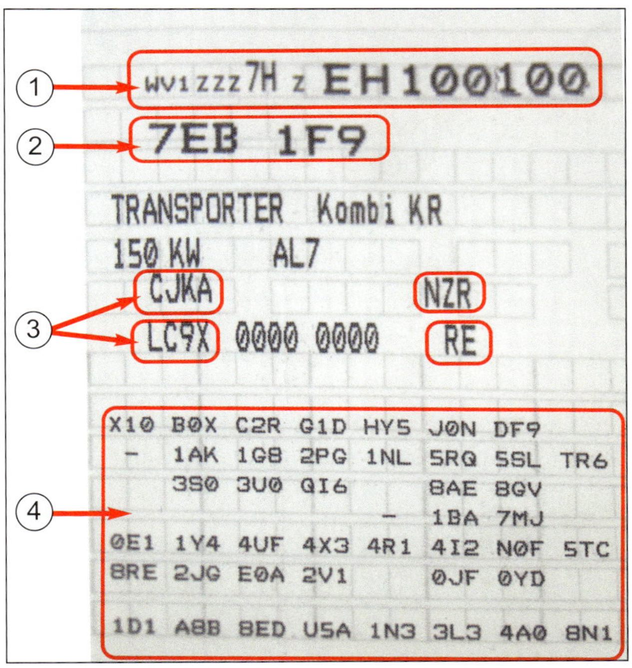

Der Aufkleber enthält folgende Fahrzeugdaten: 1 Fahrzeug-Identifizierungsnummer (Fahrgestellnummer), 2 Fahrzeugtyp, Motorleistung, Getriebe, 3 Motor- und Getriebekennbuchstaben, Lacknummer, Innenausstattung, 4 Mehrausstattungen, PR-Nummern.

Die Motorkennnummer

Die Motornummer ist an der Verbindungsstelle Motor/Getriebe und am Zahnriemenschutzdeckel zu finden. Auch das Getriebe trägt eine Identifikationsnummer. Alle diese Nummern sind beim Bestellen von Ersatzteilen oder Austauschteilen unbedingt anzugeben. Denn viele Teile eignen sich einfach nur für den Van der neuen Generation, obwohl sie durchaus Ähnlichkeiten mit Teilen anderer Fahrzeuge in der VW-Konzern-Baureihe haben.

Der Fahrzeugschein

Eine sehr ergiebige Informationsquelle ist der Fahrzeugschein. Neben der Fahrgestellnummer finden Sie weitere, für die Ersatzteilbeschaffung oder den Reparaturauftrag wichtige Angaben und Schlüsselnummern (Angaben in Klammern gelten für neue Zulassungsbescheinigungen):

- zu 2: Herstellercode (2.1)
- zu 3: Typ und Ausführung (2.2)
- zu 32: Datum der Erstzulassung (B)
- zu 4: Fahrgestellnummer (E)

Natürlich ist es nicht der richtige Begriff, aber »Zulassungsbescheinigung Teil 1« wird sich sicher nie im Volksmund durchsetzen. Auch die zwar europäisch einheitliche, aber für uns doch neue optische Ordnung löst bei der Suche nach den Informationen meist hilfloses Suchen aus. Deshalb haben wir die wichtigsten Informationen zum »schnell mal finden« kenntlich gemacht. HSN und TSN sind die Kürzel für den Herstellercode (früher »Ziffer 2«) und den Typcode (früher die ersten drei Ziffern der »Ziffer 3«) des Fahrzeugscheins. Diese beiden Nummern zusammen mit der Erstzulassung helfen bei der Teilebeschaffung im Zubehörmarkt. Auch wenn diese Informationen bereits auf der Rückseite des Fahrzeugscheins vermerkt sind, hat man meist die Kennnummer vergessen, bis man im Fahrzeugschein auch nur in die Nähe der Information gekommen ist. Aus diesem Grund schlüsseln wir diese Informationen hier an dieser Stelle auf.

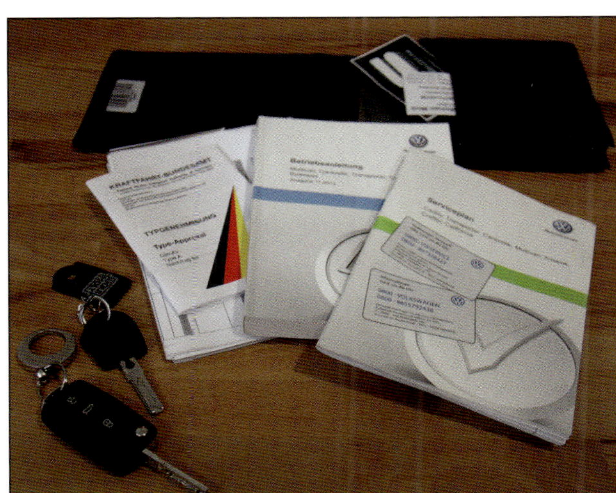

Serviceheft, Beschreibungen und der Schlüssel: alles wichtig um mit Ihrem VW umgehen zu können.

Fahrzeugschein:

1 HU/AU-Termin
2 Halter des Fahrzeugs
3 Kennzeichen
4 Hubraum
5 Typnummer
6 Typbezeichnung
7 Fahrgestellnummer
8 Erstzulassung
9 Herstellercode (HSN)
10 Typcode (TSN)
11 Leistung.

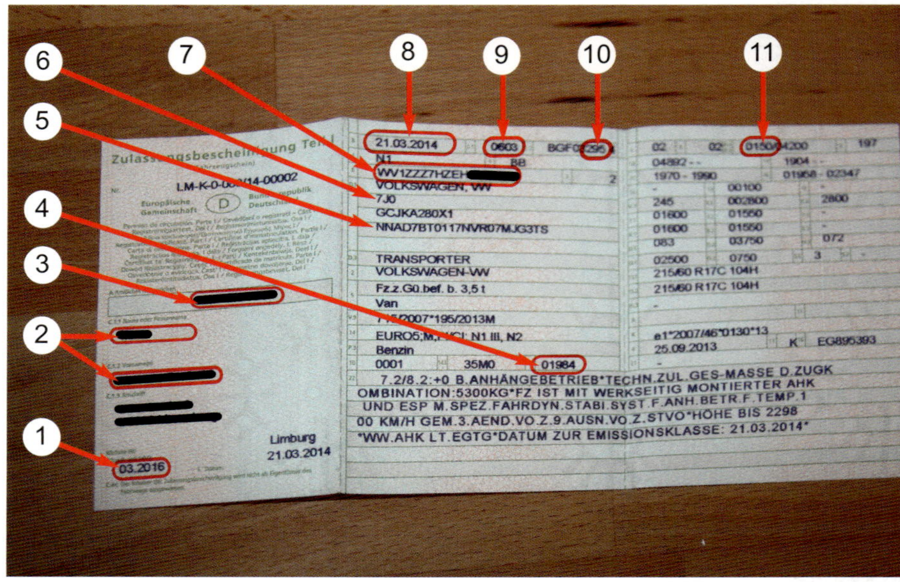

B Erstzulassung
D.1 Hersteller
D.2 Typ
D.3 Handelsbezeichnung
E Fahrgestellnummer
F.1 Zulässiges Gesamtgewicht
F.2 Zulässiges Gesamtgewicht in Deutschland
G Leergewicht
H Gültigkeitsdauer
I Ausstellungsdatum dieses Scheines
J Fahrzeugklasse (Pkw, Lkw)
K EG Typennummer
L Anzahl der Achsen
O.1 Anhängelast gebremst
O.2 Anhängelast ungebremst
P.1 Hubraum des Motors (in cm^3)
P.2 / P.4 Motorleistung (in kW)
P.3 Kraftstoffart
Q Leistungsgewicht (nur bei Motorrädern)
R Farbe des Fahrzeuges
S.1 Sitzplätze mit Fahrersitzplatz
S.2 Stehplätze
T Höchstgeschwindigkeit (in km/h)
U.1 Standgeräusch (in dB/A)
U.2 Drehzahl zum Standgeräusch
U.3 Fahrgeräusch (in dB/A)
V.7 CO2 Ausstoß (in g/km) kombinierter Wert
V.9 Schadstoffklasse
2 Kurzbezeichnung Hersteller

2.1 HSN Herstellerschlüsselnummer
2.2 Prüfziffer und TSN-Typschlüsselnummer
3 Prüfziffer für die Fahrgestellnummer
4 Art des Aufbaus (EG-Bezeichnung)
5 Bezeichnung der Fahrzeugklasse und des Aufbaus
6 Erstellungsdatum der EG-Typennummer
7.1 Zulässige Achslast Achse 1
7.2 Zulässige Achslast Achse 2
7.3 Zulässige Achslast Achse 3
8.1 Zulässige Achslast in Deutschland Achse 1
8.2 Zulässige Achslast in Deutschland Achse 2
8.3 Zulässige Achslast in Deutschland Achse 3
9 Anzahl der Achsen
10 Codenummer zur Kraftstoffart
11 Codenummer zur Fahrzeugfarbe
12 Rauminhalt des Tanks bei Tankfahrzeugen (in m^3)
13 Stützlast (in kg)
14 Bezeichnung der nationalen Emissionsklasse
14.1 Codenummer zu der Schadstoffklasse
15.1 Bereifung auf der Achse 1
15.2 Bereifung auf der Achse 2
15.3 Bereifung auf der Achse 3
16 Nummer der Zulassungsbescheinigung Teil 2 (Fahrzeugbrief)
17 Merkmal zur Betriebserlaubnis
18 Länge in mm
19 Breite in mm
20 Höhe in mm
21 Sonstige Vermerke
22 Bemerkungen und Ausnahmen

Generation fünf

Ausgehend von der Idee des niederländischen Importeurs Ben Pons 1947 zur Fertigung eines kleinen Transporters, über deren Realisierung mit dem ersten »Bulli« 1950 und dessen stetiger Weiterentwicklung steht jetzt der Transporter »T5« in zahlreichen Varianten zur Verfügung. Natürlich steht auch nicht nur der Transporter im Vordergrund. Ein Luxusliner wie der »Multivan« basiert zwar auf dem Baumuster, zeichnet aber eine besondere Klasse eines hochwertigen, werthaltigen und praktischen Van vor.

Das Modell

Bezeichnung und die Bautypen

Die Entwicklung der Transporter fand bei Volkswagen kontinuierlich statt. Die Vorstellung der einzelnen Modelle fand in unterschiedlichen Modellabstufungen statt. Die Bautypen wurden dann mit einem »T« für »Transporter« und einer fortlaufenden Kennzahl für den jeweiligen Bautyp gekennzeichnet. Diese Bezeichnungen werden bis zum heutigen Tage fortgeführt. Aus einer Produktion mit anfänglich 10 Fahrzeugen pro Tag entwickelte sich schnell eine der erfolgreichsten Automobilkarrieren, die den Grundstein für ein neues Fahrzeugsegment legte. Auch Multivan und Caravelle begründeten ein neues Fahrzeugsegment, in dem sie bis heute die Maßstäbe setzen.

Der T1 (1950)
Im März 1950 beginnt die Serienproduktion des ersten VW-Transporters mit 10 Fahrzeugen pro Tag. Für Motor und Achsen werden Serienteile des VW-Käfers verwendet. Charakteristisch sind die selbsttragende Karosserie auf einem Leiterrahmen und der Fahrzeugantrieb mit Heckmotoren und Heckantrieb.

Der T2 (1967)
Der T2 setzt die erfolgreiche Transporter-Baureihe fort. Ungeteilte Frontscheibe und größere Fenster bieten mehr Licht und Fahrsicherheit. Abmessungen und Zuladung steigen. Erstmals wird eine seitliche Schiebetür eingebaut. Auch hier blieb es bei dem auf der Käfertechnik basierendem Heckantrieb.

Der T3 (1979)
Der T3 bietet mit seiner neuen Karosserie mehr Raum, bessere Sicht und mehr aktive und passive Sicherheit. Ladevolumen und Nutzlast steigen. Eine neue Vorderachse bringt besseres Fahrverhalten und Sicherheit. In den Standardvarianten kam auch hier noch der Heckantrieb zum Einsatz.
Eine klassische Neuerung war die Einführung des wassergekühlten Boxermotors, eines Dieselmotors und einer Allradvariante. Er heißt »Synchro« und ist auch heute noch sehr begehrt.

Der T4 (1990)
Mit dem T4 kommt ein völlig neues Fahrzeugkonzept mit Frontantrieb, Frontmotor und quer eingebauten wassergekühlten Reihenmotoren zum Einsatz. Neben der frontgetriebenen Variante wurde auch hier eine Allradvariante angeboten.

Bautypen von links nach rechts: 1 VW-Transporter Typ1 (T1), 2 VW-Transporter Typ 2 (T2) (Bulli), 3 VW Transporter Typ 3 (T3), 4 VW Transporter Typ 4 (T4), 5 VW Transporter Typ 5 (T5 Facelift).

T5 bis 2009: Glattere Frontgesichtszüge und etwas kleinere Scheinwerfer machen die Vor-Facelift-Serie erkennbar.

T5 ab Modelljahr 2010: Kantige und sportliche Züge in der Fahrzeugfront folgen der neuen Markenoptik und machen das Facelift erkennbar.

Der T5 (2003)
Der neue Transporter erscheint auf dem Markt. Die Variantenvielfalt reicht von Pritschen- und Kastenvarianten bis zum Multivan. In seiner Klasse ist er wieder Trendsetter. 2009 wurde dann ein Facelift vorgestellt, der technisch praktisch unverändert bis zum T6 produziert wurde. Die markanteste Veränderung ist die Fahrzeugfront, die sich sportlich-elegant in das neue Design der Marke integriert. Zum T6 unterscheiden sich noch Heck und die Blinkleuchte im Kotflügel.

Unterscheidung in der Ausstattung

Vor knapp 30 Jahren begann ein neuer Weg für den Transporter von VW. Unterschiedliche Ausstattungsvarianten lassen angepasste Variationen zu, die dem Anspruch freizeitorientierter Paare, junger Familien und auch Geschäftsleuten entspricht. Betrachten wir zunächst einmal die unterschiedlichen Ausstattungsvarianten etwas genauer. Genau hierin begründet sich die Herstellung eines Sonderbandes, welcher der besonderen Ausstattung der Multivans Rechnung trägt. Sicherlich treffen die Beschreibung und die in den folgenden Kapiteln angesprochen Arbeitsschritte auch auf andere Ausstattungsvarianten des VW-Transporters T5 zu.

Die Caravelle und der Unterschied
Optisch entspricht die Caravelle Comfortline zur Personenbeförderung dem exklusiven Erscheinungsbild des Multivan. Lackierte Stoßfänger, Türgriffe und Außenspiegel in Wagenfarbe kommen bei der Caravelle und auch beim Multivan zum Einsatz. Auch die Scheinwerfer und die Blinker sind von der Großraumlimousine adaptiert. Die markanten Doppelreflektoren sind in beiden Varianten erhältlich. Die Caravelle Comfortline bietet, basierend auf zwei Radständen von 3000 mm oder 3400 mm mit drei oder vier Sitzreihen, Raum für bis zu neun Passagiere. Das ist für den Multivan nicht möglich. Die Grenzen zum Multivan sind hier durchaus fließend. Teppichboden im Innenraum und eine vollständige Verkleidung der Blechteile im Innenraum sowie eine etwas hochwertiger anmutende Armaturentafel sind Merkmale, die durchaus wahrnehmbar sind. Der Aufgabenbereich der Caravelle liegt im Schwerpunkt im Transport von Personen. Sie bietet die robustere Ausstattung, die durchaus auch die eine oder andere Ladung wegstecken kann. Der Multivan ist hier schon eher der Luxusliner im Vanbereich.

Der Multivan Startline
Die einfachste Ausstattungsvariante des Multivans ist fünfsitzig. Der Fahrersitz ist vielfältig verstellbar, das Lenkrad in der Höhe und Neigung justierbar. Die Fahrerhaussitze sind mit Höhenverstellung, Lordosenstütze sowie zwei Armlehnen versehen und unterstreichen den Sitzkomfort. Funkfernbedienung für die Zentralverriegelung, elektrische Fensterheber und elektrisch einstellbare sowie beheizbare Außenspiegel sind bereits serienmäßig vorhanden. Die vom Innenraum als auch vom Kofferraum aus verschiebbare Dreierbank im Fond lässt sich zum Sandwich zusammenfalten oder zur Liegefläche aufklappen. In einer linksseitigen Schiene kann ein Tisch eingehakt werden, der während der Fahrt seinen Platz in der Ver-

kleidung der Schiebetür findet und auch außerhalb des Fahrzeugs einsetzbar ist. Für eine rasche Erwärmung des Fonds kommt ein separates Heizgerät mit eigenem bodennahem Ausströmer zum Einsatz. Die Regelung der Temperatur erfolgt über ein zentrales Bedienteil in der Schalttafel. Gegen Aufpreis gibt es den Multivan Startline mit zusätzlichen Einzelsitzen. Bis zu sieben Personen können so in ihm reisen. Eine Bettverlängerung und ein separates »Gute-Nacht-Paket« machen ihn fast schon zum Camper. Die Basismotorisierung im Multivan Startline ist ein 2.0 TSI mit 110 kW kraftstoffsparender BlueMotion-Technology. Der stärkste Otto- und Dieselmotor wird mit einem Sechsgangschaltgetriebe ausgeliefert. Der starke TDI kann optional mit DSG oder 4MOTION bestellt werden. Alle anderen Motoren verfügen über ein Fünfgangschaltgetriebe. Zudem kommen ein elektronisches Stabilisierungsprogramm (ESP) mit ABS, EDS, ASR und ein Berganfahrassistent zum Einsatz. Bei werkmäßig mitbestellter Anhängerkupplung kommt die Gespann-Stabilisierung hinzu. Diese kann aber auch bei Nachrüstung freigeschaltet werden.

Multivan Comfortline

Der siebensitzige Multivan Comfortline hebt sich mit stilvollen Ausstattungsdetails von den anderen Ausstattungsvarianten ab. Das Kühlerschutzgitter wird von zwei Chromleisten verziert. Leichtmetallräder, Alu-Dekor-Applikationen, Stoffeinlagen in den Seitenverkleidungen sowie dem Kombiinstrument mit insgesamt vier Rundinstrumenten und Multifunktionsanzeige ergänzen die umfangreiche Ausstattung. Die Sitze hinten lassen sich über vier Schienen im Boden verschieben und feststellen. Ein Tisch ruht eingeklappt in der linken Seitenwandverkleidung. Optional lässt sich der Multivan mit einer zweiten Schiebetür auf der linken Seite bestellen. Da in diesem Fall der Seitentisch entfällt, gibt es auf Wunsch einen Multifunktionstisch. Dieser ankert auf zwei weiteren Bodenschienen im Fond und lässt sich gleichfalls verschieben und so variabel positionieren. Per Knopfdruck entfaltet er sich einem Pilz gleich zum einbeinigen Schwenktisch mit runder Oberfläche, Cup-Holdern sowie Zeitschriftenständer und legt ein zusätzliches Ablagefach frei. Die Rückbank ist sowohl vom Innenraum, als auch vom Kofferraum aus zu verschieben. Im Bedarfsfall können die zwei zusammengeklappten Einzelsitze und die aufgeklappte, hintere Liegesitzbank eine Ruhefläche bilden. Eine halbautomatische Klimaanlage (Climatic) steht im Fahrerraum

Tisch wie beim Camper: Der Tisch im Startline kann in der Tür verstaut werden.

Dezent komfortabel: Die beiden Chromleisten im Grill weisen auf den Multivan Comfortline hin.

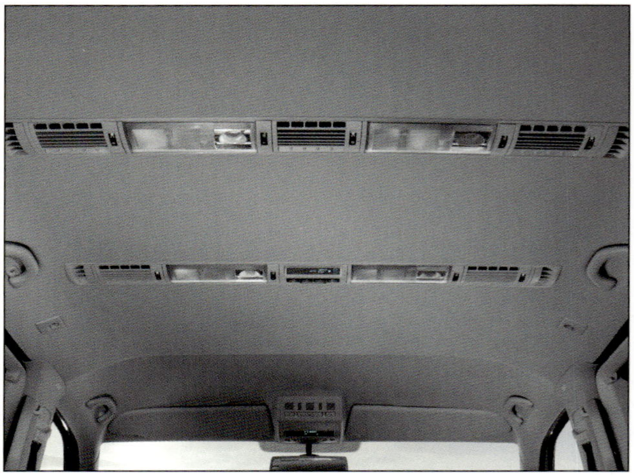

Luftverteilung im Dach: Fast wie im Flugzeug ist die Belüftung für die Sitzplätze hinten individuell einstellbar.

zur Verfügung. Für eine optimale Verteilung der Frischluft sorgt die Fahrgastraumbelüftung, mit der man über verstellbare Dachlüfter den Luftstrom entweder abschalten, direkt auf sich lenken oder am Dachhimmel entlang streifen lassen kann. Für eine rasche Erwärmung des Fonds kommt ein separates Heizgerät mit eigenem bodennahen Ausströmer zum Einsatz. Die Regelung der Temperatur erfolgt über ein zentrales Bedienteil im Dachhimmel. Als Antrieb für den Multivan Comfortline können zwei 2.0-Liter-TSI-Motoren (110 kW/150 PS und 150 kW/204 PS) als auch drei TDI ausgewählt werden. Sie leisten von 75 kW (102 PS) über 103 kW (140 PS) bis hin zu 132 kW (180 PS), auf Wunsch auch mit BlueMotion-Technology. Die beiden starken TDI und die TSI werden mit einem Sechsgangschaltgetriebe geliefert. Die schwächeren Motorvarianten werden mit einem Fünfgangschaltgetriebe geliefert. Auch die Kombination von DSG und 4MOTION ist in Abhängigkeit der Motorisierung möglich. ESP mit ABS, EDS, ASR und ein Berganfahrassistent sind serienmäßig im Einsatz. Auch hier ist die Gespann-Stabilisierung über das Bremssystem möglich.

Multivan Highline

Die »Highline«-Ausstattungsvariante stellt eigentlich die höchste Ausstattungsvariante dar. Äußerlich ist sie schon an einer zusätzlichen Chromzierleiste für das Ladeluftgitter, den chromeingefassten Nebelscheinwerfern und den 17 Zoll großen Leichtmetallrädern zu erkennen. Zwei elektrisch öffnende und schließende Schiebetüren ermöglichen den einfachen Zugang zum Fahrgastraum. Der Multivan Highline kann auf Wunsch mit vier Einzelsitzen im Fahrgastraum bestellt werden. Die Polster sind mit Leder-Alcantara bezogen. Schwenktisch und der Umbau zur Ruhefläche sind bereits aus der »Comfortline«-Ausstattungsvariante bekannt. Auf Wunsch lassen sich beim Multivan Highline eine Bettverlängerung und ein separates »Gute-Nacht-Paket« zur Verdunkelung ordern. Vor ungewollten Einblicken schützt die Privacy-Verglasung. Serienmäßig sorgt die vollautomatische 3-Zonen-Climatronic für optimale klimatische Bedingung. Im Vergleich zur serienmäßigen Climatic des Comfortline bietet sie einen nochmals höheren Bedienkomfort. Die Temperatur für Fahrer, Beifahrer und Fahrgastraum kann hier individuell geregelt werden. Die Topvariante des Multivans ist mit den zwei leistungsstärksten TDI-Motoren (103 kW/140 PS und 132 kW/180 PS) auf Wunsch mit BlueMotion-Technology und dem TSI-Motor 150 kW (204 PS) erhältlich und

Dezenter Hinweis: Das Logo im Grill weist auf eine verbrauchsoptimierte Zusammenstellung der Antriebskomponenten hin.

kann auch mit dem 7-Gang-DSG sowie dem Allradantrieb kombiniert werden.

Multivan BlueMotion (verbrauchsoptimiert)

Der Multivan BlueMotion steht für eine eigenständige und die sparsamste Modellvariante. Er ist an den »BlueMotion«-Schriftzügen an Front und Heck sowie in den Trittstufenleuchten erkennbar. Es ist ein speziell auf niedrigen Kraftstoffverbrauch ausgelegtes Fahrzeug mit TDI-Motor. Der Multivan »BlueMotion« in seiner jeweiligen Leistungsstufe verbraucht knapp einen Liter weniger Kraftstoff – und ist damit der sparsamste Multivan aller Zeiten. Der 2.0 l leistet im Multivan BlueMotion entweder 84 kW (114 PS) oder 103 kW (140 PS). Im Vergleich zu den vergleichbar motorisierten Pendants der Serie benötigt zum Beispiel der Multivan BlueMotion mit 103 kW (140 PS) kombiniert nur noch 6,4 l/100 km und damit 0,9 Liter weniger Dieselkraftstoff als sein Aggregate-Pendant ohne BlueMotion-Technology. Realisiert werden konnte dies auf Basis des effizienten und drehmomentstarken Common-Rail-Vierzylindermotors in Verbindung mit einem Start-Stopp-System, Rekuperation, besonders rollwiderstandsarmen Reifen und speziellen aerodynamischen Maßnahmen. Zur Serienausstattung gehören weiterhin die Reifenkontrollanzeige, die Klimaanlage »Climatic«, die Multifunktionsanzeige »Plus« sowie eine Geschwindigkeitsregelanlage und Teppichboden im Fahrerhaus und Fahrgastraum.

Multivan PanAmericana (Offroader)

Der Multivan »PanAmericana« ist neben dem serienmäßigen Allradantrieb mit einer mechanischen Diffe-

Offroadbulli: Die Schutzleisten für Schweller und Frontbereich sind ein Erkennungszeichen für den Multivan PanAmericana.

renzialsperre an der Hinterachse, verstärkten Federn und Dämpfern sowie eigenständigen Design-Merkmalen ausgestattet. Der Schwerpunkt liegt hier in der Expeditionstauglichkeit und dem Einsatz abseits geteerter Straßen. Dazu gehören robuste Stoßfänger (vorn mit einem Frontspoiler in Aluminium-Optik) und 17-Zoll-Leichtmetallräder mit Ganzjahresreifen der Dimension 215/60 R17. Zu den Features im Innenraum zählen Alu-Dekor-Einlagen für das Cockpit, Aluminium-Riffelblech anstelle des Teppichbodens im Fahrgastraum und lederbezogene Sitze. Ebenfalls serienmäßig an Bord ist die Climatic, optional ist ein Offroad-Paket. Es beinhaltet eine im Vergleich zum konventionellen Multivan um 30 Millimeter großzügigere Bodenfreiheit, eine Geländebereifung der Dimension 235/65 R 17 (ebenfalls auf der 17-Zoll-Leichtmetallfelge »Thunder«) und einen Unterfahrschutz. Er bewahrt den Motor und das Getriebe vor Beschädigungen durch Hindernisse.

Luxus-Reisebüro: Markante und funktional edle Ausstattung zeichnen den Multivan »Business« aus.

Für kräftigen Vortrieb sorgen beim Multivan PanAmericana die TDI mit 103 kW (140 PS) und 132 kW (180 PS) sowie der TSI mit 150 kW (204 PS). Ungeachtet des Offroad-Pakets lassen sich die Modifikationen am Fahrwerk sowie die Offroad-Bereifung und die Offroad-Umbauten auch einzeln bestellen. Zur weiteren Optimierung der Geländegängigkeit gibt es zum Schutz der Karosserie diverse Verkleidungen für den Unterboden. So kann sich der Kunde für einen Motor-Getriebe-Unterfahrschutz aus Alublech und einen weiteren Schutz für den Tank entscheiden. Zwei optionale Schwellerleisten verhindern Kratzspuren oder Beschädigungen bei seitlichem Aufsetzen.

Multivan Business (exklusives Büro)

Der Multivan Business basiert auf der Ausstattungslinie »Highline«. Zwei elektrische Schiebetüren sowie 17-Zoll-Aluräder gehören zur Serienausstattung. Bi-Xenon-Scheinwerfer leuchten die Straße optimal aus. Sechs Sitzplätze in Nappaleder und Edelholz-Oberflächen sowie zwei »Pullman-Sessel« mit integrierten Dreipunktgurten in der dritten Sitzreihe setzen markante Akzente. Elektrische Verstellung der in der Rücksitzbank eingelassenen Einzelsitze, welche mit Sitzheizung ausgerüstet sind. Eine in die Sitzbank integrierte Kühlbox hält Getränke und den Snack für unterwegs frisch, während die Standheizung mit Funkfernbedienung bei Bedarf den Innenraum entsprechend wärmt. Die »Privacy-Verglasung« schützt gegen neugierige Blicke. Der verschiebbare Multifunktionstisch lässt sich zwischen den Einzelsitzen der zweiten Sitzreihe unterbringen. Neben dem drahtlosen Internetzugang sorgt DVE (Digital Voice Enhancement) für eine entspannte Unterhaltung, die Stimme des jeweils Sprechenden wird automatisch über die Lautsprecher verstärkt. Die Multimediaausrüstung des Multivans wird neben der abgestimmte Soundanlage Dynaudio, Multimediabuchse für iPod/iPhone auf Wunsch mit dem »Rear-Seat-Entertainment«, das aus einem DVD-Player mit klappbaren 10-Zoll-Monitor im Dachhimmel besteht, ergänzt. Radio-Navigationssystem RNS 510, Multifunktionslenkrad, Parkpilot inklusive Rückfahrkamera, elektrisch einstellbare Außenspiegel, Mobiltelefonvorbereitung, Spurwechselassistent und Reifenkontrollanzeige, um nur einige zu nennen. Für adäquaten Antrieb sorgen die zwei leistungsstärksten TDI-Motoren mit 103 kW (140 PS) und 132 kW (180 PS) oder der kräftige TSI-Motor 150 kW und können mit dem elektronisch geregelten 4MOTION-Allradantrieb kombiniert werden. Groß dimensionierte Stabilisatoren schränken die Seitenneigung des Fahrzeugs in Kurven ein, während lastabhängige Dämpfer den Federungskomfort erhöhen.

Aktive und passive Sicherheit

Man spricht von aktiven und passiven Sicherheitselementen eines Fahrzeuges. Die Bedeutung dieser Begriffe ist meist aber gar nicht klar. Aktive Sicherheitseinrichtungen tragen zusammen mit den Elementen der passiven Sicherheit zum Schutz für die Fahrzeuginsassen bei.
Bauteile, die zur aktiven Sicherheitsausrüstung eines Fahrzeuges zählen, sind diejenigen, die einen Unfall verhindern können. Betrachten wir zuerst einige Bauteile, die der aktiven Sicherheit zugerechnet werden. Für ein besseres Verständnis gliedern wir diese in drei Gruppen.

Konstruktive Maßnahmen zur aktiven Sicherheit
In dieser Gruppe werden die Bauteile eingeordnet, die durch die Gestaltung und Auslegung der Karosserie realisiert werden. Dazu zählen beispielsweise eine leichtgängige aber nicht rückmeldungsfreie Lenkung, die dem Fahrer den Fahrbahnkontakt vermitteln kann, eine ausgewogene und für möglichst alle Betriebszustände gelungene Abstimmung des Fahrwerks, wirkungsvolle Bremsen und durchzugsstarke Motoren.

Ergonomische Maßnahmen zur aktiven Sicherheit
Unter diesen Aspekt fällt die Fahrzeugausrüstung, welche die Fahrzeugbedienung erleichtert und ein »entspanntes« Fahren ermöglicht. Der Konzentrationserhalt des Fahrers ist ein wichtiger Gesichtspunkt für die Unfallvermeidung. Man kann sich leicht vorstellen, welche Folgen komplizierte Bedienelemente mit sich ziehen können, wenn man sich die Gesetzeslage hinsichtlich der Benutzung von Telefonen während der Fahrt anschaut. Jeder kleine Moment der Unaufmerksamkeit bedeutet einen potenziellen Moment in einen Unfall verwickelt zu werden. So gehören Fahrzeugausrüstungen wie gute Sitze, das Belüftungs- und Klimatisierungssystem, gute Rundumsicht und möglichst günstig angeordnete Schalter und Anzeigen dazu.

Maßnahmen zur Regelung für aktive Sicherheit
In diese Gruppe werden die Bauteile eingegliedert, die auf der Elektronik basierende Eingriffe in elektronische oder hydraulische Regelsysteme vornehmen. Eingriffe werden beispielsweise in das Bremssystem vorgenommen. Das Anti-Blockier-System (ABS) verhindert, dass ein Rad überbremst wird und ermöglicht so sehr kurze Bremswege mit sicherer Lenkbarkeit des Fahrzeuges auch während der Bremsung. Die elektronische Bremskraftverteilung (EBV), die elektronische Differenzialsperre (EDS) sowie das elektronische Stabilisierungsprogramm (ESP) wirken auch auf die Bremse ein.
So wird in der EDS-Funktion beispielsweise das durchdrehende Rad so weit gezielt abgebremst, dass der Antrieb auf das nicht drehende Rad möglich wird. EBV ermöglicht eine optimale Verteilung der größtmöglichen Bremskraft auf jedes einzelne Rad der Hinterachse. Auch in wechselnden Situationen wie unterschiedlichen Untergründen, Eis und Laub ist es, entgegen dem mechanischen Bremskraftregler, nun möglich jedes Rad entsprechend zu regeln. Durch das ESP wird durch gezielten Bremseinsatz das Ausbrechen des Fahrzeugs erfolgreich verhindert. Die Antriebs-Schlupf-Regelung (ASR) trägt in Zusammenarbeit mit EDS und einer bedarfsgerechten Reduzierung des Motordrehmomentes einen wichtigen Teil für die Fahrt auf rutschigem Untergrund wie Schnee und Eis bei.

Die passiven Sicherheitselemente kommen dann zum Tragen, wenn der Unfall gerade passiert. Die Komponenten der passiven Sicherheit stellen alle konstruktiven Maßnahmen dar, die dazu dienen, die Fahrzeuginsassen vor Verletzungen zu schützen oder zumindest die Verletzungsgefahren zu verringern. Der Begriff »passive Sicherheit« bezieht sich auf das Kollisionsverhalten (Crashtests) und berücksichtigt über den Schutz der Insassen hinaus auch den Schutz anderer Verkehrsteilnehmer. Auch hier lassen sich Merkmale in ein Sortierungsraster bringen:

Insassenschutz
Unter dem Begriff »Insassenschutz« versteht man den Schutz des Fahrzeugführers und seiner Mitfahrer. Zu den wichtigsten Bauteilen gehören neben dem Gurtsystem die Airbags und eine »verformungssteife« Fahrgastzelle mit Knautschzonen in Front-, Heck- und Seiten-Bereich. Diese Komponenten sorgen für einen weitestgehend schützenden Abbau der Aufprallener-

gie und den sicheren Halt der unfallbeteiligten Fahrzeuginsassen.

Partnerschutz
Unfälle passieren eben nicht nur in einem Fahrzeug. Im Normalfall sind immer andere Verkehrsteilnehmer oder auch Verkehrspartner an einem Unfall beteiligt. Gerade bei Fußgängern, Radfahrern und natürlich auch den Bikern ist kein System vorhanden, das eventuelle Unfallfolgen verringern kann. Dieser Aspekt wird bei der Fahrzeugentwicklung heute auch mit einbezogen. Frontbereiche sollen immer auch so konstruiert sein, dass sie die Aufprallenergie aufnehmen oder verringern können, die bei einem Fußgängerunfall den Verkehrspartner erheblich verletzen könnte. Hierin findet sich dann auch der Grund für Kunststoffstoßfänger und Motorhauben ohne Flächenverstrebungen.

Der Umgang mit Sicherheitssystemen
Natürlich ist es heute schon normal, sich über den Schutz von Insassen Gedanken zu machen. Schließlich fordert ja nicht nur der Gesetzgeber Maßnahmen, die Unfälle vermeiden oder zumindest die Folgen daraus abmildern sollen. Der Van ist mit einem Airbagsystem für Fahrer und Beifahrer sowie einem Sicherheitsgurtsystem ausgestattet. Das ISO-Fixsystem findet natürlich auch in diesem Van seine Anwendung. Die Befestigung ist für die beiden äußeren Sitze der 1. Sitzreihe vorgesehen. Grundsätzlich ist es verboten Arbeiten an sicherheitsrelevanten Systemen durchzuführen, die entweder nicht durch den Hersteller freigegeben wurden oder besondere Kenntnisse erfordern. Airbag-Systeme sind Sprengmittel im Sinne des Gesetzgebers. Für den Umgang mit den sprengmittelhaltigen Bauteilen muss ein Sachkundenachweis vorliegen.
Zur Auslösung einer Airbageinheit kann im ungünstigen Fall schon die elektrostatische Aufladung der Kleidung ausreichen. Die Aufgabe liegt darin, die Insassen im Falle des Unfalls zu schützen und gezielt und verträglich ihre Bewegungsenergie abzubauen. Das Airbagsystem besteht in der Regel aus dem Fahrerairbag, dem Beifahrerairbag sowie den in den vorderen Sitzen verbauten Sidebags. Die Airbagsysteme sind in den Vans nur für Fahrer und Beifahrer verbaut.
Diese Serienausrüstung kann natürlich auch nur dann funktionieren, wenn sie nicht durch nachträgliche Einbauten daran gehindert wird. Hinsichtlich des Airbag-

GEFAHRENHINWEIS

Airbagsysteme

Wir stellen Ihnen an dieser Stelle einige wichtige Hinweise zu den Airbagsystemen vor. Es handelt sich um Sprengsätze nach dem Sprengstoffgesetz. Der Umgang ist klar geregelt. Ohne fachliche Eignung sollten Sie Montagearbeiten an Komponenten des Airbagsystems schon zur eigenen Sicherheit unterlassen.

- Prüf-, Montage- und Instandsetzungsarbeiten dürfen nur von geschultem Personal durchgeführt werden.
- Keinesfalls mit Prüflampe, Voltmeter oder Ohmmeter prüfen.
- Pyrotechnische Bauteile dürfen nur im eingebauten Zustand und mit vom Hersteller frei gegebenen Fahrzeugdiagnose-, Mess- und Informationssystemen geprüft werden.
- Bei Arbeiten an pyrotechnischen Bauteilen und am Airbag-Steuergerät muss das Masseband der Batterie bei EINGESCHALTETER Zündung abgeklemmt werden. Anschließend den Minuspol abdecken.
- Nach dem Abklemmen der Batterie ist eine Wartezeit von 10 Sekunden erforderlich.

- Das Anklemmen der Batterie muss bei EINGESCHALTETER Zündung erfolgen. Hierbei darf sich keine Person im Innenraum des Fahrzeugs aufhalten. Ausnahme: Fahrzeuge mit Batterie im Fahrzeuginnenraum. Halten Sie sich hierbei nicht im Wirkungsbereich der Airbags und der Sicherheitsgurte auf. Wenn nach dem Wiederanklemmen der Batterie die Zündung nicht eingeschaltet ist, Kontrollleuchten im Schalttafeleinsatz leuchten nicht, halten Sie zum erstmaligen Einschalten der Zündung Kopf und Arm entfernt vom Lenkrad und einem eventuell verbauten Knieairbag, damit Sie sich nicht im Wirkungsbereich der Airbags und der Sicherheitsgurte befinden.

- Vor dem Hantieren mit pyrotechnischen Bauteilen des Rückhaltesystems, zum Beispiel dem Trennen der elektrischen Steckverbindung, muss sich der Mechaniker elektrostatisch entladen. Das elektrostatische Entladen wird durch das Berühren von geerdeten Metallteilen, zum Beispiel durch kurzes Anfassen des Türschließkeils, erreicht.

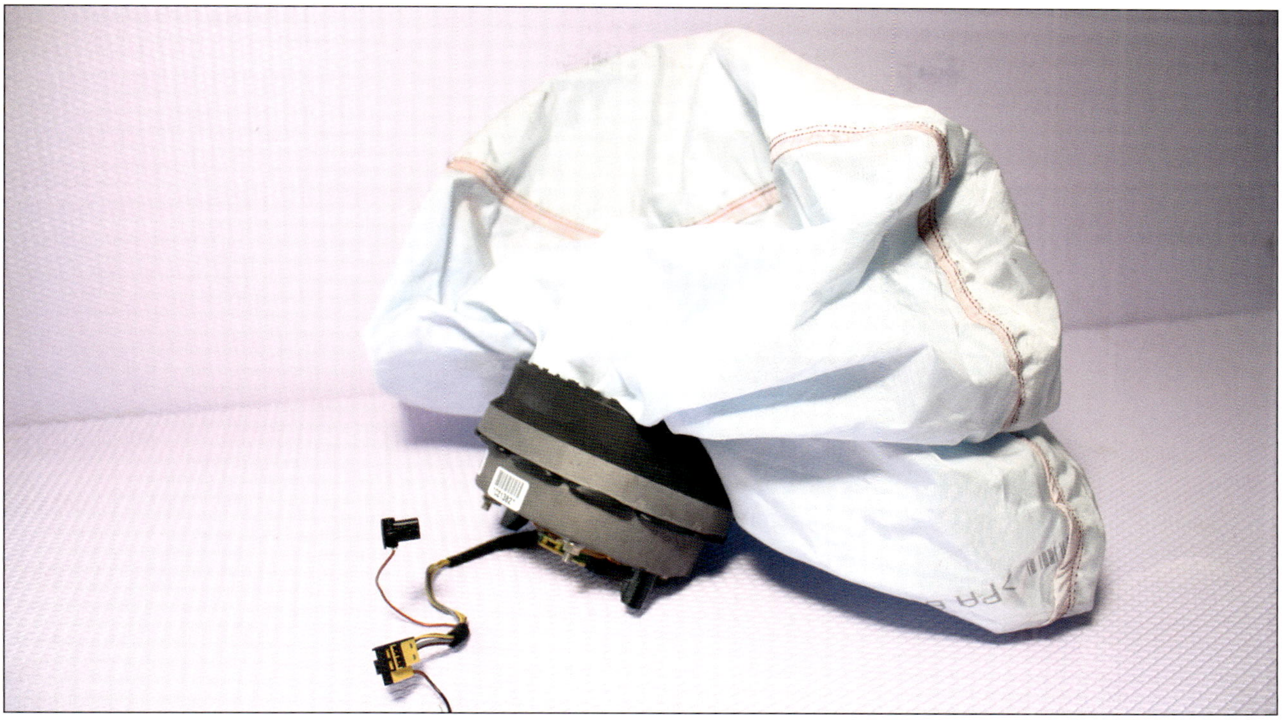

EXPLOSIONSGEFAHR: Die Kräfte, die der Airbag bei der Zündung freisetzt, können Sie tödlich verletzen!

systems bedeutet das schon, dass nicht geeignete Schonbezüge über den Sitzen einen Einfluss auf das Entfaltungsverhalten des Luftsacks haben können. Auch falsche Reinigungsmittel, die einen nicht kalkulierten Einfluss auf den Weichmacher in der Kunststoffabdeckung des Airbags haben, zeigen einen solchen Einfluss. Wer denkt schon daran, dass ein chemischer Reiniger für den Automobilbereich irgendeinen negativen Einfluss auf dieses System haben könnte. Meist ergibt auch die Befragung des Verkäufers wenig bis keine neuen Erkenntnisse über die Verwendbarkeit des Reinigers. Die Inhaltsstoffe werden schließlich meist nicht detailliert beschrieben.

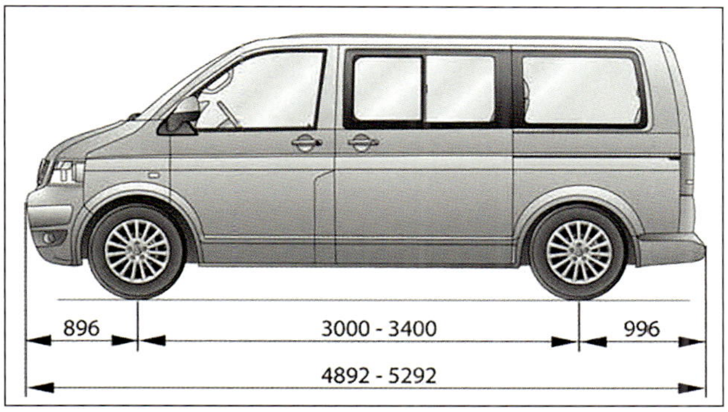

Abmessungen in der Seitenansicht: Die Abmessungen für die lange Karosserieform fallen etwas anders aus.

Abmessungen und Gewichte

Sowohl die Abmessungen als auch die Gewichte lassen sich für den Multivan nicht einfach darstellen. Zu viele Ausstattungsvarianten und das umfangreiche Zubehör machen nur eine ungefähre Angabe möglich. Sicher können Sie nur dann sein, wenn Sie Ihr Fahrzeug bei einem Containerdienst oder einem Landhandel wiegen lassen. So können Sie dann sehr genau bestimmen, was Sie zuladen dürfen.

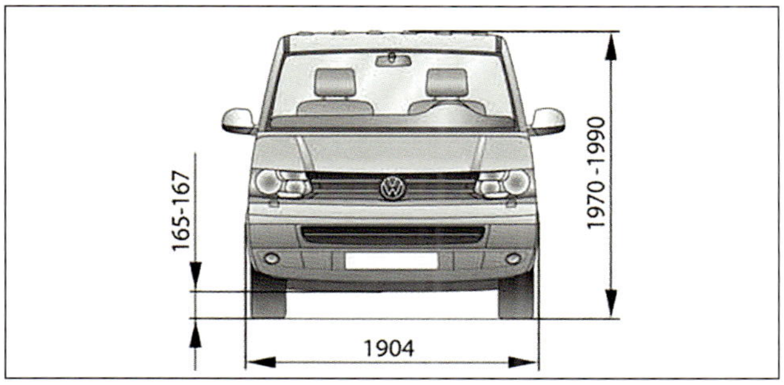

Abmessungen in der Frontansicht: Die Bauhöhen der Fahrzeuge können je nach Ausstattung stark variieren.

	Kurzer Radstand	Langer Radstand
Zulässiges Gesamtgewicht	2,8 t	2,8 t
Zulässiges Gesamtgewicht BlueMotion	2,7 t	2,7 t
Zulässiges Gesamtgewicht (Ablastung)	2,6 t	2,6 t
Zulässiges Gesamtgewicht (Auflastung)	3,0 t	3,0 t
Leergewicht (Comfortline, kurzer Radstand)	2,255 t	–
Anhängelast	2,5 t (750 kg ungebremst)	2,5 t (750 kg ungebremst)
Dachlast	100 kg	100 kg
Stützlast Anhängekupplung	100 kg	100 kg
Gesamtlänge ohne Anhängekupplung*	4,892 m	5,292 m
Gesamtbreite mit Außenspiegeln	2,285 m	2,285 m
Gesamtbreite ohne Außenspiegel	1,904 m	1,904 m
Gesamthöhe der Karosserie ohne Anbauteile**	1,97 m bis 1,99 m	1,97 m bis 2,03 m

* Anhängekupplung oder Anbauteile wie ein Rammschutz verändern die Gesamtlänge des Fahrzeugs.
** Offroadfahrwerk oder Bereifungsvarianten können die Fahrzeughöhe erheblich beeinflussen.

Motorvarianten

Im Laufe der Produktionszeit hat sich hinsichtlich der Motorisierung auch einiges getan. Wir werden Ihnen im Folgenden die unterschiedlichsten Motorvarianten mit einigen Eckdaten vorstellen.
Die meistverkauften Motoren dürften die Dieselmotoren sein. Das hohe Drehmoment und der Drehmomentverlauf ergeben auch im Multivan ein verblüffend spritziges Fahrverhalten. Die 2 l-Ottomotoren wurden nur mit 5-Gang-Schaltgetriebe ausgeliefert. Das 6-Gang-Automatikgetriebe beziehungsweise das 6-Gang-Schaltgetriebe in der Allradversion wurden mit den V6-Ottomotoren angeboten. Für die Dieselvarianten waren schon von Beginn an beide Schaltgetriebe vorgesehen.

Ottomotoren						
Hubraum	2,0 l	2,0 l	2,0 l	3,2 l	3,2 l	3,2 l
Motorkennbuchstabe	AXA	CJKA	CJKB	BDL	BDM	BKK
Verwendungszeitraum	ab 09/03	ab 05/11	ab 07/12	ab 08/03	Nachfolger	Nachfolger
Zylinderanzahl	4	4	4	6	6	6
Ventile je Zylinder	2	4	4	4	4	4
Leistung / Drehzahl	85 kW / 5200 1/min	150 kW / 4200-6000 1/min	110 kW / 3750-6000 1/min	173 kW / 6200 1/min	173 kW / 6200 1/min	173 kW / 6200 1/min
Drehmoment / Drehzahl	170 Nm / 2700-4700 1/min	350 Nm / 1500-4000 1/min	280 Nm / 1500-3750 1/min	315 Nm / 2950 1/min	320 Nm / 3200 1/min	315 Nm / 2950 1/min
Nockenwellenantrieb	Zahnriemen	Steuerkette	Steuerkette	Steuerkette	Steuerkette	Steuerkette
Kraftstoffart	98 ROZ	95 ROZ	95 ROZ	98 ROZ	98 ROZ	98 ROZ

Diesel mit VTG Turbo

Diesel mit Bi-Turbo

Dieselmotoren

Hubraum	1,9 l	1,9 l	2,5 l	2,5 l	2,5 l	2,5 l
Motorkennbuchstabe	AXB	AXC	AXD	AXE	BLJ	BNZ
Verwendungszeitraum	ab 03/03	ab 03/03	ab 01/03	ab 01/03	ab 08/03	ab 01/06
Zylinderanzahl	4	4	5	5	5	5
Ventile je Zylinder	2	2	2	2	2	2
Leistung / Drehzahl	77 kW / 3500 1/min	63 kW / 3500 1/min	96 kW / 3500 1/min	128 kW / 3500 1/min	120 kW 3500 1/min	96 kW / 3500 1/min
Drehmoment / Drehzahl	400 Nm / 2000-2300 1/min	200 Nm / 1600-2400 1/min	340 Nm / 2000-2300 1/min	400 Nm / 2000-2300 1/min	400 Nm / 2000-2300 1/min	340 Nm / 2000-2300 1/min
Nockenwellenantrieb	Zahnriemen	Zahnriemen	Stirnrad	Stirnrad	Stirnrad	Stirnrad
Einspritzsystem	PD-Einheit	PD-Einheit	PD-Einheit	PD-Einheit	PD-Einheit	PD-Einheit
Partikelfilter	nein	nein	nein	nein	nein	ja

Hubraum	2,5 l	1,9 l	1,9 l	2,0 l	2,0 l	2,0 l
Motorkennbuchstabe	BPC	PRR	PRS	CAAA	CAAB	CAAC
Verwendungszeitraum	ab 01/06	ab 01/06	ab 01/06	ab 05/09	ab 05/09	ab 05/09
Zylinderanzahl	5	4	4	4	4	4
Ventile je Zylinder	2	2	2	4	4	4
Leistung / Drehzahl	128 kW / 3500 1/min	62 kW / 3500 1/min	75 kW / 3500 1/min	62 kW / 3500 1/min	75 kW / 3500 1/min	103 kW / 3500 1/min
Drehmoment / Drehzahl	400 Nm / 2000-2300 1/min	200 Nm / 2000 1/min	250 Nm / 2000 1/min	220 Nm / 1250-2500 1/min	250 Nm / 1250-2500 1/min	340 Nm / 1750-2500 1/min
Nockenwellenantrieb	Stirnrad	Zahnriemen	Zahnriemen	Zahnriemen	Zahnriemen	Zahnriemen
Einspritzsystem	PD-Einheit	PD-Einheit	PD-Einheit	Common Rail	Common Rail	Common Rail
Partikelfilter	ja	möglich	möglich	möglich	möglich	möglich

Hubraum	2,0 l	2,0 l	2,0 l	2,0 l	2,0 l
Motorkennbuchstabe	CAAC	CAAE	CCHA	CCHB	CFCA
Verwendungszeitraum	ab 05/09	ab 05/10	ab 05/09	ab 05/10	ab 05/09
Zylinderanzahl	4	4	4	4	4
Ventile je Zylinder	4	4	4	4	4
Leistung / Drehzahl	84 kW / 3500 1/min	100 kW / 3500 1/min	103 kW / 3500 1/min	100 kW / 3500 1/min	132 kW / 4000 1/min
Drehmoment / Drehzahl	250 Nm / 1500-2500 1/min	340 Nm / 1750-2500 1/min	340 Nm / 1750-2500 1/min	340 Nm / 1750-2500 1/min	400 Nm / 1500-2000 1/min
Nockenwellenantrieb	Zahnriemen	Zahnriemen	Zahnriemen	Zahnriemen	Zahnriemen
Einspritzsystem	Common Rail	Common Rail	Common Rail	Common Rail	Common Rail
Partikelfilter	möglich	möglich	möglich	möglich	möglich

Rad- und Reifenkombinationen

Im Laufe der Jahre sind unzählige eintragungsfähige Radreifenkombinationen für den VW T5 auf dem Markt, dass es nicht sinnvoll ist einzelne Felgen, Radsätze oder Reifen im Detail vorzustellen. Wir möchten Ihnen in diesem Abschnitt wichtige Grundlagen für die Umrüstung von Rädern und Reifen an die Hand geben.

Das Bindeglied zur Straße ... der Reifen
Reifenunterbau, Gummimischung und das ausgefeilte Reifenprofil machen moderne Reifen zu echten Hightech-Produkten, die einen wichtigen Beitrag zur passiven Sicherheit Ihres Autos leisten. Sie tragen das Gewicht eines Fahrzeugs, fangen kleinere Stöße der Fahrbahn ab und übertragen die Kräfte, die bei Antrieb, Bremsen und Kurvenfahrt entstehen. Die Reifen an den Vorderrädern bringen es durchschnittlich auf eine Laufleistung von 15.000 – 60.000 Kilometer, die Pneus der Hinterräder auf 30.000 – 80.000 Kilometer. Ein regelmäßiger achsweiser Wechsel ermöglicht eine gleichmäßige Abnutzung. Aber auch wenn Sie Ihr Fahrzeug nur selten bewegen – spätestens nach sieben, acht Jahren sind die Reifen am Ende, weil sich die Mischung des Gummis mit der Zeit auflöst und/oder versprödet bzw. verhärtet.

Felge und Rad

Der T5 ist mit Felgen mit einem Lochkreis von 5x120 mm ausgerüstet. Es ist schon im Originalzubehör eine sehr große Anzahl von unterschiedlichen Felgenbauformen, Abmessungen und Einpresstiefen erhältlich. Hinzu kommen noch weitere Rad-Reifenkombinationen aus dem Zubehörbereich. Auch wenn in Ihren Fahrzeugpapieren lediglich eine oder zwei Kombinationen eingetragen sind, bedeutet das nicht, dass keine weiteren Rad-Reifenkombinationen zulässig sind. Zur Orientierung fragen Sie bitte mit Ihrer Fahrgestellnummer die Reifenfreigaben bei Ihrem Volkswagen-Händler an. Eine weitere Möglichkeit ist freigegebene Rad-Reifenkombinationen mit einer allgemeinen Betriebserlaubnis zu montieren. Oftmals sind keine besonderen Auflagen zu erfüllen und der Eintrag in die Fahrzeugpapiere ist nicht erforderlich. Hierzu sollten Sie sich bei Ihrem Reifenhändler vor Ort oder im Internet informieren. Geben Sie immer alle erforderlichen Fahrzeugdaten an. Bei Fahrzeugen, die durch einen Umbau verändert wurden, muss immer auch überprüft werden, ob mit dem Umbau der Betrieb der Rad-Reifen-Kombination nicht unter Auflagen gestellt wird oder sogar nicht erfolgen darf.

Felgendimensionen
Als Größe wird der Durchmesser der Felge an der Stelle. auf dem der Reifen sitzt. bezeichnet. Die Bezeichnung 6 J x 16 H2 zum Beispiel bezeichnet eine Tiefbettfelge (x) mit einer Breite von sechs Zoll und einem Durchmesser von 16 Zoll. Der Buchstabe »J« steht für die Form des Felgenhorns. »H2« weist auf eine an beiden Schultern der Felge rundumlaufende Erhöhung (Hump) hin. Sie verhindert, dass bei schneller Fahrt durch eine Kurve der Reifenwulst durch die Seitenkräfte von der Schulter der Felge ins Tiefbett gedrückt wird. Das Tiefbett ist für die Reifenmontage unerlässlich. Die T5-Felge weist fünf Löcher in einem Lochkreis von 120 mm aus (LK 5x120).

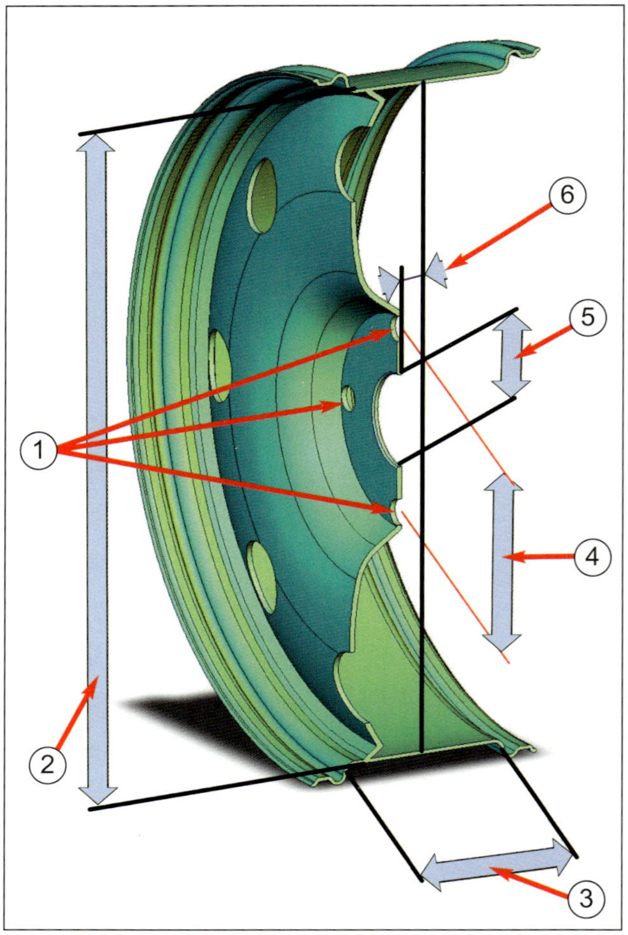

Abmessungen an der Felge: 1 Anzahl der Befestigungslöcher, 2 Durchmesser der Felge, 3 Felgenbreite, 4 Lochkreis, 5 Zentrierbohrung, 6 Einpresstiefe.

Produktionsdatum

Das Reifenherstellungsjahr ist verschlüsselt auf jedem Reifen angegeben. Gerade bei älteren Fahrzeugen kommt es vor, dass schon sehr alte Reifen montiert sind. Achten Sie beim Reifenkauf gerade bei gebrauchten Radsätzen darauf, dass die Reifen nicht älter als vier Jahre sind. Grundsätzlich dürfen zwar auch ältere Reifen gefahren werden. Allerdings werden die Reifen mit zunehmendem Alter härter und verlieren damit ihren Grip. Das bedeutet: die Verzahnung zwischen Straße und Reifen wird schlechter. Die Auswirkungen sind natürlich schlechtere Antriebsleistung und, und das ist wesentlich schlimmer, der Bremsweg verlängert sich genauso.

Reifen und Luftdruck

Durch das Gewicht des Fahrzeuges wird der Reifen am Bereich seiner Aufstandsfläche auf der Fahrbahn verformt. Diese Verformung nennt man Abplattung. Am drehenden Rad läuft diese Abplattung um den Umfang herum. Diese zwangsmäßige Verformung des Reifens ergibt einen größeren Rollwiderstand. Hieraus ergeben sich wiederum ein höherer Reifenverschleiß und Kraftstoffverbrauch und, nicht zu vergessen, ein höheres Sicherheitsrisiko. Ein zu hoher Luftdruck führt zu Mittenverschleiß und schlechtem Abrollkomfort. Grundsätzlich sollte immer der Luftdruck eingehalten werden, den der Hersteller im Tankdeckel und/oder Fahrerhandbuch angibt.

Mobilitätsreifen

Zwar sind zumindest die neueren Multivans mit einem Reifendruckkontrollsystem ausgerüstet, aber der Luftverlust bedeutet normalerweise dann eine Reparatur durch Radwechsel oder das Einbringen des Reifendichtsystems. Beides ist sicherlich im Fall des Falles keine komfortable Aufgabe. Eine sinnvolle Ergänzung der Fahrzeugausrüstung bei der Umrüstung von Reifen und Rädern ist die Wahl eines Pannenschutzreifens. Ein Paradebeispiel für Perfektion bis ins kleinste Detail ist der »Mobilitätsreifen« des deutschen Herstellers Continental. Mit der »ContiSeal« genannten Technik hat Continental ein System entwickelt, das trotz eingedrungener Nägel oder Schrauben die Weiterfahrt ermöglicht: Eine Schutzschicht auf der Innenseite der Reifenlauffläche dichtet die beim Eindringen der Fremdkörper entstehenden Löcher sofort ab und lässt so keine Luft entweichen. Die Versiegelung funktioniert bei nahezu allen Undichtigkeiten, die von Gegenständen bis zu 5 Millimetern Durchmesser hervorgerufen werden. Rund 85 Prozent aller Reifenpannen können so vermieden werden.

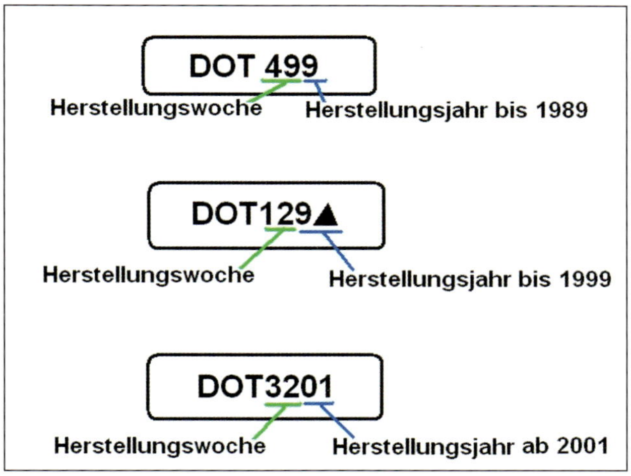

Produktionsprägung: Auf der Reifenflanke findet sich in einer ovalen Vertiefung hinter der Dot-Nummer das Kürzel für das Produktionsdatum.

Continental Mobilitätsreifen: Löcher bis zu 5 mm im Durchmesser werden selbsttätig abgedichtet.

Investition in die Zukunft

Ohne das richtige Werkzeug geht nichts. Wenn Sie vorhaben, sich intensiv um Ihr Auto zu kümmern, müssen Sie sich zunächst Gedanken um das nötige Handwerkszeug machen. Was Sie dazu unbedingt brauchen und wie Sie alles in der heimischen Garage unterbringen können, wollen wir Ihnen in diesem Kapitel zeigen.

Egal, ob Sie nun häufig oder eher selten, aus purer Lust am Basteln oder um Geld zu sparen am Auto schrauben: Sie müssen dafür zuerst die richtigen Voraussetzungen schaffen. Leider ist das mit Kosten verbunden. Doch wenn Sie bedenken, was eine Arbeitsstunde in der Werkstatt kostet und dass hochwertiges Werkzeug fast ein Leben lang hält, rechnet sich die Investition früher oder später.

Was muss ich als Erstes anschaffen?

Beginnen Sie mit einem Ordnungssystem, bestehend aus einer stabilen Werkbank mit Unterschränken und einem abschließbaren Schrankaufsatz. Ohne ein Ordnungssystem und eine stabile Werkbank sollten Sie nicht beginnen, denn Ordnung und Sauberkeit sind beim Schrauben oberstes Gebot. Das Schöne daran: Das Ganze passt problemlos in eine normale Einzelgarage und bietet Ihnen auf Jahre die nötige Sicherheit. Bei einer Markenfirma wie Gedore kostet eine solche Kombination rund 4200 Euro ohne Inhalt. Der lässt sich mit der Zeit ergänzen. Lassen Sie sich doch von nun an zum Geburtstag oder zu Weihnachten hochwertiges Werkzeug schenken: Die Schränke werden sich schneller füllen, als Sie denken.

Woran erkenne ich gutes Werkzeug?

Gutes Werkzeug kann in der Regel nicht billig sein. Ein Ring-/Maulschlüssel kostet je nach Größe zwischen fünf und 15 Euro, sodass ein Satz mit den zehn gebräuchlichsten Größen schon auf rund 80 Euro kommt. Noch größer sind die Qualitäts- und Preisunterschiede bei den Steckschlüsselsätzen – oft auch Umschaltknarren mit Nüssen genannt.
Ein solider Kasten mit 19 Teilen und Verlängerungen kostet an die 200 Euro, hält dafür aber auch höchste Belastungen aus. Auch das Gewicht ist ein gutes Indiz: Je schwerer das Werkzeug ist, umso stabiler ist der Stahl. Nehmen Sie zum Vergleich ein paar Schlüssel in die Hand und achten Sie auf Maßhaltigkeit und die Oberfläche.

Was tun, wenn ich keine Garage habe?

Der ideale Ort zum Schrauben ist natürlich eine in sich abgeschlossene Garage – je größer umso besser. Aber auch wenn Sie lediglich über einen Stellplatz verfügen oder gar im Freien arbeiten müssen, gibt es eine Lösung: Ein Werkstattwagen (links im Bild) lässt sich nach getaner Arbeit leicht wegräumen. Zum Beispiel in den Keller. Nur allzu schwer beladen sollte er dann nicht sein. Achten Sie beim Kauf auf die Lagerung der Schubladen. Ein Werkstattwagen in Profi-Qualität kann ohne Inhalt um die 1000 Euro kosten.

Was kostet mich das alles?

Zunächst einmal viel Geld und bitte sparen Sie dabei nicht zu sehr. Ansonsten kostet es nämlich auch noch Ihre Gesundheit. Natürlich müssen Sie nicht auf Anhieb 8000 Euro ausgeben, so viel kostet nämlich die Ausrüstung in unserer voll ausgestatteten Garage im Bild links. Allerdings handelt es sich hier auch um einen kompletten Werkzeugsatz eines Markenherstellers in Profi-Qualität. Damit werden normalerweise Werkstätten ausgerüstet. Wir haben die Ausstattung zudem um einige pfiffige und günstige Hilfsmittel, zum Beispiel aus dem Programm von Conrad Elektronik ergänzt, auf die wir später noch genauer eingehen.

Lohnt sich das denn?

Wir meinen: Ja! Wie viel Geld Sie letztendlich ausgeben wollen, bleibt Ihnen überlassen. Beachten Sie dabei aber immer den Grundsatz: Weniger (dafür aber von hoher Qualität) ist mehr als viel (und viel kaputt). Rechnen Sie einfach über die nächsten 15 Jahre…

Die Grundausstattung

Gutes Werkzeug kann billig sein, ist es in der Regel aber nicht. Ein Satz Ring-/Maulschlüssel kostet schon rund 80 Euro. Noch größer sind die Qualitäts- und Preisunterschiede bei den Steckschlüsselsätzen – oft auch Knarrenkästen genannt. Das wichtigste Teil ist hierbei die Knarre selbst. Die Sperrklinken sollten austauschbar sein, gute Hersteller bieten dafür Ersatzteile und einen Service an. Besonders wichtig ist das bei einem Drehmomentschlüssel, der regelmäßig kalibriert werden sollte. Drehmomentschlüssel nach der Arbeit immer entspannen!
Sehr wichtig ist auch die Qualität von Schraubendrehern und Zangen. Damit werden hohe Kräfte übertragen, die das Werkzeug aushalten muss.

GEFAHRENHINWEIS

Schrauben ist gefährlich

Ob nun reines Hobby oder beruflich: Das Schrauben birgt gewisse Risiken. Vom kleinen Kratzer bis hin zum tödlichen Unfall ist schon alles vorgekommen. Beachten Sie daher stets folgende Grundregeln:

- Benutzen Sie nur hochwertiges Werkzeug!
- Schrauben Sie möglichst immer von sich weg!
- Sichern Sie angehobene Lasten lieber doppelt!
- Sorgen Sie für ausreichende Belüftung!
- Tragen Sie wann immer möglich Schutzkleidung!
- Das gilt ganz besonders für die Augen!
- Wenden Sie niemals Gewalt an, meist gibt es eine andere, elegantere Lösung für das Problem!
- Sorgen Sie dafür, dass immer jemand in der Nähe ist, der Ihnen in Notfällen helfen kann!

Dass Essen, Trinken und offenes Licht sowie Zigaretten am Arbeitsplatz nichts verloren haben, setzen wir als selbstverständlich voraus. Lagern Sie aber auch keine Flüssigkeiten in Trinkflaschen. Selbst an destilliertem Wasser kann ein Mensch sterben! Und zu guter Letzt: Legen Sie sich zur Sicherheit einen Verbandskasten und einen Feuerlöscher bereit.

Der Werkzeugwagen: Was sich in diesem Rollcontainer alles verbirgt, sehen Sie auf den Bildern rechts. Diese Luxusversion ist abschließbar und hat laufruhige Gummiräder.

Schraubendreher: Entscheidend sind der Griff und die Qualität der Spitze. Je drei Größen von Schlitz- und Kreuzschlitzschraubendrehern sollten für den Anfang genügen.

Ring-Maulschlüssel: Ein kompletter Satz dieser Kombinationsschlüssel von acht bis 22 Millimeter reicht in den meisten Fällen. Zusätzlich gibt es Spezialschlüssel.

Steckschlüssel: Auch Nüsse und Knarre genannt. Ein guter Kompromiss ist ein Satz mit dem Verbindungsmaß 3/8 Zoll. Niemals an der Umschaltknarre sparen!

Zangen: Wichtig sind eine verstellbare Wasserpumpenzange, eine Flach- oder Spitzzange sowie eine Kombizange mit integriertem Seitenschneider.

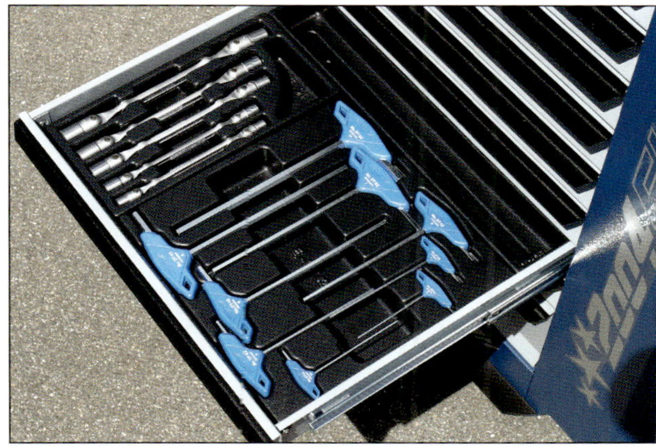

T-Griffe: Werden meist im Karosseriebereich eingesetzt. Das übertragbare Drehmoment ist nicht sehr hoch, dafür sind auch tief sitzende Schrauben gut zu ereichen.

Torx-Abteilung: Immer mehr Schraubverbindungen haben Torx- oder Vielzahnköpfe. In diesem Fach ist alles versammelt, was beim Arbeiten an Torx-Schrauben dienlich ist.

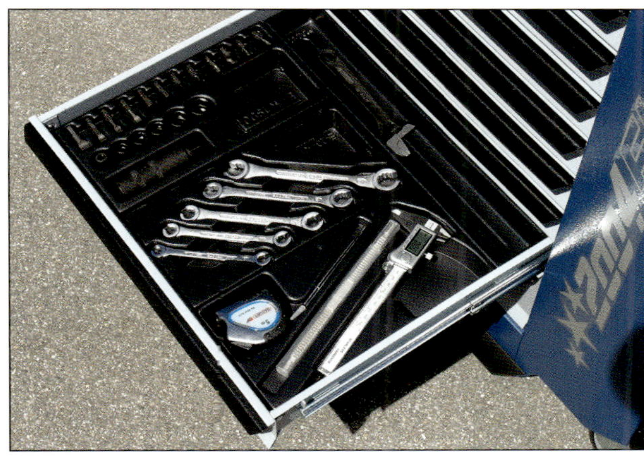

Spezialaufgaben: Selten benötigte Werkzeuge wie Bremsleitungsschlüssel, Messschieber oder auch die verschiedenen Spezialbits sollten ein extra Fach bekommen.

Gekröpfte Schlüssel: Manche Schrauben lassen sich überhaupt nur mit einem gekröpftem Schlüssel erreichen. Es gibt verschiedene Ausführungen, auch für Spezialfälle.

Hammer, Säge, Drehmoment: Die schweren Werzeuge sollten immer im untersten Schubfach ihren Platz finden. Meistens ist dieses Fach auch größer als die anderen.

Nützliches Zubehör

Wenn Sie genügend Platz haben, können Sie das gesamte Werkzeug auch in einer Werkbank-/Werkzeugschrank-Kombination unterbringen. Lassen Sie aber noch etwas Platz übrig, denn neben gutem Werkzeug beherbergt die Schraubergarage auch immer einige nützliche Helfer.

Sicherer Stand: Stabile Auffahrrampen sind für die meisten Arbeiten unter dem Auto völlig ausreichend. Zwar können Sie die Räder nicht abnehmen, dafür steht das Auto sicher.

Beste Bedingungen: Auf einem solchen Reifenbaum sind nicht benötigte Räder perfekt untergebracht. Zwischen den Rädern bleibt etwas Luft, das Gewicht trägt die Felge.

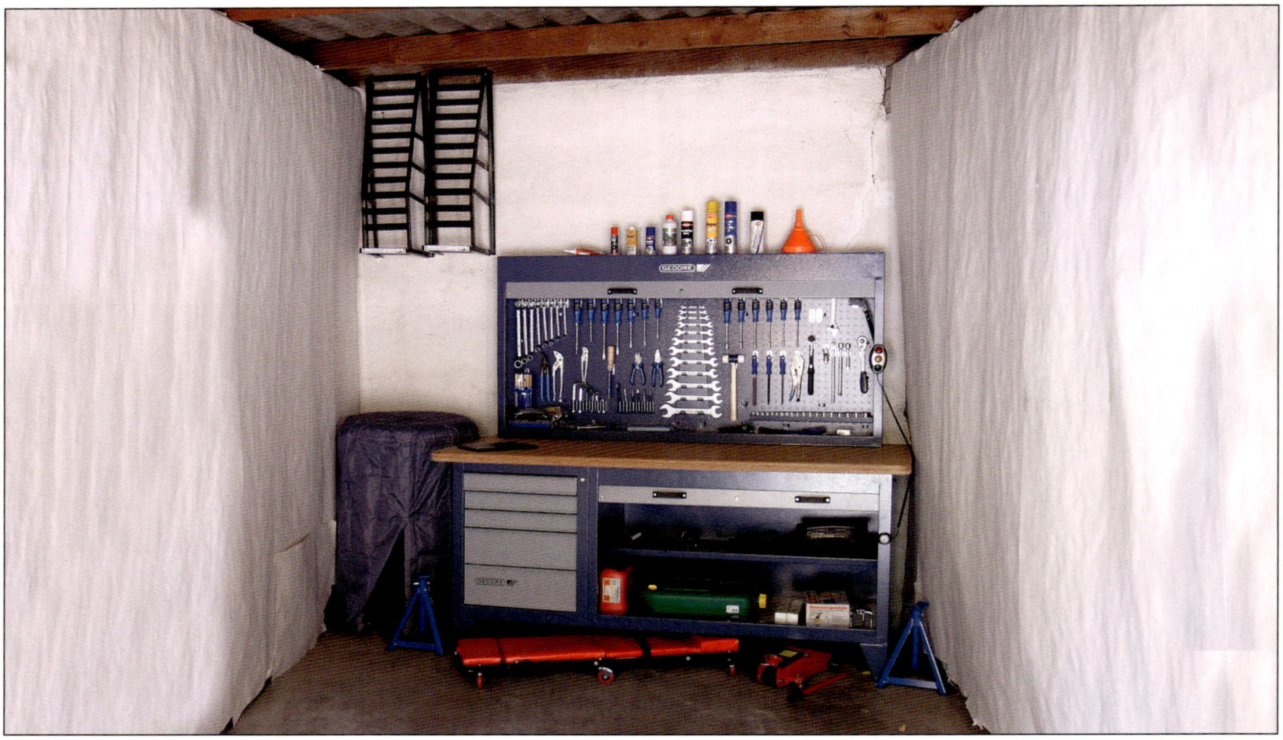

Des Schraubers Traum: Mit einem cleveren Werkstatt-System können Sie sich auch auf begrenztem Raum ein wahres Schrauberparadies schaffen. Tatsächlich steht diese Einzelgarage, was die Ausrüstung angeht, einer Profi-Werkstatt kaum nach. Alles was jetzt noch fehlt ist eine Hebebühne, doch diese braucht leider vier Meter Raumhöhe.

3

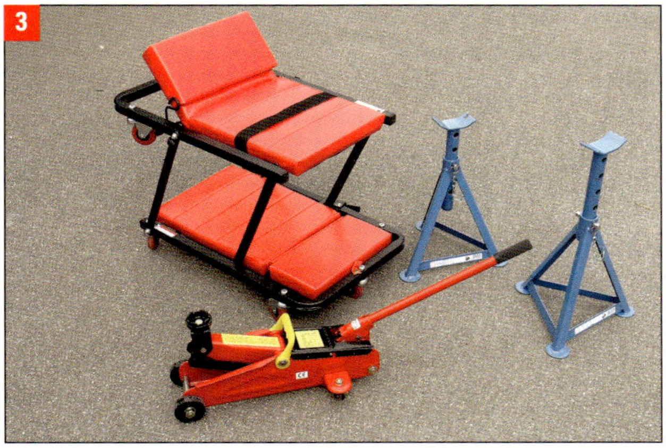

Helfer für unten: Unterstellböcke und ein hydraulischer Wagenheber sind ein Muss. Ein Rollbrett, das sich zum Hocker falten lässt, ist dagegen schon fast Luxus.

4

Werkstattapotheke: Auch ein kleines Sortiment von chemischen Produkten gehört zur Werkstatt. Unverzichtbar sind Teilereiniger und Sprühfett, aber auch die Kupferpaste werden wir noch brauchen.

5

Ampellösung: Damit wir die kostbare Werkbank nicht mit dem wertvollen Blech rammen, haben wir einen Abstandswarner montiert. Gefunden bei Conrad-Elektronik.

6

Es werde Licht: Wenn Sie nicht sehen, woran Sie schrauben, ist das Scheitern vorprogrammiert. Es gibt wirklich genug Möglichkeiten, für ordentliches Licht zu sorgen.

7

Ölige Helfer: Für den Ölwechsel empfehlen wir eine solche Wanne und ein Trichterset. Wer absaugen will, braucht eine Pumpe, die für Öl geeignet ist.

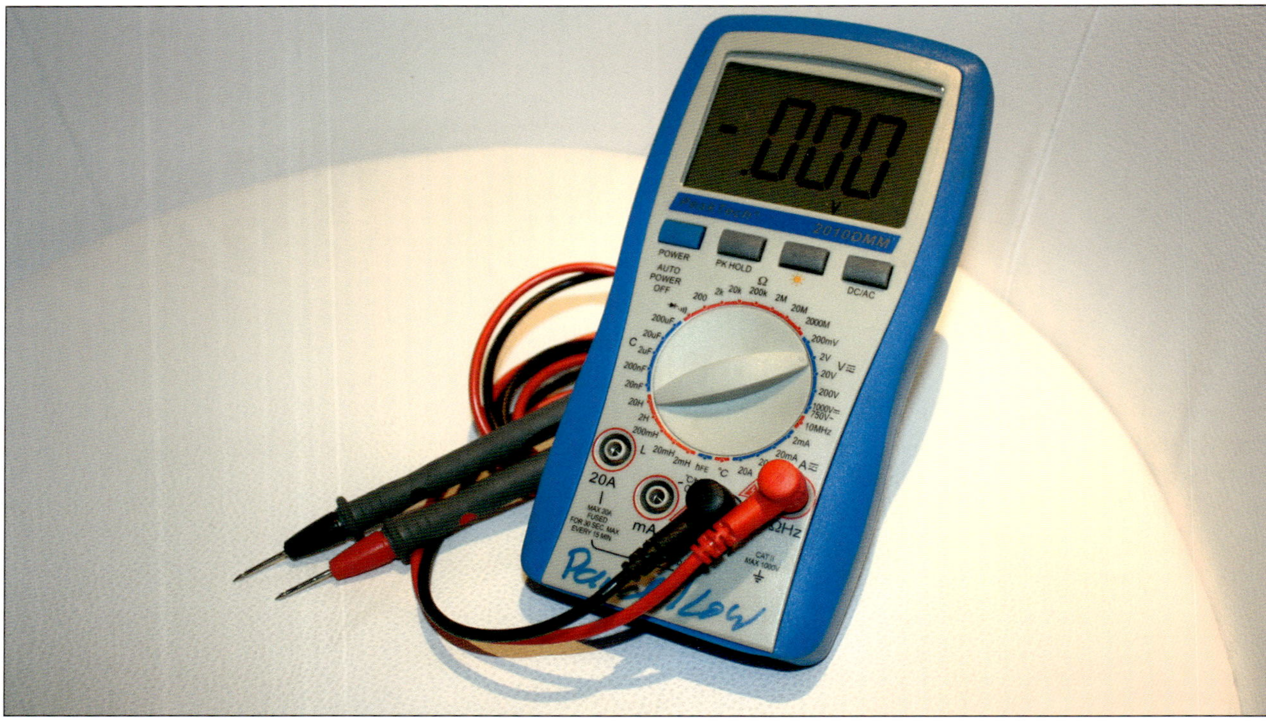

Multifunktionsmessgerät: Ohne Multimeter geht es heute leider nicht mehr. Ein einfaches Multimeter mit möglichst großem Display und brauchbaren Messspitzen kostet ab 40 Euro aufwärts. Es sollte möglichst keine automatische Bereichswahl (Auto-Range) haben. Für die Vergesslichen unter den Schraubern sorgt eine »Auto-Power-Off«-Schaltung für eine batterieschonende, automatische Abschaltung des Gerätes bei Nichtgebrauch.

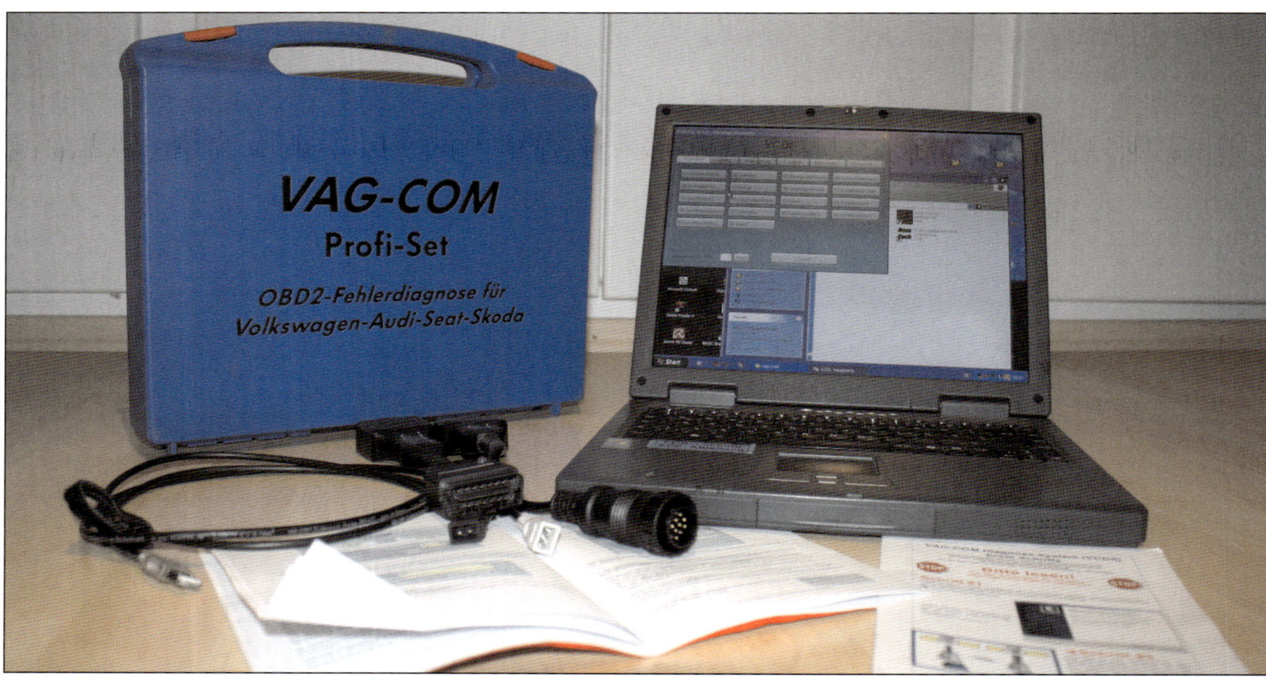

Diagnose-Tool: Um den Fehlerspeicher auszulesen oder auch Prüffunktionen der Eigendiagnose ausführen zu können, reicht meist schon ein Diagnosetool, welche durchaus schon um 100 Euro in diversen Onlineversteigerungen angeboten werden. Wichtig hierbei ist, dass die entsprechende Software mitgeliefert wird

In der Werkstatt

Was braucht die Werkstatt?

Aufgrund der vielen Ausstattungsvarianten und verfügbaren Extras moderner Autos, ist eine genaue Bestimmung des Fahrzeugtyps nicht immer nur anhand der Fahrgestellnummer möglich. Wenn Sie also eine Werkstatt aufsuchen, die Ihren Wagen noch nicht kennt, sollten Sie alle Unterlagen mitnehmen (Serviceheft, Radiocode, ABEs und Zubehörunterlagen). Berücksichtigen Sie auch vorhandenes Zubehör wie Sonderfelgen mit Schloss. Bei Arbeiten an der Wegfahrsperre oder den Schließsystemen werden in der Regel alle Fahrzeugschlüssel benötigt. Ansonsten räumen Sie Ihr Auto aus und entfernen alle privaten Sachen und auch die Musik-CDs. So gibt es hinterher keine Diskussionen, ob Dinge fehlen oder nicht.

Diese Angaben braucht die Werkstatt:

- Schlüsselnummer (Hersteller)
- Schlüsselnummer (Typ)
- Zulassungsdatum
- Motorisierung
- Fahrgestellnummer

Das müssen Sie dabei haben:

- Fahrzeugschein
- Serviceheft
- Adapter oder Schlüssel für Felgenschlösser
- Radiocode
- alle Schlüssel (bei Arbeiten am Schließsystem)

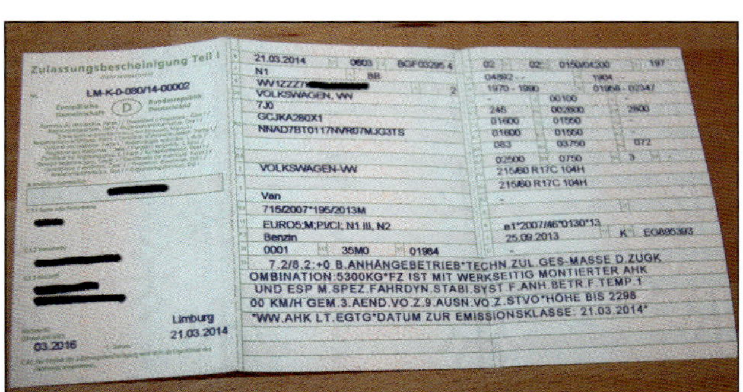

Der Fahrzeugschein: Hier findet die Werkstatt die wichtigsten Daten und auch die Fahrgestellnummer.

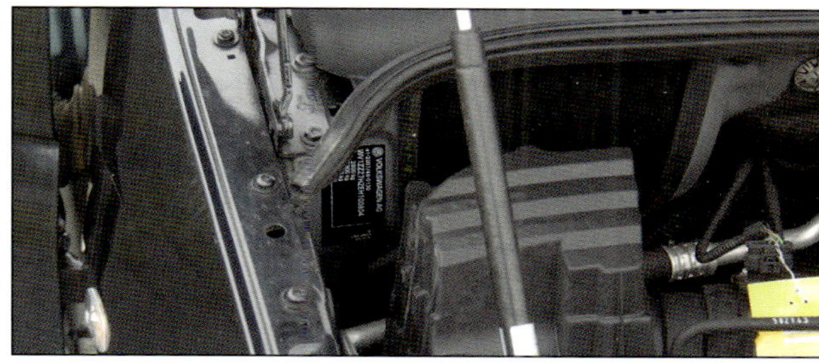

Das Typenschild: Das Typenschild finden Sie im Motorraum auf der Spritzwand rechts.

Eine klare Auftragserteilung

Um nicht mit einer Reparaturrechnung konfrontiert zu werden, die weit über dem Erwarteten liegt, sollten Sie der Werkstatt Ihres Vertrauens ein Kostenlimit angeben und darauf bestehen Sie zu kontaktieren, falls es zu unerwarteten Mehrarbeiten kommt. Erteilen Sie Ihren Arbeitsauftrag immer schriftlich, denn mündliche Absprachen sind nur schwer einklagbar und beweisbar. Die Kopie des schriftlichen Arbeitsauftrags in ihrer Tasche gibt Ihnen die Rechtssicherheit. Dank moderner EDV-Anlagen ist es auch oft kein Problem, auf die Schnelle einen schriftlichen Kostenvoranschlag zu erhalten. Dieser ist ebenfalls verbindlich und in der Regel noch detaillierter als der Arbeitsauftrag. Beachten Sie bitte: Der tatsächliche Rechnungsbetrag darf bis zu 10% über den geschätzten Kosten liegen, ohne dass es einer erneuten Zustimmung Ihrerseits bedarf. Eine termingerechte Fertigstellung einer Standardreparatur ist heutzutage üblich.
Oberste Voraussetzung für ein gutes Arbeitsergebnis in der Werkstatt und einen geringen Geldschwund in Ihrem Geldbeutel ist eine exakte Fehlerbeschreibung mit Angabe des gewünschten Ergebnisses.

Fehlerbeschreibung

Nehmen wir einmal an, Ihr Auto klappert hin und wieder und Sie möchten dieses in einer Werkstatt beseitigen lassen. Bei unserem jetzigen Beispiel spielt es keine Rolle, ob Sie selbst bezahlen oder andere Ansprüche stellen. Denn im Vordergrund steht erst einmal ein nicht funktionierendes Auto, das repariert werden soll, und dem Schaden ist es schließlich egal, wer die Rechnung bezahlt.

Damit also der Werkstattmeister nicht viele Stunden und Kilometer in Ihrem Auto zurücklegen muss, um ein Klappern zu lokalisieren, das eventuell gar nicht das ist, das Sie meinen, sollten Sie möglichst präzise Angaben machen. Der vorhandene Fehler muss reproduzierbar sein. Das heißt, Sie sollten genau beschreiben, wann der Wagen klappert.

Eine gute Hilfestellung bieten hier die W-Fragen:

Wann tritt das Problem immer auf? »Beim Befahren von Unebenheiten, wie zum Beispiel über die Brücke XY in eine bestimmte Richtung. Bei Temperaturen unter null Grad ist das Klappern am deutlichsten zu hören, die Motortemperatur spielt dabei keine Rolle.«

Wie kann man das Geräusch verstärken oder abschwächen?
»Die Geschwindigkeit, mit der man über die Brücke fährt ist egal, aber man darf kein Gas geben um das Klappern zu hören.«

Wo kommt das Geräusch her? »Es scheint von vorn rechts zu kommen, wenn ich meine Hand auf das Armaturenbrett lege, kann ich es sogar fühlen.«

Wieso sind Sie nicht schon früher damit gekommen?
»Weil das Klappern erst seit ein paar Wochen vorhanden ist.«

Wer hat zuletzt an dem Wagen Hand angelegt? »Sie haben hier den letzten Kundendienst gemacht, ich habe nur die Winterräder montiert.«

Was haben Sie schon dagegen unternommen? »Ich habe schon alle losen Gegenstände aus dem Wageninneren entfernt, aber es hat sich nichts geändert.«

Bei einer präzisen Fehlerbeschreibung können Sie sicher sein, dass der Mechaniker den Fehler schneller eingrenzen kann, und auch das Reparaturergebnis ist für alle Beteiligten einfach und schnell überprüfbar. Diese W-Fragen sind mit leichten Abwandlungen auf nahezu alle Mängel anwendbar. Möglicherweise finden Sie das Problem auch selbst, wenn Sie sich die richtigen Fragen stellen. Denn niemand kennt Ihren Wagen besser als Sie selbst. Oftmals sind es Kleinigkeiten, die Sie nebenher erwähnen, aber dem Mechaniker die richtige Richtung weisen.

Der Ton macht die Musik

Oft treten Probleme auf, wenn es um Leistungen der Gewährleistung oder Garantie geht. Auch wenn Sie sich im Recht fühlen und vielleicht auch Recht haben, beachten Sie bitte, dass Sie meistens nur mit einem Angestellten sprechen, und dessen Motivation entscheidet in der Regel über die Art und Dauer Ihrer Auftragsabwicklung. Damit Ihr Anliegen zur vollsten Zufriedenheit bearbeitet wird, sollten Sie die üblichen zwischenmenschlichen Verhaltensregeln einhalten, auch wenn Sie schon eine halbe Stunde in der Warteschlange stehen. Nicht jeder Zeitpunkt ist gleich gut für einen Werkstattbesuch, der Freitag vor einem langem Wochenende oder Ferienbeginn ist kein so guter Tag. Wir empfehlen Ihnen, sich vorher anzumelden und dem entsprechenden Mitarbeiter eine kurze Schilderung Ihres Anliegens zu geben, oft kann dieser schon im Vorfeld wichtige Informationen bereitstellen oder auf etwas hinweisen, das Sie nicht vergessen sollten mitzubringen.

Wenn es doch zu Differenzen kommt

Versuchen Sie, den Vorgang noch einmal mit dem Verantwortlichen sachlich durchzugehen, eventuell auch unter Beteiligung des Mechanikers oder Meisters. Dieses Gespräch sollte in einen separaten Raum stattfinden und nicht vor weiteren Kunden. Für das Unternehmen kann es sehr schädlich sein, wenn laute Streitereien vor der Kundschaft ausgetragen werden, entsprechend wird die Reaktion ausfallen. Nehmen Sie ruhig sachkundige Verstärkung mit, Ihr Gegenüber wird auch nicht alleine sein. Ein Zeuge kann später sehr wichtig sein. Sollte das nicht das gewünschte Ergebnis bringen, haben Sie noch die Möglichkeit ein Schlichtungsverfahren einzuleiten. Ein solches Verfahren, welches unter der Regie der jeweils zuständigen Handwerkskammer durchgeführt wird, stellt ein Angebot sowohl an das Mitgliedsunternehmen der Handwerkskammer als auch an dessen Auftraggeber dar, sich außergerichtlich zu einigen. Ziel eines Schlichtungsverfahrens ist, die Streitigkeiten zwischen dem Handwerker und dessen Auftraggeber schnell und unbürokratisch, möglichst durch eine gütliche Einigung, beizulegen. Sollte dies alles nicht funktionieren, können Sie immer noch den teilweise langwierigen und möglicherweise auch kostspieligen juristischen Weg einschlagen. So weit sollten Sie es aber nicht kommen lassen.

Schiedsstellen nutzen

Wenn sich Unstimmigkeiten wirklich nicht ausräumen lassen, helfen die Schiedsstellen der Kfz-Innung kostenlos weiter. Ihre Werkstatt muss dazu aber Mitglied der Innung sein, was Sie am entsprechenden Innungs-Schild erkennen. Als neutrale Institution soll die Schiedsstelle Streitigkeiten aus Werkstattaufträgen und Kaufverträgen über gebrauchte Kraftfahrzeuge ohne gerichtliche Auseinandersetzung beilegen helfen. Bereits vor Gericht anhängige Streitigkeiten werden nicht bearbeitet. Seit Jahren erfolgreiche Schiedsstellen geben folgende Tipps zur (schriftlichen) Anrufung:

- Zuerst klären, ob Werkstatt oder Händler Innungsmitglied ist, erkennbar am Schild.
- Im Telefongespräch den Fall kurz schildern und beurteilen lassen, ob er für ein Schiedsverfahren geeignet ist. Streitigkeiten über den Kaufpreis von Gebrauchtwagen sind vom Schlichtungsverfahren ausgeschlossen. Auf einem Fragebogen ist dann der Antrag konkret zu formulieren. Für allgemeine Rechnungsprüfung ist die Schiedsstelle nicht zuständig.
- Reparaturauftrag oder Kaufvertrag, Rechnungen, eventuell auch Notizen über Telefonate mit Datum und Uhrzeit sowie Zeugenaussagen sind dem Fragebogen beizufügen. Wie vor Gericht müssen die Ansprüche bewiesen werden.
- Zur Beweissicherung können auch ausgebaute Fahrzeugteile gehören. Deshalb eventuell schon beim Reparaturauftrag darauf hinweisen, dass ausgebaute Teile ausgehändigt werden sollen.

Hinweis:
Wenn Sie bei Fahrzeugabholung Grund zur Reklamation haben, kann die Werkstatt trotzdem auf Bezahlung in voller Höhe bestehen.

Auf der Rechnung (Arbeitslohn und Material müssen getrennt ausgewiesen sein!) notieren, dass die Zahlung unter Vorbehalt erfolgt!

Rechnungsfehler können Sie innerhalb von sechs Wochen reklamieren.

WISSENSWERTES

Die Kfz-Schiedsstellen

Zahn der Beschwerden wächst
Die Beschwerden von Werkstattkunden und Gebrauchtwagenkäufern bei den Schiedsstellen des Kraftfahrzeuggewerbes nehmen von Jahr zu Jahr zu. Das deutet aber nicht auf schlechtere Arbeit in den Kfz-Meisterbetrieben hin. Die Mehrzahl der Kundenaufträge wird nach wie vor beschwerdefrei ausgeführt. Die wachsende Beschwerdezahn resultiert aus der stärkeren Aufklärung der Kunden über ihre Rechte aufgrund von Sachmangelhaftungsrecht (Gewährleistung) und Garantie.

Gründe für Beschwerden
Rund 80 Prozent der Beanstandungen betreffen Werkstattleistungen und 20 Prozent den Gebrauchtwagenhandel. Die häufigsten Beschwerdegründe sind vermeintlich unsachgemäße Ausführung der Werkstattarbeiten, die Rechnungshöhe und technische Mängel.

Auf Innungsschild und Zusatzzeichen achten
Der Kunde sollte beim Werkstattbesuch oder Gebrauchtwagenkauf auf das Meisterschild der Kfz-Innung (Bild 12) und das Zusatzzeichen zum Meisterschild »Gebrauchtwagen mit Qualität und Sicherheit« achten. Nur dann kann im Streitfall die Schiedsstelle der Kfz-Innung tätig werden.
Die Kfz-Schiedsstellen schaffen es in den meisten Fällen, Meinungsverschiedenheiten zwischen Kunden und Kfz-Meisterbetrieben schnell, unbürokratisch und für den Verbraucher kostenlos zu beseitigen. Der Spruch der Schiedsstelle ist für den Kfz-Betrieb verbindlich. Dem Kunden steht in jedem Fall der Rechtsweg weiterhin offen.

Adressen im Internet
Die Kfz-Schiedsstellen setzen sich aus je einem Vertreter der regionan zuständigen Kraftfahrzeuginnung, eines Automobilclubs und einer technischen Überwachungsorganisation zusammen. Zudem führt stets ein zum Richteramt befähigter Jurist den Vorsitz. Informationen über das Schiedsstellenverfahren vermitteln die regional zuständigen Kraftfahrzeuginnungen. Die Adressen der bundesweit rund 130 Schiedsstellen sind im Internet zu finden. Nutzen Sie dazu die Adresse:
www.kfzschiedsstellen.de

Multivan Waschtag

Sein eigenes Auto zu pflegen macht Spaß. Sie sichern damit nicht nur den Wert, sondern lernen Ihr Auto auch bis in den letzten Winkel kennen. Das ist die ideale Voraussetzung, wenn wir später beginnen wollen Teile zu demontieren.

Wagenpflege und Werterhalt

Ein Auto zu besitzen ist für die meisten Menschen weitaus mehr als nur eine bequeme Alternative zu Straßenbahn oder Fahrrad. So auch für Sie. Schließlich haben Sie sich bewusst für ein bestimmtes Modell entschieden, in Ihrer Lieblingsfarbe und mit genau den Ausstattungsmerkmalen, die Sie mögen. Der Lack funkelt in der Sonne, der Innenraum riecht angenehm. Da stellt sich zu Recht ein gewisser Besitzerstolz ein, zumal ein Auto auch eine hübsche Stange Geld kostet. Diesen Wert gilt es zu erhalten, denn vielleicht kommt der Tag, an dem Sie sich doch von Ihrem Schmuckstück trennen wollen oder müssen. Dann geht es um Bares, und wie so oft im Leben zählt hier der erste Eindruck. Und stellen Sie sich einfach vor, Sie müssten ein jahrelang vernachlässigtes Auto vor dem Verkauf in Form bringen. Eine Wahnsinns-Arbeit, nur für den Käufer! Also pflegen Sie Ihr Auto regelmäßig. Sie werden sehen, das macht sogar Spaß! Wie das am besten geht und was Sie dabei beachten müssen, erfahren Sie hier.

Waschanlage oder Handwäsche?

Eine der wichtigsten Fragen, die ebenso heiß wie häufig diskutiert wird. Und leider können auch wir keine eindeutige Antwort darauf geben. Einerseits ist die Maschinenwäsche natürlich die bequemste Variante und auch in Sachen Umwelt erste Wahl (siehe auch Kasten auf Seite 38), andererseits haben die Vertreter der Handwasch-Fraktion natürlich recht, wenn sie vor Kratzern und anderen Beschädigungen warnen. Denn natürlich gehen in Waschanlagen manchmal Außenspiegel zu Bruch oder die Bürsten hinterlassen auf dunklen Lacken leichte Kratzer. Das passiert allerdings nur bei schlecht gewarteten oder veralteten Anlagen, aber auch genauso, wenn der Schwamm bei der Handwäsche nicht sauber ist. Wie die meisten Fahrzeuge hat auch die Karosserie Ihres Van viele tückische Stellen. Dazu gehören zum Beispiel die Falze und Kanten an den Türinnenseiten oder auch am Kofferraum. Die Reinigung in der Waschanlage allein kann also zu unbefriedigenden Resultaten führen, und Sie müssen am Ende ein paar Stellen doch von Hand nachputzen.

Woran erkenne ich eine gute Waschanlage?

Zunächst einmal ist natürlich die neuere und weniger frequentierte Waschanlage die bessere Wahl. Moderne Anlagen steuern die Bürsten optisch und besitzen genügend Flexibilität, um auch mit den ungewöhnlichen Formaten moderner Autos zurecht zu kommen. Wenn Sie eine alte Anlage sehen, die noch mit Fühlern arbeitet, die über die Konturen der Karosserie schleifen, fahren Sie am besten gleich weiter. Auch gebogene oder ausgefranste Borsten sind kein gutes Zeichen. Dann wird diese Waschanlage sehr oft benutzt, ohne dass der Betreiber gerne Geld investiert. Die Folge ist eine Breitseite für den Lack, da die Borstenenden keine saubere Arbeit leisten können. Beobachten Sie einfach einen Waschgang eines anderen Kunden und achten Sie auch darauf, ob das Auto zu Beginn des Waschganges mit genügend Wasser benetzt wird. Denn auch hier wird manchmal gespart oder verstopfte Düsen werden erst gar nicht gereinigt.

Schadet häufiges Waschen dem Lack?

Heutige Lacke sind außerordentlich resistent gegen Umwelteinflüsse. Sie müssen selbst bei relativ frisch lackierten Teilen (zum Beispiel nach einer Unfallreparatur) keine Angst haben. Die größere Gefahr geht von Vogelkot, Insekten oder Pflanzensäften aus, die den Lack mit der Zeit angreifen. Also am besten gleich abwaschen!

Wichtige Hilfsmittel und Putzutensilien

Egal, ob Sie nur von Hand waschen oder Ihren Wagen zunächst durch eine Waschanlage jagen – Sie brauchen in jedem Fall noch ein paar Dinge, um Ihr Schmuckstück perfekt in Form zu bringen. Denn auch die beste Waschanlage lässt manchmal ein paar Stellen aus. Am besten entfernen Sie mit einer gründlichen Vorbehandlung hartnäckige Verunreinigungen und warten dann mit Schwamm und Leder bewaffnet am Ausgang der Waschanlage, um sofort nacharbeiten zu können.
Und natürlich sollten Sie sich bei dieser Gelegenheit auch gleich den Stellen widmen, die eine Waschanla-

ge niemals erreichen kann: Hierzu zählen beispielsweise die Innenseiten der Scheiben oder auch die Einstiegsleisten. Wir haben darum für Sie hier die wichtigsten Utensilien zusammengestellt, die Sie beim Waschgang unbedingt parat haben sollten.

Putzen gefährdet die Umwelt

GEFAHRENHINWEIS

Ausnahmsweise gilt dieser Gefahrenhinweis nicht Ihnen, sondern der Umwelt. Den Wagen vor der eigenen Hautür zu waschen ist längst nicht mehr überall erlaubt und das aus gutem Grund: Mit dem Abwasser können gefährliche Stoffe in das Grundwasser gelangen. So zum Beispiel Öl oder Chemikalien, die Sie zum Reinigen verwenden. Auch der Trinkwasserverbrauch ist nicht zu unterschätzen. In Waschanlagen werden diese Stoffe durch Abscheider aufgefangen und das Wasser mehrmals aufbereitet und erneut verwendet. Auch die verschmutzten Lappen sind im Grunde genommen Sondermüll, besonders wenn Sie damit dicke Ölkrusten beseitigt haben. Wir raten Ihnen deshalb, grundsätzlich einen ausgewiesenen Waschplatz aufzusuchen. Am besten einen, der überdacht ist, so müssen Sie auch nicht darauf achten, dass Ihnen die Sonne unter Umständen hässliche Wasserflecken in den Lack brennt. Und Sie sind unter Ihresgleichen: Autoliebhaber, die ihr Fahrzeug nicht nur als Fortbewegungsmittel sehen, sondern es mit Hingabe pflegen. Also ein guter Ort für Benzingespräche. Putzen gefährdet die Umwelt.

Das Grundrüstzeug: Unterschiedliche Pflegesubstanzen und vor allem die richtige Auswahl an Tüchern, Schwämmen und Bürsten sind zur gründlichen Reinigung unerlässlich.

Der große Schwamm: Ein weicher Schwamm ist bei der Handwäsche das wichtigste Putzutensil. Er eignet sich aber auch gut zur Vorreinigung oder dem Nachputzen.

Gegen Insektenreste: Besonders hartnäckig können Insektenreste auf den Streuscheiben der Scheinwerfer anhaften. Rücken Sie dem Fliegendreck mit einem Zellstoffpapier und etwas Schaumreiniger oder Insektenlösemittel zu Leibe.

Vorbehandlung

Vor einer gründlichen Reinigung sollten Sie Ihren Wagen auch einer gründlichen Vorbehandlung unterziehen. Widmen Sie sich akribisch den großen Flächen der Karosserie. Inspizieren Sie gleichzeitig die gesamte Karosserie auf Kratzer. Später gehen wir darauf ein, wie Sie Ihren Van vor Kleinschäden mit relativ geringem Aufwand und vor allen Dingen vertretbaren Kosten schützen können. Arbeiten Sie von oben nach unten, fangen Sie mit dem Dach an und verteilen Sie von dort den Waschschaum auf die restliche Karosserie. Hilfreich ist die Waschbürste, um alle Stellen am Dach zu erreichen, ohne auf Tuchfühlung mit der Fahrzeugflanke gehen zu müssen. Geben Sie aber Acht, dass die Dreckreste Ihres Vorgängers nicht mehr im Bürstenkopf hängen und so Ihre Lackoberfläche verkratzen. Besonders die Felgen müssen Sie sich gesondert vornehmen.

Grober Dreck an der Karosserie: Die starken Verschmutzungen lösen Sie zunächst mit der Waschbürste. Vorsicht: Kontrollieren Sie den Bürstenkopf, bevor Sie loslegen. Zurückgebliebener Sand und Staub könnten Ihren Lack verkratzen.

Bremsstaub an den Felgen: Der schwarze Abrieb an den Radzierblenden und Felgen sieht nicht nur hässlich aus, er greift auch das Material an. Daher immer gut einschäumen.

Kleiner Schwamm und Bürste: Die Feinarbeit an den Felgen erledigen Sie am besten mit einem kleinen Haushaltsschwamm und einer Bürste an einem fexiblen Drahtstiel.

Dampfstrahler marsch: Den Schaum mit dem Dampfstrahler von oben nach unten abwaschen. Dabei stets auf genügend Abstand, insbesondere von den Reifenflanken achten.

Vorsicht beim Dampfstrahlen

GEFAHRHINWEISE

Ein Dampfstrahler ist an sich eine tolle Erfindung: Heißes Wasser, das unter extrem hohen Druck aus einer Düse schießt, löst fast jede Schmutzkruste. Besonders gut natürlich dicke Ölkrusten an Motor und Getriebe. Hiervon raten wir aber dringend ab. Denn die im Motorraum verbauten Elektronikteile können durch die eindringende Feuchtigkeit erheblichen Schaden nehmen. Die Folge könnte ein kostspieliger Austausch des Motorsteuergerätes sein. Der Motorraum sollte daher nur mit geeigneten, so genannten Kaltreinigern und in Handarbeit, oder noch besser vom Profi gesäubert werden. Auch für den Kühler ist ein Dampfstrahler Gift. Denn der scharfe Strahl dringt mit großem Druck durch die feinen Lamellen und kann diese deformieren. Bleiben noch die Felgen. Tatsächlich kann der Dampfstrahler hier im Kampf mit Bremsstaub und anderen Verschmutzungen viel bewirken. Meistens reflektieren die Speichen den Strahl jedoch in die Richtung, in der Sie gerade stehen. Und wehe Sie kommen dem Reifen zu nah! Auch in der Seitenwand moderner Pneus kann der enorme Druck des Wasserstrahls Schaden anrichten. Also wenigstens 50 cm Abstand halten!

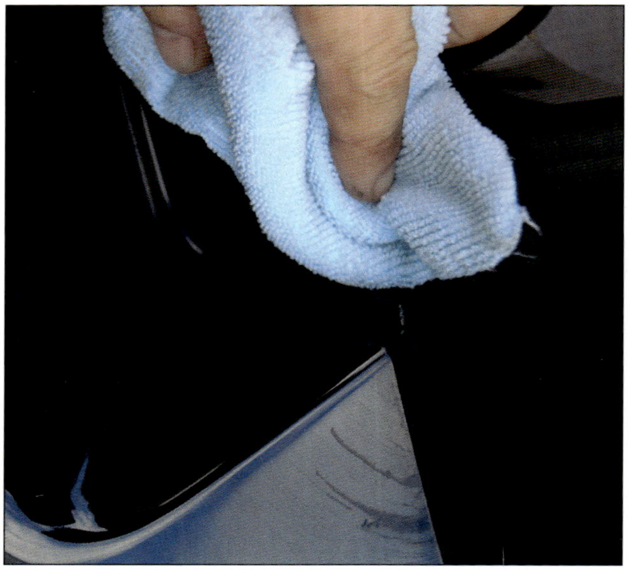

Heckdeckel innen: Kontrollieren Sie die Umlaufkante des Heckdeckels auf Restverschmutzungen. Reiben Sie die betreffenden Stellen gründlich, aber vorsichtig sauber.

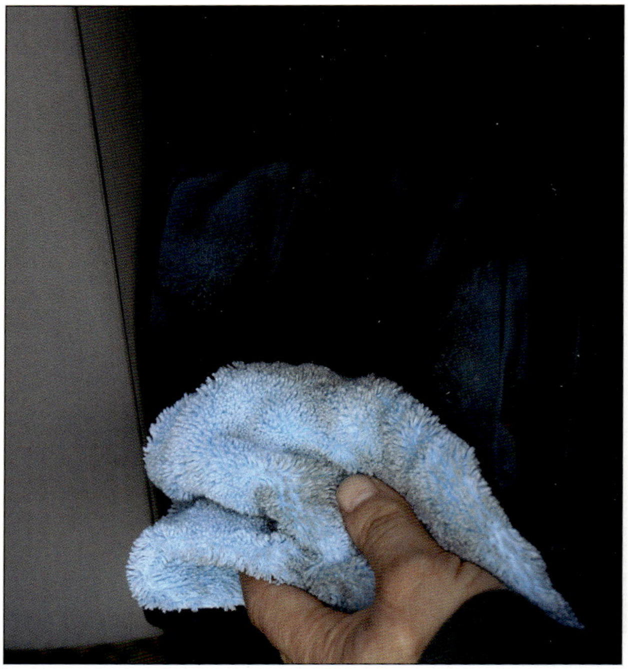

Türkanten: Jede Tür einzeln öffnen und mit dem Tuch nachfahren. Genauso an den Einstiegsleisten und eventuell auch die Schwellerkanten behandeln.

Spiegelgehäuse und Glas: Restfeuchtigkeit an den Seitenspiegeln mit dem Tuch vorsichtig abwischen. Dabei das Gehäuse mit dem Lappen von hinten festhalten und abreiben.

Denn an den Rädern setzt sich aggressiver Bremsstaub fest und kann dort die Oberfläche angreifen. Reinigen Sie daher die Felgen mit der Bürste vor, um anschließend noch mit dem kleinen Haushaltsschwamm (Vorsicht im Umgang mit der Scheuerfläche) und einer Bürste nachzuarbeiten. Für Insektenreste an der Front empfiehlt sich ein Insektenreiniger zur Vorbehandlung. Zum Schluss waschen Sie den Wagen großzügig mit dem Dampfstrahler ab. Halten Sie dabei aber unbedingt genügend Abstand.

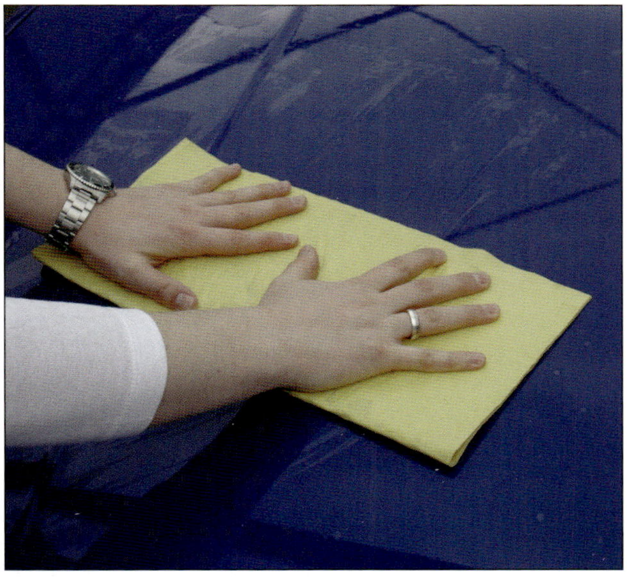

Große Flächen: Um die restlichen Wassertropfen zu entfernen ist das gute alte Leder immer noch unschlagbar. Aber Vorsicht: Niemals über noch schmutzige Stellen wischen!

Nachbehandlung der kritischen Stellen

Ein perfektes Finish macht den Unterschied. Also ist nach dem Waschgang nochmals Handarbeit angesagt. Nehmen Sie sich insbesondere der schwierigen Stellen an. Hierzu zählen wie bereits erwähnt die Einstiegsleisten, aber auch die Innenseiten und Aussparungen der Türen und des Heckdeckels. Fahren Sie auf gar keinen Fall sofort nach der Wäsche los, denn sonst war die Arbeit bis dahin vergebens. Die noch feuchten Stellen, zum Beispiel an der Unterkante der seitlichen Schweller, nehmen sofort wieder Straßenschmutz auf, der durch die Räder und den Fahrtwind aufgewirbelt wird.

Scheiben: Für den klaren Durchblick sorgt ein fusselfreies Tuch, mit dem die Scheiben innen und außen abgewischt werden. Ohne Reiniger geht auch das Leder: Nachbehandlung der kritischen Stellen.

WISSENSWERTES: Nanotechnologie

Als Forschungsfeld mit Zukunftspotential bietet die Nanotechnologie schon heute viele Anwendungen im und rund ums Fahrzeug. Beispiele sind blendungsfreie Tachoverglasungen oder auch Verbundglas, das Infrarotstrahlung absorbiert und so die Wärmeeinwirkung aufs Fahrzeuginnere reduziert. Der berühmteste Nanoeffekt ist aber der Lotusblüteneffekt, der selbstreinigende Oberflächen ermöglicht. Zur längerfristigen Versiegelung der Lackoberfläche bieten nun auch einige Pflegefachbetriebe diesen Lackschutz an. Was für den Oberflächenschutz

Nach dem Vorbild der Natur: Nanopartikel reduzieren die Benetzbarkeit und verhindern dadurch Schmutzanhaftungen an der Oberflächen.

durch Anstreichfarben an Häuserfassaden oder auch Dachziegeln gut funktioniert, birgt beim bewegten Fahrzeug noch gewisse Schwierigkeiten. Die Rauigkeit der mikroskopisch kleinen Strukturen, welche eine geringe Benetzbarkeit und damit auch ein hohes Maß an Selbstreinigung bewirken, könnten nämlich schnell durch Insekten verkrustet werden. Dennoch bieten immer mehr Pflegefachbetriebe Nanotechnologie als Langzeitschutz an. Im Unterschied zu einer Wachsversiegelung hält der Nanoschutz mitunter bis zu drei Jahre und das bei vergleichbaren Kosten. Wenige Fahrzeughersteller bieten mittlerweile auch den Nanoschutz ab Werk. Eine Nanoschicht im Klarlack sorgt für höhere Resistenz gegen mechanische Beanspruchung und Korrosion. Was in der Praxis eine höhere Kratzfestigkeit bedeutet. Die Forschung arbeitet derzeit an weiteren praktischen Anwendungen. Selbstreinigende Felgen oder auf Knopfdruck wechselnde Farbe sind so vielleicht schon bald mehr als nur eine Vision.

Polieren und Konservieren

Dem Lackkleid sollten Sie von Zeit zu Zeit eine Politur gönnen. Dadurch kann der Schmutz nicht so leicht anhaften und auch das Wasser perlt einfach ab. Das ist übrigens ein guter Indikator für den richtigen Zeitpunkt: Bildet das Wasser größere Pfützen auf der Karosserie, sollten Sie die Oberfläche neu versiegeln. Im Handel sind zahllose Produkte zu finden, vom leichten Mittel bis zum schleifenden Reiniger für stark verwitterte Lacke. Lesen Sie also die Beschreibung aufmerksam durch und verwenden Sie im Zweifelsfall stets das weniger aggressive Produkt. Etwas anders sieht es unter dem Van aus. Obwohl hier ab Werk ausreichend Korrosionsschutz vorhanden ist, sollten Sie bei Gelegenheit nochmals nacharbeiten. Die Falze und Hohlräume freuen sich über eine Extraportion Wachs, die das Eindringen von Feuchtigkeit und den daraus resultierenden Kantenrost um Jahre verzögert. Dazu muss allerdings der Unterboden zuerst von allen Verkleidungen befreit werden. Behalten Sie diese Spezialbehandlung also im Kopf, wenn Sie weiter hinten im Buch beginnen Teile des Unterbodens zu demontieren. Langfristigen Schutz kann auch die Versiegelung mit Wachs vom Fachmann bieten. Sie kostet summiert auf die Wirkdauer, etwa so viel wie die Wagenwäschen, die man sich dadurch ersparen kann, und hält bis zu einem ganzen Jahr. Neuerdings bieten manche Pflegefachbetriebe auch die Versiegelung mittels Nanotechnologie (siehe Kasten) an. Diese Art das Fahrzeugäußere zu versiegeln kostet zwar mehr, hält dafür aber auch mitunter bis zu drei Jahre.

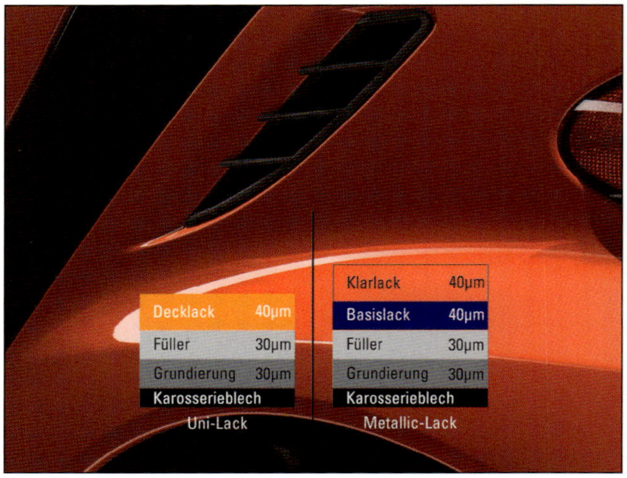

Lackschichten: Durch unterschiedlich dicke Schichten ist die Lackoberfläche aufgebaut und schützt das Blech darunter vor Korrosion.

Türschloss: Gelegentlich ein paar Spritzer Öl halten die Verriegelungsmechanik in Gang. Gelspray verteilt sich bis in den letzten Winkel und haftet länger als normales Öl.

Schließzylinder: Die Mechanik der Schließzylinder können Sie mit Sprayölen in Gang halten. Benutzen Sie bei der Anwendung ein Tuch, um überschüssiges Öl aufzufangen.

Türscharniere: Quitschende Scharniere sind nervig und außerdem der Beleg mangelnder Fürsorge. Beugen Sie durch regelmäßige Öl-Anwendung vor. Dabei auch gleich die Türfeststeller an den im Bild angezeigten Stellen schmieren.

Kleiner Schmierdienst

Überall, wo sich Teile der Karosserie relativ zueinander bewegen, entstehen Reibungskräfte, die nach und nach aber vor allen Dingen bei mangelnder Schmierung das Material der Kontaktflächen verschleißen. Türen, Schlösser und Scharniere müssen daher mit einem Spritzer Öl in Gang gehalten werden. Die Aufbringung der Schmiermittel macht Ihnen wenig Aufwand. Die meisten Spraydosen haben zum gezielten Einbringen einen Sprühkopf als längliches und flexibles Röhrchen. Dadurch ersparen Sie sich zumindest aufwändige Demontagen. Der langfristige Effekt dieser Arbeit ist aber dennoch nicht zu unterschätzen. Empfehlenswert sind so genannte Gelsprays. Sie haften aufgrund ihrer weniger flüchtigen Konsistenz besser und verteilen sich zugleich sehr weitläufig bis in den letzten Spalt. Außerdem haften diese Mittel länger als normales Öl an.

Pflege des Innenraumes

Natürlich gibt es unzählige Mittelchen für die Pflege unterschiedlichster Materialien. Und jede Woche kommt ein Neues hinzu. Wir können daher keine konkrete Produktempfehlung aussprechen, wollen Ihnen aber gerne erklären, welche Art von Produkt an welcher Stelle angebracht ist.

Glas: Für die Reinigung der Scheiben gibt es normale Haushaltsmittel. Wichtig ist ein nicht fusselnder Lappen. Sie können aber auch Spiritus nehmen und mit Zeitungspapier nachreiben.

Aufwändige Geschichte: Die Reinigung des Innenraumes nimmt viel Zeit in Anspruch und braucht eine Menge unterschiedlicher Mittel. Auf den ersten Blick erkennen wir in diesem Cockpit verschiedene Materialien und Oberflächen. Fast jede braucht eine andere Behandlung. Hier natürlich nicht im Bild: die unangenehmen Gerüche. Aber auch dafür gibt es Lösungen: Eine Schale Essigwasser über Nacht in den Fahrzeuginnenraum gestellt wirkt Wunder.

Knöpfe und Schalter: Etwas Cockpitspray auf einen Lappen sprühen und die Knöpfe gründlich säubern – schon setzt sich kein Speck mehr darauf ab.

Kunststoffoberflächen: Bewährt haben sich antistatische Mittel (Cockpitspray), die verhindern, dass Staub und Schmutz vom Kunststoff angezogen werden.

Textilien: Schwierig zu reinigen, da sich der Schmutz in den Fasern festkrallt. Probieren Sie Polsterreiniger, aber zunächst an einer unauffälligen Stelle, um die Verträglichkeit zu testen.

Gläser aus Kunststoff: Hier ist größte Vorsicht angebracht. Zu scharfe Mittel oder schmutzige Lappen verursachen sehr schnell Kratzer oder blinde Stellen.

Lüftungsdüsen: Zum Entfernen von Staub empfiehlt sich ein handelsüblicher Malerpinsel mit langen Borsten, der sich auch für sonstige schwer zugängliche Stellen eignet.

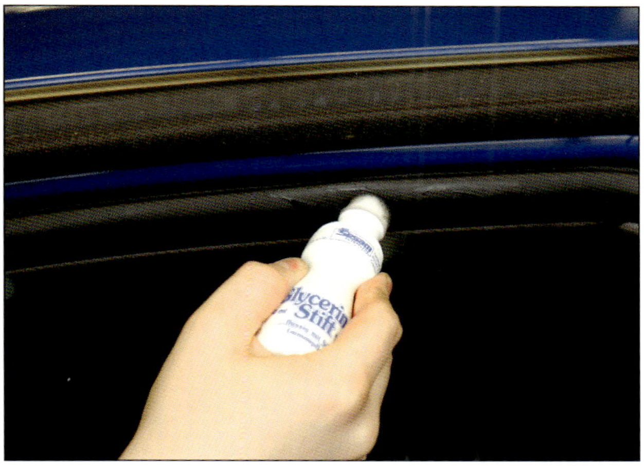

Gummidichtungen: Diese müssen innen wie außen geschmeidig bleiben. Besonders wichtig ist das im Winter. Spezielle Gummiplegemittel geben dem elastischen Material zusätzlich den Glanz.

Wertsteigerung durch Aufbereitung

Vielleicht kommt irgendwann leider auch mal die Zeit und Sie müssen oder wollen sich von Ihrem Van trennen. Möchten Sie nun zur Wertsteigerung beitragen und einen höheren Erlös erzielen, gibt es vor dem Verkauf verschiedene Dinge zu beachten. Erstens sollten Sie Ihren Van dem Nachbesitzer in einem technisch einwandfreien Zustand überlassen. Der TÜV nimmt Wertgutachten vor und checkt das Fahrzeug auf etwaige Mängel. Verschiedene Prüfpunkte werden in einem detaillierten Bericht aufgelistet, dazu gehören Bremsen, Lenkung, Fahrwerk, Antrieb, Auspuffanlage, Elektrik und Beleuchtung, Karosserie und Lackierung sowie der Innenraum. Ein Gebrauchtwagenzertifikat sorgt zusätzlich für Vertrauen und dient als neutrale Verhandlungsbasis. Außerdem bleiben Sie und der Käufer vor bösen Überraschungen bewahrt, die unnötigen Ärger verursachen. Doch was kann man, außer dem technischen Check-up und der obligatorischen Wagenreinigung innen und außen, noch tun?

Komplettsanierung innen und außen

Eine Möglichkeit, den Wagenwert zu steigern, ist die professionelle Aufbereitung Ihres Fahrzeugs. Innenraum und Karosserie erhalten dabei eine Komplettsanierung, kleinere Mängel und Schönheitsfehler werden beseitigt oder zumindest retuschiert. Ihr Van steht anschließend im frischen Glanz da und macht so gleich auf den ersten Blick einen guten Eindruck. Ein Van, der vor allem als urbanes Fortbewegungsmittel dem harten Autoalltag ausgesetzt war, trägt wahrscheinlich auch dementsprechende Spuren davon. Kleine Kratzer oder Beulen außen, die Löcher der Handyhalterung im Armaturenträger oder des Rauchers Unachtsamkeit, die sich im Sitzpolster als Brandloch verewigt hat. Die vielfältigen Methoden der Kleinreparaturen helfen diese Schönheitsfehler bei relativ geringem Aufwand zu beseitigen. Aller Euphorie vorangestellt sollten Sie sich aber im Klaren sein, dass die Aufbereitung keinen Neuwagen hervorzaubert. Machen Sie sich daher mit den Leistungen Ihres Profiaufbereiters vertraut und besprechen Sie ausführlich den erwünschten Umfang Ihrer Fahrzeugrenovierung. Machen Sie ihn auf kritische Stellen aufmerksam. So fällt eine sorgfältige Einschätzung, wie das erreichbare Ergebnis aussehen könnte, leichter.

Auspolieren kleiner Kratzer

Kleinere Kratzer lassen sich oft mit wenig Aufwand und ohne besondere Hilfsmittel entfernen.
Wichtig hierbei ist, dass die Kratzer nur in der obersten Lackschicht vorhanden sind.
Zuerst einmal muss das Fahrzeug gründlich gewaschen werden. So wird sichergestellt, dass man beim Polieren nicht mit Schmutzpartikeln die nächsten Kratzer in den Lack einarbeitet. Für den nächsten Schritt darf das Blech der zu polierenden Stelle nicht heiß sein. Bei einem zum Beispiel durch die Sonne aufgeheizten Lack trocknet die Politur zu schnell ab und erschwert die Arbeit ungemein. Für das Auspolieren reicht ein etwas kräftigerer Lackreiniger aus. Er über-

Auspolieren eines Kratzers: Auch wenn es nicht so aussieht, es wird geschliffen.

nimmt die Schleifarbeit. Der Trick liegt darin, die Lackdicke etwas abzuschleifen, um sie wieder in die gleiche Höhe zu bekommen wie den Kratzer. So fällt diese Stelle nicht mehr auf. Je nach Aggressivität des Lackreinigers, kann das sehr schnell gehen. Grundsätzlich sollte dann in einem zweiten Schritt die Umgebung des Kratzers leicht mitbehandelt werden. So wird vermieden, dass sich diese aufbereitete Stelle von dem umliegenden Lackbild abhebt.

Eine weitere Möglichkeit ist das Polieren mit Nassschleifpapier. Die Körnung sollte dann aber um 1500 liegen. Die Vorarbeit wird dann mit dem Schleifpapier und viel Wasser erledigt.
Es sollte aber trotzdem mit Lackreiniger nachgearbeitet werden. Im nächsten Schritt werden die Rückstände des Lackreinigers vollständig entfernt. Zum Abschluss wird die geschliffene Fläche mit einer Wachspolitur versiegelt und nach dem Abtrocknen der Wachsschicht gründlich mit einem weichen Lappen poliert.

Auspolieren eines Kratzers mit Schleifpapier: Sieht eigenartig aus, ist aber sehr effektiv. Wichtig ist die Handhaltung und etwas Erfahrung.

PRAXISTIPP

Aufbereitung vom Profi

Die Abwägung, ob es sich für die vorhandenen Kleinschäden an Ihrem Fahrzeug lohnt einen Profi zu engagieren oder nicht, wird dann relevant, wenn Sie sich von Ihrem Wagen trennen wollen oder müssen. Denn auch bei der Fahrzeugwartung und -pflege hat sich leider die »Geiz-ist-geil«-Mentalität in letzter Zeit bemerkbar gemacht. Trotz des gestiegenen Anteils älterer Fahrzeuge in Deutschland (das Durchschnittsalter des bundesweiten Fahrzeugbestandes beträgt mittlerweile acht

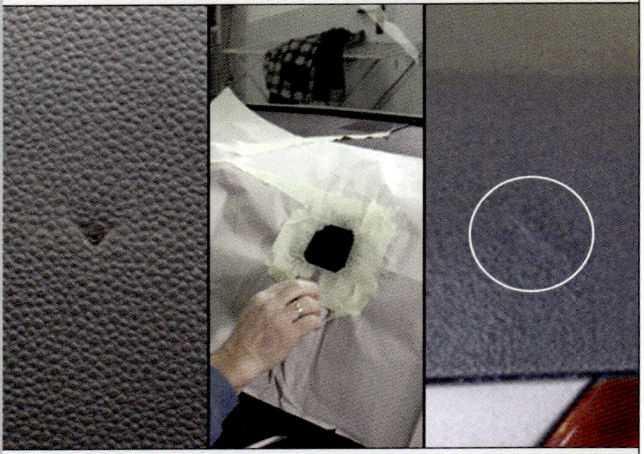

Befriedigendes Resultat: Ein Loch im Armaturenträger vor und nach der Reparatur.

Jahre), scheinen sich immer weniger Besitzer um den Allgemeinzustand ihres Fahrzeugs Gedanken zu machen. Wartung und Kundendienst werden vernachlässigt, die Motivation sinkt, in das Fahrzeug und den fälligen Service Geld zu investieren. Die Folge sind sich anhäufende Kleinmängel, die in ihrer Summe das Gesamtbild und die Erscheinung eines Kfz schnell trüben. Dies ist eine Chance für Besitzer wie Sie, die pfleglich mit Ihrem Automobil umgehen. Sie können sich mit Ihrem ordentlich gepflegten Fahrzeug hervorheben und zusätzlich durch eine optische Generalüberholung den Wiederverkaufswert steigern. Praxistests haben gezeigt, dass professionell aufbereitete Fahrzeuge in aller Regel einen deutlich höheren Verkaufspreis erzielen als ohne vorherige Verschönerungsmaßnahmen. Die Schönheitskur kann so eine Wertsteigerung von bis zu 1000 Euro erzielen. Rechnet man die ca. 400 bis 500 Euro Aufwendungen ein, bleibt immer noch ein schöner Überschuss von mehreren hundert Euro.

Mehr als ärgerlich: Beulen und Kratzer

Die Karosserie des Vans ist sehr widerstandsfähig. Doch irgendwann ist es vielleicht doch passiert: Es fällt irgendein Gegenstand auf das Blech oder der Lack ist durch einen tiefen Kratzer verunziert. Im Prinzip bleibt Ihnen dann fast nichts anderes übrig, als die Fahrt zum Lackierer bzw. Karosseriebauer anzutreten. Reparaturversuche zu Hause sind bei allem Aufwand meistens nicht von dauerhaftem Erfolg. Daher wollen wir Ihnen hier bildhaft zeigen, wie der Profi einer Beule in einem Karosserieblech zu Leibe rückt.

Smartrepair ist hier das Zauberwort, das Dellen von geschickter Hand verwinden lässt, oftmals ohne lackieren zu müssen. Ist die Beule von innen nicht zugänglich, muss sie von außen Stück für Stück herausgezogen werden. Hierzu verwendet der Profi einen Zuganker, der an die betroffene Stelle aufgeklebt wird. Mit dieser Behelfsvorrichtung kann der Profi durch Ziehen die Einwölbung wieder herausbekommen. Danach wird der Anker wieder entfernt und die Stelle geglättet sowie anschließend lackiert.

Zugwerkzeug: So sieht ein Werkzeug für die hartnäckigeren Beulen aus. Die Anker werden aufgeklebt.

Polieren der Fläche: Zum Abschluss muss nun Glanz entstehen.

Schlagfertig: Der Randbereich der Beule wird leicht angeschlagen.

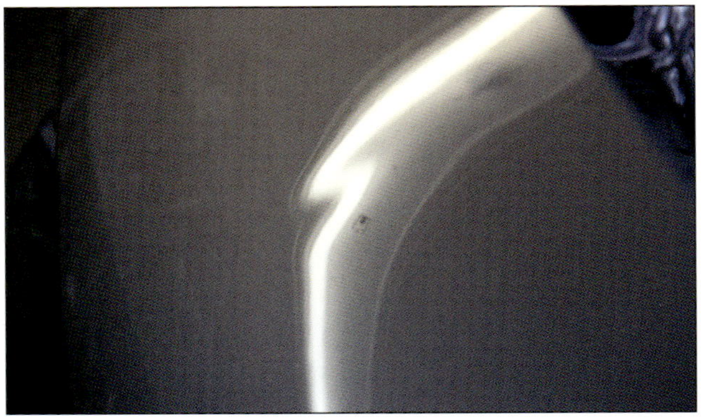

Punktabzug in der B-Note: Diese Delle kann nicht nur beim Leasing Abzug bedeuten.

Augenmaß und Erfahrung sind sehr wichtig: Die Delle wird mit einem speziellen Werkzeug ausmassiert.

Fit durch den Winter

Auto fahren macht auch im Winter Spaß, vorausgesetzt, Sie haben den Wagen fit für die kalte Jahreszeit gemacht. Auch Sie selber müssen sich natürlich auf den Winter und seine Tücken einstellen und sich rechtzeitig ein paar Gedanken machen.

Eine Frage der Traktion

Ob Allrad- oder Frontantrieb: Der Familienvan hat im Schnee grundsätzlich gute Karten. Die Antriebskraft wird schon vorne dank des Motorgewichtes in Traktion umgesetzt. Deshalb sind gute Winterreifen Pflicht. Auch von der Schneekettenpflicht auf manchen Passstraßen sind Sie trotz der überragenden Traktion nicht entbunden. Die Schneeketten sollten immer auf der Vorderachse montiert werden. Die in allen Modellen serienmäßig vorhandenen elektronischen Regelsysteme wie ABS, ASR und ESP helfen natürlich auch im Winter. Damit übertrifft der Van sogar die Selbstverpflichtung der europäischen Automobilindustrie (ACEA vom 1. Juli 2004), nach welcher alle Fahrzeuge unter 2,5 t zulässigem Gesamtgewicht serienmäßig zumindest mit ABS ausgestattet sein sollen. Beim Herausschaukeln aus Schneeverwehungen sollten diese Fahrhilfen kurzfristig abgeschaltet werden. Es kann in bestimmten Fällen passieren, dass die Fahrdynamikregelung in das Notprogramm fällt und die Warnlampe leuchtet. Zum Beispiel, wenn Sie die Vorderräder lange auf einer glatten Stelle durchdrehen lassen und dabei stark lenken, oder auch bei der Verwendung von Schneeketten aufgrund unterschiedlicher Abrollumfänge der Räder. Starten Sie in solchen Fällen den Motor neu um die Systeme zu reaktivieren.

Winterausrüstung mitnehmen

Damit Sie gut gerüstet sind, empfehlen wir Ihnen die folgenden Utensilien mitzuführen: A) eine fertige Mischung Frostschutz für die Scheibenwaschanlage; B) damit der Sprit nicht ausgehen kann, einen Reservekanister; C) eine warme Decke, falls Sie festsitzen und der Sprit doch ausgeht; D) eine kleine Schaufel für eine Tiefschneehavarie. Damit kann der Schnee vor den Rädern weggeschaufelt werden; E) eine Kopflampe, bei der Sie im Dunklen die Hände frei haben; F) ein Seil oder besser noch einen langen Schwerlast-Spanngurt. Damit können Sie andere Autofahrer aus dem Graben ziehen oder selbst geborgen werden. Mit Hilfe der Ratsche und einem Baum können Sie sich sogar selbst helfen; G) ein Starthilfekabel.

Startschwierigkeiten im Winter vermeiden

Der Motorstart wird unter winterlichen Bedingungen schnell mal zu einem Problemfall. Denn nicht nur das Motoröl wird bei niedrigen Temperaturen dickflüssiger, sondern auch die Batterie gibt bei Frost weniger Leistung ab. Zusammengenommen können dies im Winter K.o.-Kriterien für das Fortkommen sein.

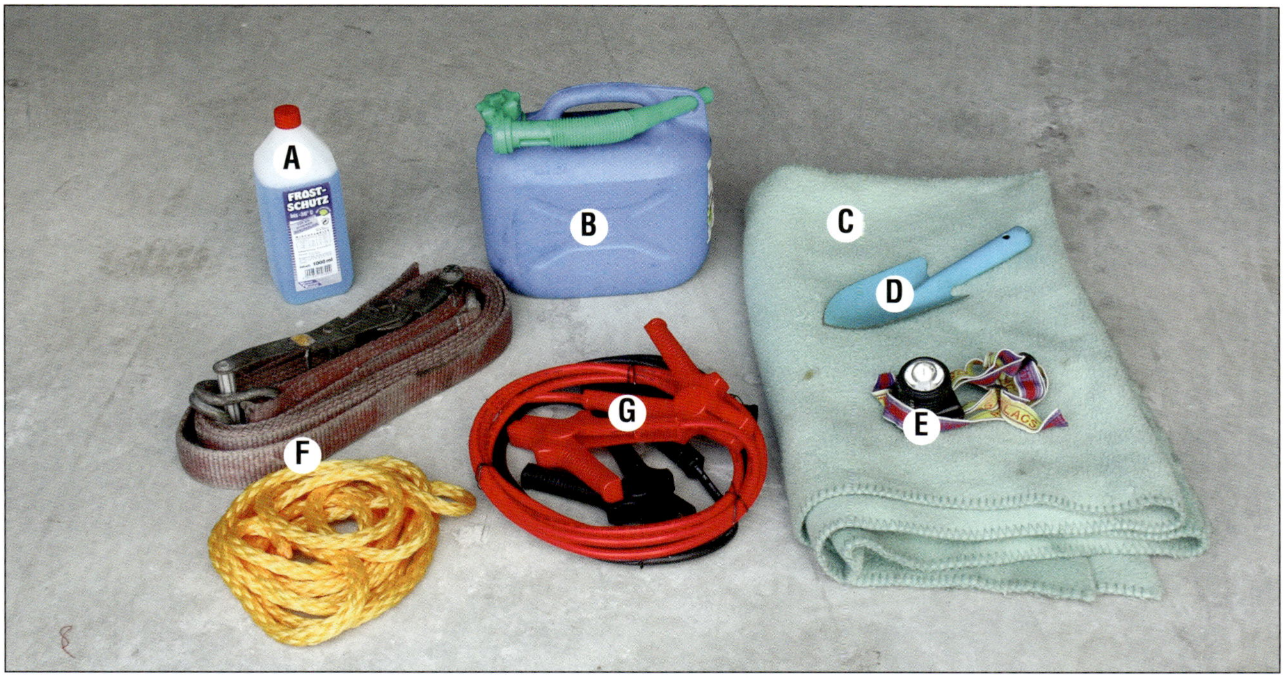

Winter-Grundausrüstung: (A) Frostschutz für die Scheibenwaschanlage, (B) Reservekanister, (C) Decke, (D) kleine Schaufel, (E) Kopflampe, (F) Abschleppseil oder Spanngurt, (G) Starthilfekabel.

Denn gerade jetzt braucht der (Anlasser) Motor mehr Leistung, um die erhöhten Reibwiderstände zu überwinden. Sie können es der Batterie aber so leicht wie möglich machen. Schalten Sie vor dem Start unnötige Verbraucher ab, hierzu zählen zum Beispiel die Lüftung oder das Radio. Das Licht sollte beim Startvorgang aus sein, ebenso die Innenraumbeleuchtung oder Sitzheizung. Wenn Sie dies beachten, wird die Batterie am wenigsten in Anspruch genommen und kann Startschwierigkeiten im Winter vermeiden.

Winterreifen

Grundvoraussetzung für sicheres Vorankommen bei Minusgraden sowie Eis und Schnee ist die richtige Bereifung Ihres Vans. Denn die vier Handtellerflächen aus Gummi zwischen Ihnen und der Fahrbahnoberfläche stellen nun mal das wichtigste Bindeglied zur Straße dar. Seit 2006 schreibt selbst die Straßenverkehrsordnung eine »geeignete Bereifung« (§2 Abs.3a) für den Winter vor. Wie diese aber auszusehen hat oder welche Spezifikationen sie erfüllen muss, ist nicht näher definiert. Ganzjahresreifen können für unkritische Wetterlagen mit milden Temperaturen ausreichend sein. Bei plötzlichem Kälte- und Schneeeinbruch sind sie aber schlichtweg ungeeignet. Weder die geübte Hand noch die Elektronik können dann bei unzureichender Bodenhaftung/Bereifung das Fahrzeug noch kontrollieren. Gehen Sie also auf Nummer sicher, was das Vorankommen auf vier Rädern angeht – verwenden Sie einen vernünftigen Satz Winterreifen. Welche Winterreifen geeignet sind und vor allen Dingen passen, erfahren Sie auf den folgenden Seiten genauso, wie Sie ohne Risiko beim Winterreifenkauf auch Geld sparen können und die Winterreifen auch sicher anbringen. Damit Sie keinen Fehlgriff machen, haben wir die wichtigen Prüfkriterien ebenfalls aufgeführt.

Die 7-Grad-Empfehlung

Ob die so genannte 7-Grad-Empfehlung als Marketingmaßnahme oder aufgrund früherer Reifenentwicklungen entstanden ist, lässt sich auch von uns nicht mehr nachvollziehen. Ihre Kernaussage ist, dass Winterreifen bei Temperaturen bis 7 Grad Celsius angeblich bessere Eigenschaften als Sommerreifen hätten. Dem entgegen haben verschiedene Tests jedoch solche pauschalen Aussagen widerlegt. Denn auch bei Temperaturen knapp über dem Gefrierpunkt können mit Sommerreifen sowohl auf nasser als auch auf trockener Fahrbahn

WISSENSWERTES

Das Schneeflockensymbol

Der großen Verunsicherung vieler Autofahrer, welche Reifen sich im Winter am besten eignen, soll durch das Schneeflockensymbol Einhalt geboten werden. Die Entstehungsgeschichte dieses Symbols rührt auch aus dem zum Teil betriebenen Missbrauch mit der »M+S«-Kennung (engl.: Mud and Snow = Matsch und Schnee), die nicht als geschützte Kennzeichnung für unbeschränkte Wintertauglichkeit gilt. Denn nicht alle mit M+S gekennzeichneten Reifen weisen die Lamelleneinschnitte in den Profilblöcken auf, die für gute Traktion auf Schnee sorgen. Daher tragen etwa auch Reifen für den Geländeeinsatz dieses Symbol. Doch gerade gröbere Allradreifen sind für den Einsatz im Winter höchst ungeeignet. Für die Experten des Deutschen Verkehrssicherheitsrats ist der Winterreifen mit Schneeflockensymbol daher Favorit für die sichere Fahrt. Die auf der Reifenflanke dargestellte Schneeflocke hat sich im Jahr 2002 europaweit als freiwilliges Hersteller-Kennzeichen von Winterreifen zusätzlich zur M+S-Markierung durchgesetzt. Angebracht wird sie aber nur an Reifen, die auch streng den vorgegebenen Spezifikationen entsprechen. Dies gilt für Reifen, die im Vergleich mit einem Standard-Referenzreifen mindestens sieben Prozent mehr Traktion auf Schnee bieten und zudem über einen um ebenfalls sieben Prozent kürzeren Bremsweg verfügen. M+S-Reifen hingegen müssen per Definition nur ein besonders grobes Profil besitzen. Die M+S-Kennzeichnung auf der Reifenflanke allein fordert aber keine bestimmte Schnee-Performance.

Schneeflockensymbol

Garant für Wintertauglichkeit: Reifen mit der Schneeflocke zusätzlich zur M+S-Kennung

kürzere Bremswege erzielt werden, als mit vergleichbaren Winterreifen. Winterreifen sind vor allen Dingen für winterliche Straßenverhältnisse ausgelegt. Sie verfügen über eine kälteresistente Gummimischung, die bei Minustemperaturen weniger verhärtet und damit eine bessere Verzahnung und Kraftübertragung mit dem Untergrund ermöglicht. Winterreifen sind mit dem M&S-Symbol und einer stilisierten Schneeflocke gekennzeichnet (s. Kasten S. 50). Anders als bei Sommerreifen ist es bei Winterreifen erlaubt, abweichend von den einzuhaltenden Angaben des Fahrzeugscheines, Reifen mit niedrigerem Geschwindigkeitsindex einzusetzen. In Deutschland ist in diesem Fall auch ein Aufkleber mit dem Aufdruck »160 km/h« im Sichtbereich des Fahrers anzubringen.

Richtige Winterreifen für den Van

Die Wahl der richtigen Winterreifen für den Familien-Van fällt angesichts der vielen Angebote auf dem Markt nicht leicht. Muss es ein teurer High-Performance-Pneu sein oder reicht auch das günstige No-Name-Fabrikat? Die Fahrzeughersteller empfehlen immer Markenreifen, da hier die Qualität keinen Schwankungen unterliegt und auch die Modellwechsel nachvollziehbar werden. Darüber hinaus sind aber auch jede Saison neue Modelle verfügbar. Ausgiebige Tests, zum Beispiel vom ADAC, zeigen, welche Winterreifen auch für die Dimensionen empfehlenswert und welche weniger geeignet sind. Die Tests gehen daher auf unterschiedliche Eigenschaften der Pneus ein, beispielsweise die Bremseigenschaften, auch bei trockener, unbeschneiter Fahrbahn. Sie können Ihre Kaufentscheidung nach den für Sie relevanten Kriterien fällen, dabei sollte aber in jedem Fall die Fahrsicherheit vor Sparsamkeit stehen.

Bessere Haftung dank Lamellen

Durch Forschung und Entwicklung der Reifenhersteller kam man nicht nur darauf kälteresistente Gummimischungen zu verwenden, sondern auch die einzelnen Profilblöcke mit feinen Lamellen-Einschnitten und vielen Rillen zu versehen. Diese dienen als scharfe Greifkanten beim Abrollen des Rades auf der Fahrbahn. Der dynamische Prozess an der Auflagefläche erhöht die Verzahnungskräfte besonders mit losem Untergrund wie z. B. Schnee. Mit anderen Worten: Der lamellierte Reifen hat dadurch, dass er sich in den Untergrund reinkrallt, mehr Grip. Die Lamellen sind andererseits

Fast so gut wie Stollen: Stollen sind am Autoreifen tabu, aber mit Lamellen wird dennoch ein guter Kraftschluss auf Schnee erreicht.

auch ein guter Verschleißindikator: Mit zunehmender Abnutzung verschwinden die unterschiedlich tief geschnittenen Lamellen. Ihre beschriebene Wirkung nimmt ab. Unter 4 mm Profildicke verlieren Winterreifen auf Schnee daher ihren Nutzen und sollten durch neue ersetzt werden. Es spricht allerdings wenig dagegen, Winterreifen im Frühjahr noch bis auf eine Profiltiefe von rund 3 mm aufzubrauchen.

Geringer Geräuschpegel

Auch bei der Minderung der Geräuschemission ging man mit Cleverness vor: Die Lamellenprofile erlaubten zum einen eine geringere Höhe der einzelnen Profilblöcke, was sich insbesondere auf das Geräusch verursachende Eigenschwingverhalten positiv auswirkte. Zum anderen wurden die Profilblöcke unterschiedlich groß gestaltet, sodass die nach dem Abrollen nachschwingenden Blöcke unterschiedliche Eigenschwingfrequenzen aufweisen. Ein eigendynamisches und geräuschvolles Schwingen bei einer bestimmten Geschwindigkeit wird so unterbunden.

Schneeketten anlegen üben

Spezielle Schneeketten für den Van gibt es beim VW-Händler oder auch im Zubehörhandel. Ein gutes Set umfasst zwei Schneeketten im wasserfesten Transportbeutel, das problemlos im Kofferraum verstaubar ist und sich auch als Unterlage bei der Montage verwenden lässt. Schneeketten können aber auch beim ADAC ausgeliehen werden. Dringend zu empfehlen ist für die Montage eine zusätzliche Fußmatte mitzuführen. Das erspart einem die obligatorischen durchweichten Hosen besonders im Kniebereich. Gefütterte Arbeitshandschuhe erleichtern die Arbeit mit den kalten Schneeketten im Schnee erheblich.

PRAXISTIPP: Gebrauchte Winterreifen

Seit dem 01. Januar 2006 sind Autofahrer verpflichtet, im Winter ihr Fahrzeug mit »geeigneter Bereifung« auszurüsten. Damit gibt es für Autofahrer keine Ausrede mehr, auf Winterreifen zu verzichten. Wer dennoch ohne erwischt wird, riskiert ein Bußgeld und im Falle eines Unfalls sogar den Versicherungsschutz. Nicht selten ist der Erwerb von Winterrädern, also dem Komplettsatz von Reifen und Felgen, aber auch eine Kostenfrage. Bares Geld lässt sich beim Kauf gebrauchter Winterreifen sparen. Diese finden Sie zum Beispiel bei Winterreifen-Börsen, die vielerorts meist Anfang November stattfinden. Achten Sie auf Hinweise in Ihrer Tageszeitung oder informieren Sie sich im Internet, z. B. auf den Seiten des ADAC. Notieren Sie sich vor dem Kauf unbedingt die für Ihr Fahrzeug passenden Reifengrößen. Sie sind im Fahrzeugschein hinterlegt. Der Reifenhersteller Continental schafft zudem auf seinen Internetseiten mit dem »Reifenkonfigurator« Klarheit. Nach Eingabe der Schlüsselnummer (s. Fahrzeugschein), werden auch alternative Reifengrößen aufgeführt. Haben Sie nun einen passenden Satz gefunden, inspizieren Sie ihn nach den Prüfkriterien: Profiltiefe, Reifenalter und Erscheinungsbild (Beschädigungen etc.), bevor Sie zugreifen. Informationen zu den Bezeichnungen und Beschriftungen finden Sie auch in diesem Buch.

Münztest: Winterreifen bieten nur genug Traktion auf Schnee, wenn die Profiltiefe mindestens vier Millimeter beträgt. Das entspricht etwa dem goldenen Rand einer Ein-Euro-Münze.

Trockenübung hilft: Schon ein paar Gartenhandschuhe schützen die Finger, es empfiehlt sich die Anleitung evtl. in einer Klarsichthülle zu verstauen.

Scheibenwaschanlage

Der einwandfreie Zustand der Waschanlage an Ihrem Van ist ein wichtiges Sicherheitsmerkmal. Denn saubere Scheiben und eine klare Sicht sind Grundvoraussetzung für Ihre Sicherheit beim Fahren. Damit Sie unterwegs auch bei widrigsten Umständen wie Regen oder Schnee den Durchblick behalten, sollten Sie sich regelmäßig von der fehlerfreien Funktion Ihrer Wischanlage überzeugen. Die meisten Arbeiten sind leicht zu erledigen. Wir zeigen Ihnen auf den folgenden Seiten, worauf Sie insbesondere zu achten haben und welche Arbeitsschritte nötig sind. Hierzu gehören zum Beispiel die Kontrolle der Wischergummis und gegebenenfalls deren Austausch.

Wischwasser

Vergessen Sie nicht das Wischwasser aufzufüllen und achten Sie dabei auf den richtigen Wischwasserzusatz. VW empfiehlt das Scheibenreinigungskonzentrat G 052 164. Die Verwendung eines falschen Waschmittelzusatzes kann zum Aufschäumen an den Spritzdüsen führen, was ein Grund unzureichender Waschleistung sein kann. VW proklamiert für das Scheibenreinigungskonzentrat eine optimale Strahlverteilung an den Düsen. Außerdem bietet es im Mischungsverhältnis ein Drittel Konzentrat zu zwei Drittel Wasser einen Frostschutz bis zu Temperaturen von -25 °C. Damit dürfte auch im Winter eine sichere Funktion der Waschdüsen gewährleistet sein.

Wischerblätter wechseln

Eigenarten der Wischeranlage

Mechanisch wie gehabt

»Was soll denn da anders sein?«, wird oftmals gefragt. »Wischer gibt's doch schon immer!«. Der Unterschied liegt, wie Sie wahrscheinlich schon erwarten, in der elektronischen Steuerung. Der Wischermotor hat zwar wie früher auch eine mechanische Verbindung, welche die Wischerarme an den Motor koppeln, die Ansteuerung ist allerdings gänzlich anders.

Ansteuerung über das Bordnetzsteuergerät

Die Wischersteuerung erfolgt über zwei unterschiedliche Datenbussysteme. Der Wischerschalter am Lenkrad meldet den Fahrerwunsch an das Steuergerät für Lenksäulenelektronik. Hier wird eine Nachricht verfasst und über den CAN-Datenbus zum Bordnetzsteuergerät übertragen. Die Nachricht wird nun unverschlüsselt und über den LIN-Datenbus an das Wischermotorsteuergerät weitergeleitet. Dieses Steuergerät setzt jetzt die geforderten Wischvorgänge um. Hier ergeben sich einige Sonderfunktionen, die mit den konventionellen Wischanlagen nicht oder nur schwer zu realisieren wären. Das Schneeräumen mit dem Scheibenwischer kann keinen Schaden an Wischermotor und Mechanik anrichten. Das Steuergerät erkennt über die Stromaufnahme des Motors das Hindernis. Ist der Wischer nicht kräftig genug das Hindernis wegzuschieben und bleibt stehen, versucht er das Hindernis zu überwinden, gelingt das nicht, schaltet der Motor ab. Der Fahrer muss nun das Hindernis beseitigen und den Wischer erneut betätigen. Dasselbe passiert auch im Winter, falls die Scheibenwischer angefroren sind. Auch ist es möglich, eine Service-Stellung zu realisieren. Hier ist es dann leicht möglich, die Wischer zu wechseln oder ein Anfrieren im Winter weitestgehend zu verhindern.

Servicestellung der Scheibenwischer

- Schalten Sie die Zündung aus.
- Betätigen Sie den Wischerschalter innerhalb von 10 Sekunden nach dem Abschalten der Zündung (ziehen zum Tippwischen). Die Wischerarme werden nun in Servicestellung nach oben gefahren.

Wischerblätter

Wischerblätter prüfen

Die Pflege der Wischergummis wird nur allzu gerne vernachlässigt. Dies kann sich aber später bei einer langen Fahrt im Regen bitter rächen. Eingerissene und poröse Gummilippen ziehen Schlieren, anstatt die Scheibe vom Wasser zu befreien. In der Dunkelheit laufen Sie dadurch Gefahr im Blindflug unterwegs sein zu müssen, da der Blendeffekt durch die Lichtbrechungen stark zunimmt. Heben Sie zur Kontrolle die Wischerarme von der Scheibe und fahren Sie mit der Fingerkuppe die Auflagefläche ab. Rillen und Vertiefungen sind ein klares Indiz für den fälligen Austausch. Kontrollieren Sie auch die Wischermechanik.

Wischerblatt wechseln

Es gibt zwei unterschiedliche Wischerkonzepte, die im T5 Multivan eingesetzt wurden. Es gibt Wischerkonzepte mit

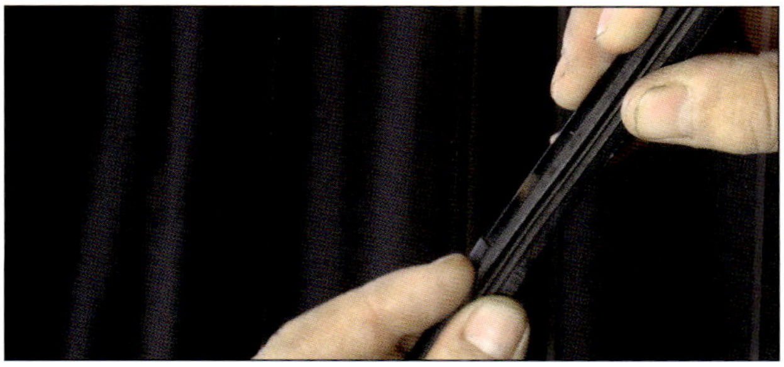

Sichtkontrolle der Scheibenwischergummis: Rissbildung und abgerissene Lippen machen den Ersatz der Wischer zwingend notwendig.

Gelenken (das sind die herkömmlichen Bauweisen) und Wischerkonzepte ohne Gelenke (das sind die Wischer, die auch dem modernen Bosch-Aerotwin ähnlich sehen und oft auch entsprechen). Das Wechseln der Wischergummis macht heutzutage keinen Sinn mehr. Komplette Scheibenwischer sind auch von den Top-Markenherstellern zu erschwinglichen Preisen in jedem Autozuhörladen und im Internet zu erwerben.

Scheibenwischerblatt mit Gelenken vorne

- Lassen Sie den Scheibenwischer in die Endablage laufen.
- Schalten Sie die Zündung aus und ziehen Sie den Zündschlüssel ab.
- Klappen Sie den Wischerarm (1) hoch.
- Verrastung (A) am Wischerblatt (2) ausclipsen.
- Führung (B) aushängen und Scheibenwischer abnehmen.

Die Montage erfolgt sinngemäß in umgekehrter Reihenfolge.

- Kontrollieren Sie die Länge der Scheibenwischer genau. Sie müssen auf dem Glas aufsitzen und dürfen weder den Scheibenrahmen noch sich untereinander berühren. Das längere Scheibenwischerblatt wird auf der Fahrerseite angebaut.
- Wischerblattaufnahme in den Wischerarm einschieben, bis sie hörbar verrastet.
- Wischerarm vorsichtig auf die Frontscheibe zurückklappen.
- Prüfen Sie die Funktion der Waschdüsen und die Endlage der Wischer auf der Scheibe anhand der Markierungen.

Wischerblatt hinten wechseln

Es gibt zwei unterschiedliche Wischerkonzepte für die gelenkfreien Wischerblätter hinten. Wir stellen Ihnen nun beide Bauweisen vor. Sehen Sie sich die Bauweise vor der Demontage genau an, um Falschbestellungen oder sogar Schäden zu vermeiden.

Bauweise eingeclipst (Bild oben auf Seite 55)

- Den Heckscheibenwischer in die Endablage laufen lassen.
- Die Zündung und alle elektrischen Verbraucher ausschalten und den Zündschlüssel abziehen.

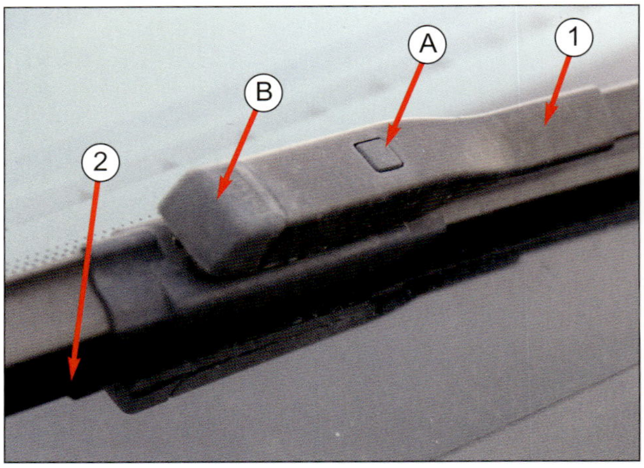

Eingeclipster Frontwischer: Die kleine Taste drücken und den Wischerhalter aus dem Arm herausziehen.

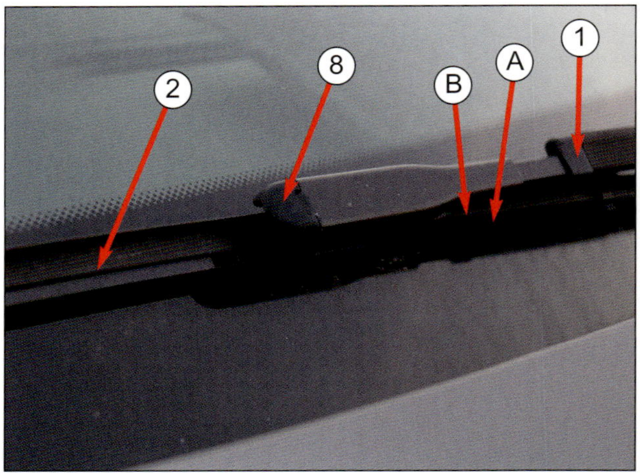

Eingerasteter Frontwischer: Die Rasten seitlich betätigen und den Wischerhalter herausschwenken.

Der Wischerarm wird umfasst: Den Wischer ausrasten und den Wischerhalter aufklappen und abnehmen.

- Den Heckscheibenwischerarm (1) von der Scheibe wegklappen.
- Das Heckscheibenwischerblatt (2) 90° zum Scheibenwischerarm (1) klappen und wieder zurück.
- Die Kunststoffkappe vom Scheibenwischerarm wegziehen (Pfeil 1).
- Heckscheibenwischerblatt (2) aus der Achse des Scheibenwischerarms (1) in Pfeilrichtung (2) herausnehmen.

Der Einbau erfolgt sinngemäß in umgekehrter Reihenfolge, dabei ist Folgendes zu beachten:

- Das Heckscheibenwischerblatt (2) auf die Achse des Scheibenwischerarms (1) schieben (Pfeil 1).
- Die Kunststoffkappe aufschieben und verrasten (Pfeil 2), um das Heckscheibenwischerblatt zu sichern und den Heckscheibenwischerarm vorsichtig wieder zurückklappen.
- Die Scheibenwischerblätter-Endablage (Einbaulage) prüfen und wenn erforderlich einstellen.

Bauweise eingeschoben (Bild unten)

- Den Heckscheibenwischer in die Endablage laufen lassen.
- Die Zündung und alle elektrischen Verbraucher ausschalten und den Zündschlüssel abziehen.
- Den Heckscheibenwischerarm (1) von der Scheibe wegklappen.
- Das Heckscheibenwischerblatt in Pfeilrichtung (A) schwenken.
- Die Entriegelungstaste (2) drücken und das Scheibenwischerblatt an der Scheibenwischerblattbefestigung (1) in Pfeilrichtung (B) aus dem Scheibenwischerarm herausziehen.

Der Einbau erfolgt sinngemäß in umgekehrter Reihenfolge, dabei ist Folgendes zu beachten:

- Den Heckscheibenwischerarm zurückklappen.
- Die Scheibenwischerblätter-Endablage (Einbaulage) prüfen und ggf. einstellen.

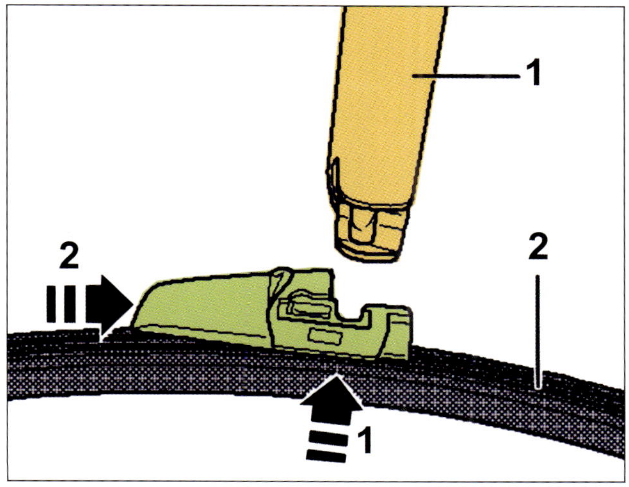

Eingeclipster Heckwischer: 1 Wischerarm, 2 Wischerblatt, Pfeil 1 Wischerblatt aufschieben, Pfeil 2 Kunststoffkappe verrasten.

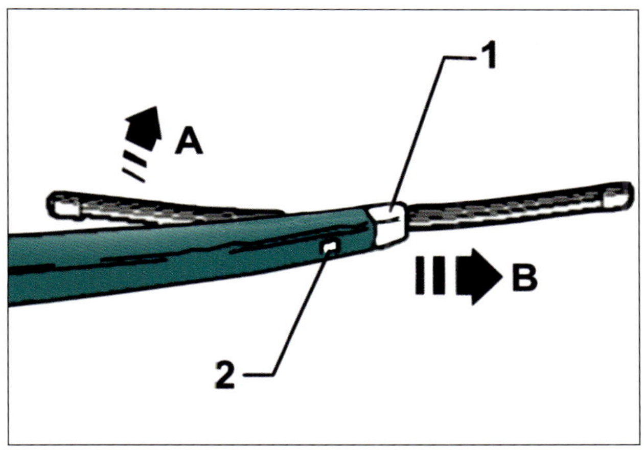

Eingeschobener Heckwischer: 1 Wischerarm, 2 Entriegelungstaste, Wischerblatt, Pfeil A Wischerblatt herausschwenken, Pfeil B Wischerblatt herausziehen.

Wischerblatt Einbaulage prüfen

Wischerarme vorne (Bild auf Seite 56)

- Der Abstand (A) zwischen Scheibenwischergummi (1) und Wasserkastenabdeckung (2) muss 25 mm betragen.
- Gegebenenfalls Endablage durch Versetzen des Scheibenwischerarms einstellen.
- Befestigungsmuttern der Scheibenwischerarme mit 20 Nm festziehen.

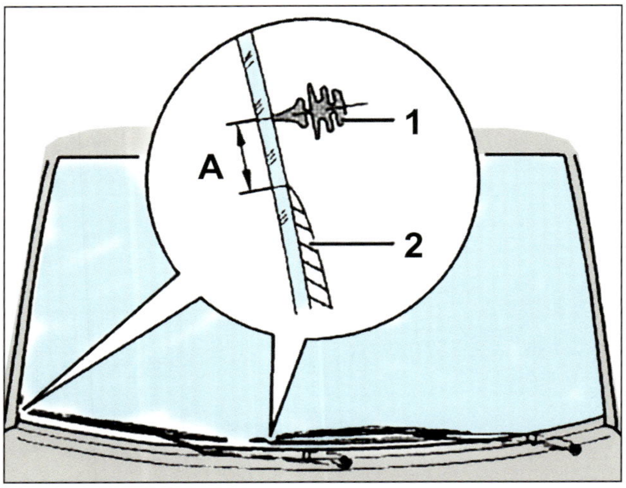

Endlage der Wischer vorne: 1 Scheibenwischergummi, 2 Wasserkastenabdeckung, a Abstand.

Endlage der Wischer bei der Heckklappe: a Abstand.

Heckscheibenwischer

Fahrzeuge mit Heckklappe

- Den Heckscheibenwischer in seine Endablage laufen lassen. Der Abstand (a) zwischen Scheibenwischergummi und Scheibenunterkante muss 25 mm betragen.
- Gegebenenfalls Heckscheibenwischer-Endablage durch Versetzen des Scheibenwischerarms einstellen.
- Befestigungsmutter des Scheibenwischerarms mit 20 Nm festziehen.

Fahrzeuge mit Heckflügeltüren

- Den Heckscheibenwischer in seine Endablage laufen lassen.
- Der Abstand (a) zwischen Scheibenwischergummi und Scheibenseitenkante muss 25 mm betragen.
- Gegebenenfalls Heckscheibenwischer-Endablage durch Versetzen des Scheibenwischerarms einstellen.
- Befestigungsmutter des Scheibenwischerarms festziehen.

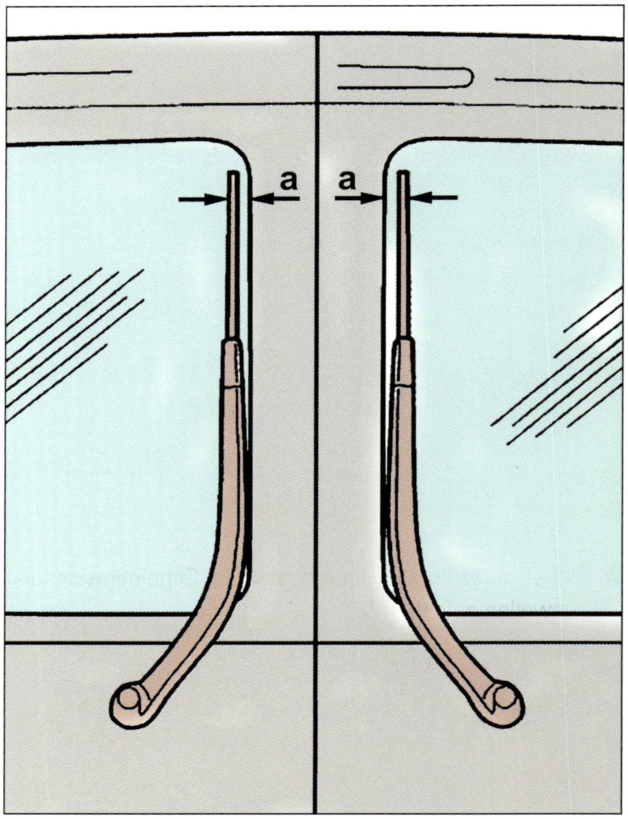

Endlage der Wischer bei Flügeltüren: a Abstand.

Wischerarm demontieren

Scheibenwischerarme aus- und einbauen

Scheibenwischerarme vorne und Wischerarme an Fahrzeugen mit Flügeltüren

- Zündung und alle elektrischen Verbraucher ausschalten und den Zündschlüssel abziehen.
- Abdeckkappe mit einem Schraubendreher vom Wischerarm abhebeln.
- Befestigungsmutter abschrauben.
- Die Arme des Abziehers »T10369/1« (2) unter den Scheibenwischerarm (4) schieben.
- Druckschraube (1) des Abziehers im Uhrzeigersinn drehen, bis das Druckstück (3) auf der Welle des Scheibenwischers aufliegt. Die Scheibenwischerwelle kann dabei leicht beschädigt werden. Verwenden Sie immer das Druckstück (3) zum Lösen des Scheibenwischerarms.
- Druckschraube (1) des Abziehers mit einem Innensechskantschlüssel (Schlüsselweite 6) im Uhrzeigersinn drehen, bis sich der Scheibenwischerarm (4) von der Welle löst.
- Abzieher und den Scheibenwischerarm abnehmen.

Der Einbau erfolgt sinngemäß in umgekehrter Reihenfolge, dabei ist Folgendes zu beachten:

- Die Scheibenwischerarme auf ihre Wellen aufstecken.
- Befestigungsmuttern locker auf die Scheibenwischerarmwellen aufschrauben.
- Scheibenwischerblätter-Endablage einstellen.
- Nach dem Einstellen der Scheibenwischerblätter-Endablage, die Befestigungsmuttern der Scheibenwischerarme mit 20 Nm festziehen.
- Abdeckkappen aufdrücken.

Fahrzeuge mit Heckklappe

- Den Heckscheibenwischer in seine Endablage laufen lassen.
- Abdeckkappe des Heckscheibenwischers nach außen auf-/abclipsen.
- Sechskantmutter (Pfeil) abschrauben.
- Den Scheibenwischerarm durch seitliche Bewegungen von der Scheibenwischermotorachse lösen.

Der Einbau erfolgt sinngemäß in umgekehrter Reihenfolge, dabei ist Folgendes zu beachten:

- Heckscheibenwischerarm aufstecken und die Sechskantmutter lose auf die Scheibenwischerarmwelle aufschrauben und Endablage einstellen.
- Nach dem Einstellen der Scheibenwischerblätter-Endablage, die Befestigungsmuttern der Scheibenwischerarme mit 20 Nm festziehen.
- Abdeckkappe aufdrücken.

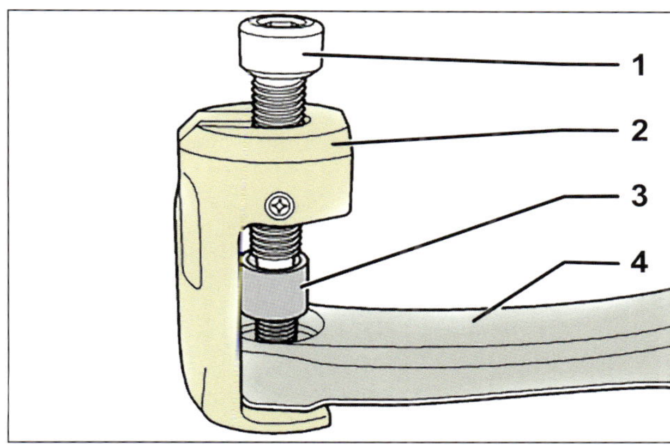

Abzieher am Wischerarm: 1 Druckschraube, 2 Abzieher T10369/1, 3 Druckstück, 4 Scheibenwischerarm.

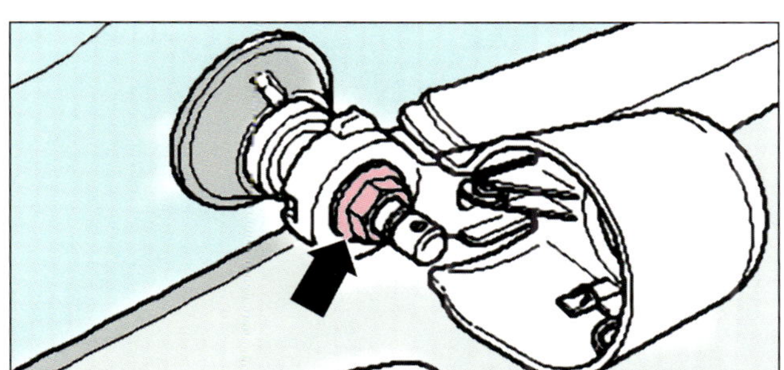

Waschdüse an der Heckklappe: Pfeil Mutter, darüber die Düse und die Abdeckkappe.

Waschdüsen

Waschdüsen vorne einstellen

Im Falle eines ungleichmäßigen Spritzfelds durch Verunreinigungen in der Spritzdüse bauen Sie die Spritzdüse aus und spülen Sie diese mit Wasser durch. Das anschließende Durchblasen der Spritzdüse mit Druckluft ist in beide Richtungen zulässig. Keine Gegenstände zum Reinigen der Spritzdüsen verwenden!

Fächerdüsen:
Die Spritzdüsen sind voreingestellt. Es können aber kleine Höhenunterschiede ausgeglichen werden. Liegen die beiden Spritzfelder nicht auf gleicher Höhe (Bild), Spritzrichtung wie folgt nach oben bzw. unten korrigieren.

- Spritzstrahl am Einsteller mit der Hand nach oben bzw. unten verstellen.

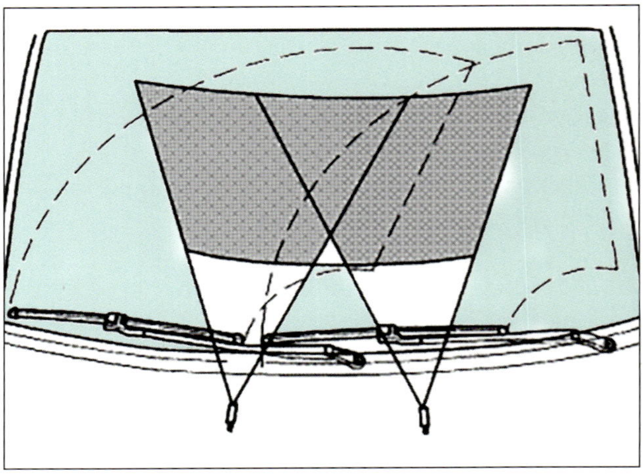

Fächerdüse an der Frontscheibe: Schraffiert sind die Auftreffflächen dargestellt.

Spritzdüseneinstellung 3-Strahl-Düse:

- Markieren Sie mit einem wasserlöslichen Stift die angegebenen Auftreffpunkte auf der Scheibe.

- Die Düsen nach der folgenden Tabelle einstellen:

Position	Von oben (cm) (A)	Von außen (cm)
1	40	16
2	19	42
3	27	76
4	27	73
5	20	109
6	50	139

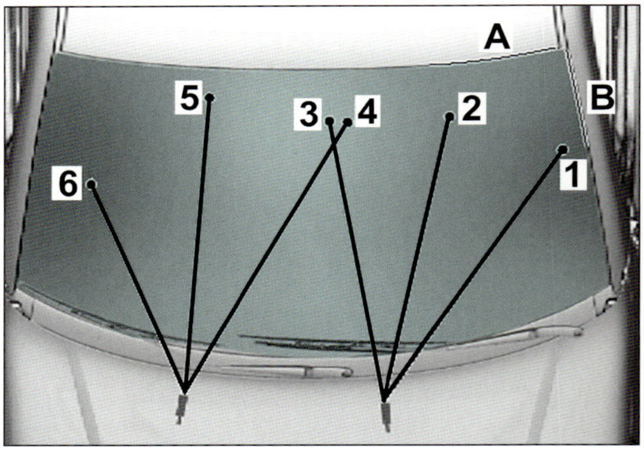

Dreipunktdüse an der Frontscheibe: 1-6 Auftreffpunkte der Sprühstrahlen, A Scheibenkante oben, B Scheibenkante links.

Waschdüsen hinten einstellen

- Markieren Sie mit einem wasserlöslichen Stift die angegebenen Auftreffpunkte auf der Scheibe.

- Abdeckkappe über der Antriebswelle (2) entfernen.

Spritzdüseneinstellung für die Heckklappe:

- Spritzdüse (1) mit Einstellwerkzeug »T40187« so einstellen, dass der Wasserstrahl, auf das obere Drittel der Heckscheibe spritzt.

Spritzdüseneinstellung für Heckflügeltüren:

- Spritzdüse mit Einstellwerkzeug »T40187« so einstellen, dass die Wasserstrahlen an den gezeigten Stellen auf die Heckscheibe spritzen.

Waschdüsen Scheinwerferreinigung, Einstellung prüfen, gegebenenfalls einstellen

Bei Fahrzeugen mit unlackierten Stoßfängerabdeckungen werden feststehende Spritzdüsen ohne Hubzylinder verbaut.

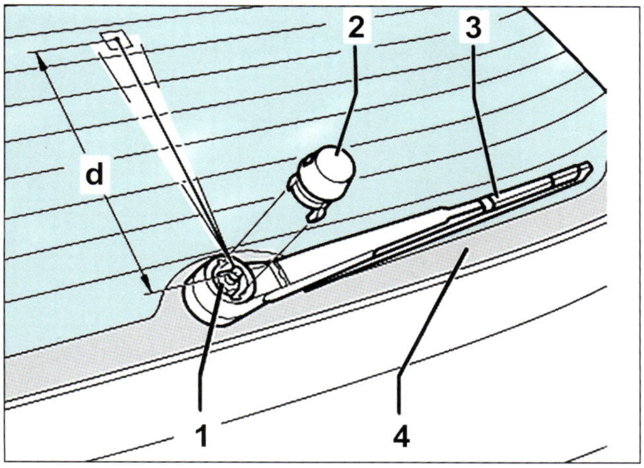

Spritzdüse an der Heckklappe: 1 Spritzdüse, 2 Abdeckkappe, 3 Wischerarm, 4 Heckscheibe, d Abstand zum Auftreffpunkt etwa das obere Drittel der Scheibe.

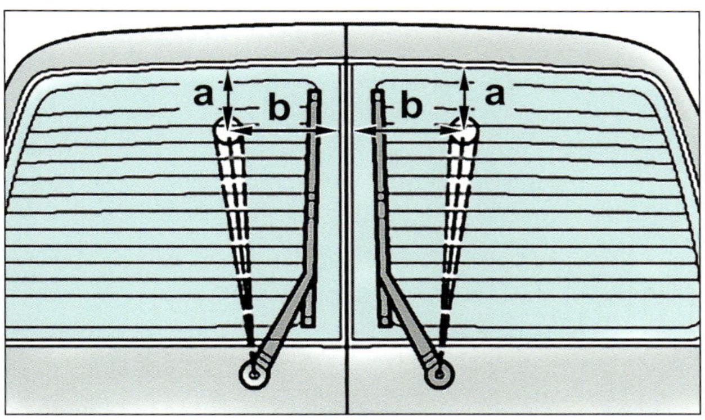

Auftreffpunkte bei Flügeltüren: Maß a = ca. 150 mm, Maß b = ca. 250 mm.

Düseneinstellung prüfen:

Tritt der Spritzstrahl ungleichmäßig aus oder lässt sich nicht auf die vorgegebenen Maße einstellen, ist die Spritzdüse zu ersetzen.

- Schalten Sie das Abblendlicht ein.
- Betätigen Sie die Scheibenwaschanlage für die Frontscheibe. Die Scheinwerfer werden gewaschen, wenn der Scheibenwischerhebel mindestens 1,5 Sekunden in »Wischstellung« gehalten wird. Der Sprühstrahl sollte auf die gezeigten Stellen im Bild auftreffen.

Düsen einstellen:

- Markieren Sie mit einem wasserlöslichen Stift die angegebenen Auftreffpunkte auf dem Scheinwerfer.
- Schalten Sie das Abblendlicht ein.
- Betätigen Sie die Scheibenwaschanlage für die Frontscheibe. Die Scheinwerfer werden gewaschen, wenn der Scheibenwischerhebel mindestens 1,5 Sekunden in »Wischstellung« gehalten wird. Die Spritzdüsen (Pfeile) werden ausgefahren.
- Richten Sie die Spritzrichtung der jeweiligen Düse mit der Einstellvorrichtung »T10167« an den gezeigten Punkten aus.

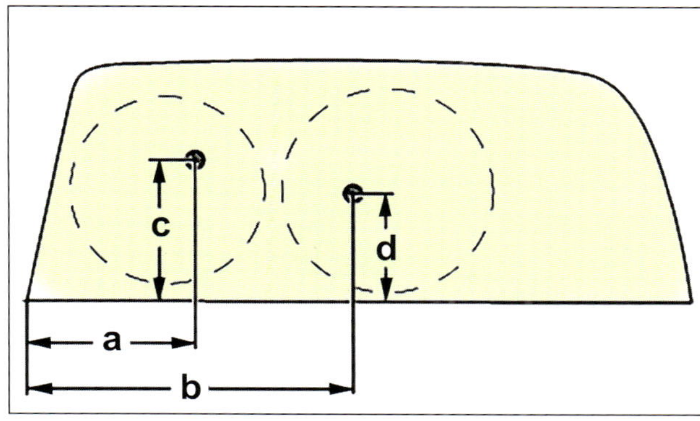

Auftreffpunkte am Scheinwerfer: Maß a = ca. 126 mm, Maß b = ca. 236 mm, Maß c= 100 mm, Maß d = 88 mm.

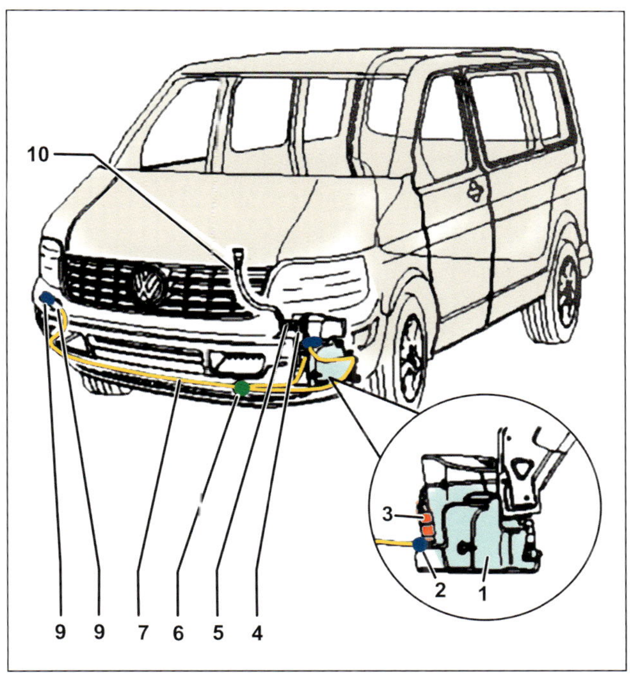

Montageübersicht der Scheinwerferreinigungsanlage: 1 Waschwasserbehälter, 2 Anschlussstück, 3 Pumpe für Scheinwerferreinigungsanlage, 4 Anschlussstück, 5 Hubzylinder für Spritzdüse, 6 Y-Stück, 7 Schlauch, 8 Anschlussstück, 9 Hubzylinder für Spritzdüse rechts, 10 Einfüllrohr für Waschwasserbehälter.

Unzureichende Waschleistung der Düsen

Drei mögliche Ursachen kommen in Betracht.

Erstens können die Düsen falsch eingestellt sein, zweitens die Verwendung eines zum Aufschäumen oder zu Ablagerungen neigenden Waschmittelzusatzes und drittens ein unzureichender Wasserdurchsatz durch Verunreinigung einer Düse oder durch einen abgeknickten oder undichten Schlauch. Stellen Sie stets sicher, dass keine ungeeigneten Waschmittelzusätze verwendet werden, die Schaumbildung an der Spritzdüse verursachen. Kontrollieren Sie auch, ob der Sprühstrahl beider Düsen gleichmäßig stark ist. Ist dies nicht der Fall, dann bauen Sie die »schwächere« Düse aus und blasen die Düse mit Druckluft aus. Sollte diese Maßnahme zu keinen Erfolg führen, prüfen Sie bitte, ob der betreffende Schlauch abgeklemmt oder undicht ist.

Bei Fahrzeugen mit Scheinwerferreinigungsanlage muss natürlich auch die Einstellung der Spritzdüsen überprüft werden. Hier gilt, dass der Reinigungsstrahl die Mitte des jeweiligen Reflektors treffen soll.

Wenn sie eingestellt werden müssen, wird es allerdings etwas hektisch. Nach dem Einschalten des Fahrlichtes, also dem Abblendlicht oder dem Fernlicht, und der Betätigung der Scheibenwaschanlage für die Frontscheibe (der Hebel muss mindestens für 1,5 Sekunden gehalten werden!) wird mit der Hochdruckpumpe die Scheinwerferreinigung durchgeführt. Die Spritzdüsen werden hierzu ausgefahren. Nun können die Spritzdüsen eingestellt werden. Die Betätigung der Waschdüsen erfolgt hydraulisch über den Druck des Reinigungsmittels.

Die Rückstellung erfolgt über eine Rückzugsfeder, die in der Waschdüse verbaut ist. Die Waschdüse ist nicht zerlegbar und sollte ausgetauscht werden, wenn sie sich nicht mehr einstellen lässt oder andere Defekte wie Schwergängigkeit oder Verstopfung aufweist.

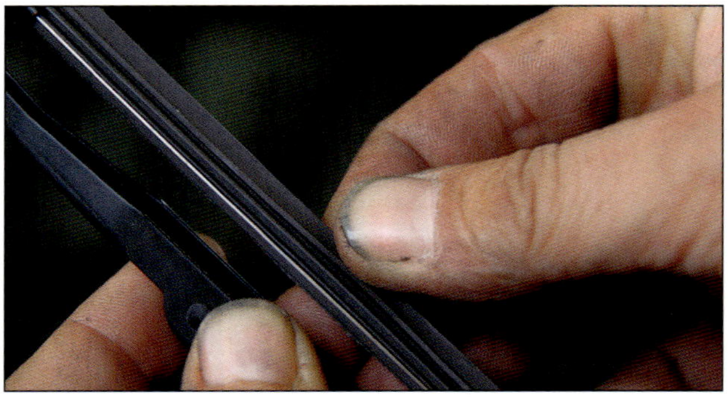

Wischerkontrolle: Inspizieren Sie die Gummilippe auf Rillen und Vertiefungen. Das Gelenk muss leichtgängig sein damit die Wischergummis satt auf der Scheibe aufliegen.

PRAXISTIPP

Scheiben schonend enteisen

Für viele, die keinen Garagenstellplatz ihr Eigen nennen, gehören zugefrorene Scheiben im Winter zum alltäglichen Graus. Und wer hat schon Lust, am frühen Morgen oder späten Abend sich mit dem ungemütlichen Gekratze und Geschabe aufzuhalten? Wer jedoch, egal ob aus Faulheit oder Unvernunft, nur ein kleines Guckloch freilegt und dann losfährt, begibt sich und andere beim anschließenden Blindflug in höchste Gefahr. Zudem nimmt man so das Risiko in Kauf, bei einem Unfall haftbar gemacht zu werden und ein saftiges Bußgeld zu kassieren. Der Gesetzgeber schreibt nämlich dem Fahrzeughalter vor, dass er laut §23 StVO dafür zu sorgen hat, dass die Sicht weder durch Beladung noch durch den Zustand des Fahrzeugs beeinträchtigt ist. Was also tun, will man sich und die durch die Kratzprozedur stark in Mitleidenschaft gezogene Scheibenoberfläche schonen? Eine Möglichkeit ist die Verwendung eines Scheiben-Enteisers, den es als Spray- oder Pumpdose zu kaufen gibt. Dieser sorgt mit einer konzentrierten alkoholischen Formel dafür, dass die Eisschicht abtaut. Qualitätsunterschiede der Produkte lassen sich zum Beispiel am Sprühbild erkennen: Wird die Scheibe gleichmäßig benetzt, ist die Wirkung effektiver. Besonders die kratzempfindlichen Stellen wie Außenspiegel oder Gummiteile, aber auch die Kunststoff-Heckscheibe einiger Cabrios, profitieren durch kaum erforderliche mechanische Beanspruchung.

Scheinwerferreinigungsanlage: Nur gezielte Treffer reinigen gut!

Heizung und Lüftung prüfen

Damit im Winter die Scheiben auch von innen möglichst schnell und zuverlässig frei werden, müssen Heizung und Lüftung, aber auch die Klimaanlage in tadellosem Zustand sein. Die Klimaanlage kann nämlich auch im Winter wertvolle Dienste leisten: Die Luft wird getrocknet und das Beschlagen der Scheiben vermindert. Leider behindert der im Frischluftkanal integrierte Wärmetauscher einer Klimaanlage die Frischluftzufuhr von außen, weshalb Sie das Gebläse im Winter immer mindestens auf Stufe 1 mitlaufen lassen müssen.

- Prüfen Sie zunächst, ob das Gebläse in allen Stufen wirkungsvoll arbeitet, indem Sie die Luft auf die mittleren Ausströmer lenken und alle Schalterstellungen durchprobieren. Eventuell den Reinluftfilter wechseln.

- Ab einer Motortemperatur von 60 Grad oder nach ca. fünf Kilometern Fahrt muss aus den Ausströmern warme Luft kommen, sobald Sie die Einstellung der Temperatur verändern.

- Prüfen Sie zum Abschluss noch, ob die Luftverteilung funktioniert. Sie können das an den jeweiligen Düsen erfühlen und auch hören. Beim Umschalten öffnen und schließen sich die jeweiligen Klappen des Lüftungssystems. Gerade die Funktion zur Belüftung der Frontscheibe ist sehr wichtig, sie muss sich auch so einstellen lassen, dass keine zusätzlichen Austrittsstellen für die Luft geöffnet werden. Nur so bleibt die Frontscheibe gerade in der Phase, in der das Auto noch nicht warm ist, beschlagfrei.

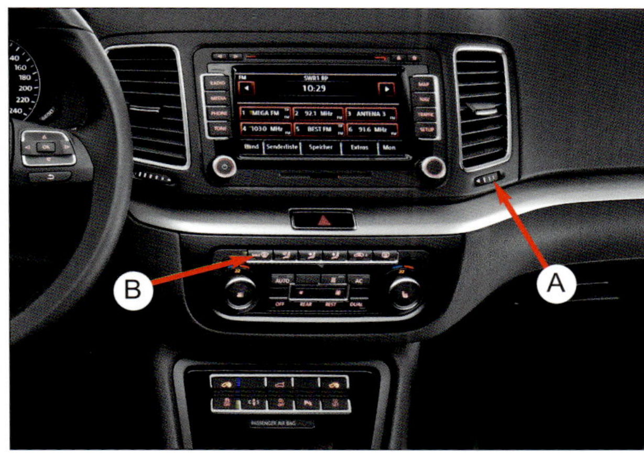

Ausströmdüsen dürfen nicht verstopfen: Testen Sie den Luftstrom einzelner Düsen regelmäßig durch Drehen des Reglers (A) bzw. Drücken der Tasten (B) der Klimaautomatik.

Frostschutz prüfen

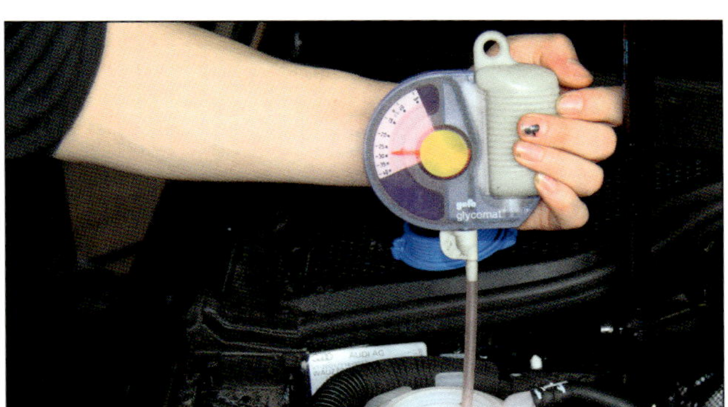

Kühlmittel: Das Frostschutzmittel sorgt für Frost- und Korrosionsschutz im Motor und bleibt deshalb das ganze Jahr über im Kühlsystem.

- Die Flüssigkeiten können mit einer Spindel geprüft werden. Ziehen Sie so viel Flüssigkeit in das Gerät, bis der Schwimmer frei schwebt. Sie können dann ablesen, bis wie viel Grad der Frostschutz gewährleistet ist. Mit minus 30 Grad sind Sie gut gerüstet.

- Der Ausgleichsbehälter für das Kühlwasser befindet sich bei den Vans in Fahrtrichtung gesehen rechts, nahe dem Kotflügel (kugelförmig; Aufschrift G12).

- Der Vorratsbehälter für das Waschwasser sitzt bei den Vans meist vor dem Kühlflüssigkeitsbehälter, also in Fahrtrichtung rechts, weiter vorne. Achtung: Hier kommen andere Frostschutzmittel zum Einsatz!

Dichtungsgummis pflegen

Die Dichtungsgummis sind bei Minustemperaturen besonderen Anforderungen ausgesetzt. Kaputte Gummidichtungen sind nicht nur optisch ein Problem, sondern können im Extremfall zu Wassereinbruch und übermäßigen Scheibenbeschlag führen. Sparen Sie also nicht bei der Pflege, denn der Wechsel defekter Dichtungen ist aufwändig und insofern auch nicht billig. Verwenden Sie lieber regelmäßig einen Gummipflegestift. Dieser verhindert im Winter das Festkleben von Gummidichtungen an Türen, Scheiben und Kofferraumdeckeln. Zusätzlich wird das Gummi geschmeidig gehalten, was vor dem Brüchigwerden schützt.

Gummidichtungen:
Diese müssen innen wie außen geschmeidig bleiben. Besonders wichtig ist das im Winter. Spezielle Gummipflegemittel geben dem elastischen Material zusätzlich den Glanz zurück.

Schmieren und Pflegen: Den Gummidichtungen müssen Sie in der kalten Jahreszeit besondere Beachtung schenken. Verwenden Sie dazu am besten einen Glycerinstift. Er hält die Dichtungen geschmeidig.

Türschlossenteiser

Auch die Verwendung eines Türschlossenteisers kann nicht schaden, insbesondere wenn Sie an Ihrem Van die Türen nicht per Funkschlüssel öffnen. Beachten Sie aber, dass der Enteiser nicht ins Fahrzeug gehört. Dort nutzt er im Fall der Fälle nämlich nichts.
Das Feuerzeug ist im Übrigen keine Alternative. Denn durch die Erhitzung des Schlüssels riskieren Sie einen Schaden am integrierten Mikrochip der Wegfahrsperre. Haben Sie dennoch das Schloss auf diese Art geöffnet, kommen Sie erst recht nicht vom Fleck.

Am besten griffbereit in der Tasche: Den Türschlossenteiser nicht im Fahrzeug vergessen. Ist das Schloss zugefroren, bringt er Ihnen dort am allerwenigsten. Unterlassen Sie bitte auch das Zündeln mit dem Feuerzeug am Schlüssel.

PRAXISTIPP

Schmutz kostet Leuchtkraft

Waschen Sie, besonders in der schmuddeligen Jahreszeit, die Scheinwerfer häufiger als die Karosserie. Denn Schmutzpartikel auf den Abdeckgläsern schlucken die Lichtstrahlen oder leiten sie in die Irre. Folge: geringere Sichtweite, unkontrolliertes Streulicht, starke Blendung – vornehmlich bei Nebel. Schon nach einer etwa halbstündigen Fahrt auf feuchter Straße können die Scheinwerfer Ihres Autos zu über 60 Prozent verschmutzt sein. Entsprechend mager ist dann die Lichtausbeute – ein Gefahrenpotenzial für Sie und andere Verkehrsteilnehmer. Die am Van angebrachten Halogenscheinwerfer können Sie beim Tankstellenstopp mit den vorhandenen Mitteln schnell von der Schmutzschicht befreien. Eine Reinigung unterwegs mit Wasser und Schwamm wirkt Wunder und sichert anschließend wieder die volle Leuchtkraft des Scheinwerfers. Achten Sie aber darauf, dass die Schmutzpartikel nicht die Klarglasleuchten der Scheinwerferabdeckung beschädigen oder verkratzen. Die Glasscheibe der Van-Scheinwerfer kann nämlich nicht als separates Teil ersetzt werden. Dies hat zur Folge, dass im Fall von (durch falsche Pflege) verkratzten oder gebrochenen Glasscheiben (durch einen Unfall bedingt) der Austausch des kompletten Scheinwerfers fällig wird.

Bessere Wischerblätter

In der kalten und nassen Jahreszeit ist eine gute Sicht das A und O beim Autofahren. Wechseln Sie daher am besten zu Herbstbeginn die Wischerblätter gegen einen neuen Satz. Bei dieser Gelegenheit wäre der Umstieg auf die Aerotwin-Wischer aus dem Hause Bosch günstig. Diese etwas teureren Wischblätter werden durch mathematische Berechnungen individuell an die Wölbung der Windschutzscheiben, auch der des Van, zugeschnitten. Der Anpressdruck ist damit gleichmäßig auf die gesamte Wischerblattlänge verteilt. Der übliche Spoiler wird überflüssig, was auch den Geräuschpegel und Luftwiderstand minimiert.

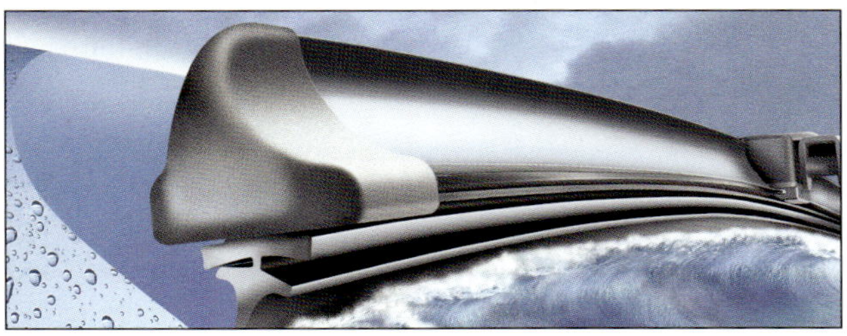

Standheizung nachrüsten

Eine Standheizung ist ein echter Zugewinn an Komfort und Sicherheit. Lästiges Scheibenkratzen entfällt und der bereits warme Motor läuft vom Start weg schadstoffarm und abgasreduziert. Den Einbau müssen Sie allerdings dem Fachmann überlassen. Besonders günstig kommen Besitzer eines TDI davon. Verfügt der Diesel-Direkteinspritzer über einen Zuheizer, muss er um nur wenige Module erweitert werden, und schon wird aus dem Zuheizer eine vollwertige Standheizung.

Starthilfebooster

Wollen Sie bei Fahrten in entlegene Wintergebiete auf Nummer sicher gehen, was das Starten des Motors betrifft, sollten Sie einen so genannten Starthilfebooster mit an Board haben. Dieser hilft Ihnen, auch wenn die Autobatterie den Dienst verweigert, sei es wegen der Kälte oder des schlechten Ladezustands (oder schlimmstenfalls beidem).
Der Starthilfebooster agiert dann als kleines Kraftwerk, sodass auch die müdeste Batterie Ihnen nicht zum Verhängnis werden kann und Sie Ihren Van starten können.

Sitzheizung nachträglich einbauen

Wer seinen Van mit einem Komfortmerkmal erweitern möchte, hat dazu reichlich Möglichkeiten. Eine dieser Möglichkeiten ist die Nachrüstung einer Sitzheizung. Die im Zubehör angebotenen Carbon-Heizmatten sind wesentlich bruchfester als die ab Werk verbauten Elemente, ohne deshalb wesentlich mehr zu kosten. Ein einfacher Nachrüstkit ist inklusive Schalter und Kabel schon für rund 100 Euro pro Sitz zu haben. Der Einbau muss allerdings nach TÜV-Auflage durch einen Fachbetrieb erfolgen.

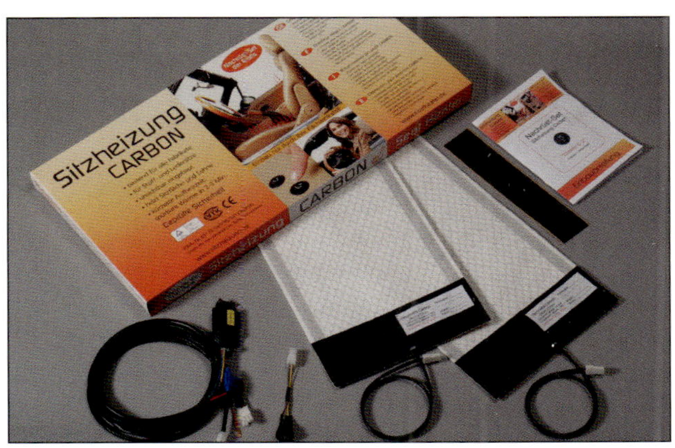

CHECKLISTE

Fit für den Winter

Bereich	Worauf Sie achten sollten	Was zu tun ist
A Motor	**1** Motoröl	Das Motoröl wird durch extreme Kaltstarts und die großen Temperaturschwankungen stärker belastet als im Sommer. Vielleicht etwas kürzere Intervalle fahren und ein gutes Öl mit niedriger Viskosität spendieren. (Beachten Sie dazu unbedingt die Hinweise im Kapitel »Antrieb«).
	2 Kühlmittel	Ist der Frostschutzgehalt zu niedrig und das Kühlwasser friert ein, kann das Eis den Motor sprengen. Also rechtzeitig messen und einen anstehenden Wechsel auf den Herbst legen.
	3 Thermostat	Wenn im Winter der Thermostat nicht vollständig schließt, braucht der Motor lange, um warm zu werden. Beobachten und bei langer Warmlaufphase wechseln.
B Räder und Reifen	**1** Winterreifen	Winterreifen funktionieren auf Schnee nur gut, wenn noch mindestens 4 mm Profiltiefe übrig ist. Reifen im Oktober montieren. Falls Sie neue Reifen brauchen: Nicht erst auf die ersten Schneeflocken warten, denn dann hat der Reifenhändler garantiert keine Zeit.
C Licht und Sicht	**1** Beleuchtung	Kontrollieren Sie regelmäßig die Beleuchtungsanlage und reinigen Sie die Klarglasabdeckungen der Scheinwerfer. Im Winter sind einwandfrei funktionierende Scheinwerfer unentbehrlich.
	2 Verglasung **3** Scheibenwischer	Die Scheiben sollten frei von Kratzern und Steinschlägen sein. Spendieren Sie im Herbst neue Wischer und füllen Sie genügend Frostschutz in die Waschanlage.
D Karosserie	**1** Türen und Hauben	Sprühen Sie die Dichtungen großzügig mit Silikonspray ein. Das verhindert das Festfrieren.
	2 Schlösser und Scharniere	Die Gelenke freuen sich über eine Extraportion Öl bzw. Fett. Das verhindert nebenbei auch Korrosion.
	3 Lack	Gönnen Sie dem Lack regelmäßiges Waschen. So setzt sich erst gar keine Salzkruste fest.
E Elektrik	**1** Batterie	Lassen Sie eine Batterie-Kurzschlussprüfung durchführen, um festzustellen, wie viel Kapazität noch vorhanden ist. Batterien leiden unter Kälte, das gilt übrigens auch für die Fernbedienung.
	2 Heizung und Lüftung	Eventuell Reinluftfilter wechseln.

Fit durch den Sommer

Der Betrieb in Sommerzeit, vielleicht auch eine Fahrt mit Familie und Gepäck in den Urlaub, will gut vorbereitet sein. Pannen und Defekte mit kleiner Ursache, die oft schon im Vorfeld erkennbar waren, sind dann besonders nervig.

Reifen

Sommerzeit ist Reisezeit und die will gut vorbereitet sein. Nach dem Packen kommt Ihr T5 Multivan dran. Passen Sie in jedem Fall den Reifendruck dem Beladungszustand an. Im Tankdeckel oder in der Bedienungsanleitung finden Sie dazu eine Übersicht.
Auch der Reservereifen darf nicht vergessen werden. Nur ein intaktes Reserverad kann bei einer Reifenpanne auch weiterhelfen. Die Notfallausrüstung wie Warndreieck, Sicherheitswesten und natürlich auch das Werkzeug sollten zweckmäßig und griffbereit untergebracht werden. Eine Reifenpanne findet eher selten auf einem Parkplatz statt. Wenn nun auf der Autobahn das halbe Auto wieder ausgeräumt werden muss, nur um die notwendigen Utensilien zusammenzusuchen, vergeht nicht nur Urlaubszeit, sondern die Gefährdung auf der Autobahn nimmt mit der Standzeit zu. Hilfreich ist es sicherlich, das Werkzeug in einer Solchen Tasche zu platzieren.

Bremsweg aus 100 km/h (regennasse Fahrbahn)

Profiltiefe	Bremsweg	Verlängerung (relativ)
8 mm	70 m	–
4 mm	82 m	17%
3 mm	87 m	24%
2 mm	97 m	39%

Erschreckende Zahlen: Die Profiltiefe ist ein entscheidender Sicherheitsfaktor vor allem bei Nässe (Quelle: www.kfztech.de)

Vergewissern Sie sich, dass Ihre Sommerreifen noch genügend Profil haben. Gesetzlich vorgeschrieben sind zwar lediglich 1,6 mm Profiltiefe, wer jedoch mit diesen Reifen eine Vollbremsung hinlegen muss oder gar in den Regen kommt, hat schlechte Karten. Denn schon bei ca. 4 mm, also rund der Hälfte des Profils neuer Reifen, verlängert sich der Bremsweg aus 100 km/h bereits um mehr als zwei Wagenlängen.

Profiltiefe korrekt bestimmen

Zur Ermittlung der Profiltiefe empfiehlt sich ein Profiltiefenmesser (Bild 2). Entscheidend sind die Hauptprofilrillen. Messen Sie nicht auf den Erhebungen des TWI (Tread Wear Indikator = Profil-Abnutzungsanzeiger). Die Profiltiefe messen Sie in den Hauptprofilrillen an den am stärksten verschlissenen Stellen des Reifens. Die Positionen der TWI-Indikatoren (Bild 1) sind an der Reifenschulter sichtbar und zeigen die gesetzliche Mindestvorgabe von 1,6 mm an.

1

2

Kleine Reifenkunde

PRAXISTIPP

Seit 01. Januar 2006 ist es Gesetz, dass laut Straßenverkehrsordnung (§2 Abs. 3a) bei Kraftfahrzeugen die Ausrüstung an die Wetterverhältnisse anzupassen ist. Hierzu gehört insbesondere eine »geeignete Bereifung«. Damit sollte es nun nicht mehr nur für Fachleute, sondern auch für alle Autofahrer selbstverständlich sein, dass Sommer und Winter ihre eigenen Reifen hinsichtlich Profil und Gummimischung benötigen. Gerade auf der Fahrt in den Urlaub kommt es darauf an, der Bereifung besondere Aufmerksamkeit zu schenken. Wer weiß schon, dass ein moderner Reifen aus bis zu 16 verschiedenen Gummimischungen bestehen kann, die zum Beispiel folgende Anforderungen erfüllen müssen: Geringst möglicher Abrieb, Rissfestigkeit, Rutschwiderstand, geringer Rollwiderstand, dynamische Beständigkeit, Luftdichtigkeit, Laufruhe sowie Alterungsbeständigkeit. Allerdings bestimmen nicht nur Gummimischung und Auslegung des Profils – zum Beispiel das Lamellenprofil eines Winterreifens – die Leistung eines Reifens. Mindestens genau so wichtig sind nach Aussage der Kfz-Innungsexperten die unterschiedlichen Profiltiefen. Zwar schreibt der Gesetzgeber hier nur einen Mindestwert von 1,6 Millimetern vor, aber in der Praxis ergeben sich andere und realistischere Werte. Auf eine einfache Formel gebracht: Profiltiefe Sommerreifen: Minimum 3 Millimeter, Profiltiefe Winterreifen: Minimum 4 Millimeter. Die Gründe für diese Empfehlungen sind zahlreich und absolut sicherheitsrelevant. Mit dem Minimumprofil von 1,6 Millimeter verlängert sich bei Nässe der Bremsweg bereits um das Doppelte. Wenn man weiter weiß, dass bei nasser Fahrbahn die Drainagerillen bei 80 km/h bis zu 25 Liter Wasser pro Sekunde und bei 140 km/h bis zu 43 Liter kanalisieren müssen, erübrigt sich wohl jede weitere Diskussion um falsche Sparsamkeit. Gerade vor der sommerlichen Urlaubsreise mit ihren erhöhten Anforderungen an Temperaturen, Fahrzeuggewicht und Geschwindigkeit raten die Fachleute der Kfz-Meisterbetriebe zu einer detaillierten Reifenkontrolle, bei der neben der Erhöhung des Luftdrucks speziell auf Beschädigungen an Lauffläche, Seitenwand und Ventilabdichtung sowie auf Profiltiefe geachtet werden muss. Gehen Sie also beim einzigen Bindeglied zwischen Ihnen und dem Straßenbelag keine unnötigen Risiken ein und kontrollieren Sie regelmäßig Ihre Fahrzeugbereifung.

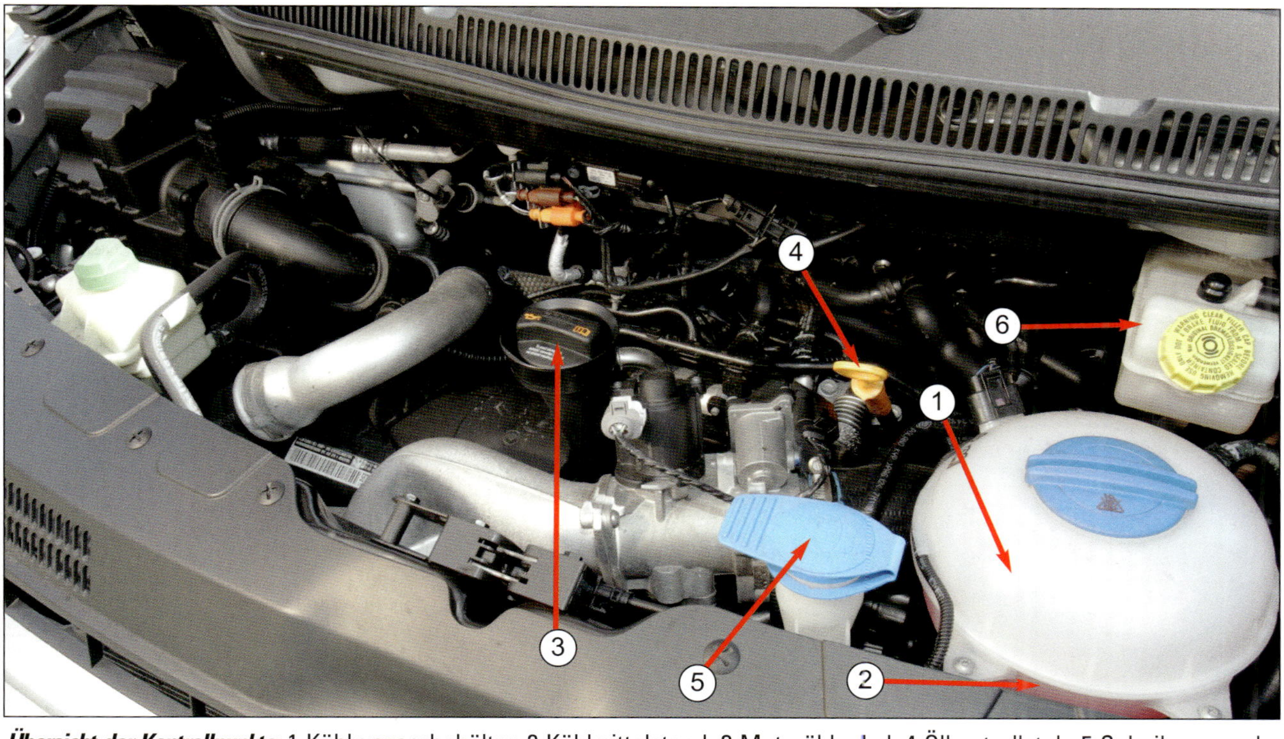

Übersicht der Kontrollpunkte: 1 Kühlwasserbehälter, 2 Kühlmittelstand, 3 Motoröldeckel, 4 Ölkontrollstab, 5 Scheibenwaschwasser, 6 Bremsflüssigkeit.

Wie funktioniert die Klimaanlage?

Eine Klimaanlage ist eine feine Sache, keine Frage, doch wie funktioniert dies Anlage eigentlich? Das Funktionsprinzip ist vergleichbar mit dem des heimischen Kühlschranks. Ein vom Motor angetriebener Kompressor (1) verdichtet das dampfförmige Kältemittel, welches sich dabei erhitzt. Beim anschließenden Abkühlen im Kondensator (10) wird das Mittel wieder flüssig. Durch ein Ventil (12) wird diese abgekühlte Flüssigkeit nun in den Verdampfer (13) eingespritzt. Beim Verdampfungsprozess wird nun der außen an dem Waben- und Röhrensystem vorbeiströmenden Luft aus dem Fahrgastraum Wärme und Feuchtigkeit entzogen. Die Luft kühlt ab und wird zurück in den Innenraum geleitet. Die Intensität der Abkühlung hängt im Wesentlichen vom Luftdurchsatz und der eingestellten Temperatur ab. Das heißt, je höher die Gebläsestufe und je niedriger die gewählte Temperatur, desto kälter wird es. Intelligente Klimasysteme zeichnen heutzutage zusätzliche Sensoren und Steuereinheiten aus. Diese bestimmen nicht nur anhand der Gurtschlösser die Anzahl der klimabedürftigen Insassen, sondern können auch mittels Fotodioden die Sonneneinstrahlung berechnen und so den hitzegeplagtesten Passagier ausmachen und dementsprechend die Kälteverteilung koordinieren.

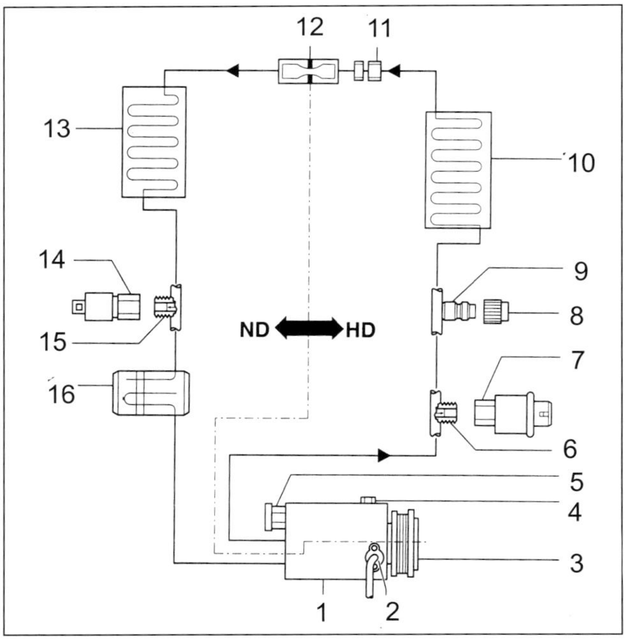

Funktionsprinzip Klimaanlage. Prinzip der Klimaanlage: Der Kreislauf ist in einen Nieder- und einen Hochdruckkreis aufgeteilt.

PRAXISTIPP

Gebrauch der Klimaanlage

Beim ausgiebigen Sonnenbad Ihres Fahrzeugs heizt sich der Innenraum auf Temperaturen bis zu 60 °C oder gar noch mehr auf. Sie sollten daher vor dem Losfahren zunächst alle Türen öffnen und die größte Hitze entweichen lassen. Danach erst die Fahrt antreten und zum zügigen Herunterkühlen zunächst volle Gebläsestufe wählen. Dann schnell kleiner drehen, um unnötige Zugluft zu vermeiden. Die automatische Klimaanlage regelt sensorgesteuert Temperatur, Gebläsestufe und Luftverteilung selbsttätig. Bei

Einstellungssache: Reglereinheit der Klimaanlage.

manuell geregelten Klimageräten übernehmen Sie diese Aufgaben selbst. Die Wohlfühl-Temperatur liegt im Sommer bei etwa 22 °C, bei extremer Hitze etwa drei bis vier Grad höher. Kurz vor dem Ziel die Klimaanlage abschalten, dann lässt sich ein Temperaturschock beim Aussteigen vermeiden. Im Winter ist eine Temperatur von etwa 21 °C ideal.

Apropos: Auch im Herbst und Winter sollten Sie gelegentlich die Klimaanlage aktivieren. Dies vermindert nicht nur durch die Aufnahme der Feuchtigkeit aus der Luft das Anlaufen der Scheiben, sondern dient auch dem Schutz des Klimasystems und seiner Aggregate vor Korrosion. Folgende Indizien deuten auf einen Defekt der Klimaanlage hin und erfordern einen sofortigen Werkstattbesuch: Schlechte Gerüche aus den Lüftungsdüsen, verminderte oder gar keine Kälteleistung der Anlage, erhöhter Kraftstoffverbrauch oder eine ständig beschlagene Windschutzscheibe. Vermeiden Sie durch unregelmäßige Checks auch, dass Bakterien und Pollen sowie Sporen dem Innenraumfilter übel zusetzen können. Vor allem bei Allergikern können Husten und Niesen gefährliche Situationen beim Fahren hervorrufen.

Die Klimaanlage

Beim T5 Multivan kommt je nach Ausstattung eine teil- oder vollautomatische Klimaanlage zum Einsatz, die bis zu drei Klimazonen im Fahrzeug umsetzt. Die Temperaturanwahl erfolgt über den Temperaturregler in der Armaturentafel oder im Dachhimmel. Zusätzlich ist ein Zuheizer verbaut, der in bestimmten Betriebszuständen z. B. Kaltstart, Teillast usw. das auftretende Heizleistungsdefizit ausgleicht und den Heizungswärmetauscher in seiner Aufgabe unterstützt. Der Wasserzuheizer befindet sich am Fahrzeugunterboden (von unten verbaut) hinter dem Tank. Bei einigen Fahrzeugen ist eine zusätzliche Luftzusatzheizung verbaut. Diese befindet sich auf der rechten Fahrzeugseite am Fahrzeugunterboden. Montagearbeiten an beiden Systemen sollten Sie grundsätzlich dem Webasto-Service oder dem Boschdienst überlassen. Die Luftheizung muss alle 10 Jahre ersetzt werden.

Automatisches Klimasystem (Climatronic)
Die Climatronic hält vollautomatisch die gewählte Fahrzeuginnentemperatur. Die Temperatur der ausströmenden Luft wird automatisch verändert. Ein Nachregeln von Hand ist in der Regel überflüssig. Die Gebläsestufe und Luftaustrittsregelung erfolgt über die Stellhebel der Heizung.

Arbeiten am Klimasystem
Das Schrauben am Klimatisierungs-System scheitert weniger an Sicherheitsrisiken. Es ist viel mehr die komplizierte Technik, die dem Heimwerker das Leben schwer macht. Im Klimaanlagensystem ist zum einen ein Kältemittel in einer bestimmten Menge vorhanden und zur Schmierung eine ganz bestimmte Menge Kompressoröl. Füllmengen für Kühlmittel und Öl werden vom Hersteller je nach System und verbautem Kompressor vorgegeben. Ein Hinweisschild auf dem Schlossträger im Motorraum gibt Aufschluss über das verwendete Kältemittel und Kältemittelöl. Befüllt und abgelassen kann sie schadenfrei nur mit einem Klimaservicegerät werden. Die Arbeiten sollten Sie aufgrund der Gefahr von Kälteverbrennung (Gefrierbrand) der Haut lieber einem Mechaniker mit nachgewiesener Sachkunde überlassen. Er ist über die Gefahren und den Umgang mit den Anlagen geschult.

GEFAHRHINWEISE

Kältemittel

Die Bauteile des Klimasystems sowie alle Kältemittelschläuche und -leitungen, finden Sie beim Van vorn links halb neben und halb vor dem Motor, den sie fast ganz umgeben. Doch Vorsicht: Hier müssen Sie sich selbst als passionierter Schrauber bremsen! Denn bei den Komponenten der Klimaanlage bestehen gesundheitliche Risiken und auch die Gefahr, Ihre Klimaanlage bei Reparaturversuchen zu beschädigen! So kann der Umgang mit Kältemitteln Erfrierungen bei Berührung verursachen oder gar zum Ersticken am Boden oder in unteren Räumen, wegen der Schwere des Mittels, führen.
Klimaanlagen dürfen also nur vom Hersteller oder in Service-Stützpunktwerkstätten instand gesetzt bzw. ersetzt werden. Riskieren Sie hier keine gesundheitlichen Schäden oder teure Nachreparaturen. Denn der Kältemittelkreislauf der Klimaanlage darf nicht geöffnet werden. Das Neubefüllen ist Werkstatt-Sache. Zudem könnten Sie sich bei unsachgemäßer Handhabung auch strafbar machen: Das Ablassen von Kältemittel in die Umwelt ist eine strafbare Handlung. Sollte Ihre Klimaanlage also der Wartung bedürfen, fahren Sie am besten gleich in Ihren Servicebetrieb.

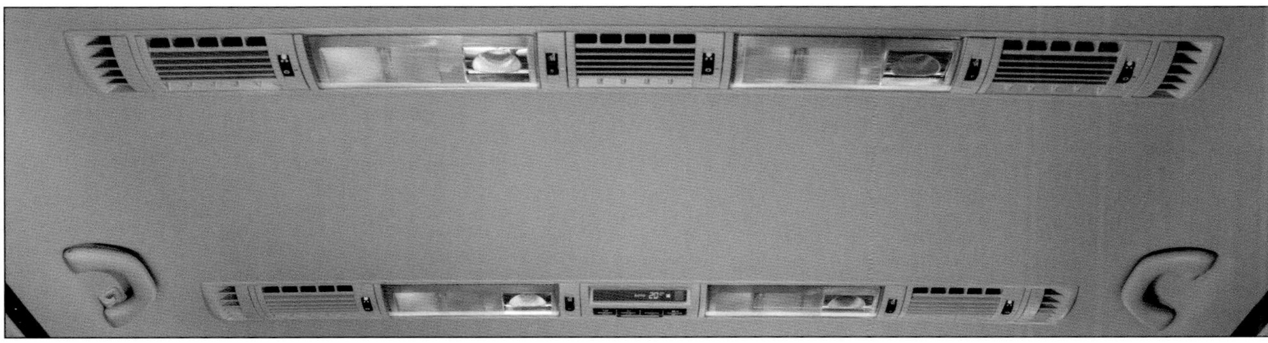

Klimazone hinten: Das Bedienfeld befindet sich in dem aufwändigen Dachbelüftungssystem und ist im Dachhimmel integriert. Die Ansteuerung für die beiden Klimazonen vorne erfolgt über das Bedienfeld vorne in der Mittelkonsole.

Der Pollenfilter

Funktion vom Staub- und Pollenfilter mit Aktivkohleeinlage

Aktivkohlefilter waren zum Bauzeitraum noch deutlich teurer, wenn sie überhaupt für alle Fahrzeugmodelle erhältlich waren. Heutzutage ist der Preisunterschied nur gering und die Lieferfähigkeit dafür hoch. Je nach Fahrzeugausstattung kann auch ein Staub- und Pollenfilter mit Aktivkohleeinlage verbaut sein. Der Filter mit »Aktivkohleeinlage« übernimmt die Aufgabe eines Staub- und Pollenfilters. Er kann aber zusätzlich auch gasförmige Schadstoffe wie z. B. Ozon, Benzol, Stickstoffdioxid usw. aus der durchströmenden Luft ausfiltern. Die Aufgabe der Aktivkohle ist es, die gasförmigen Verunreinigungen der durchströmenden Luft so lange aufzunehmen, bis die Frischluftklappe geschlossen ist und die Klimaanlage im Umluftbetrieb arbeitet. Die Aktivkohleschicht im Staub- und Pollenfilter wirkt auf die verschiedenen Schadstoffe in der Luft unterschiedlich. Bestimmte Schadstoffe werden fest in der Aktivkohleschicht gebunden. Andere werden wie in einem Katalysator in unschädliche Verbindungen umgewandelt. Für den Rest wirkt die Aktivkohle wie ein Kondensator. Bei ansteigender Belastung werden zunächst so viele Schadstoffe aufgenommen, bis eine bestimmte Sättigung erreicht ist. Nimmt der Anteil der Schadstoffe ab, gibt die Aktivkohleschicht die aufgenommenen Teilchen wieder kontinuierlich ab.

Montage des Staub- und Pollenfilters

Der Staub- und Pollenfilter mit Aktivkohleeinlage befindet sich im Beifahrerfußraum.

Demontage:

- Verstellen Sie den linken Sitz ganz nach hinten.
- Bauen Sie die Fußraumabdeckung auf der Beifahrerseite aus.
- Die Schrauben (1) am Deckel herausschrauben.
- Deckel vom Lüfterkasten abnehmen.
- Kombifilter (gelb im Bild unten) aus dem Klimakasten herausnehmen.
- Saugen Sie mit einem Staubsauger den Bereich um den Filterkasten und falls erforderlich auch den Bereich innen zum Lüfter hin gründlich aus. Reinigen Sie auch den Fußraum, falls das erforderlich sein sollte.

Montage:

- Schieben Sie den neuen Pollenfilter in den Klimakasten ein. Beachten Sie hierbei die Einbaurichtung (Pfeile).
- Setzen Sie den Deckel in den Lüfterkasten ein und drehen Sie die Schrauben (1) wieder hinein.

Die weitere Montage erfolgt sinngemäß in umgekehrter Reihenfolge.

- Bauen Sie die Fußraumabdeckung auf der Beifahrerseite wieder ein.
- Prüfen Sie die Funktion des Gebläses und der Schaltklappen der Heizungsanlage.

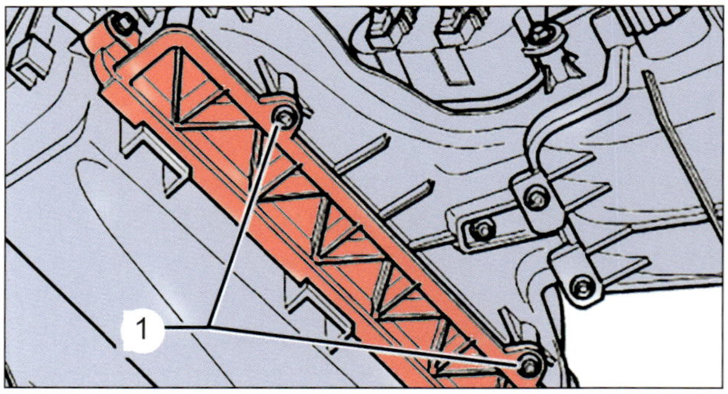

Zugang zum Pollenfilter (Kombifilter): 1 Schrauben im Deckel.

Einbau des Filters (Kombifilter): Einbaulage des Filters (Pfeile) beachten.

Klimaanlage desinfizieren

Die Komponenten der Klimaanlage sollten regelmäßig, mindestens einmal im Jahr oder alle 15.000 Kilometer, desinfiziert werden. An den Wärmetauschern setzen sich sonst Bakterien ab, die zu üblen Gerüchen, beschlagenen Scheiben und sogar zu Erkrankungen der

Atemwege führen können. Sie brauchen dazu Desinfektionsspray und eine Atemschutzmaske. Sprühen Sie zunächst eine Ladung Spray in die Austrittsdüsen. Schalten Sie das Gebläse auf Umluft und maximale Geschwindigkeit. Um die Batterie nicht unnötig zu belasten, kann dabei der Motor laufen. Sprühen Sie nun das Desinfektionsspray in Ansaugrichtung vor den Wärmetauscher. Tragen Sie dabei eine Atemschutzmaske. Lassen Sie die Lüftung bei geschlossenen Scheiben rund 10 Minuten bei voller Leistung laufen. Die Luft im Innenraum wird dadurch mehrmals umgewälzt.

12V-Kühltasche für's Auto

Getränke und ein Vesper für unterwegs sind auf langen Reisen eine willkommene Erfrischung in den Pausen und stärken die Insassen für die Weiterfahrt. Zum Transport des Reiseproviants und dem Frischhalten empfiehlt sich daher logischerweise eine Kühlbox. Darin lassen sich dank des ausreichenden Stauvolumens (bei ca. 20 Liter Fassungsvermögen hält sich der Platzbedarf im Kofferraum noch in Grenzen) auch Lunchpakete und genügend Getränkeflaschen (bis zu 2 Liter große PET-Behälter) für die ganze Familie hervorragend transportieren und gekühlt aufbewahren. Den besten Kühleffekt erzielen Sie mit einer Kühltasche, die sich auch an die 12-Volt-Steckdose (Zigarettenanzünder bzw. zusätzliche Steckdose im Kofferraum) anschließen lässt. Besonders praktische Geräte können dann, am Urlaubsziel angekommen, auch gleich am normalen Stromnetz und an Steckdosen mit 230 Volt betrieben werden. Der Kostenpunkt dieser intelligenten Boxen liegt bei ca. 200 Euro. Die Bedienung erfolgt über ein Softtouch-Bedienpanel, dessen Elektronik über mehrere Thermostate die Regelung der Kühlboxtemperatur übernimmt. LEDs dienen zur Kontrolle der Funktionstüchtigkeit, um den Inhalt auf bis zu 30 Grad unterhalb der Umgebungstemperatur zu kühlen. Zusätzliche Kühlakkus helfen, eine konstante Kühlung auch über längere Zeit aufrecht zu erhalten. Für diesen Preis kann die Kühltasche fürs Auto aber noch mehr: Eine weitere Funktion erlaubt die Umschaltung von Kühl- auf Heizbetrieb, was nicht nur Pizzataxis freuen dürfte. Übrigens: Der ADAC empfiehlt auf langen Fahrten ausgiebige Pausen zur Erholung insbesondere des oder der Fahrer. Dabei sollte auch auf den Wasserhaushalt Acht gegeben werden! Also gilt es genügend Flüssigkeit (min 3 l), am besten Mineralwasser oder verdünnte Fruchtsäfte, zu sich zu nehmen, damit die Konzentration und Ausdauer bei Hitze nicht auf der Strecke bleibt. Wer nun meint, mit Klimaanlage gänzlich unbetroffen zu sein, irrt: Denn die Umwälzung über den Verdampfer entzieht der Luft die Feuchtigkeit, was gleichermaßen zu einem Austrocknungseffekt führt.

Frischhaltebox: Die Kühlbox im Auto versorgt die Insassen auf der langen Urlaubsreise mit Getränken und Snacks.

Urlaub und Reise

Gerade im Ausland ist die Absicherung auch im Falle des Unfalls oder auch nur einer Panne sehr wichtig.
Große Autofahrervereine wie der ADAC oder der AVD bieten Schutzbriefe an, die die Absicherung auch im Ausland garantieren. Auch über einige Kraftfahrtversicherer kann ein solcher Schutzbrief beantragt und abgeschlossen werden.

Engel auf Rädern

Nein, Schutzbriefe sind nicht für Weicheier oder Warmduscher. Sie sind gerade heute eine sinnvolle Ergänzung des Reisegepäcks. Eine Panne kann im Ausland erhebliche Kosten verursachen.
er bereits einen Abschleppdienst finanziell kennen gelernt hat, kann sich sicherlich noch an die nicht gerade günstig ausgefallene Rechnung erinnern. Gehen Sie ruhig davon aus, dass der freundliche Abschlepper in Frankreich oder Italien Ihnen auch keinen Freundschaftsrabatt anbieten wird. Ein Schutzbrief, der vertraglich die Kosten regelt und dafür sorgt, dass Ihr Auto auch tatsächlich wieder bei Ihnen zu Hause oder einer Werkstatt Ihres Vertrauens landet, ist dann Gold wert
Betrachten wir uns einige aus unserer Sicht sinnvolle Inhalte, die Ihnen ein Schutzbrief bieten sollte. Ein Vergleich der unterschiedlichen Anbieter fällt Ihnen dann wesentlich leichter.

Fahrzeug-Rücktransport

Fällt Ihr Fahrzeug im Ausland aus und kann vor Ort nicht oder erst wesentlich später repariert werden, sollte durch den Schutzbrief der Rücktransport zu Ihrem Wohnsitz organisiert und bezahlt werden. Zusätzliche Leistungen wie Abschlepp- und Einstellkosten sollten auch abgedeckt sein.

Fahrtkosten nach Fahrzeugausfall

Sollten Sie aufgrund einer Panne oder eines Unfalls liegen bleiben oder Ihr Fahrzeug ist gestohlen worden, sollte der Schutzbrief die Kosten für die Bahnfahrt zum Zielort und zurück zum Schadensort oder zurück zu Ihrem Wohnsitz übernehmen. Die Kosten für einen Mietwagen sollten dann für die Dauer des Fahrzeugausfalls, max. bis zu 7 Tagen, übernommen werden.

Übernachtung nach Fahrzeugausfall

Natürlich kann bei Panne oder nach einem Unfall auch schnell eine außerplanmäßige Übernachtung die Urlaubskasse belasten. In der Regel tragen die Schutzbrieforganisationen dann die zusätzlichen Hotelübernachtungen für Sie und alle Insassen des Fahrzeugs.

Abschleppen und Bergung

Für das Abschleppen oder die Fahrzeugbergung nach einem Unfall fallen schnell erhebliche Kosten an. In der Regel ist dies auch Leistung der großen Schutzbrieforganisationen.

Hilfe bei verlorenen oder defekten Fahrzeugschlüsseln

Der Schlüssel am Strand verbuddelt? Oder sonst wie verloren? Gerade bei den großen Organisationen wie dem ADAC werden auch solche kuriosen Vorfälle bearbeitet und die Kosten hierfür übernommen.

Ersatzteilversand

Gerade in den abgelegenen Winkeln dieser Erde sind nicht unbedingt alle notwendigen Ersatzteile immer greifbar. Um die Urlaubszeit nicht ins Ungewisse zu verlängern, wird sogar der Ersatzeilversand für solche Fälle auch weltweit organisiert.

Zuladung und Belastungen

Gerade für die Urlaubsfahrt muss alles mit verstaut werden und Platz finden. Ein Faktor, der nicht nur schwer einzuschätzen ist, sondern in der Praxis auch kaum Beachtung findet, ist die Zuladung eines Fahrzeugs. Klären wir zuerst einige Begriffe:

Zulässiges Gesamtgewicht
Das zulässige Gesamtgewicht benennt das maximale Gewicht des Fahrzeuges, inklusive der Passagiere, des Gepäcks und natürlich auch der erforderlichen Träger und Halter. Die Überladung des Fahrzeuges kann sich nicht nur negativ auf das Fahrverhalten auswirken, sondern kann im Falle einer Polizeikontrolle empfindliche Auswirkungen auf die Urlaubskasse haben. Der sicherste Weg ist das Fahrzeug im beladenen Zustand auf einer Waage wiegen zu lassen. Diese Waagen finden sich meist bei Deponien oder bei Schrotthändlern. In den meisten Fällen lassen sich die Kosten für das Einwiegen durch einen kleinen Obolus in die Kaffeekasse abgelten.

Leergewicht
Das Leergewicht eines Fahrzeuges setzt sich aus der Leermasse und dem zu 90% gefüllten Tank zusammen. Für die Beladung müssen Sie dieser Leermasse das Gewicht der Träger und Dachboxen hinzuzählen, wenn Sie die Zuladung über eine Personenwaage erfassen möchten.

Stützlast
Die Stützlast bezeichnet die Last, die auf die Anhängekupplung Ihres Fahrzeuges einwirken darf. Sie gilt auch für auf der Anhängekupplung verbaute Fahrradträger. Die Stützlast muss der Zuladung angerechnet werden.

Dachlast
Sie sollten möglichst vermeiden Lasten auf dem Dach zu transportieren. Der Schwerpunkt des Fahrzeugs wandert nach oben und das Fahrverhalten wird kippliger. In Kurven und bei Lastwechsel wird eine größere Seitenneigung erreicht.

Anhängelast
Die Anhängelast ist die einige Last, die bis auf die Stützlast durch den Anhänger keinen Einfluss auf das zulässige Gesamtgewicht hat. Sie ist in Abhängigkeit von Motorvariante und Sitzplatzanzahl derzeit bis zu 1600 kg groß. Genauere Informationen erhalten Sie bei Ihrem Fachhändler oder Ihrem Lieferanten für die Anhängekupplung.

Zuladung: Egal wohin, das Gewicht muss nach Vorgaben verteilt werden und darf das zulässige Gesamtgewicht nicht überschreiten. Auch die Stützlast der Anhängekupplung gehört zur Zuladung. Für die Anhängekupplung gibt es ersatzweise auch schicke Gepäckboxen.

CHECKLISTE

Vor und nach jeder großen Fahrt

Bereich	Worauf Sie achten sollten	Was zu tun ist
A Motor	**1** Motorölstand	Wurde der Motor lange auf Kurzstrecken betrieben, sammeln sich flüchtige Substanzen. Deshalb kann es sein, dass der Ölstand bei heißem Motor schlagartig absinkt. Nach den ersten 100 Kilometern nachmessen.
	2 Kühlmittelstand	Den Kühlmittelstand im kalten Zustand auf Maximum auffüllen.
	3 Zustand der Schläuche	Alle Wasserschläuche müssen dicht und elastisch sein. Schläuche kräftig kneten. Kalkablagerungen an den Anschlüssen und harte oder poröse Schläuche sind kein gutes Zeichen. Im Zweifel austauschen.
	4 Kühlerventilator prüfen	Lassen Sie den Motor im Leerlauf laufen, bis sich der Kühlerventilator ein- und später wieder ausschaltet. Sie werden Ihn brauchen, wenn Sie im Stau stehen.
B Räder und Reifen	**1** Luftdruck	Der Luftdruck in den Reifen muss an die Beladung angepasst werden. Nach der Reise nicht vergessen den Luftdruck wieder abzusenken.
	2 Zustand	Die Reifen sollten natürlich auch am Ende der Reise noch genug Profil haben. Das sollten Sie besonders bei Winterreifen bedenken, die mindestens vier Millimeter Profiltiefe haben müssen.
C Fahrwerk	**1** Stoßdämpfer	Wird das Auto richtig vollgeladen, sind die Stoßdämpfer besonders gefordert. Fahnden Sie nach Ölspuren und lassen Sie beim kleinsten Verdacht einen Stoßdämpfertest durchführen. Mit Wippen an der Karosserie lassen sich schwache Dämpfer kaum entlarven.
	2 Manschetten und Gelenke	Sind Achsmanschetten oder die Gummis der Gelenke rissig und porös, werden die Teile bei hoher Belastung rasant verschleißen. Besser vorher austauschen.
D Sonstiges	**1** Beleuchtung	Schalten Sie alle Lichter durch und nehmen Sie Ersatzlampen für Scheinwerfer und Rückleuchten mit.
	2 Scheibenwaschanlage	Prüfen Sie die Einstellung der Spritzdüsen und füllen Sie den Vorratsbehälter mit geeignetem Gemisch bis zum Maximum auf.
	3 Zubehör	Einen Fünf-Liter-Reservekanister, einen Liter Motoröl und eine Rolle Textilklebeband mit auf die Reise nehmen.

Kleine Schäden und Pannen

Sie gehören zu den Tücken des Alltags und machen einem das Autofahrerleben schwer – kleinere Pannen und Schäden. Dennoch können gerade diese Kleinigkeiten eine umso größere Wirkung haben, denn manchmal ist es nur eine Nichtigkeit wie die Batterien der Autoschlüssel, die das Fortkommen verhindern. Wie Sie in solchen und ähnlichen Fällen Ihren Multivan wieder flottkriegen, steht in diesem Kapitel.

Womit muss ich immer rechnen?

Sie müssen zur Arbeit und sind spät dran. Es ist Winter, ungemütlich kalt und dunkel. Eine dicke Eisschicht überzieht die Scheiben. Schnell ein Guckloch kratzen und los, so denken Sie. Aber: Sie drehen den Schlüssel im Zündschloss und nichts passiert! Vielleicht ist das auch besser so, denn nur ein Guckloch freizukratzen ist lebensgefährlich und wird mit Bußgeld geahndet. Doch auch das Startproblem geht eventuell auf Ihr Konto. Oder es wäre mit etwas mehr Pflege und Aufmerksamkeit durchaus zu vermeiden gewesen. Die leere Batterie ist jedenfalls einer der Klassiker unter den kleinen Pannen und langweilige Routine für die gelben Engel vom ADAC. Damit Sie die Herren nicht langweilen und vor allem nicht stundenlang warten müssen, verraten wir Ihnen, was in einem solchen Fall zu tun ist. Ärgerlich ist zum Beispiel auch, wenn die Batterie im Schlüssel schwächelt und Ihnen eines Tages den Zugang zu Ihrem Van verwehrt. Dann müssen Sie sich an die eigene Nase fassen, denn der regelmäßige Wechsel der Batterie ist kinderleicht und kostet nicht die Welt.

Was tun bei einer Reifenpanne?

Etwas anders sieht die Sache mit einem platten Reifen aus. Statistisch gesehen erlebt jeder Autofahrer nur etwa alle 70.000 km dieses Malheur. Dann aber heißt es richtig reagieren und umsichtig handeln. Schätzen Sie die Situation hinsichtlich Gefahrenpotenzial ein. Können Sie an dieser Stelle einen Radwechsel durchführen, ohne sich zu gefährden? Befinden Sie sich beispielsweise auf einer zweispurigen Autobahn ohne Standstreifen, unterlassen Sie zu Ihrer eigenen Sicherheit einen Radwechsel. Rufen Sie stattdessen sofort Hilfe per Handy oder versuchen Sie sich im Schritttempo zum nächsten Rastplatz zu retten.

Mit einer Panne weiterfahren oder lieber stehen bleiben – ab wann wird es kritisch?

Abgesehen von dieser Panne, die bei jedem Auto auftreten kann, gilt der Van als relativ unkompliziert und robust. Verlassen Sie sich stets auf Ihren gesunden Menschenverstand und verzichten Sie im Zweifelsfall lieber auf einen Reparaturversuch vor Ort. Genauso wichtig ist es zu wissen, wann es besser ist, nicht mehr weiter zu fahren. Sie ersparen sich damit nicht nur teure Folgeschäden, sondern setzen auch nicht Ihre Gesundheit und die Ihrer Mitmenschen aufs Spiel. Wir haben darum in unseren Störungsbeiständen die wichtigsten Symptome aufgeführt, die auf einen schlimmen Schaden hindeuten. Oder auch auf Dinge hingewiesen, die einen schlimmen Schaden verursachen können. So reagieren alle direkt einspritzenden Diesel absolut allergisch auf eine Falschbetankung mit Benzin. Fatalerweise passt nämlich die dünnere Zapfpistole der Otto-Kraftstoffe immer in die große Öffnung der Dieselfahrzeuge, der große Rüssel der Diesel-Zapfsäule jedoch nicht in die kleinen Tankstutzen der Benziner. Sollten Sie Ihren falsch betankten Diesel dennoch starten, so werden Sie mit einiger Sicherheit aufgrund der Folgeschäden einen vierstelligen Euro-Betrag los.

Und wenn ich nun doch in die Werkstatt muss?

Lässt sich ein Abschleppen mit anschließendem Werkstattbesuch nicht vermeiden, sollten Sie unbedingt folgende Dinge beachten: Generell sind die Mitgliedschaft in einem Automobilclub und ein spezieller Schutzbrief immer von Vorteil, besonders fern der Heimat. Lesen Sie sich beizeiten in Ruhe das Kleingedruckte durch und legen Sie die entsprechende Notrufnummer in das Handschuhfach. Bestellen Sie einen Abschleppwagen nur über diese Nummer und lassen Sie sich vom Fahrer eine Bestätigung über seinen Auftraggeber zeigen. Es ist ja auch möglich, dass der Abschleppwagen rein zufällig des Weges kam... Schildern Sie der Werkstatt dann ganz in Ruhe und chronologisch den Schadenshergang. Je mehr die Werkstatt weiß, umso kürzer ist die Zeit für die Fehlersuche. Wichtige Informationen sind zum Beispiel:

- In welchem Betriebszustand trat der Schaden auf? (Temperatur, Geschwindigkeit, Drehzahl)
- Haben Sie vorher ungewöhnliche Geräusche oder ein ungewöhnliches Fahrverhalten bemerkt?
- Wie ist die Vorgeschichte des Wagens (wurden vor Kurzem Reparaturen oder Inspektionen durchgeführt)? Bestehen Sie auf einen schriftlichen Auftrag und einen Kostenvoranschlag. Ziehen Sie vor Reparaturbeginn eine finanzielle Grenze, über der die Werkstatt Ihr Einverständnis braucht.

Fahrzeug richtig aufbocken

Im Bordwerkzeug Ihres T5 finden Sie einen Wagenheber. Damit lässt sich der Wagen für die meisten Arbeiten hoch genug anheben. Zur Sicherheit sollten Sie stets ein kleines Brett mit etwa den Abmaßen 30 cm x 30 cm und 2 cm Dicke unterstellen. Damit verringert sich die Gefahr, dass der Wagenheberfuß in den Boden einsinken kann. Wenn Sie ernsthaft unter dem Fahrzeug arbeiten wollen, raten wir dringend zur Verwendung von Unterstellböcken. Nur so können Sie Ihren angehobenen Multivan sichern. Begeben Sie sich niemals unter das angehobene Fahrzeug, wenn dieses nicht durch Unterstellböcke gesichert ist, Sie begeben sich sonst durchaus in Lebensgefahr!

Fahrzeug aufbocken:
Der Wagen muss auf festem, ebenem Untergrund stehen.

- Feststellbremse anziehen und zumindest eines der Räder gegenüber der Anhebestelle mit Holzkeilen, notfalls mit geeigneten Steinen, gegen Wegrollen sichern. Nur auf die Feststellbremse dürfen Sie sich nicht verlassen.
- Das Bordwerkzeug, welches Sie leicht zugänglich im Beifahrerfußraum finden, muss durch einen Wagenheber ergänzt werden.
- Nun den Wagenheber senkrecht zum gekennzeichneten Aufnahmepunkt am Schweller heben. Der Wagenheberkopf muss waagerecht auf der Auflage am Schweller anliegen.
- Bevor der Wagenheber die Arbeitshöhe erreicht hat, nochmals vergewissern, dass ein Wegkippen des Hebers ausgeschlossen ist. Ist der senkrechte Stand nicht gewährleistet, den Wagenheber nochmals neu ansetzen.
- Der Unterstellbock darf nur an den Bodenverstärkungen angesetzt werden. Zwischen der Auflage des Bocks und den Fahrzeugboden sollten Sie einen Gummi- oder Hartholzklotz legen, der die Last verteilt. Kontrollieren Sie vor dem Ansetzen des Bockes, ob eventuell ein Blechfalz im Weg ist, der eingedrückt oder deformiert werden könnte, oder gar die Bremsleitung eingeklemmt werden kann.
- Der Dreibein-Unterstellbock steht am sichersten, wenn eines seiner Beine nach außen und zwei zur Wagenmitte hin zeigen. Achten Sie auf diese Stellung, wenn Sie das Fahrzeug aufbocken. Sonst kann es passieren, dass beim Anheben des Wagens der auf der anderen Seite bereits angesetzte Unterstellbock seitlich weggedrückt wird.

Achtung! Fahrzeug nur an diesen vorgesehenen Aufnahmepunkten anheben! Die Schweller sind in diesem Bereich extra hierfür verstärkt! Die Position des Wagenheberkopfes an den Aufnahmepunkten regelmäßig kontrollieren, während man den Wagenheber weiter betätigt und das Fahrzeug anhebt. Immer darauf achten, dass der Wagenheber senkrecht steht und nicht nach einer Seite abkippt!

Erreichbar: Werkzeugfach in der Seitenverkleidung des Kofferraums.

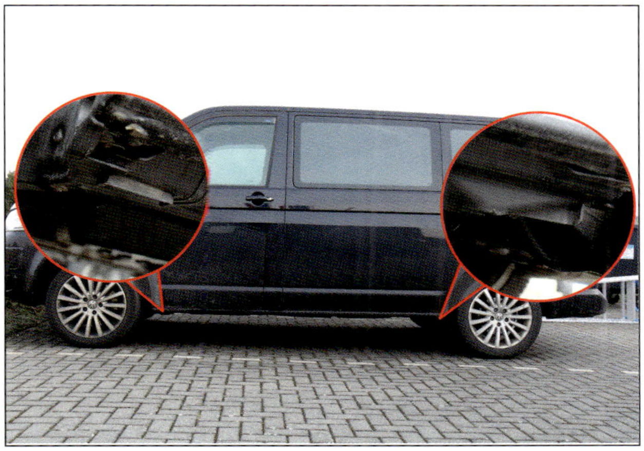

Wagenheberaufnahmen: eindeutig im Bereich der Schweller erkennbar.

Fahrzeug abschleppen

Beachten Sie beim Abschleppen aber folgende Grundsätzlichkeiten:
Nie den Wagen weiter als 50 km schleppen, ansonsten können Schäden am Getriebe entstehen.

Abdeckung demontieren: Die Schraube, mit welcher diese fixiert ist, lösen Sie mit einem Kreuzschlitzschraubenzieher.

Abdeckung abnehmen: Die Abdeckung nach vorne wegziehen, dahinter verbirgt sich das Einschraubgewinde des Hakens.

WISSENSWERTES – Vorschriften beim Abschleppen

Beachten Sie nach einer Havarie beim Abschleppen die nach §15a der Straßenverkehrsordnung geltenden Grundsätze: Beim Abschleppen eines auf der Autobahn liegengebliebenen Fahrzeugs ist die Autobahn bei der nächsten Ausfahrt zu verlassen. Ist Ihr Fahrzeug außerhalb der Autobahn liegengeblieben, dürfen Sie nicht auf die Autobahn auffahren. Während des Abschleppens müssen beide Fahrzeuge das Warnblinklicht einschalten. Zudem steht der Nothilfegedanke im Vordergrund, das heißt, ein abzuschleppendes Fahrzeug ist nicht über weite Strecken zu transportieren, sondern nur bis zur nächstgelegenen oder nächstgeeigneten Werkstatt. Der Fahrzeugführer des abschleppenden Kfz benötigt eine Fahrerlaubnis der Klasse, die dem ziehenden Kfz zugehört. Der Lenker eines abzuschleppenden Kfz muss indes keinen Führerschein besitzen. Außerdem besteht kein gesetzliches Mindestalter zur Steuerung des abgeschleppten Fahrzeugs. Da derjenige allerdings für das Bremsen und Lenken verantwortlich ist und Sie für die Einweisung in diesen Vorgang, ist es ratsam sich im Zweifelsfall davon zu überzeugen, dass Ihr »Pannenhelfer« dies auch kann. Verwenden Sie eine starre Abschleppstange, damit auch das Bremsen ohne Pedalkraftverstärkung nicht zur bösen Überraschung wird.

Festziehen: Den Abschlepphaken können Sie mit Hilfe des Radschlüssels als Hebel ordentlich festziehen.

Starthilfe geben

Verwenden Sie zur Überbrückung von einer vollen zu einer leeren Batterie spezielle Elektronik-Starthilfekabel. Damit schützen Sie die elektronischen Bauteile Ihres VW T5 vor gefährlichen Spannungsspitzen. Sicherheitshalber können Sie einen Verbraucher wie beispielsweise das Standlicht einschalten, um Spannungsspitzen zu vermeiden.

- Hilfsfahrzeug dicht an Ihr Fahrzeug heranfahren, damit die Batterien durch die Starthilfekabel verbunden werden können. Schalten Sie in Ihrem Fahrzeug alle Stromverbraucher ab.
- Die Pluspole mit dem Starthilfekabel verbinden, zuerst die leere, dann die volle Batterie anklemmen.
- Das andere Kabel zuerst am Minuspol der Fremdbatterie und dann am Minuspol der entladenen Batterie anschließen.
- Motor des Hilfswagens starten und mit erhöhter Drehzahl laufen lassen, damit die Lichtmaschine viel Strom liefert.
- Starten Sie Ihr Fahrzeug. Wenn der Motor nicht gleich anspringt, sollten Sie nach weiteren Versuchen immer wieder eine Pause einlegen, damit der Anlasser abkühlen kann. Dabei den Motor des Hilfsfahrzeugs weiterlaufen lassen – die leere Batterie in Ihrem Van wird dadurch schon nachgeladen.
- Zum Abnehmen der Starthilfekabel zuerst den Minuspol der eigenen Batterie, dann den der Fremdbatterie abklemmen. Anschließend Kabel von den Pluspolen abnehmen, erst Vollbatterie, dann Leerbatterie.

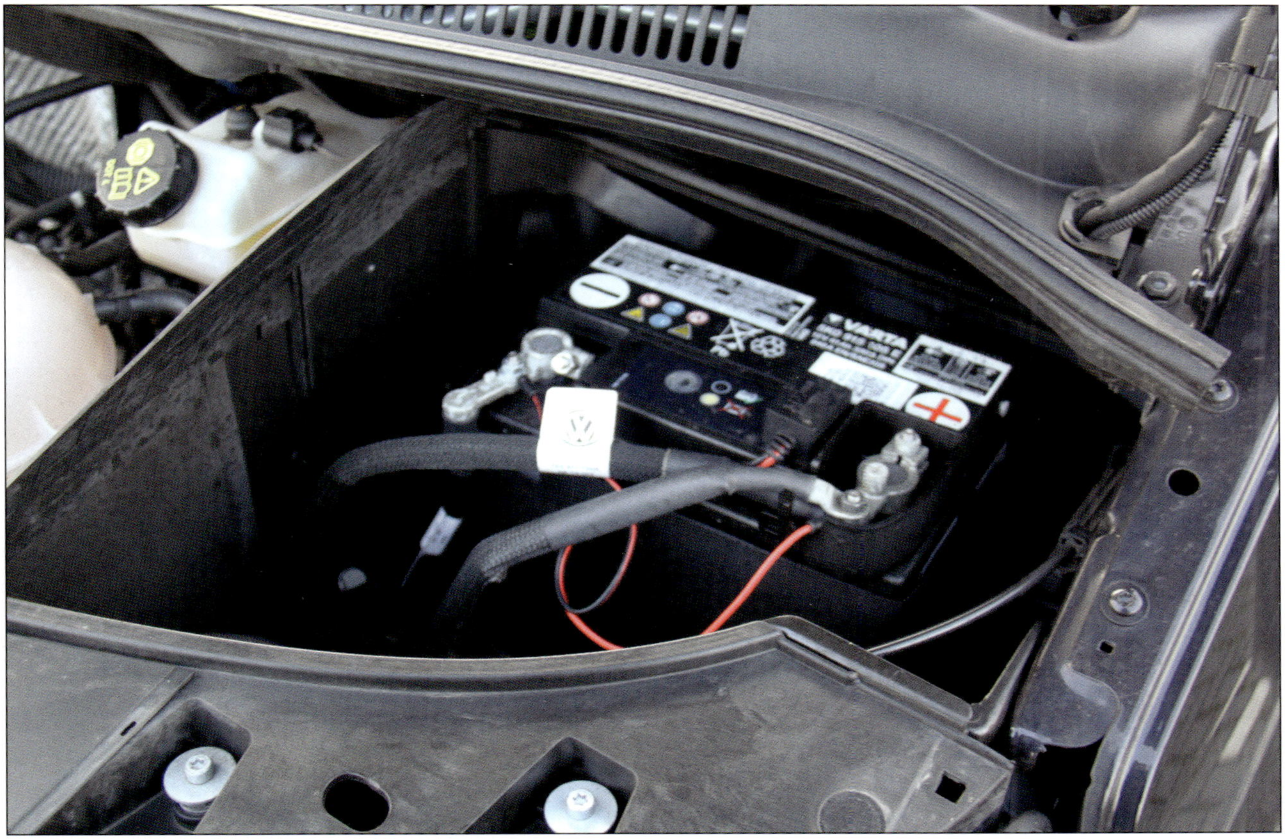

Anschluss an die Batterie: Das Starthilfekabel als Stromleitung von Fahrzeug zu Fahrzeug.

Überhitzung durch Wasserverlust

Wenn der Motor überhitzt, droht ein kapitaler Motorschaden. In den meisten Fällen fehlt dem Motor Kühlwasser. Drehen Sie niemals den Ausgleichsbehälter sofort auf. Er steht gerade bei überhitzten Kühlsystemen unter hohem Druck. Das Kühlwasser kann durchaus überspannt sein. Das bedeutet, es hat eine Temperatur über 100 °C bzw. über 115 °C erreicht. Wasser ist bei ca. 100 °C schon gasförmig. Schwere Verbrennungen wären so unausweichlich! Stellen Sie den Motor sofort ab. Warten Sie einige Zeit ab und öffnen Sie den Kühlerdeckel langsam. Halten Sie niemals den Kopf in den Bereich des Kühlwasserbehälters, wenn Sie den Deckel abschrauben wollen. Vor dem eigentlichen Abdrehen hat der Kühlerdeckel noch eine Raststufe. Kurz nach dieser Stufe wird hörbar der Druck entweichen. Warten Sie ab, bis der Druckausgleich stattgefunden hat und drehen Sie den Kühlerdeckel langsam und sehr vorsichtig mit einem Lappen als Handschutz ab.

Bevor Sie jedoch nun fehlendes Kühlwasser auffüllen, sollten Sie als Erstes versuchen, die Ursache des Wasserverlustes zu lokalisieren.

Stellen Sie regelmäßigen Wasserverlust fest, kann das mehrere Ursachen haben. Ein undichter oder beschädigter Schlauch kommt als Ursache genauso in Frage wie eine beschädigte Wasserpumpe oder ein Schaden an Kopfdichtung oder anderen Teilen des Kühlsystems. Suchen Sie gezielt nach Wasserspuren im Motorraum. Zumeist lässt sich der Schaden recht gut einkreisen, wenn man den »weißen« Spuren folgt. Der Einsatz von »Kühlerdichtmitteln« ist sicherlich keine Lösung, die als Reparatur bezeichnet werden kann. Die chemischen Zusätze können zwar ein vorhandenes Leck zuerst einmal verschließen, bedeuten aber keine Betriebssicherheit. Defekte Bauteile und Dichtungen sollten am besten sofort getauscht werden.

- Wenn der Ventilator streikt und der Motor nur im Stand heiß wird, können Sie die Fahrt bei freier Strecke fortsetzen. Im Stand und an roten Ampeln dann jeweils den Motor abstellen.

- Stellen Sie die Heizung auf maximale Wärme bei höchster Gebläsestufe, um zusätzlich etwas Hitze aus dem Motor abzuführen.

- Ist ein Kühlerschlauch nur leicht undicht, zum Beispiel durch einen Marderbiss, können Sie den Schlauch provisorisch mit festem Gewebeklebeband umwickeln. Der Schlauch muss dazu fettfrei, trocken und am besten kalt sein. Wickeln Sie ein paar Lagen um die schadhafte Stelle, das hält locker bis nach Hause oder in die nächste Werkstatt. Anschließend sollte der Motorraum, oder besser gesagt jeder Schlauch und jedes Kabel, genau in Augenschein genommen werden. Marder ernähren sich nicht von Autoteilen, sie spielen nur damit. Ein durchgebissenes Zündkabel kann aber leicht einen Katalysatorschaden um 2500 Euro verursachen, wenn er nicht bemerkt wird und das Auto auf drei Zylindern weiterlaufen soll. Im Zweifelsfall zuerst genau untersuchen und notfalls das Fahrzeug abschleppen. Eine Weiterfahrt kann leicht Schäden verursachen, die die Kosten des Abschleppens um das 10-fache übersteigen.

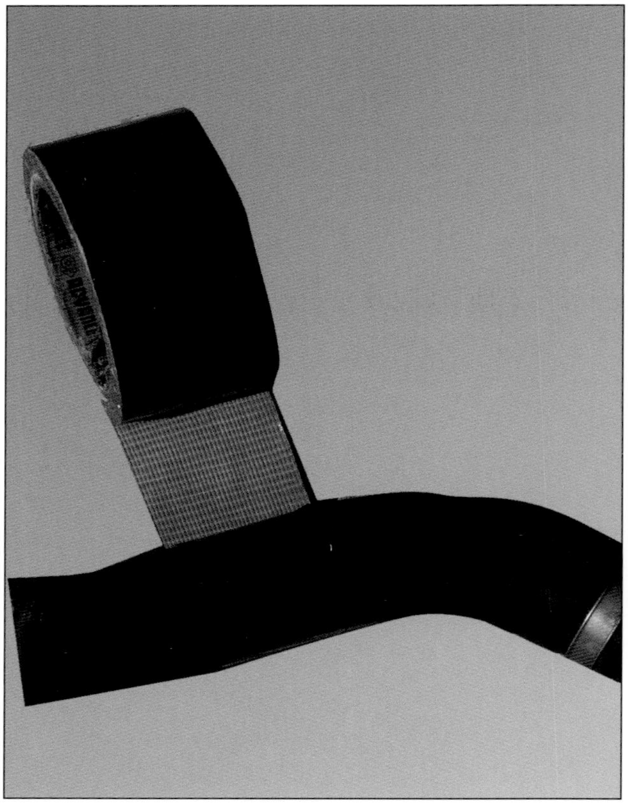

Nur für kurze Zeit: Bei kleinen Undichtigkeiten kann das Loch, aus dem das Kühlwasser tropft oder spritzt, mit zwei bis drei Lagen Gewebeband umwickelt werden. Das hält jedenfalls bis zur nächsten Werkstatt.

Falschbetankung beim Diesel – Elektronik im Notlaufprogramm

Zu meiner Lehrzeit durfte ich erleben, wie der Meister einen Kunden beschimpfte, »wie dämlich man sein müsse, den falschen Kraftstoff zu tanken«. Nach der Tankreinigung fuhr er dann selbst los um das Kundenauto wieder vollzutanken. Nicht mal eine halbe Stunde später mussten wir unseren Meister mit deutlich verfinsterter Miene von der Tankstelle abschleppen. Ein leichtes Grinsen der Werkstattbesatzung löste für den Rest des Tages lautstarke Wutäußerungen des Meisters und heftiges Türenschlagen aus – morgens noch gelästert und mittags selber falsch getankt...

Lachen Sie jetzt bitte nicht: Eine Falschbetankung kommt häufiger vor, als Sie denken. Etwas Hektik, schlecht beschriftete Zapfpistolen und schon ist es passiert – der TDI hat Benzin statt Diesel geschluckt. Wenn Sie es noch rechtzeitig merken, haben Sie Glück gehabt. Der Tank kann ausgepumpt werden. Wenn Sie aber den Motor starten und so lange fahren, bis er ausgeht (und das wird er früher oder später), kann die Rechnung in die Tausende gehen. Fatalerweise schmiert nämlich der Dieselkraftstoff auch die Hochdruckpumpe, und Benzin wäscht diesen Schmierfilm in Sekundenschnelle ab. Die Folge: Die Pumpe frisst und die Späne verteilen sich anschließend im kompletten Kraftstoffsystem. Starten Sie also auf keinen Fall den Motor und versuchen Sie auch nicht, die Falschbetankung mit Diesel aufzufüllen! Schon wenige Liter Benzin können zum kapitalen Schaden führen! Um es zu verdeutlichen: In diesem Fall müssen alle Bauteile des Kraftstoffsystems in der Regel erneuert werden. Das bedeutet im Extremfall alles zwischen Tankdeckel und Motorblock. Jede Leitung, jeder Schlauch, jeder Filter bis zum Pumpenelement.
Der Schaden beläuft sich schnell auf 3000 Euro und mehr. Nach der Falschbetankung also niemals Selbstversuche starten. Ohne Abschleppen und Absaugen des Tanks geht es nicht. Das wahrscheinlich länger anhaltende Geläster der Bekanntschaft ist leichter zu ertragen als die Werkstattrechnung.
Wenn Sie dagegen einen Benziner fahren, brauchen Sie sich nicht allzu viel Sorgen machen. Das wesentlich dickere Einfüllrohr der Diesel-Pistolen passt erst gar nicht in den Einfüllstutzen. Selbst wenn Sie sich innerhalb der Benzin-Palette vergriffen haben, ist das halb so schlimm. Der Klopfsensor der Motorsteuerung erkennt minderwertigen Kraftstoff und regelt entsprechend die Zündung in einen unkritischen Bereich. Trotzdem sollten Sie natürlich so bald als möglich den richtigen Kraftstoff nachtanken.

Wenn im Cockpit eine Warnleuchte leuchtet und der Motor nur noch mit halber Kraft läuft oder das Getriebe seltsam schaltet, befindet sich die Motorsteuerung im Notlaufprogramm. Dasselbe gilt für die Bremsen-Warnleuchte. Sie können damit noch einen sicheren Ort erreichen, dann sollten Sie allerdings der Sache auf den Grund gehen. Denn wenn Motor, Getriebe oder ABS/ESP in das Notlaufprogramm fallen, hat das meist einen schwerwiegenden Grund. In jedem dieser Systeme ist allerdings eine Rückfallebene hinterlegt, die dafür sorgt, dass Ihr Auto weiter mobil bleibt. Wenn Sie keinen schwerwiegenden Schaden entdecken, kann es aber auch sein, dass die Elektronik nur in einem bestimmten Betriebszustand einen nicht plausiblen Vorfall registriert hat. Dieser Vorgang wird im Fehlerspeicher abgelegt und kann mit einem Diagnosegerät ausgelesen werden. Viele Steuergeräte legen neben dem erkannten Fehler auch die Peripheriedaten dazu im Steuergerät ab. Aus diesem Grund sollte der Fehlerspeicher nicht einfach gelöscht werden, zumal das CAN-Bus-System je nach Fehler diesen auch in mehreren Steuergeräten hinterlegt haben kann. Das hilft dem Mechatroniker dann erheblich den Fehler »einzukreisen«.

Empfindlich: Bauteile einer Einspritzanlage, die durch Falschbetankung Schaden nehmen können.

Grundausstattung für kleine Pannen

Der serienmäßige Ausstattungsumfang im Van ist, was den Pannenfall angeht, einigermaßen akzeptabel: Schraubendreher, Wagenheber, Reserverad (optional Notrad oder VW-Mobilitätsset). Wer mit seinem Van eine Reifenpanne hat, kann sich meist mit dem Reserverad oder Notrad bzw. dem Mobilitätsset von VW mit Reifendichtmittel und Kompressor behelfen. Pech hat nur derjenige, dessen Reserverad jahrelang ein Schattendasein geführt hat und nun platt ist. Wenn Sie also auch folgende kleine Grundausrüstung mit sich führen, können Sie sich bei vielen anderen kleinen Pannen wahrscheinlich selbst helfen oder zumindest das Fortkommen sichern. Denn nicht nur ein platter Reifen kann Sie erheblich aufhalten, sondern auch ein leerer Tank. Vielleicht verliert der Motor auch aufgrund eines porösen Schlauches Wasser oder weil ein hungriger Marder herzhaft in die Schläuche gebissen hat. Mit folgenden Dingen sind Sie schon recht gut ausgestattet:

- Reifendichtmittel: dichtet kleinere Durchstiche im Reifen von innen ab. Vorsicht: Nicht in praller Sonne liegen lassen: Explosionsgefahr!
- Kühlerabdichtmittel: funktioniert ähnlich wie das Reifendichtmittel und hilft bei Marderbissen.
- Hochfestes Klebeband: Damit können Sie lose Karosserieteile befestigen (zum Beispiel nach einem Unfall) oder auch Kühlerschläuche flicken.
- Kabelbinder: Funktionieren bei guter Qualität sogar als Schlauchschellenersatz.
- Scheibenreinigungskonzentrat (auch pur anzuwenden) und Insektenlöser helfen Ihnen besonders in der Nacht oder wenn die Scheibe durch Öl oder Kühlwasser verschmiert ist.
- Reservekanister: sichert genügend Reichweite, um bis zur nächsten offenen Tankstelle zu gelangen.

Pannenset

Pannensets für die Reifen können das Reserverad ersparen. Die Voraussetzung ist aber, dass es sich um einen Plattfuß handelt, der keinen weiteren Schaden am Reifen zur Folge hatte. Wurde der platte Reifen weitergefahren oder zeigt er schon blaue Verfärbungen, sollte immer der Reservereifen zum Einsatz kommen.

Die Anwendung ist nicht weiter schwer und geht in den meisten Fällen auch schneller als ein Radwechsel. Nach Verwendung des Kits kann das Fahrzeug dann sicher bis zur nächsten Werkstatt weitergefahren werden. Das Dichtmittel hinterlässt meist einen Schmierfilm auf Reifen und Felge, der für die Reparatur erst wieder entfernt werden muss. Zum Teil verweigern die Reifenhändler eine Reifenreparatur nach dem Einsatz von Dichtmitteln. Im Zubehörhandel gibt es Dutzende Varianten zu erwerben.

VW bietet diese Dichtmittelkits auch als Originalteil an: Unter der Ersatzteilnummer 8D0 012619 kann das Reifendichtmittel bestellt werden. Hinter der Ersatzteilnummer 8D0 012 615 verbirgt sich der Kompressor.

Das kleine Überlebensset: (A) Reifendichtmittel, (B) hochfestes Klebeband, (C) Kabelbinder, (D) Kühlerdichtmittel, (E) Scheibenreinigungskonzentrat, (F) Insektenreiniger, (G) Reservekanister.

Problemlösungen

Clips und Tricks

Natürlich gibt's es auch bei dem Van einige Clips, Schrauben und Muttern, die sich im Laufe des Autolebens entweder verlieren oder nicht mehr lösen lassen. Selbstverständlich fällt das immer dann auf, wenn der Hersteller-Partner seine Pforten schon fest verschlossen hat. Mit wenigen Euros kann sich so das Schrauberherz ganz sicherlich erfreuen, wenn sich wenige Kleinteile in der Werkzeugkiste finden lassen:

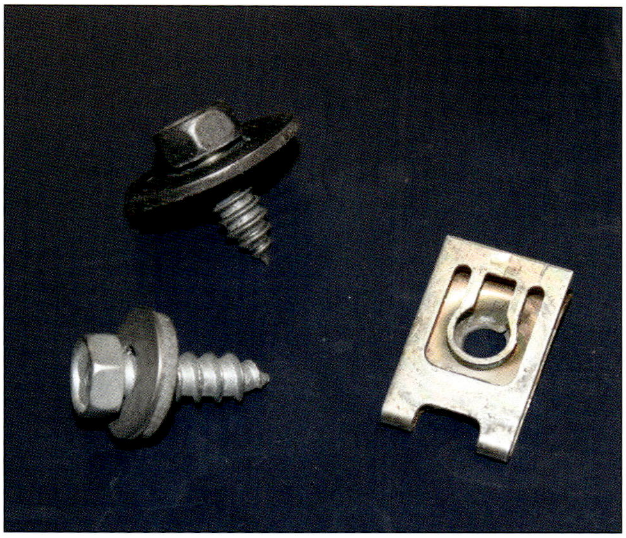

Blechschraube mit Blechmutter: Sie hilft Verkleidungsteile wieder sicher zu befestigen.

Kunststoffmutter: Sie eignet sich für alle Gewindestücke, die auch für die Blechmuttern oder Sicherungsringe geeignet sind. Kunststoffmuttern lassen sich aber deutlich besser festziehen und rosten nicht.

Die Stopfensammlung.

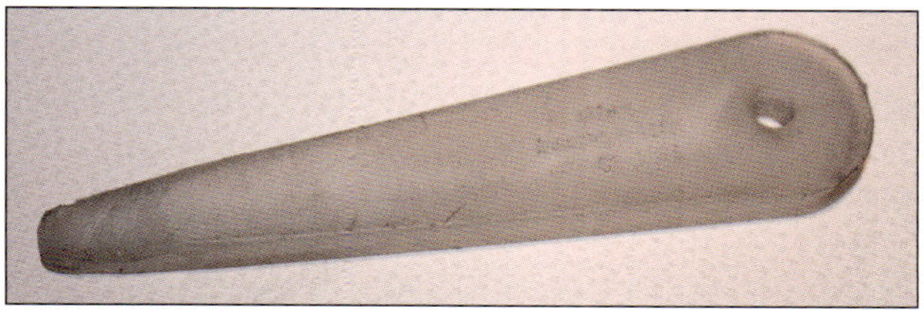

Der Keil zur Verkleidungsmontage 3409: Dieses Werkzeug erleichtert die Demontage der Verkleidungsteile an allen Fahrzeugen erheblich. Er ist aufgrund der empfindlichen Kunststoffoberflächen der heutigen Fahrzeuge aus einem PE-Kunststoff gefertigt, der sehr weich ist. Er eignet sich hervorragend, um aneinander geklipste oder eingerastete Rahmen, wie beispielsweise im Amaturenbrett, zu demontieren.

Demontagewerkzeugsatz aus dem Zubehörhandel: Alle denkbaren Hebelbreiten und Winkel griffbereit im praktischen Stofftäschchen.

Kleinere Lackfehler beseitigen

Ganz klar können auch wir keine allgemeingültige Anweisung verfassen, die als Rezept für ein bestimmtes Fehlerbild eine genaue Vorgehensweise beschreibt. Aber wir möchten Ihren exemplarisch an einigen Beispielen eine mögliche Vorgehensweise vorstellen.

Wahl der »Waffen«

Dieser Fall beschäftigt sich mit einem kleinen Kratzer in der oberen Lackschicht, der es noch nicht geschafft hat die Klarlackschicht zu durchdringen. Für die Vorarbeit wählen wir ein 2000er-Nassschleifpapier. Zum Polieren wird der Roto-Exzenter von Flex mit einem mittelharten Schwamm mit grober Struktur und der Schleifpolitur verwendet. Zum Abschluss soll der weiche Schwamm mit feiner Struktur die Oberfläche auf Hochglanz bringen.

Kratzer ausschleifen

- Reinigen Sie die Schadstelle gründlich mit Reinigungsknete oder einem speziellen Lackreiniger.
- Schneiden Sie einen Streifen 2000er-Nassschleifpapier so zu, dass er auf einen Kunststoff- oder Hartschaumwürfel passt. Dieser Würfel verhindert, dass Sie nur einen Bereich der Schadstelle bearbeiten, sondern die gesamte Fläche um die Schadstelle.
- Schleifen Sie die Schadstelle mit viel Wasser an der Schleifstelle gerade so weit an, dass die Kratzer verschwunden sind.

Kleine Kratzer auspolieren

- Montieren Sie einen mittelharten Schwamm mit grober Struktur auf den Polierteller.
- Tragen Sie wenige Tupfer Politur (Schleifpolitur) auf dem Polierschwamm auf.
- Beginnen Sie die Politur mit langsamer Drehzahl zu verteilen und erhöhen Sie die Drehzahl etwas zum Polieren.
- Behalten Sie die Schadstelle im Auge und polieren Sie diese, bis die Oberfläche einigermaßen glatt erscheint.
- Montieren Sie nun einen weichen Schwamm mit feiner Struktur auf den Polierteller.

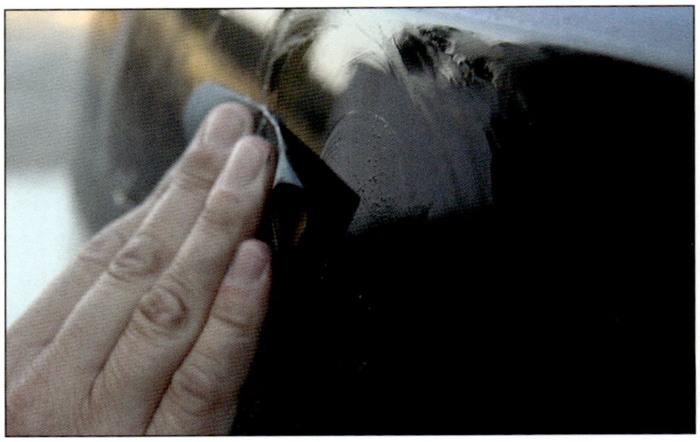

Schadstelle schleifen: Das Schleifpapier ermöglicht trotz seiner sehr feinen Körnung einen effektiven Farbabtrag. Vorsichtig schleifen! Ist erst der Lack ab, hilft nur noch lackieren.

Schleifpolitur: Die Schleifpolitur ist wie ein extrem feines Schleifpapier und trägt den Lack sehr fein und fast ohne Schleifspuren ab.

Feinpolitur: Die Finish-Politur verfeinert das Schleifbild derartig, dass nur eine glatte Fläche erkennbar ist.

- Tragen Sie wenige Tupfer Politur (Finishpolitur) auf dem Polierschwamm auf.

- Beginnen Sie die Politur mit langsamer Drehzahl zu verteilen und erhöhen Sie die Drehzahl etwas zum Polieren.

- Behalten Sie die Schadstelle weiterhin im Auge und polieren Sie die Oberfläche bis zum Hochglanz. Tragen Sie abschließend eine Versiegelung auf das ganze Karosserieteil auf.

Falls erforderlich, müssen Sie die Politur mehrfach auftragen und das Polieren weiterführen.

Steinschläge ausbessern

Steinschläge sind oftmals größer, als sie im ersten Moment erscheinen. Vor dem Austupfen der Schadstelle stehen die Reinigung der Schadstelle und das Auslösen der verbliebenen und teilweise noch festhängenden Farbsplitter auf dem Programm.

Wahl der »Waffen«

Dieser Fall beschäftigt sich mit einem Steinschlag, der die Lackschichten bis zum Blech durchschlagen hat. Im Randbereich des Einschlages befinden sich noch kraterförmig vom Blech abgelöste Lackreste. Um diese zu lösen, verwenden wir die Spitze eines scharfen Cuttermessers. Anschließend wird der Einschlagbereich mit einem Lackreiniger gründlich gereinigt. Zum Farbauftrag verwenden wir den passenden Lackstift mit der entsprechenden Farbnummer. Nach der Trocknung des Farbauftrags wählen wir für die Vorarbeit ein 2000er-Nassschleifpapier. Zum Polieren kommt wieder der Roto-Exzenter von Flex mit einem mittelharten Schwamm mit grober Struktur und der Schleifpolitur zum Einsatz. Zum Abschluss soll der weiche Schwamm mit feiner Struktur die Oberfläche auf Hochglanz bringen.

Schadensbereich reinigen

- Reinigen Sie die Schadstelle gründlich mit einem speziellen Lackreiniger.

- Kratzen Sie nun die Schadstelle mit der Spitze des Cuttermessers so weit aus, dass keine losen Lackpartikel mehr vorhanden sind.

- Reinigen Sie die Schadstelle erneut gründlich mit einem speziellen Lackreiniger.

Lackauftrag in den Schadensbereich

- Schütteln Sie den Lackstift gründlich durch, um eine gute Durchmischung der Bestandteile zu gewährleisten.

- Tragen Sie nun mit dem im Lackstift enthaltenen Pinsel den Lack genau auf die Schadstelle auf. Der Lackauftrag kann Tropfen für Tropfen erfolgen. Dazwischen können Trocknungszeiten liegen. Der Lack sollte die Schadstelle vollständig auffüllen.

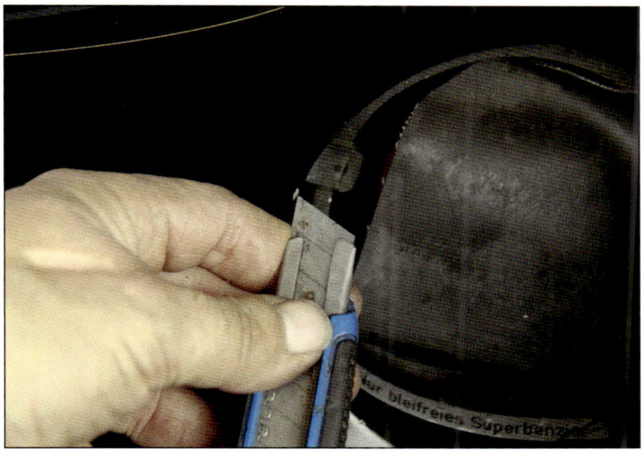

Steinschlag auskratzen: Das Auskratzen mit dem Cuttermesser ist vergleichbar mit Schleifen auf kleinstem Raum.

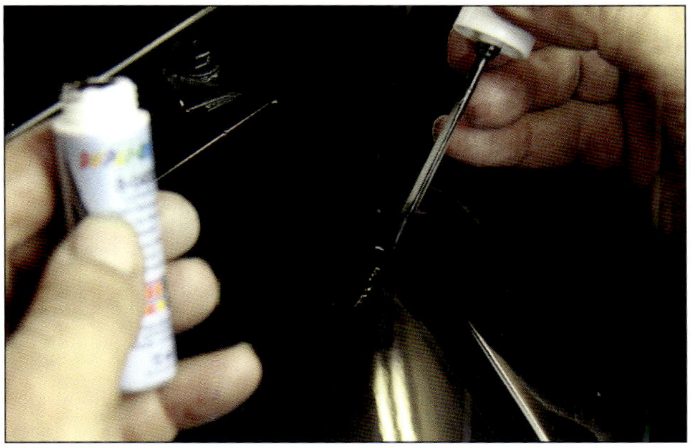

Farbauftrag in Tropfenformat: Es soll nur der eigentliche Schadensbereich aufgefüllt werden.

Anschleifen der Schadstelle: Erst wenn der Lack trocken ist, kann mit der Schleif- und Polierarbeit begonnen werden.

Oberfläche herstellen

- Schneiden Sie einen Streifen 2000er-Nassschleifpapier so zu, dass es auf einen Kunststoff- oder Hartschaumwürfel passt. Dieser Würfel hilft in diesem Fall, den Bereich der Schadstelle so zu bearbeiten, dass sie die gleiche Höhe wie die Fläche um die Schadstelle herum erreicht.

- Schleifen Sie die Schadstelle nach dem Trocknen mit viel Wasser an der Schleifstelle gerade so weit an, dass die Schadstelle unsichtbar ist.

- Montieren Sie einen mittelharten Schwamm mit grober Struktur auf den Polierteller.

- Tragen Sie wenige Tupfer Politur (Schleifpolitur) auf dem Polierschwamm auf.

- Beginnen Sie die Politur mit langsamer Drehzahl zu verteilen und erhöhen Sie die Drehzahl etwas zum Polieren.

- Behalten Sie die Schadstelle im Auge und polieren Sie diese, bis die Oberfläche einigermaßen glatt erscheint.

- Montieren Sie nun einen weichen Schwamm mit feiner Struktur auf den Polierteller.

- Tragen Sie wenige Tupfer Politur (Finishpolitur) auf dem Polierschwamm auf.

- Beginnen Sie die Politur mit langsamer Drehzahl zu verteilen und erhöhen Sie die Drehzahl etwas zum Polieren.

- Behalten Sie die Schadstelle weiterhin im Auge und polieren Sie die Oberfläche bis zum Hochglanz.

Falls erforderlich, müssen Sie die Politur mehrfach auftragen und das Polieren weiterführen.

Lackieransätze beipolieren

So genannte Lackieransätze entstehen immer, wenn im Rahmen der Teillackierung oder auch neudeutsch »Smart-Repair« nur ein Teil eines Karosserieteils lackiert wurde und der restliche Teil unbehandelt bleibt. Die Besonderheit an Lackieransätzen liegt darin, dass im Bereich, an dem die beilackierte Stelle auf den Originallack trifft, in jedem Fall mehr Lackauftrag festzustellen ist, als beim Originallack oder der Reparaturstelle selbst. Der Übergang wird bei den Profis nach dem letzten Farbdurchgang mit einer speziellen Verdünnung anlackiert, die den Verlauf des Reparaturlackes in den Originallack erleichtert.

Wahl der »Waffen«

Bei diesem Fall finden wir leichten Farbnebel vor, der durch die zuvor beilackierte Reparaturstelle im originalen Fahrzeuglack entstanden ist. Zum Polieren wird der Roto-Exzenter von Flex mit einem mittelharten

Komplettes Lackreparaturset von Dupli-Color: Alles vom Reiniger über den Filler bis zum Beispritzlack ist in diesem Karton zu finden. Es wird lediglich noch der Fahrzeugfarbton gebraucht.

Schwamm mit grober Struktur und der Schleifpolitur verwendet. Zum Abschluss soll der weiche Schwamm mit feiner Struktur die Oberfläche auf Hochglanz bringen.

Schadensbereich reinigen

- Reinigen Sie die Schadstelle gründlich mit einem speziellen Lackreiniger. Eine tiefer gehende Reinigung sollte nicht erforderlich sein, da das Karosserieteil zuvor lackiert wurde oder aus der Lackiererei kommt.

Oberfläche herstellen

- Montieren Sie einem mittelharten Schwamm mit grober Struktur auf den Polierteller.

- Tragen Sie wenige Tupfer Politur (Schleifpolitur) auf dem Polierschwamm auf, beginnen Sie die Politur mit langsamer Drehzahl zu verteilen und erhöhen Sie die Drehzahl etwas zum Polieren.

- Behalten Sie den Übergangsbereich im Auge und polieren Sie diese, bis die Oberfläche einigermaßen glatt erscheint.

- Montieren Sie nun einen weichen Schwamm mit feiner Struktur auf den Polierteller.

- Tragen Sie wenige Tupfer Politur (Finishpolitur) auf dem Polierschwamm auf und beginnen Sie wieder die Politur mit langsamer Drehzahl zu verteilen und erhöhen Sie die Drehzahl dann zum Polieren etwas.

- Behalten Sie den Übergangsbereich weiterhin im Auge und polieren Sie die Oberfläche bis zum Hochglanz. Falls erforderlich, müssen Sie die Politur mehrfach auftragen und das Polieren weiterführen.

Kaum zu erkennen: Der Lackansatz kann bei einem guten Lackierer auch in einer Fläche erfolgen. Trotzdem werden immer Kanten oder Sicken verwendet, um die Ansätze zu verstecken.

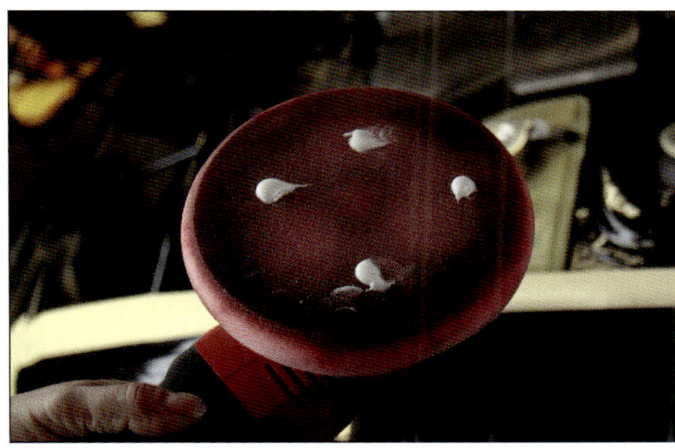

Schleifpolitur auf den Polierschwamm auftragen: Diese Menge an Schleifpclitur reicht bei dem Mittel der Firma Flex für ein ganzes Karosserieteil aus.

Hockglanzpolieren: Die Maschine wird mit weichem Schwamm möglichst gradlinig über die Lackoberfläche geführt.

Räder, Reifen und Radwechsel

Sie gehören zu den wichtigsten Teilen am Fahrzeug und stellen die Verbindung zur Fahrbahn her. Der richtige Umgang, die Radmontage und auch die versteckten Information zum Reifenalter finden Sie in diesem Kapitel. Auch Pannen, die Ursachen und der Umgang mit dem Reifenkompressor werden wir Ihnen näher bringen. Manchmal sind es nur Kleinigkeiten, die das Fortkommen verhindern können. Wie Sie in diesen Fällen Ihren VW T5 Multivan wieder flott kriegen, steht in diesem Kapitel.

Räder, Radwechsel

Reifen und Felgen

In der Kombination spricht man von den Rädern eines Fahrzeuges. Sowohl der Reifendurchmesser als auch die Reifenbreite beeinflussen das Fahrverhalten unter Umständen deutlich. Inwieweit andere Reifenhaftungspotenziale und auch andere Kräfte, die an der Lenkung entstehen, einen Einfluss auch auf die Regelungssysteme des Fahrwerks haben, wurde entweder noch nicht untersucht oder noch nicht veröffentlicht. Das Urteilsvermögen eines Sachverständigen muss hinsichtlich der Eintragungen auch um Kenntnisse über Einflüsse und Störungen bezüglich der Regelsysteme erweitert werden. Gerade in diesem Punkt ist es sehr erstaunlich, welche Rad-Reifenkombination abgenommen und eingetragen werden. Fahrwerksteile wie Spurplatten und Komplettfahrwerke weichen zum Teil erheblich von den Herstellervorgaben ab. Der Tuner will sein Produkt Fahrzeug schließlich auch deutlich von den Serienmodellen abheben.
Als verantwortungsbewusster Autofahrer sollten Sie grundsätzlich gerade die fachlichen Hintergründe hinterfragen und im Zweifelsfall auf Serienausrüstung oder zumindest auf baugleiche Bauteile zurückgreifen, die vom Hersteller auch freigegeben wurden.

Das Bindeglied zur Straße – der Reifen

Reifenunterbau, Gummimischung und das ausgefeilte Reifenprofil machen moderne Reifen zu echten Hightech-Produkten, die einen wichtigen Beitrag zur passiven Sicherheit Ihres Autos leisten. Sie tragen das Gewicht eines Fahrzeugs, fangen kleinere Stöße der Fahrbahn ab und übertragen die Kräfte, die bei Antrieb, Bremsen und Kurvenfahrt entstehen. Die Reifen an den Vorderrädern bringen es durchschnittlich auf eine Laufleistung von 15.000 bis 35.000 Kilometer, die Pneus der Hinterräder auf 30.000 bis 50.000 Kilometer. Aber auch wenn Sie Ihr Fahrzeug nur selten bewegen – spätestens nach sieben, acht Jahren sind die Reifen am Ende, weil sich die Mischung des Gummis mit der Zeit auflöst und/oder versprödet bzw. verhärtet.

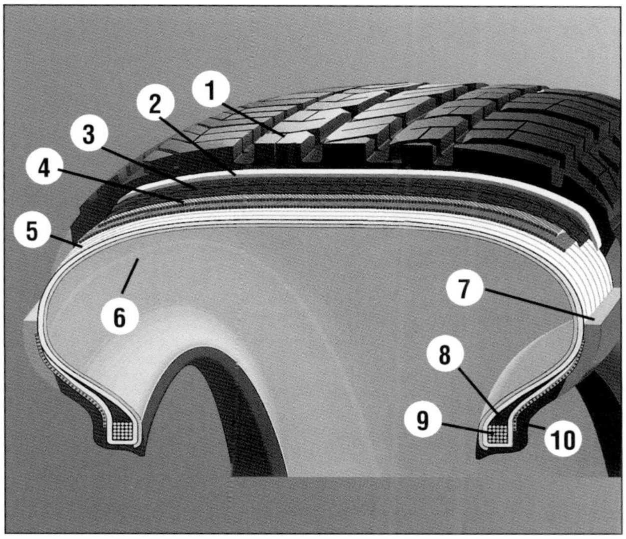

Das vielschichtige Innenleben eines Pkw-Reifens:

1 Laufstreifen: Profil und Mischung beeinflussen die Eigenschaften
2 Base: Senkt den Rollwiderstand
3 Nylon-Spulbandagen
4 Stahlcord-Gürtellagen: Steigern die Fahrstabilität
5 Karkasse: Form- und Festigkeitsträger des Reifens
6 Innenseele: Gasdichte Innenschicht ersetzt den Schlauch
7 Seitenteil: Schützt Karkasse vor Beschädigungen
8 Kernprofil: Unterstützt Lenk- und Fahrpräzision
9 Kern: Sorgt für festen Sitz auf der Felge
10 Wulstverstärker: Für präzises Lenkverhalten und hohe Fahrstabilität

Reifen und Luftdruck

Durch das Gewicht des Fahrzeuges wird der Reifen im Bereich seiner Aufstandsfläche auf der Fahrbahn verformt. Diese Verformung nennt man Abplattung. Am drehenden Rad läuft diese Abplattung um den Umfang herum. Diese zwangsmäßige Verformung des Reifens ergibt einen größeren Rollwiderstand. Hieraus ergeben sich wiederum ein höherer Reifenverschleiß und Kraftstoffverbrauch und, nicht zu vergessen, ein höheres Sicherheitsrisiko.
Ein zu hoher Luftdruck führt zu Mittenverschleiß und schlechtem Abrollkomfort. Grundsätzlich sollte immer der Luftdruck eingehalten werden, den der Hersteller in Tankdeckel und/oder Fahrerhandbuch angibt.

Anforderungen an den Reifen

Mit der Kreisfläche soll das Leistungsvermögen des Reifens dargestellt werden. Die Kreisteile zeigen den Anteil der Anforderung in der Gesamtanforderung an die Leistung des Reifens.

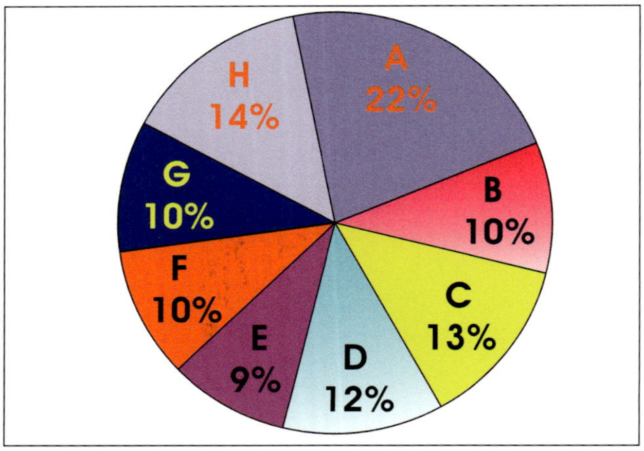

Anforderung an den Reifen: A Nassbremsverhalten, B Fahrkomfort, C Lenkpräzision, D Fahrstabilität, E Reifengewicht, F Lebenserwartung, G Rollwiderstand, H Aquaplaningverhalten.

An der begrenzten Form des Kreises kann man recht schnell die begrenzten definierten Eigenschaften einsehen, die ein Reifen für den Hersteller erfüllen muss. Es wird sehr anschaulich, was passiert, wenn eine Eigenschaft deutlicher hervortreten soll. Mindestens eine Eigenschaft muss dann für diese vorrangige Eigenschaft zurückgestellt werden. Das erklärt auch die durchaus unterschiedlichen Testergebnisse bei Reifentests.

Verschleißverhalten von Reifen

Die Anforderungen an die Reifen eines Autos steigen ständig, Faktoren wie steigendes Fahrzeuggewicht, höhere Geschwindigkeiten und höhere Fahrzeugsicherheiten verursachen naturgemäß einen größeren Verschleiß an den Reifen.

Achsweise Radtausch

Der Verschleiß an der Antriebsachse ist durch die höheren Lasten, die durch Antrieb und Radführung auf der Vorderachse abgedeckt werden müssen, deutlich höher als der Verschleiß auf der Hinterachse. Solange das Ablaufbild »normal« ist und der Reifen auch gleichmäßig abgenutzt wird, sollten spätestens von Saison zu Saison die Reifen ausgetauscht werden.
Bei Reifen ohne Laufrichtungsbindung können die Räder durchaus auch diagonal getauscht werden. Diese Möglichkeit gleicht auch die Sägezahnbildung der Reifen zum Teil aus.

Montageort vorher	Montageort nachher
Vorne rechts	Hinten links
Vorne links	Hinten rechts
Hinten rechts	Vorne links
Hinten links	Vorne rechts

Reifen mit Laufrichtungsbindung dürfen niemals entgegen ihrer Laufrichtung betrieben werden.
Hier müssen die Räder achsweise von vorne nach hinten getauscht werden.

Montageort vorher	Montageort nachher
Vorne rechts	Hinten rechts
Vorne links	Hinten links
Hinten rechts	Vorne rechts
Hinten links	Vorne links

Standplatten am Reifen

Der Begriff Standplatten, oder auch Abflachung oder Abplattung, beschreibt eine ebene Fläche auf dem Reifenprofil, die durch das Abstellen des Fahrzeugs oder der Reifen über einen längeren Zeitraum verursacht wurde. Standplatten können Unruhe in der Lenkung verursachen, die gefühlsmäßig durchaus dieselben Symptome wie die Reifenunwucht aufweisen. Standplatten lassen sich nicht durch Auswuchten beseitigen. Dieser Fehler muss vor der Wuchtung durch den Monteur erkannt werden. In der Regel verschwinden diese Verformungen im normalen Betriebsalltag des Reifens wieder von selbst. In jedem Fall muss zuerst einmal der Reifenluftdruck überprüft werden. Es sollte auch ausgeschlossen werden, dass irgendwelche Schäden an den oder dem entsprechenden Reifen vorliegen. Sind diese Grundlagen geschaffen, können Sie auch durch Warmfahren des Reifens in vielen Fällen schon den Standplatten beheben. Auf einer Autobahn sollten Sie nun, soweit es Straße, Verkehr und Sichtverhältnisse zulassen, eine Strecke von 20-30 km mit etwa 120 km/h bis 150 km/h zurücklegen.

Anschließend sollte das Fahrzeug sofort angehoben und die Räder demontiert und neu gewuchtet werden. Die Ursachen für einen Standplatten können vielseitig sein:

- Das Fahrzeug stand mehrere Wochen auf einer Stelle, ohne dass es bewegt wurde.
- Der Luftdruck der Reifen ist zu gering.
- Das Fahrzeug wurde nach einer Lackierung in eine trockene Kammer gestellt.
- Das Fahrzeug wurde mit warmen Reifen in einer kühlen Garage oder Ähnlichem abgestellt. In einem solchen Fall kann schon über Nacht der »Standplatten« entstehen.

Radschrauben am VW T5

An Ihrem Multivan werden in der Serienausstattung pro Rad fünf Radschrauben verwendet. Sie haben die Gewindebezeichnung M14x1,5x37 (10.9). Die Verwendung von kürzeren oder längeren Schrauben kann Schäden am Gewinde oder auch anderen Bauteilen der Radaufhängung verursachen. Die Radschrauben sollen nach Herstellerangaben angezogen werden. Für die Stahlfelgen ist ein Anzugsdrehmoment von 180 Nm erforderlich. Es ist nicht erlaubt und auch aus fachlicher Sicht unsinnig, die Bolzen oder das Gewinde einzufetten. Der Hintergrund hier liegt in der leichteren Lösbarkeit gerade nach dem Winter. Das Fett erleichtert tatsächlich das Lösen und auch das Festziehen der Radschrauben. Leider ist das Anzugsdrehmoment genau auf diesen Reibwert der Schraube ausgelegt.
Dreht diese sich jetzt leichter, wird die Schraube stärker belastet, als das vom Hersteller vorgesehen war. Die Folgen sind hier leicht abreißende oder sich selbst lösende Radschrauben sowie Schäden am Gewinde der Radnabe.

Lagerung von Reifen

Auch die Lagerung der Reifen muss mit Sorgfalt erfolgen. Aufgrund der Hintergründe für so genannte Standplatten sollten Reifen niemals aufrecht stehend gelagert werden. Reifen sollten immer gut geschützt vor Sonneneinstrahlung und größeren Temperaturschwankungen eingelagert werden. Auch vor Einwirkungen von Öl, Lösemittel oder Feuchtigkeit sollten sie geschützt werden. Grundsätzlich sollten die gerade demontierten Felgen am besten vor der Lagerung auf einem Felgenbaum gründlich gereinigt werden. Sauber und trocken stehen sie für den nächsten Einsatz bereit. Wer bei der Reinigung der Räder den Zustand und auch das Alter der Reifen genauer betrachtet, kann schon frühzeitig vor der jeweiligen Saison den eventuell notwendigen Ersatz bei seinem Reifenhändler in Auftrag geben.

Praktische Lagerung: Ablage auf einem Felgenbaum.

WISSENSWERTES: Radschrauben

Für den T5 Multivan sind eine Vielzahl von Felgen auch im Zubehörhandel zu erwerben. Hier können unterschiedliche Radschrauben erforderlich werden. Ob nun Kegelsitzschrauben oder Kugelsitzschrauben zum Einsatz kommen, ist zum einen gut zu erkennen und zum anderen auch in den Felgengutachten beschrieben. Dasselbe gilt auch für Radspurplatten, die das Verwenden von anderen Felgeneinpresstiefen erlauben. Auch hier müssen Sie beachten, welche Sitzbauform der Schraube vorgegeben ist. Die falsche Radschraube beschädigt den Sitz der Felge. Achten Sie immer darauf, dass die Radschrauben ausreichend tragendes Gewinde zur Verfügung haben. Sie müssen mindestens neun Gewindegänge eingeschraubt werden können, bevor sie festgezogen werden.

Zustand der Reifen kontrollieren

Die Vorderräder treiben das Fahrzeug an, lenken es und müssen die Hauptbelastung beim Bremsen aushalten. Sie sind daher auch früher verschlissen als die hinteren Pneus. Den Zustand der Reifen kontrollieren Sie am besten bei aufgebocktem Wagen.

■ Drehen Sie jedes Rad einmal komplett durch. Entfernen Sie Steinchen und andere Fremdkörper vorsichtig mit einem kleinen Schraubendreher aus den Profillamellen. Sitzt in der Reifendecke eine Glasscherbe oder ein Nagel, kann an dieser Stelle Luft entweichen.

■ Achten Sie auf Unregelmäßigkeiten wie Einstiche, Schnitte, Risse und herausgebrochene Profilstücke. Bei einem beschädigten Gummi dringt leicht Feuchtigkeit ins Reifeninnere. Sie können jedoch von außen nicht erkennen, ob der stabilisierende Stahlgürtel schon vom Rost angefressen ist. Lassen Sie den Reifen zur Sicherheit vom Fachmann prüfen. Das gilt übrigens auch bei auffälligem Reifenabrieb.

■ Das Reifenprofil muss über die gesamte Lauffläche mindestens 1,6 Millimeter tief sein. Bei dieser Marke wird auf der Lauffläche an mehreren Stellen ein Profilstandsanzeiger sichtbar. Die Buchstaben »twi« (tread wear indicator) auf der Reifenflanke zeigen, wo sich diese Anzeiger befinden. Das Fahrverhalten wird mit abnehmendem Profil schlechter, vor allem auf nasser Fahrbahn. Tauschen Sie Sommerreifen zur Sicherheit bereits bei einer Profiltiefe von zwei Millimetern, Winterreifen bei vier Millimetern.

TWI: Die Erhebung der TWI zeigt die Mindestprofitiefe an.

■ Kontrollieren Sie, ob alle Reifen gleichmäßig abgefahren sind und sehen Sie sich die Seitenwände (Reifenflanken) der Reifen genau an. Beulen deuten auf eine Beschädigung des Reifenunterbaus hin.

GEFAHRHINWEISE

Risikofaktor geringer Luftdruck

Prüfen Sie den Reifendruck regelmäßig alle drei bis vier Wochen. Bei Markenreifen ist ein Druckverlust von 1,5 Prozent im Monat normal. Verliert der Reifen mehr Luft, sollten Sie sich ihn genauer ansehen. Ein schlecht oder gar nicht gewarteter Reifen kann sich zum Risikofaktor entwickeln. Fahren Sie z. B. einen Reifen mit zu geringem Luftdruck unter sehr hoher Last, kann dies zu teilweisen Ablösungen der Reifenlauffläche führen. Diese Schäden bleiben jedoch oft längere Zeit verborgen. Wird der vorgeschädigte Reifen dann stark beansprucht, können durch die enormen Fliehkräfte bei hohen Geschwindigkeiten sogar einzelne Reifenteile abreißen. Passen Sie also auch stets den Reifendruck dem Beladungszustand an. Die Tabelle auf der Rückseite des Tankdeckels gibt Anhaltswerte für den korrekten Reifenluftdruck bezogen auf die Größe der Reifen und der Last.

Lebensgefährlich: Wird der Druck falsch gewählt, kann sich die Lauffläche vom Reifen ablösen.

Reifendruck prüfen

Den Luftdruck sollten Sie stets bei kalten Reifen messen. Denn während der Fahrt erwärmt sich der Reifen – der Reifendruck steigt. Sie erhalten daher falsche Werte, wenn Sie direkt nach einer Autobahnfahrt zum Luftdruckprüfer greifen. Erhöhen Sie den Luftdruck bei Winterreifen um 0,2 bar. Prüfen Sie den Reifendruck regelmäßig alle drei bis vier Wochen. Bei einem Markenreifen ist ein Druckverlust von 1,5 Prozent im Monat normal. Verliert der Reifen mehr Luft, sollten Sie sich ihn genauer ansehen.

Druck	Verlust im Monat	Verlust im 1/4 Jahr	Verlust im Jahr
2,2 bar	0,033 bar	0,099 bar	0,396 bar
2 bar	0,03 bar	0,09 bar	0,36 bar
1,8 bar	0,027 bar	0,081 bar	0,324 bar
1,5 bar	0,0225 bar	0,0675 bar	0,27 bar

Das Reifenbild

Im Fahrbetrieb kann es beispielsweise durch Fehleinstellungen der Achsgeometrie oder Überbeanspruchung durch zu schnelle Kurvenfahrt zu unterschiedlicher Reifenabnutzung kommen. Welche Ursache bei dem entsprechenden Reifenbild vorliegt und was Sie im entsprechenden Fall unternehmen sollten, finden Sie hier aufgeführt:

Außenseite abgefahren (Vorderreifen)
Flotte Fahrweise in Kurven. Reifen auf den Felgen drehen lassen oder gegen Hinterräder austauschen. Außenseiten stärker abgefahren als Profilmitte. Der Reifen wurde lange Zeit mit zu niedrigem Luftdruck gefahren. Gleichmäßige Auswaschungen. Vermutlich Stoßdämpfer defekt. Ungleiche Abnutzung (an mehreren Stellen). Unwucht im Rad. Auswuchten lassen. Stelle mit starker Abnutzung. Bremsung mit blockiertem Rad (Bremsplatte). Selbst das ABS kann kurzzeitiges Blockieren und damit einen gewissen Reifenverschleiß (Abflachungen) nicht verhindern.

Starke Abnutzung in der Profilmitte
Die mittige Abnutzung entsteht durch häufiges Fahren mit Höchstgeschwindigkeit. Die Reifen »bauchen« durch die Fliehkraft aus (die Reifenlauffläche wird runder) und nutzen daher in der Mitte stärker ab. Dieser Effekt tritt besonders deutlich an den Hinterrädern auf. Dasselbe Bild zeigt sich bei zu hohem Reifendruck.

Radunwucht

Eine Unwucht im Rad zeigt sich durch Vibrationen am Lenkrad oder Schütteln im Vorderwagen. Ursache ist eine ungleichmäßige Gewichtsverteilung am Rad, die auch für erhöhten Reifenverschleiß sorgt. Man unterscheidet statische und dynamische Unwuchten. Statische Unwucht zeigt sich bereits, wenn das Rad frei auspendelt: Der Schwerpunkt wird sich von selbst nach unten begeben. Ein Rad mit statischer Unwucht hüpft beim Fahren, die Stoßdämpfer verschleißen schneller. Dynamische Unwucht kommt erst beim schnellen Drehen des Rades vor. Die übergewichtige Stelle sitzt nicht in der Mittelebene des Rades, sondern etwas nach außen bzw. innen versetzt. Das Rad flattert und wackelt bei schneller Fahrt. Die Beseitigung einer Unwucht ist Sache der Werkstatt.

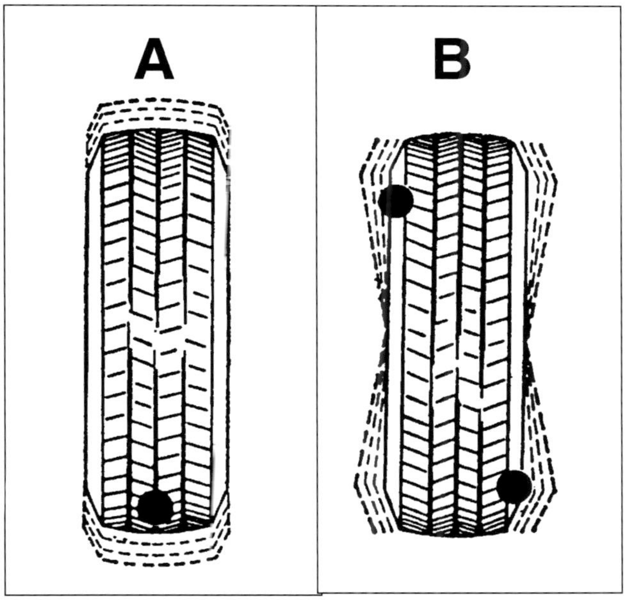

Statische (A) und Dynamische Unwucht (B): Beide sorgen für ein ungleichmäßiges Abnutzen der Reifen und fallen durch Flattern in der Lenkung beim Fahren unangenehm auf.

Rad- Reifenkombinationen am VW T5

Grundsätzlich dürfen nur Felgen und Räder einer Bauart und Abmessung auf dem Fahrzeug verbaut werden. Ausnahmen stellen besondere Radreifenkombinationen dar, die dann aber auch mit entsprechenden Gutachten von einem technischen Sachverständigen der Prüforganisationen abgenommen werden müssen.

Die VW-Unterlagen geben eine Vielzahl von Rad- und Reifenkombinationen vor, die selbst zusammengefasst und unter Verzicht der Felgendesigns noch immer eine mehrseitige Tabelle ergeben würden. Wir haben aufgrund des Umfangs und der ohnehin erforderlichen Erkundigung durch den Leser beim VW-Händler auf diese Tabellen verzichtet und wollen an dieser Stelle lediglich einige Standardreifen vorstellen, die für die meisten Modelle verwendet werden dürfen. Diese Information erlaubt Ihnen beispielsweise die Beschaffung der Winterreifen oder klärt ab, in wieweit bei einem Fahrzeugwechsel auch neue Winterräder fällig werden. Die Felgendimensionen und die dazugehörigen ET (Einpresstiefen) geben Ihnen wertvolle Informationen über die werksmäßig geprüften Rad-/Reifenkombinationen. Die Abstimmung der Werkstechniker lässt sich sicherlich nicht einfach übertreffen. Verwenden Sie auch beim Kauf im freien Zubehörhandel nur die freigegebenen Felgen- und Reifendimensionen. Erfragen Sie ruhig einmal Preise und natürlich die technischen Eckdaten von Reifen und Felgen in der erwünschten Größe bei Ihrem VW-Händler. Vergleichen Sie, ob die technischen Daten auch mit denen der Zubehörfelgen übereinstimmen.

Daten für alle Fahrzeugtypen

Anzugsdrehmoment Radschrauben	180 Nm
Anzahl der Radschrauben	5
Lochkreis der Radschrauben	120 mm
Lochkreis des Zentrierringes	65,1 mm
Reifendruck	Den Reifendruck finden Sie auf der Innenseite der Tankklappe

Auszug der zulässigen Rad-/Reifenkombinationen an Achse 1 bzw. Achse 2

Für den Einsatz von Rädern und Reifen, die nicht der Serienausrüstung entsprechen, sind in den Radgutachten Auflagen benannt, die erfüllt sein müssen um die Radreifenkombination fahren zu können. Auch der Einsatz von Radspurplatten unterliegt möglichen Auflagen. Diese Auflagen können je nach Felgen- oder Spurplattenhersteller anders ausfallen. Prüfen Sie diese vor der Montage und besser noch vor dem Kauf der Radspurplatten oder Felgen genau. Die Gesamteinpresstiefe (Gesamt-ET), die unten in der Tabelle aufgelistet ist, besteht aus der Einpresstiefe der Felge abzüglich der Distanzscheibendicke. So können Sie die erforderliche Spurplattendicke bestimmen. Beispiel: ET der Felge = 23,5 mm abzüglich 18,5 mm Gesamt-ET ergibt eine erforderliche Spurplattendicke von 5 mm.

Auszug der Ausrüstungsliste

Rad-Größe (Serie)	ET	Motorleistung	Felgen-Größe	Schneeketten	Bremsanlage
205/65 R 16 C 103/101T	51 mm	62-132 kW Dieselmotor, 85 kW Ottomotor	6,5 J x 16	Ja	16"-Bremse
215/65 R 16 C 102/100T					
225/75 R 16 C 104T	52 mm	103 kW TDI „Widder"	61/2 J x 16	Ja	16"-Bremse
235/60 R 16 104T XL	55 mm	62-132 kW Dieselmotor, 85 kW Ottomotor	7J x16	Nein	
215/60 R 17 104/102T	55 mm		7J x 17	Ja	17"-Bremse
225/55 R 17 C 104H	56 mm		7J x 17	Je nach Ausführung	17"-Bremse
235/55 R 17 103T XL	55 mm		7J x 17	Nein	16"-Bremse 17"-Bremse
235/55 R 17 103 H (T) XL	55 mm		7J x 17	Nein	17"-Bremse
235/55 R 17 103 H (T) XL	55 mm		7,5J x 17	Nein	16"-Bremse 17"-Bremse
255/45 R 18 103 H (T) XL	50 mm		8J x 18	Nein	
255/45 R 18 103 H (T) XL	50 mm		8,5J x 18	Nein	

Erforderliche Auflagen sind je nach Radhersteller beim TÜV oder beim Radhersteller beziehungsweise bei VW nachzufragen.
Im Laufe der Zeit werden immer weitere Felgen-/Reifen-Kombinationen auf den T5 verbaut werden oder sind bereits verbaut worden. Hier bleibt nur das Gespräch mit dem TÜV oder den Reifenhändlern.

Umrüsten von Rad-Reifenkombinationen

Tiefer, breiter, Keilformfahrwerk, diverse Fahrwerksumrüstsets werden für Tuningzwecke auch beim Van herangezogen. Vielfach enden solche Tuning-Orgien in der totalen technischen Katastrophe. Bevor wir nun alles verteufeln, was nicht Original ist, möchten wir dem technisch interessierten Schrauber einige Überlegungen mit auf die Werkzeugkiste legen.

Negativ ist positiv

Ein Fahrzeughersteller wie Volkswagen konzipiert seine Fahrzeuge so, dass sie auch in extremen Situationen beherrschbar bleiben sollen. Der Fahrer soll das nur an gutmütigem Fahrverhalten und notfalls auch an erfolgreich gemeisterten Extremsituationen merken. Nehmen wir einmal an, an Ihrem Fahrzeug platzt während der Fahrt der Reifen vorne rechts. Was wird passieren? Zuerst nimmt man mal an, dass das Fahrzeug sofort und extrem zu der rechten Seite ziehen wird. Der Hersteller allerdings hat diese Situation in der Lenkgeometrie anders ausgelegt. Zwar steht das Lenkrad nach dem Platzer schief, das Auto aber fährt geradeaus weiter.
Vereinfacht lässt sich die Reaktion des Fahrzeugs so darstellen: Eine konstruktive Auslegung ist der Lenkrollenhalbmesser einer Vorderachse. Der T5 ist werksmäßig mit einem »negativen« Lenkrollenhalbmesser ausgelegt worden. Das bedeutet nichts anderes, als dass der Drehpunkt des Rades auf der Fahrbahn etwas weiter nach außen als der eigentliche Mittelpunkt der Radaufstandsfläche auf der Fahrbahn gelegt wurde. Betrachten wir nun wieder den geplatzten vorderen rechten Reifen. Er wird einen deutlich höheren Rollwiderstand produzieren als das intakte linke Vorderrad. Da der Drehpunkt des Rades nicht im Radaufstandflächenmittelpunkt liegt, erzeugt der platte rechte Reifen eine Lenkbewegung nach links. Der linke Reifen läuft nun nicht mehr gerade zur Fahrbahn und erzeugt auch einen höheren Rollwiderstand. Die Lenkgeometrie will nun einen Kräfteausgleich der beiden Räder erzeugen und sucht sich den neuen »Mittelpunkt«. Sind die Rollwiderstände gleich, fährt das Fahrzeug wieder geradeaus. Derselbe Vorgang ergibt sich übrigens auch bei unterschiedlichen Reifen oder auch unterschiedlichem Luftdruck der Reifen.

Positiv ist negativ

Das Lieblingskind der Tuner ist der Umbau auf breite Reifen und natürlich auch auf Spurplatten oder Felgen mit kleineren Einpresstiefen. Beides bewirkt oftmals eine erhebliche Veränderung des Lenkrollenhalbmessers. Der im ungünstigsten Fall nun positive Lenkrollenhalbmesser bewirkt das Gegenteil der Überlegungen des Fahrzeugherstellers. Betrachten wir nun wieder die Fahrsituation mit dem geplatzten vorderen rechten Reifen. Er wird einen deutlich höheren Rollwiderstand produzieren als das intakte linke Vorderrad. Da der Drehpunkt des Rades zwar auch nicht im Radaufstandflächenmittelpunkt liegt, sondern etwas weiter innen, erzeugt der platte rechte Reifen eine Lenkbewegung nach rechts. Zwar läuft der linke Reifen nun auch nicht mehr gerade zur Fahrbahn und erzeugt auch einen höheren Rollwiderstand, die Wirkrichtung ist aber leider nach rechts. Da keine Kräfte entgegenstehen, kann die Lenkgeometrie keinen Kräfteausgleich der beiden Räder erzeugen und lenkt nach rechts. Die Kräfte werden schlagartig auftreten und durch die unterschiedliche Radbelastung stark an- und abschwellende Gegenkräfte vom Fahrer einfordern. In der Regel wird es kaum möglich sein, das Fahrzeug auf der Straße zu halten und einen Unfall zu vermeiden.
An diesem Beispiel sieht man sehr drastisch, wie ungewollte Einflüsse auf das Fahrzeug ausgeübt werden können, die fatale Folgen nach sich ziehen können. Hinterfragen Sie ruhig auch die Auswirkungen der breiteren Räder auf das Fahrverhalten des Fahrzeugs und natürlich auch auf die Auswirkungen auf den Lenkrollenhalbmesser. Ein Händler, der nicht in der Lage ist diesen Zusammenhang darzustellen, ist sicherlich ungeeignet Ihr Fahrzeug durch Tuningmaßnahmen zu verbessern. Neben der Veränderung des Lenkrollenhalbmessers verändern auch Höhenlage, Sturz, Spur und Nachlauf das Fahrverhalten des Fahrzeuges. Ohne tief gehende Kenntnisse über die Fahrwerkstechnik sollten Sie niemals Veränderungen, Reparaturen oder Umbauten an Achsbauteilen vornehmen. Rad-/Reifenkombinationen sollten grundsätzlich vom Hersteller freigegeben worden sein oder zumindest hinsichtlich der Abmessungen (inkl. der Einpresstiefe) den Vorgaben der Hersteller entsprechen.

Winterreifen

Für einen Winterreifen genügt die schmalste Reifenbreite, die für Ihr Fahrzeug angegeben ist. Je kleiner die Reifenaufstandsfläche Ihres Reifens, umso höher wird der Druck auf die Fläche. Investieren Sie das für breitere Pneus gesparte Geld lieber in einen zweiten Satz passender Felgen – das Ummontieren der Reifen im Frühjahr und Herbst kommt auf die Dauer viel teurer und birgt bei jeder Montage und Demontage die Beschädigung des Reifens. Zudem müssten die Räder übrigens nach jeder Montage neu ausgewuchtet werden. Felgen gibt es heutzutage in jedem Autofahrermarkt. Auch Aluminiumfelgen sind heute gar nicht oder kaum teurer als die Felge aus Stahl. Achten Sie darauf, dass die Abmessungen der Felge und die Einpresstiefen mit der Originalfelge übereinstimmen. Fragen Sie nach, ob die Originalradschrauben auf die neue Felge passen oder ob ein neuer Schraubensatz für die neuen Felgen fällig ist. Manche Händler und Werkstätten lagern Ihre Winterreifen gegen eine geringe Gebühr bis zum nächsten Tausch ein. Wenn die Höchstgeschwindigkeit der Winterreifen (bis zu 160 km/h) unter der Ihres Fahrzeugs liegt, sollten Sie sich zur Erinnerung einen entsprechenden Aufkleber ins Blickfeld (nicht an die Windschutzscheibe!) kleben. Nach jedem Radwechsel müssen die Räder nochmals nachgezogen werden. Das liegt nicht etwa an der möglichen Unfähigkeit des Monteurs, sondern daran, dass sich gebildete Oxidation, Farbreste oder sonstige Ablagerungen vom Schraubensitz abnutzen können und so eventuell ausreichend Spiel zum eigenständigen Lösen der Schraube entstehen kann.

Montieren der Sommer- oder Winterräder

Das Montieren der Sommer- und Winterräder können Sie schnell und sicher erledigen. Beachten Sie aber beim Anheben des Fahrzeugs die Sicherheitsbestimmung aus dem Abschnitt »Pannen unterwegs, Fahrzeug richtig aufbocken«. Nach der Demontage der Räder müssen diese eingelagert werden. Empfehlenswert ist hierzu ein Felgenbaum, der verhindert, dass die Flanken oder Laufflächen während der Einlagerung belastet werden. Das Anzugsdrehmoment liegt bei 110 Nm, nach 100 km sollten Sie alle Schrauben nochmals zur Sicherheit mit einem Drehmomentschlüssel nachziehen!

- Suchen Sie eine ebene Stelle mit festem Untergrund für den Radwechsel. Ziehen Sie die Handbremse fest an und lösen Sie vor dem Anheben des Wagens alle Radbolzen zunächst nur um eine Viertelumdrehung.
- Heben Sie nun das Fahrzeug so weit an, bis das Rad ein paar Zentimeter über dem Boden ist.
- Entfernen Sie dann die fünf Radbolzen und nehmen Sie das Rad ab. Wechseln Sie immer ein Rad nach dem anderen.
- Kontrollieren Sie den Zustand der Radnabe. Säubern Sie diese gegebenenfalls mit der Drahtbürste und tragen Sie eine hauchdünne Schicht Kupferpaste auf. Das schützt vor weiterer Korrosion.
- Setzen Sie jetzt das Rad an. Drehen Sie alle Radbolzen in das Gewinde ein und achten Sie darauf, dass das Rad gerade an der Nabe anliegt.
- Ziehen Sie zunächst alle Räder handfest an.
- Ziehen Sie die Radbolzen mit einem Drehmoment von 110 Nm an.

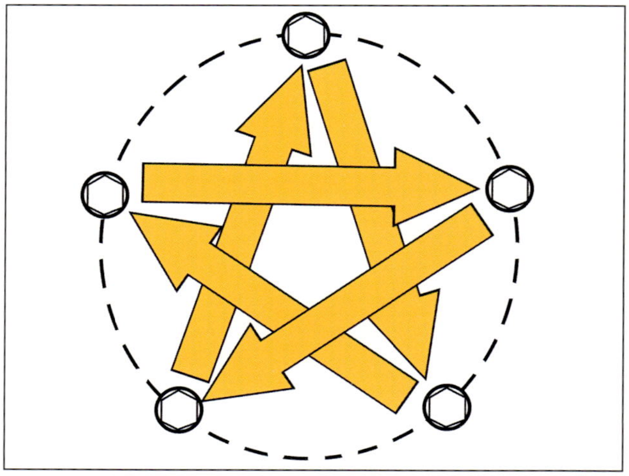

Anzugsfolge: Bei fünf Radschrauben wird versetzt gegenüber und gleichmäßig die nächste Radschraube angezogen.

Reifen

Störung	Was kann das sein?	Was kann ich tun?
A Schwammiges Fahrverhalten	**1** Reifen zu geringer Luftdruck	Luftdruck prüfen.
	2 Stoßdämpfer undicht am Finger: tauschen.	Ölverlust mit Finger prüfen, bleibt Öl
	3 Stoßdämpfer verschlissen	Kolbenstange auf Riefen und Abplatzung prüfen.
	4 Spurwerte stimmen nicht	Achsvermessung durchführen.
	5 Federn erlahmt	Federn prüfen, ggf. austauschen.
	6 Gummis Querlenker hinten	neue Streben einbauen.
B Reifen	**1** starker, unregelmäßiger Verschleiß	Spurwerte stimmen nicht, Achsvermessung durchführen.
	2 Verschleiß innen	Zu viel negativer Sturz.
	3 Verschleiß außen	Zu viel positiver Sturz.
	4 Verschleiß in der Mitte	Zu viel Luftdruck.
	5 Verschleiß innen und außen	Zu wenig Luftdruck.
C Schütteln am Lenkrad	**1** Räder unwuchtig	Räder wuchten lassen.
	2 Spiel in der Lenkung	Kreuzgelenk prüfen.
	3 Spiel in Fahrwerksteilen	Traggelenk und Spurtstangen prüfen.
... beim Bremsen	**4** Bremsscheiben verzogen	neue Bremsscheiben und Beläge.
D Geräusche bei Kurvenfahrt	**1** Radlager defekt	Richtige Seite durch Wechselkurven feststellen.
	2 Spurwerte stimmen nicht	Reifenprofil kontrollieren (siehe B).

Fahrwerk

Als Fahrwerk werden die Teile des Fahrzeugs bezeichnet, die für die präzise Radführung mit bestmöglichem Bodenkontakt, die Richtungsstabilität und für eine komfortable und ausgeglichene Führung der Karosserie über dem Boden zuständig sind. Eigentlich gehören die Reifen auch schon dazu. Des Umfangs halber haben wir diese aber schon im letzten Thema behandelt und betrachten hier die Radführungskomponenten genauer.

Was ist eigentlich ein Fahrwerk?

Im Volksmund versteht man unter Fahrwerk eher nur die Stoßdämpfer und die Federn. Dass hinter diesem Begriff eine Konstruktion aus sehr vielen Bauteilen steht, die aufeinander abgestimmt den Spagat zwischen Komfort und präziser Radführung abdecken müssen, ahnt zuerst mal niemand. Zum Fahrwerk gehört alles, was zwischen Karosserie und Straße für die Radführung sorgt. Jede Veränderung, sei es durch Verschleiß oder aber auch durch Umbau, erfordert erhebliches Fachwissen durch den Monteur. Gerade bei Tuningmaßnamen rund ums Fahrwerk darf nie vergessen werden, dass es sich um ein Kraftfahrzeug handelt, das sicher im Straßenverkehr bewegt werden soll. Kunstwerke werden nicht gefahren, sondern ausgestellt.

Auslegung des Fahrwerks

Damit ein Fahrzeug überhaupt geradeaus fahren kann, ist der Bezug zur Hinterachse extrem wichtig. Jeder, der mal erlebt hat, wie ein Auto reagiert, wenn die Hinterachse ausbricht (das Fahrzeug übersteuert dann...), weiß, welche Auswirkung es hat, wenn die Hinterachse als so genannte spurgebende Achse das Fahrzeug nicht mehr führt. Alle Fahrwerkswerte beziehen sich immer auf die Hinterachse. Sie ist der Bezugspunkt für die Konstruktion und natürlich auch für die Fahrwerksvermessung. Aus diesem Grund ist es gelinde ausgedrückt unsinnig die Vorderachse einzeln zu vermessen. Ein Rad kann neben der Drehbewegung sich auch seitlich neigen oder auch nach vorn oder hinten versetzt werden. Die Räder werden sogar beim Einlenken angehoben oder abgesenkt. Alle diese Funktionen entstehen aus dem Zusammenspiel der Bauteile und sind gewollt.
Sogar die Veränderung der Höhenlage eines Fahrzeuges folgt solchen »Kennlinien« und hat selbstverständlich Einflüsse auf die Achsgeometrie und das Fahrverhalten. Auch wenn es kaum vorstellbar ist, haben sogar die Felgengröße und ihre Einpresstiefe Einfluss auf das Fahrwerk und seine Funktionen.

Ohne Reibung keine Kraftübertragung. Das kennen wir schon von der einen oder anderen Glatteisfahrt. Man kann sich vorstellen, dass für eine »spurgenaue« Fahrzeugführung der Kontakt der Reifen von entscheidender Wichtigkeit ist. Geht die Verbindung zwischen Reifen und Fahrbahn verloren, können weder Vortriebs-, Brems-, Seitenführungs- oder Lenkkräfte mehr übertragen werden. Wichtige Elemente für diese Aufgabe sind Federung und Stoßdämpfung. Bodenunebenheiten werden so durch Ein- und Ausfedern des einzelnen Rades möglichst ausgeglichen. Unerwünschtes Nachschwingen des Aufbaus verhindern die Stoßdämpfer.
Sie müssten eigentlich Schwingungsdämpfer heißen, da sie zwar auch Stöße dämpfen, aber in der Hauptsache durch Federn verursachte Schwingungen abschwächen.

Lenkung und Fahrsicherheit

Die Lenkung soll möglichst feinfühlig sein und zielgenaues Lenken ermöglichen. Sie ist genau auf die Achsen und die Lenkgeometrie abgestimmt. Wie bei fast allen Autos heutzutage kommt beim Van eine Zahnstangenlenkung zum Einsatz. Sie gilt als besonders präzise und sorgt trotz der serienmäßigen Servounterstützung für ein noch direkteres und feinfühligeres Ansprechen der Lenkung. Die Lenkung ist ein Bauteil, von dem die gesamte Fahrsicherheit in besonderem Maße abhängt. Defekte, falsche Einstellungen und fehlerhafte Reparaturarbeiten können deshalb fatale Auswirkungen haben.

GEFAHRHINWEISE – Lenkung und Fahrwerk

Die Arbeiten an Teilen des Fahrwerks und der Lenkung sind nicht immer fürs Do-it-yourself geeignet. Sie setzen Erfahrung und oft auch spezielle Werkstattgeräte sowie Spezialwerkzeuge voraus. Fehlerhafte Reparaturen werden damit nicht nur zur Gefährdung für Sie selbst, sondern auch für andere Verkehrsteilnehmer. Denn genauso wie bei den Bremsen Ihres Van kann nur die einwandfreie Funktion aller Teile des Fahrwerks und der Lenkung die Fahrsicherheit gewährleisten. Die Teile der Lenkung und des Fahrwerks sind nach einer Beschädigung, zum Beispiel durch einen Unfall, meist zu ersetzen. So dürfen Sie beispielsweise defekte Teile der Radaufhängung nicht etwa einfach richten oder schweißen – sie müssen grundsätzlich erneuert werden. Wenn Sie sich nicht sicher sind, ob Sie die betreffende Reparatur selbst ausführen können, oder wenn Sie die dafür benötigten Werkzeuge nicht besitzen – überlassen Sie die Arbeit besser der Werkstatt.

Die Vorderachse

Die Mc-Pherson-Vorderachse vorne besteht aus einem Querlenker unten und radführenden Federbeinen. Die Achse ähnelt im Wesentlichen der Achse des Golfs. Im Radlagergehäuse wird die Radnabe beim Fronttriebler sowie bei den Allradvarianten von den Antriebswellen, die wiederum am Getriebe angeflanscht sind, angetrieben. Die Bauweise in den unterschiedlichen Antriebskonzepten unterscheidet sich nicht wesentlich. Zur Querstabilisierung wird ein Stabilisator verwendet, der verschraubt mit dem Achsträger über die Koppelstangen die Seitenneigung der Karosse mechanisch verringert. Der Dreiecklenker wird durch einen Hilfsrahmen aus Aluminium aufgenommen, der durch geringes Gewicht zu einer ausgewogenen Gewichtsverteilung des Fahrzeugs beiträgt.

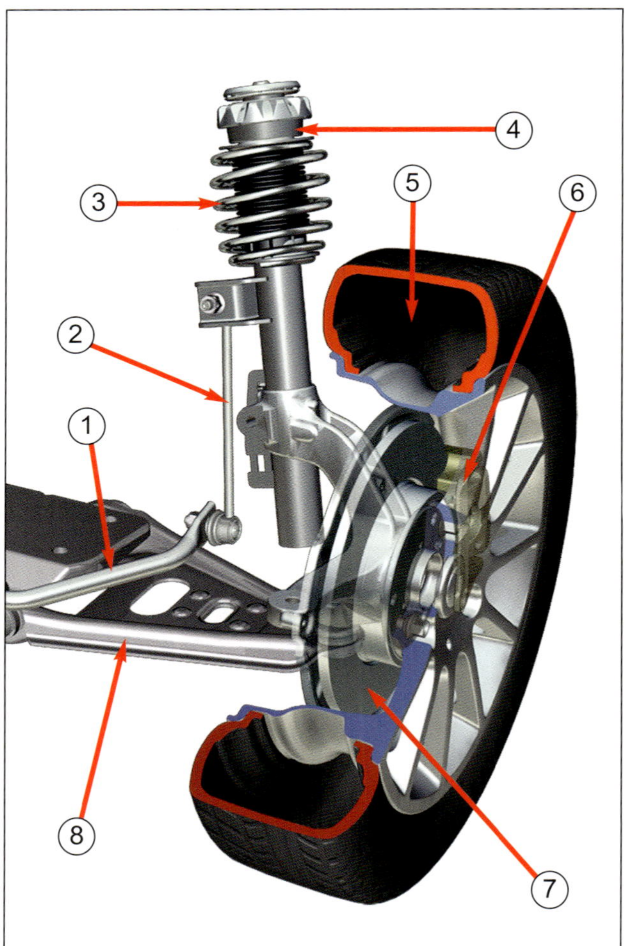

Vorderachse Radaufhängung: 1 Stabilisator, 2 Koppelstange, 3 Federbein, 4 Domlager, 5 Rad, 6 Bremssattel, 7 Bremsscheibe

WISSENSWERTES: McPherson-Federbein

Fahrbahnunebenheiten erzeugen an den Rädern Auf- und Abwärtsbewegungen. Mit Hilfe der Federbeine, bestehend aus Federn und Dämpfern, werden diese Bewegungen der Räder durch Ein- und Ausfedern kompensiert und der Kontakt zur Straße gehalten. Die Kombination der Feder- und Dämpfereinheit am Fahrzeug beeinflusst dabei wesentlich den Fahrkomfort, die Fahrsicherheit und auch das Kurvenverhalten. Im Gegensatz zum Nutzfahrzeug kommt hierzu im Pkw fast durchgängig die Einzelradaufhängung zum Einsatz. Mit ihr können die ungefederten Massen gering gehalten werden und die Räder beeinflussen

McPherson-Federbein: Bauraum- und kostengünstige Einzelradaufhängung an der Vorderachse.

sich nicht gegenseitig beim Ein- und Ausfedern, wie beim Starrachsenprinzip. Als kostengünstig und platzsparend hat sich das sogenannte McPherson-Federbein erwiesen. Seinen Namen verdankt es seinem Erfinder, dem US-Amerikaner Earl S. McPherson, dessen Patent erstmals 1948 zum Einsatz kam. Es entstand aus dem Doppelquerlenker-Federbein und ist, durch seine kompaktere Bauweise, besonders zum Einsatz in Klein- und Mittelklassewagen geeignet. Die Platzersparnis resultiert aus der Ersetzung des oberen Querlenkers durch ein Schwingungsdämpferrohr, an dem die Achsschenkel befestigt sind. Das Stoßdämpferaußenrohr ist mit dem radlagertragenden Achszapfen und dem Spurstangenhebel fest verbunden. Beim Lenken schwenkt diese Einheit um die Stoßdämpferkolbenstange, die mit ihrem oberen Ende in einem Gummilager der Karosserie sitzt, während unten am Federbein ein frei bewegliches Kugelgelenk über einen Querlenker die zweite Verbindung zur Karosserie herstellt.

Achsgelenke kontrollieren

Die Kugelgelenke der Achsgelenke (rechts und links zwischen Querlenker und Lenk-Schwenklager) sitzen in einer Fett-Dauerfüllung in Kunststoffschalen. Staubkappen aus Kunststoff schützen sie vor Nässe und Schmutz. Die Gelenke sind wartungsfrei. Eine beschädigte Staubkappe bedeutet allerdings das vorzeitige Aus fürs Gelenk – eindringender Schmutz wirkt wie Schmirgelsand, Feuchtigkeit lässt es mit der Zeit festrosten.

- Fahrzeug vorne aufbocken, ideal wäre für die Prüfung eine Hebebühne.
- Lenkung nach einer Seite voll einschlagen.
- Staubkappen der Achsgelenke rechts und links auf Beschädigungen kontrollieren. Achsgelenke kontrollieren und dabei die Kappen zusammendrücken – so entdecken Sie auch versteckte Risse.
- Eine schadhafte Staubkappe kann nicht einzeln ersetzt werden, der Gelenkbolzen muss komplett ausgetauscht werden.
- Das Axialspiel prüfen, indem der Achslenker kräftig nach unten gezogen und wieder hochgedrückt wird (1).
- Das Radialspiel prüfen, indem das Rad kräftig nach innen und außen gedrückt wird (2).
- Hinteres Lager für Achslenker und Achslenker vorne genau prüfen. Dabei vor allem auf Risse des Gummilagers achten (3) und (4).

1

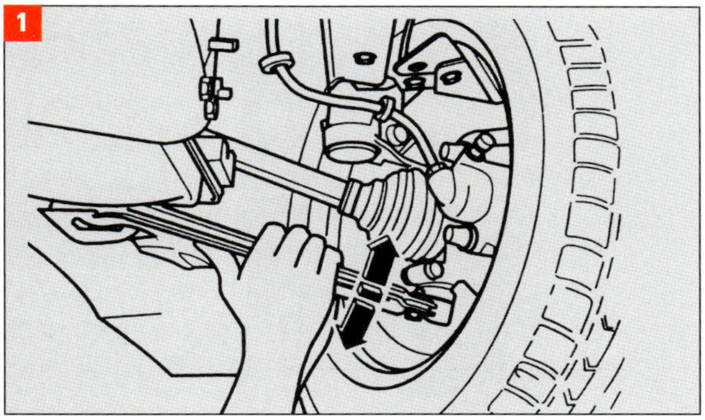

Axialspiel prüfen: Achslenker kräftig nach oben und unten drücken.

2

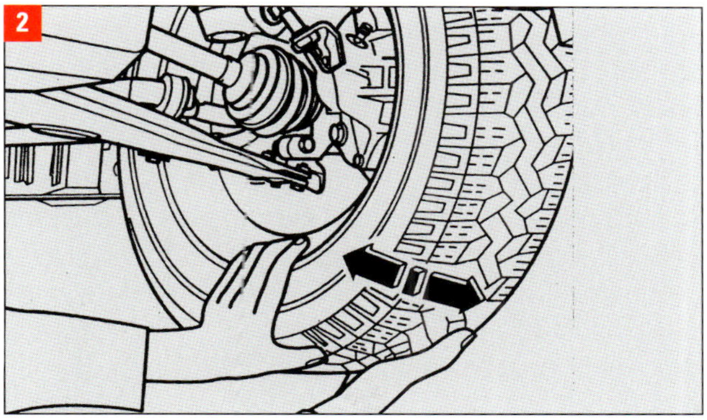

Radialspiel prüfen: Rad unten kräftig nach innen und außen drücken.

3

Querlenkerlager am Van.

4

Achsgelenk am Van.

Spurstangenköpfe und Manschetten prüfen

Manschetten der Lenkzahnstange

Die aus dem Zahnstangengehäuse austretende Zahnstange wird links und rechts durch eine Gummimanschette geschützt. Dringen durch einen rissigen oder beschädigten Faltenbalg Schmutz und Feuchtigkeit ein, verbinden sie sich mit dem Fett des Lenkgetriebes zu einer Schleifpaste, die ständig am Lenkritzel nagt. Eine verschlissene Manschette sollten Sie daher sofort ersetzen.

- Leuchten Sie mit einer Taschenlampe jeden Faltenbalg ab. Schlagen Sie die Lenkung voll nach rechts und links ein; ziehen Sie dann den Faltenbalg Stück um Stück auseinander, um Risse in den Falten zu erkennen.

Genau inspizieren: Nehmen Sie bei der Kontrolle der Manschette jede Falte einzeln in Augenschein.

Spurstangengelenk

Das Spurstangengelenk sitzt rechts und links zwischen Spurstange und Spurstangenhebel des Lenk-Schwenklagers. Selbstschmierender Kunststoff umhüllt den stählernen Kugelkopf, eine Manschette schützt ihn vor Schmutz und Feuchtigkeit. Spurstangenköpfe mit defekter Manschette oder Spiel müssen Sie umgehend ersetzen. Die Kontrolle sollten Sie im regelmäßigen Abstand, am besten einmal jährlich oder nach ca. 15.000 gefahrenen Kilometern, durchführen.

Spurstangenkopf prüfen: Spurstangenkopf kräftig nach oben und unten drücken.

- Prüfen Sie, ob das Gelenk Spiel hat. Fahren Sie das Auto dazu am besten über eine Grube. Lassen Sie einen Helfer das Lenkrad mehrmals kurz nach links und rechts drehen. Sie können mit der Hand fühlen, ob die Spurstangengelenke Luft haben.

- Kontrollieren Sie die Manschetten der Spurstangengelenke auf Risse und Beschädigungen. Durch Auseinanderziehen der Falten lassen sich Undichtigkeiten am besten erkennen. Leuchten Sie dabei mit einer Taschenlampe jeden Faltenbalg einzeln ab.

- Ist die Manschette defekt, sollte der komplette Spurstangenkopf gewechselt werden (Werkstattarbeit).

Manschette prüfen: Bei einem Defekt wie einem Loch oder einem Riss ist die Gelenkwellenmanschette auszutauschen.

Radeinstellung prüfen

WISSENSWERTES: Begriffe der Lenkgeometrie

Von der Stellung der Vorderräder wird die Straßenlage wesentlich bestimmt. Man unterscheidet:

Nachlauf: Abstand (in Fahrtrichtung) zwischen der gedachten Verlängerungslinie der Lenkdrehachse zum Boden und dem Mittelpunkt der Reifenaufstandsfläche. Durch den Nachlauf werden die Räder gezogen (und nicht geschoben). Sie neigen deshalb dazu, sich von selbst geradeaus zu stellen und diese Stellung auch beizubehalten (A in Bild 1).

Sturz: Die Neigung des Rades zu einer Senkrechten. Vermindert Fahrbahnstöße auf die Teile der Lenkung, reduziert Lenkkräfte und Reibung der Räder auf der Fahrbahn. Die Vorderräder haben positiven Sturz. Sie stehen oben im Radkasten geringfügig weiter auseinander als unten am Boden (B in Bild 1).

Spreizung: Die Neigung der Lenkungsdrehachse zu einer Senkrechten. Denkt man sich eine Linie dieser Achse zum Boden und misst den Abstand zur Mittellinie durch das Rad (Mittelpunkt der Reifenaufstandsfläche), erhält man den Lenkrollradius. Dieser soll möglichst klein sein, um die Störkräfte in der Lenkung zu verringern. Die Spreizung bewirkt zusammen mit dem Nachlauf, dass sich bei eingeschlagenen Rädern das Fahrzeug etwas anhebt. Lässt man das Lenkrad los, stellen sich die Räder selbst in die Mittelstellung zurück (C in Bild 1).

Vorspur: Der vordere Abstand der Räder einer Achse ist kleiner als der hintere (Bild 2). Das gleicht die Reibung zwischen Rad und Straße aus, die das linke Rad nach links und das rechte nach rechts drücken will. Die Vorspur verhindert Flattern der Räder und Radieren der Reifen. Bei der Fahrt durch eine Kurve schwenkt das kurveninnere Rad zur Unterstützung der Lenkbewegung und der Lenkkräfte stärker ein als das kurvenäußere. Die Vorspur geht in Nachspur über (Räder einer Achse hinten enger zusammen).

Spurdifferenzwinkel: Für die Vorderradaufhängung festgelegte Abweichung zwischen den Radeinschlagwinkeln bei Stellung eines Rades auf 20°.

Die richtige Stellung der Vorderräder entscheidet darüber, ob Ihr Fahrzeug auf ebener Strecke und in Kurven ruhig und sicher auf der Straße liegt. Nach harter Berührung des Bordsteins kann die Geometrie der Vorderradaufhängung bereits empfindlich gestört sein. Auch verschlissene Gelenke und Gummilager oder unsachgemäße Reparaturen wirken sich spürbar negativ auf das Fahrzeugverhalten aus.
Unternehmen Sie deshalb ganz gezielt eine kurze Probefahrt zur Überprüfung der Lenkgeometrie. Dazu müssen beide Vorderreifen dieselbe Reifensorte und Profiltiefe aufweisen und den vorgeschriebenen Luftdruck haben.

1

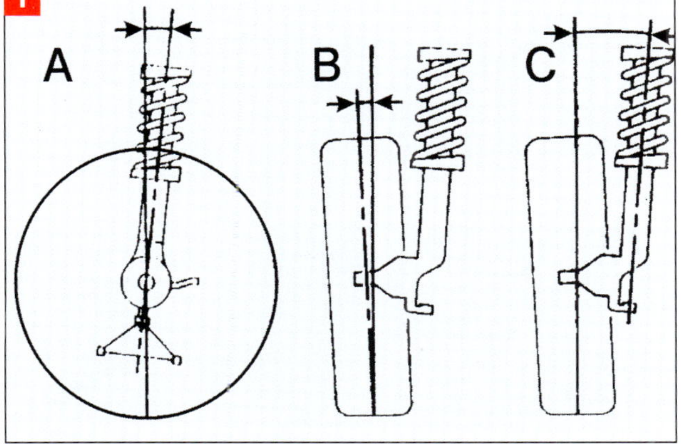

Lenkgeometrie – Die wichtigsten Radeinstellungen:
A – Nachlauf, B – Radsturz, C – Spreizung.

2

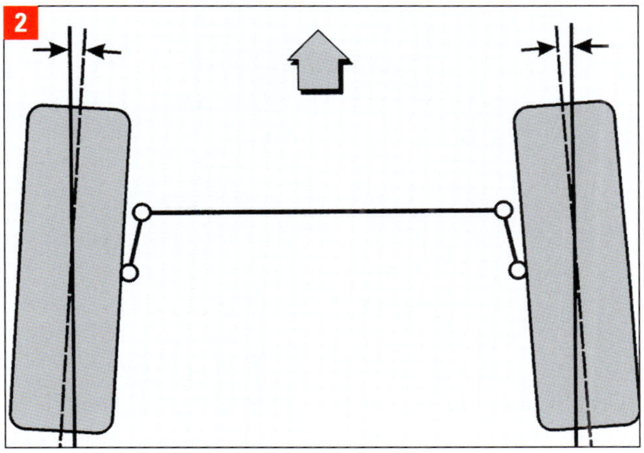

Lenkgeometrie – Der Stand der Räder:
Schematische Darstellung der so genannten Vorspur.

Zustand der Stoßdämpfer prüfen

Nach zwei verschlissenen Reifensätzen besitzen die Stoßdämpfer meist nur noch die Hälfte ihrer Wirkung. Sie sind dann reif für den Austausch. Schlechte Dämpfer gehören zu den schleichenden Verschleißerscheinungen.
Die meisten Fahrer gleichen Mängel am Stoßdämpfer mit der Zeit unbewusst durch verändertes Fahrverhalten aus. Lassen Sie zu Ihrer Sicherheit das Bauteil zur exakten Diagnose einmal im Jahr auf dem Prüfstand eines Automobilclubs oder von TÜV/DEKRA kontrollieren.
Die Schaukelmethode, bei der man den Wagen am betreffenden Kotflügel aufschaukelt und plötzlich loslässt, ersetzt keine Prüfung. Damit können Sie nur einen total ausgefallenen Stoßdämpfer feststellen. Dies gilt auch für die Sichtprüfung. Erkennen Sie bereits das ausgelaufene Dämpferöl, ist der Dämpfer ebenfalls schrottreif. Mit einigen Kontrollfragen können Sie dennoch die nachlassende Wirkung Ihrer Dämpfer feststellen.

Beim Fahren auf Folgendes achten

- Flattert die Lenkung? In diesem Fall haben die Räder nicht ständig Kontakt zum Boden.
- Schwingt die Karosserie bei Fahrbahnunebenheiten nach?
- Wirkt das Fahrzeug in Kurven schwammig? Dann werden die kurveninneren Räder nicht genügend auf den Asphalt gedrückt, die äußeren nicht stark genug entlastet.

Sichtprüfung

- Nutzen die Reifen gleichmäßig ab?
- Sind die Aufnahmen in den Radhäusern unbeschädigt?
- Weisen die Dämpfer offensichtlich Schaden auf (z. B. auslaufendes Dämpferöl, wie in Bild 2 zu erkennen)?

1

Aufnahme im Radlauf: Die Aufnahme der Feder-Dämpfer-Einheit steht unter großer Beanspruchung. Eine Sichtkontrolle schadet daher von Zeit zu Zeit nicht.

2

Schadensbild Stoßdämpfer: Das ausgelaufene Dämpferöl, wie hier zu sehen, bedeutet einen Totalausfall. Sieht Ihr Stoßdämpfer auch so aus wie dieser, ist ein Wechsel fällig.

Federbein vorne ausbauen

Für die Montagearbeiten ist es einfacher beide Stoßdämpfer zeitgleich zu demontieren. Wird nur eine Seite aufgebockt, wird der Stabilisator auf der Vorderachse unter Spannung stehen und die Montagearbeiten unnötig erschweren. Der Achsschenkel muss zunächst mit ausgebaut werden, da der Platz nicht ausreicht um den Dämpfer aus der Klemmung des Achsschenkels herauszuziehen.

- Lösen Sie die Radschrauben der Vorderräder, drehen Sie sie aber noch nicht heraus.
- Unterbauen Sie das Fahrzeug mit Unterstellböcken unter dem Achsträger oder unter den vorderen Wagenheberaufnahmen. Stellen Sie sicher, dass das Fahrzeug kippsicher steht.
- Bauen Sie die Vorderräder ab und stellen Sie die Lenkung in die Mittelstellung.
- Bei Fahrzeugen mit Bremsbelagverschleißanzeige Anschlussstecker an der Steckverbindung trennen.
- Leitung für den Drehzahlfühler des ABS (soweit vorhanden) vom Federbein aushängen und den Drehzahlfühler des ABS (soweit vorhanden) abbauen und am Aufbau befestigen.
- Bauen Sie den Bremssattel ab und befestigen Sie ihn so am Aufbau, dass der Bremsschlauch zugentlastet ist.
- Lösen Sie die Verschraubung der Spurstange und drücken Sie den Spurstangenkopf vom Achsschenkel mit einem Spurstangenabzieher ab.
- Drehen Sie die Verschraubung des Traggelenkbolzens ab und drücken Sie den Traggelenkbolzen vom Achsschenkel mit einem Spurstangenabzieher ab.
- Drehen Sie die Befestigungsschraube des Stabilisators heraus und ziehen Sie ihn vom Dämpfer ab.
- Radlagergehäusespreizer Hazet 3424 in den Spalt des Radlagergehäuses einsetzen und vorsichtig um 90° verdrehen. Achten Sie darauf, dass sich das Radlagergehäuse nicht verkantet.
- Drehen Sie die Mutter am Dom (5) heraus und nehmen Sie den Anschlag (8) ab und nehmen Sie das Federbein (3) vorsichtig nach unten ab. Bei festsitzender Mutter die Staubmanschette zurückschieben und eine Haltevorrichtung zum Klemmen der Kolbenstange an der Kolbenstange des Federbeins befestigen und daran zum Lösen der Mutter gegenhalten. Das Gegenhalten mit einer Zange würde die Kolbenstange des Dämpfers beschädigen.

Die Montage erfolgt sinngemäß in umgekehrter Reihenfolge.

- Verwenden Sie grundsätzlich neue Muttern.
- Lassen Sie das Fahrzeug anschließend vermessen.

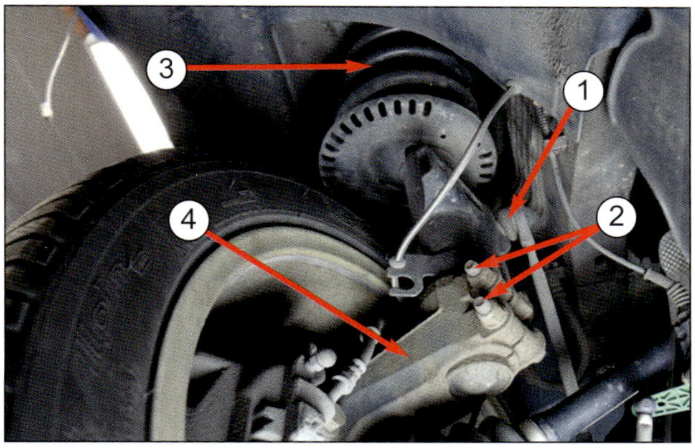

Verschraubungen lösen: 1 Schraube Koppelstange, 2 Schrauben Federbein/Radlagergehäuse, 3 Federbein, 4 Radlagergehäuse.

Befestigung am Dom: 5 Schlüssel auf der Mutter, 6 Passender Inbusschlüssel in der Kolbenstange, 7 Kolbenstange, 8 Anschlag.

Stoßdämpfer vorne ausbauen

Grundsätzlich müssen Stoßdämpfer immer mindestens achsweise ersetzt werden. Zur Demontage der Fahrwerksfeder vorne muss zwingend ein Federspanner verwendet werden. Die Vorspannung ist viel zu groß, als dass man sie sicher von Hand halten könnte.

- Bauen Sie das Federbein wie beschrieben aus.
- Setzen Sie den Federspanner entsprechend der Bedienungsanleitung an und spannen Sie die Feder so weit vor, dass zwischen Domlager und Feder ein Spalt entsteht und die Feder leicht beweglich ist.
- Drehen Sie die Sicherungsmutter des Domlagers heraus und nehmen Sie es ab. Prüfen Sie das Domlager auf Leichtgängigkeit und Spiel.
- Nehmen Sie die Feder vom Stoßdämpfer ab. Ziehen Sie auch das Protektionkit vom Dämpfer ab.
- Setzen Sie das Protektionkit auf den Stoßdämpfer auf.
- Setzen Sie die vorgespannte Feder auf den neuen Dämpfer auf. Achten Sie auf den richtigen Sitz im Federteller. Montieren Sie das Domlager oben. Verwenden Sie grundsätzlich neue Muttern.
- Kontrollieren Sie erneut den richtigen Sitz der Feder im Federteller und entspannen Sie den Federspanner langsam und gleichmäßig.

Schritt 1: Feder gleichmäßig spannen bis sie frei beweglich ist.

Schritt 2: Verschraubung des Domlagers lösen, die Mutter und das Domlager abnehmen.

Schritt 3: Federteller abnehmen und zur Seite legen.

Schritt 4: Fahrwerksfeder und das alte Protektionkit abnehmen.

Die Hinterachse

Die bewährte Schräglenkerhinterachse mit Einzelradaufhängung des Vorgängermodells T4 wurde im Detail weiterentwickelt und verfeinert. Die Schräglenker (8) aus Guss nehmen die Radlager auf. Die Radlager hinten entsprechen denen der Vorderachse. Die Schraubenfedern (6) in Tonnenbauform sind je nach Modell mit linearer oder progressiver Kennung ausgelegt.
Aktive Geber für die Raddrehzahlen sind in die Dichtung der Radlagerung integriert. Auch diese Konstruktion ist so an Hinterachse und Vorderachse gleich. Bei den Allradfahrzeugen ist am Fahrzeug das Hinterachsgetriebe (2) befestigt. Hier kommen dann noch die Kardanwelle (3) und die beiden Antriebswellen (1) hinzu.

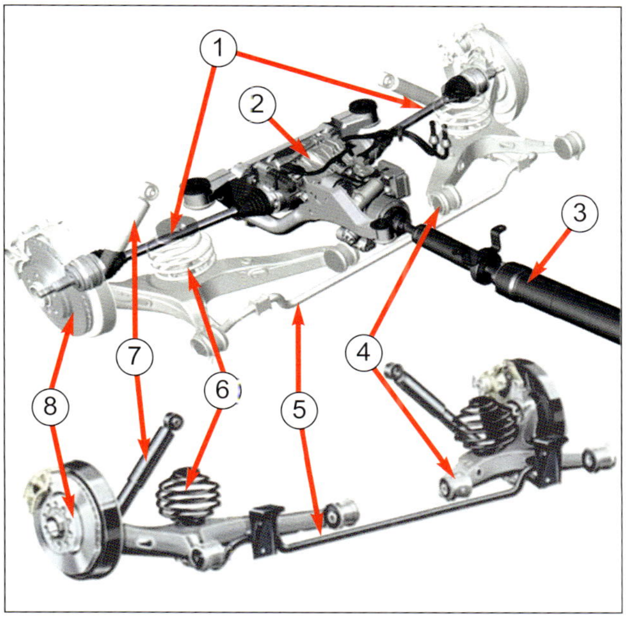

Hinterachse im Vergleich: 1 Antriebswellen hinten Allrad, 2 Achsgetriebe hinten Allrad, 3 Kardanwelle hinten Allrad, 4 Bremsanlage, 5 Stoßdämpfer, 6 Feder, 7 Querstabilisator, 8 Schräglenker.

Stoßdämpfer und Federn hinten ausbauen

Für die Montagearbeiten ist es einfacher, eine Seite nach der anderen zu ersetzen. Werden hier beide Seiten zu hoch aufgebockt, klappt die Achse unnötig herunter, Bremsleitungen und Lagerungen können beschädigt werden. Wenn Sie die Lagerungsgummis des Zentrallagers oder der Querlenker lösen, müssen diese im eingefederten Zustand angezogen werden. Eine verspannte Einbauposition verringert die Lebensdauer der Gummilager.
Die Montagearbeiten für Fahrzeuge mit Allrad- oder Frontantrieb unterscheiden sich nicht. Wir stellen Ihnen hier eine allgemeingültige Beschreibung vor.

- Sichern Sie das Fahrzeug auf der Hebebühne gegen unbeabsichtigtes Abrutschen oder führen Sie die Montagearbeiten auf einer 4-Säulenbühne durch.

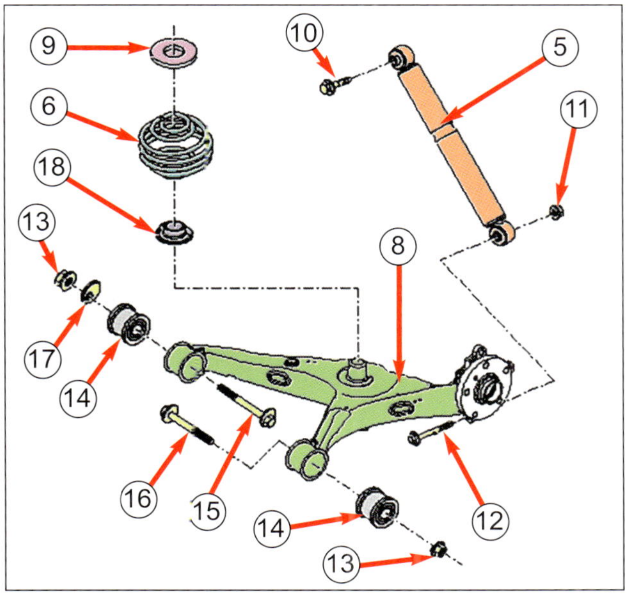

Hinterachse in der Übersicht: 5 Stoßdämpfer, 6 Feder, 8 Schräglenker, 9 Unterlage oben, 10 Schraube, 11 Mutter, 12 Schraube, 13 Mutter, 14 Gummilager, 15 Exzenterschraube, 16 Schraube, 17 Exzenterscheibe, 18 Unterlage unten.

Demontage der hinteren Stoßdämpfer

- Bauen Sie das entsprechende Rad ab.
- Unterbauen Sie das betroffene Rad so, dass es in Leergewichtslage steht. Es soll die Position von Rad und Karosserie erreicht werden, die das Fahrzeug unbeladen auf den Rädern stehend erreicht.
- Drehen Sie die Mutter (11 im Bild) ab.
- Drehen Sie die Schrauben oben (12) herausdrehen.
- Nehmen Sie den Stoßdämpfer heraus.

Der Einbau erfolgt sinngemäß in umgekehrter Reihenfolge.

- Die Verschraubung Stoßdämpfer an Radlagergehäuse darf nur erfolgen, wenn das Maß (a) der Leergewichtslage erreicht ist. Die Vorgehensweise hierzu haben wir bereits beschrieben (siehe auch Bild 3).

Demontage der hinteren Feder

- Fangen Sie das betroffene Rad (den Achslenker) in Leergewichtslage wie bereits beschrieben ab und demontieren Sie das Rad.
- Die oberen Stoßdämpferschrauben oben herausdrehen und den Achslenker so weit ablassen, dass Sie die Feder herausnehmen können.

Der Einbau erfolgt sinngemäß in umgekehrter Reihenfolge.

- Bauen Sie die Schraubenfeder so ein, dass Farbkennzeichnung an der Schraubenfeder nach unten zeigt.
- Achten Sie auf den Zustand und die Einbaulage der Unterlage oben und der Unterlage unten.

Demontage des hinteren Stabilisators

- Lösen Sie die Schrauben (6) am Schräglenker rechts und links.
- Drehen Sie die Schrauben (6) am Schräglenker rechts und links heraus.
- Lösen Sie die Schrauben (9) an der Karosserie rechts und links.
- Drehen Sie die Schrauben (9) an der Karosserie rechts und links heraus.
- Nehmen Sie den Stabilisator (4) ab.

Der Einbau erfolgt sinngemäß in umgekehrter Reihenfolge.

- Achten Sie auf den Zustand und die Einbaulage der Gummilager (3 und 5).
- Achten Sie auf die Einbaulage des Stabilisators.

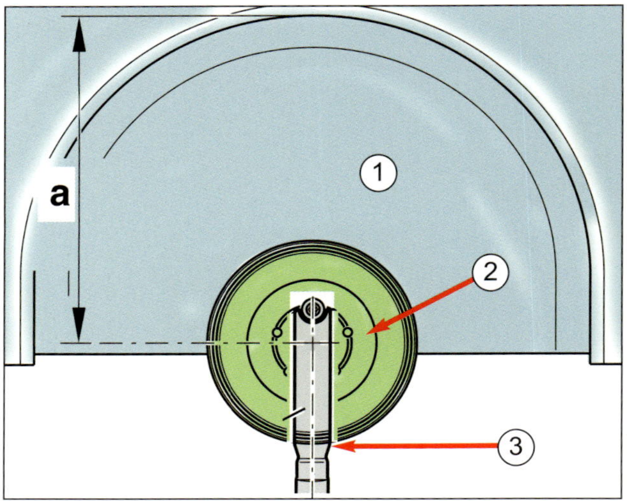

Die Ruhelage des Fahrwerks: 1 Radkasten, 2 Radnabe, 3 Halteaufsatz für den Getriebeheber bei VW, a Abstand von Radmitte zum Radlauf als Ruhemaß.

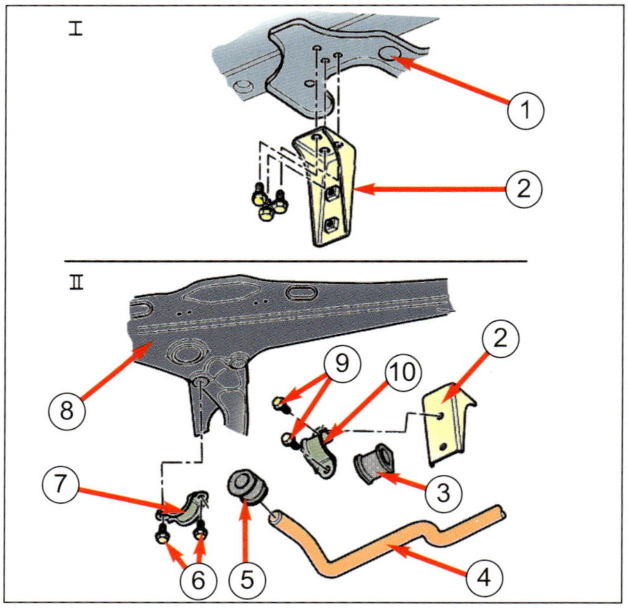

Stabilisatoren an der Hinterachse: 1 Karosserie, 2 Lagerbock, 3 Gummilager, 4 Stabilisator, 5 Gummilager, 6 Schrauben, 7 Schelle, 8 Achslenker, 9 Schrauben, 10 Schelle.

STÖRUNGSBEISTAND

Fahrwerk

Störung	Was kann das sein?	Was kann ich tun?
A Schwammiges Fahrverhalten	1 Reifen zu geringer Luftdruck	Luftdruck prüfen.
	2 Stoßdämpfer undicht	Ölverlust mit Finger prüfen, bleibt Öl am Finger: tauschen.
	3 Stoßdämpfer verschlissen	Kolbenstange auf Riefen und Abplatzung prüfen.
	4 Spurwerte stimmen nicht	Achsvermessung durchführen.
	5 Federn erlahmt	Federn prüfen, ggf. austauschen.
	6 Gummis Querlenker hinten	Neue Streben einbauen.
B Reifen	1 starker, unregelmäßiger Verschleiß	Spurwerte stimmen nicht, Achsvermessung durchführen.
	2 Verschleiß innen	Zu viel negativer Sturz.
	3 Verschleiß außen	Zu viel positiver Sturz.
	4 Verschleiß in der Mitte	Zu viel Luftdruck.
	5 Verschleiß innen und außen	Zu wenig Luftdruck.
C Klackern beim Überfahren	1 Koppelstange defekt von Unebenheiten	Koppelstangen auf Spiel prüfen und gegebenenfalls ersetzen.
	2 Spiel in der Lenkung	Lenkung prüfen.
	3 Spiel in Fahrwerksteilen	Domlager, Traggelenk und Spurstangen prüfen.
	4 Antriebswelle defekt	Antriebswellen prüfen und gegebenenfalls ersetzen.
D Geräusche bei Kurvenfahrt	1 Radlager defekt	Richtige Seite durch Wechselkurven feststellen.
	2 Spurwerte stimmen nicht	Reifenprofil kontrollieren (siehe B).
	3 Antriebswelle defekt	Antriebswellen prüfen und gegebenenfalls ersetzen.

Bremsanlage

Hauptaufgabe der Bremsanlage ist die Umwandlung von kinetischer Energie (Bewegungsenergie) in Wärmenergie, die durch Reibung entsteht. Temperaturen von mehreren hundert Grad können dabei die Bremsscheibe zum Glühen bringen. Umso wichtiger ist daher die vernünftige Wartung. Wir zeigen Ihnen alle Funktionen sowie alle Do-it-yourself-Arbeiten, die Sie an Ihren Bremsen durchführen können.

Grenzen der Belastbarkeit

Die Bremsanlage des Van gilt allgemein als robust und standfest. Der breiten Vielfalt unterschiedlicher Motorleistungen kommt der Hersteller mit dem Einbau verschieden dimensionierter Anlagen nach.
Der Van hat an Vorder- und Hinterachse Scheibenbremsen – vorne innenbelüftet. Obwohl die Bremsanlage also im Prinzip ausreichend dimensioniert ist, stößt die Anlage früher oder später an ihre Grenzen. Das ist ganz natürlich, denn eine Bremsanlage kann nichts anderes tun, als Bewegungsenergie in Wärme umzuwandeln.
Je mehr Masse und Belüftung die Bremsscheiben haben, umso mehr Energie kann aufgenommen werden. Bei rasanten Passabfahrten kann es also durchaus passieren, dass der Druckpunkt immer schwammiger und der Pedalweg immer länger wird. Ist die Bremsflüssigkeit alt und der Wassergehalt groß, werden jetzt mit Sicherheit Dampfblasen entstehen. Das kann gefährlich werden, denn irgendwann geht der Tritt ins Leere.
Bei extremer Beanspruchung meldet sich die Bremsanlage dann auch akustisch: Ein Wummern oder Brummen deutet auf eine thermische Überlastung hin. Die Scheibe beginnt sich zu verziehen, die Beläge fangen an zu schmieren. Gesellen sich noch spürbare Vibrationen hinzu, ist es höchste Zeit die Anlage bei mittlerer Geschwindigkeit, möglichst ohne Bremsbetätigung, abkühlen zu lassen.

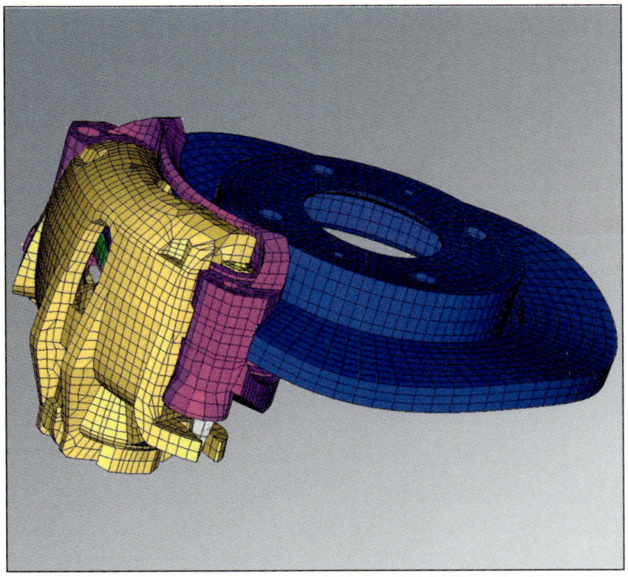

Verzug bei hohen Temperaturen: Diese CAD-Simulation zeigt, wie sich die Scheibe bei hoher Belastung verformt.

Wie funktionieren die Bremsen?

Wenn Sie auf das Bremspedal treten, presst eine mit dem Pedal verbundene Druckstange zwei hintereinander liegende Kolben in den Hauptbremszylinder, der sich im Motorraum befindet. Die Kolben übertragen die Kraft auf die dort eingeschlossene Bremsflüssigkeit. Der so entstehende hydraulische Druck in der Bremsflüssigkeit gelangt über Rohr- und Schlauchverbindungen zu den Radzylindern in den Bremssätteln. In diesen drücken Kolben die Bremsklötze gegen die Bremsscheiben. Dadurch verschiebt sich die auf langen Bolzen geführte Bremszange und überträgt den gleichen Druck auf den äußeren Bremsklotz. Liegt der Bremsdruck nicht mehr an, wird die Rechteckmanschette zurück verformt und zieht den Kolben von den Bremsscheiben zurück. So entsteht zwischen Bremsklotz und Scheibe ein Spiel von weniger als einem Millimeter – die Bremsscheibe dreht wieder frei.

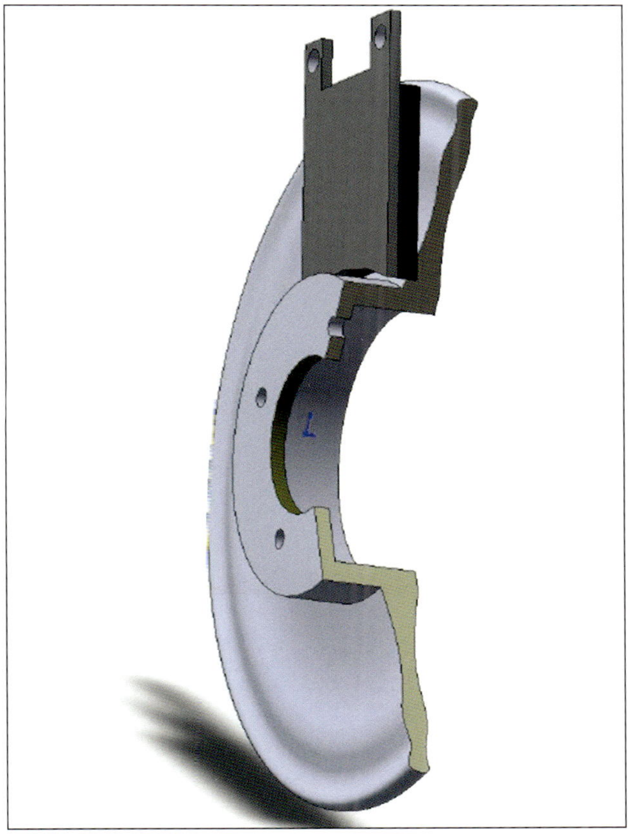

Im Laufe der Zeit nutzen sich auch die Bremsscheiben ab: Ist die Scheibenfläche uneben, müssten die neuen Beläge erst einschleifen. Die Folge: geringere Bremsleistung und stark ungleichmäßige Temperaturentwicklung an der Bremsscheibe.

Die Zweikreis-Bremsanlage

Die StVZO (Straßenverkehrs-Zulassungsordnung) fordert für jedes Kfz zwei Bremsanlagen, die unabhängig voneinander arbeiten. Wenn ein System ausfällt, soll das andere das Fahrzeug immer noch abbremsen können. Deshalb verfügt auch Ihr VW T5 über eine diagonal aufgeteilte Zweikreisbremsanlage analog Bild 1: Ein Bremskreis ist für linkes Vorderrad (1) und rechtes Hinterrad (2), der andere für rechtes Vorderrad (3) und linkes Hinterrad (4) zuständig. Fällt ein Bremskreis aus, bleiben ein Vorder- und ein Hinterrad bremsfähig. Man muss kräftiger aufs Pedal steigen, es lässt sich weiter durchtreten, der Anhalteweg wird länger.

1

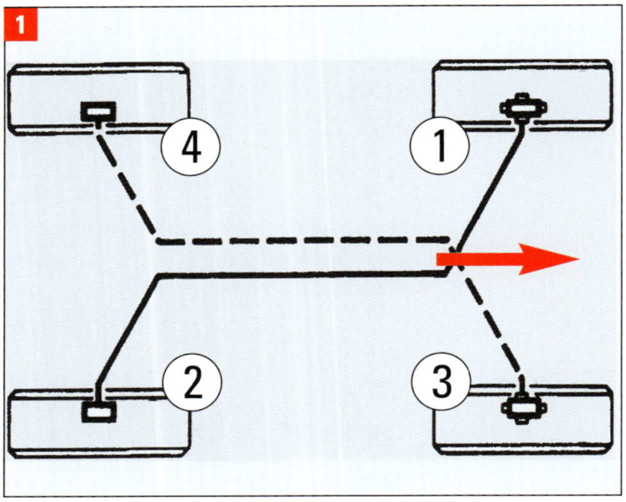

Hydraulischer Druck

Beim Bremsen presst eine Druckstange (blauer Pfeil in Bild 3) am Pedal einen Doppelkolben in den Hauptbremszylinder (2). Dieser bildet mit dem Bremskraftverstärker (1) eine Einheit, weshalb man auch vom »Tandem-Hauptbremszylinder« spricht. Die Kolben übertragen die Fußkraft auf die in den Ausgleichs- oder Vorratsbehälter (3) eingefüllte und von dort über Bremsleitungen (4) ins System verteilte Bremsflüssigkeit (Bilder 2 und 3). Der hydraulische Druck wird in dem mit pneumatischem Unterdruck versorgten Bremskraftverstärker (BKV) etwa verdoppelt. Der BKV bringt damit rund 60% der Bremskraft auf. Unterdruck wird durch Vakuumpumpen erzeugt oder (Benzinmotor) dem Saugrohr entnommen. Der hydraulische Druck geht über Leitungen zur »Hydraulikeinheit« (roter Pfeil, Bild 3). Vom Bremskraftverstärker setzt sich der (Unter-)Druck über Schlauch- und Rohrleitungen zu den Bremssätteln fort. In den Bremssätteln (siehe das Bild zum Kapitelauftakt) drücken die Kolben der Radbremszylinder die Bremsklötze gegen die Bremsscheiben. Beim Lösen des Bremspedals werden die Kolben und dadurch die Bremssättel von den Bremsscheiben zurückgezogen. Diese können dann wieder frei drehen.

2

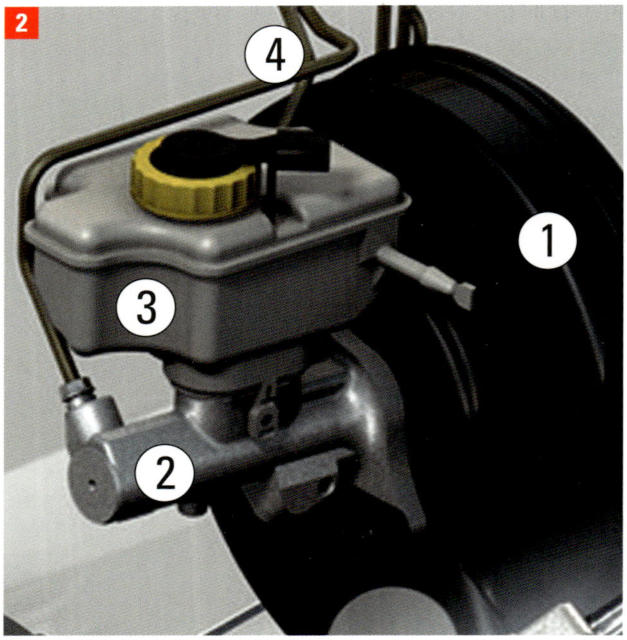

3

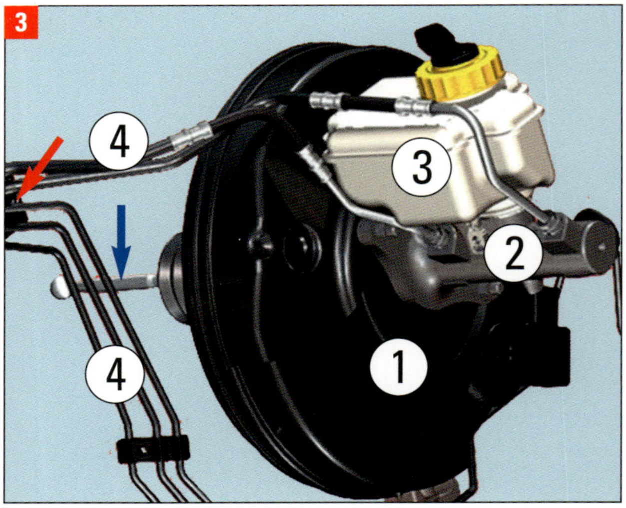

Hydraulik-Komponenten von links/rechts: 1 Bremskraftverstärker, 2 Hauptbremszylinder, 3 Bremsflüssigkeitsbehälter, 4 Bremsleitungen zur ABS-Hydraulik, der so genannten Hydraulikeinheit.

Die Radbremsen am VW T5

Wie wir schon in der Modellvorstellung erwähnt haben, stellt das Bremssystem des VW T5 Multivan eine normale Zweikreisbremsanlage mit ABS-System dar. Allerdings mit der einen oder anderen Besonderheit. Arbeiten sollten Sie lediglich dann in eigener Regie an diesem System durchführen, wenn Sie sicher sind, einen Einblick in die Systeme erhalten und Erfahrungen in der Wartung und im Umgang mit der Bremse zu haben. Neben dem Zustand der hydraulischen und der mechanischen Komponenten, muss auch die Funktion der elektrohydraulischen Anlage, dem ABS/ESP und auch dem Bremsassistenten geprüft werden. Zwar wird eine Fehlfunktion mit einer Kontrollleuchte in der Armaturentafel angezeigt, aber die eigentliche Funktion wird nicht überwacht.

Überprüfen Sie deshalb bei einer Probefahrt durch eine gezielte Bremsung die Funktion des ABS-Systems. Fragen Sie im Rahmen der Wartung auch die Steuergeräte für das Bremssystem ab. Achten Sie auf den regelmäßigen Wechsel der Bremsflüssigkeit und die Dichtigkeit des Systems und den Zustand der Komponenten.

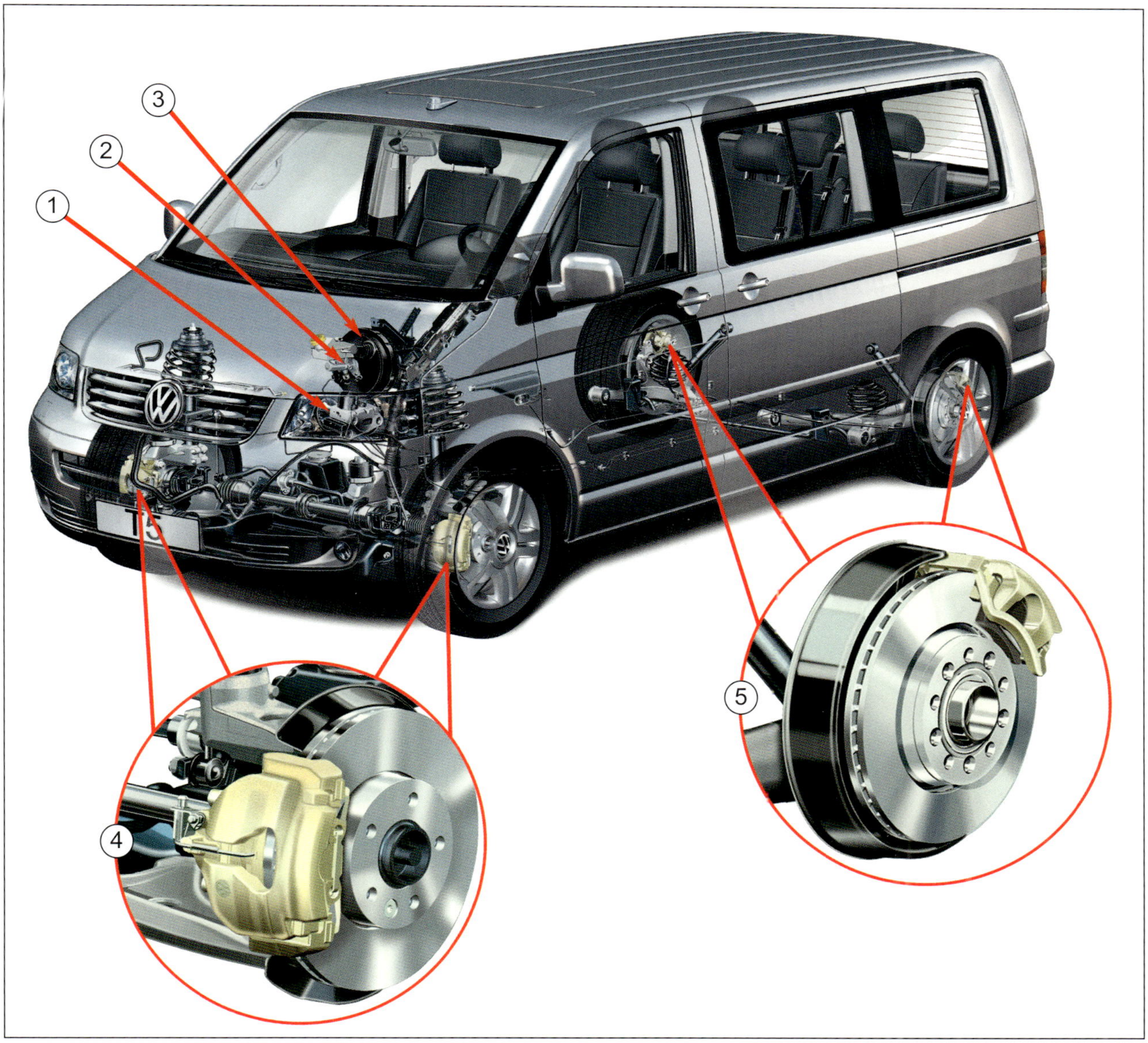

Bremskomponenten beim VW T5: 1 ABS/ESP Hydraulik mit Steuergerät, 2 Hauptbremszylinder, 3 Bremskraftverstärker, 4 Bremssattel vorne, 5 Bremssattel hinten.

Der VW-Bus wird kraftvoll und sicher über ein Hydraulik-Zweikreis-Bremssystem mit rundum Scheibenbremsen verzögert. Die vorderen Scheibenbremsen sind innenbelüftet, die Bremsscheiben hinten sind derzeit durchweg für alle Motorisierungen massiv. Die Feststellbremse wirkt auf die Hinterräder. Die Bremsunterstützung erfolgt pneumatisch durch Vakuumbremskraftverstärker. In ihnen wird der hydraulische Druck, der dann an den Bremsen wirkt, mehr als verdoppelt. Auf diese Weise werden etwa 60% der wirkenden Bremskraft aufgebracht. Das Vakuum für den Unterdruck im Bremskraftverstärker wird dem Saugrohr entnommen oder mit einer Vakuumpumpe erzeugt. Je nach Motorisierung werden unterschiedliche Bremsenmodelle eingesetzt. Welche Bremsen in einem bestimmten Fahrzeug verbaut sind, wird unter anderem auf dem Fahrzeugdatenträger (Reserveradmulde, Serviceheft) durch die entsprechenden PR-Nummern dokumentiert. Die nachstehende Tabelle zeigt eine Aufschlüsselung der PR-Nummern sowie der Bremsentypen zu den Motorisierungen. Die PR-Nummern sind für die Kombination Bremssattel/Bremsscheibe/Bremstrommel und Bremsbelag wichtig.

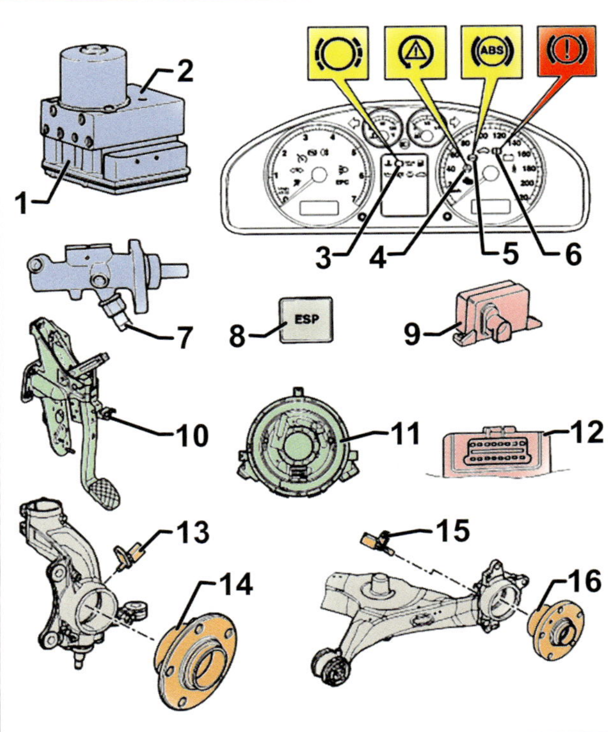

Stabilisatoren an der Hinterachse: 1 Steuergerät für ABS, 2 Hydraulikeinheit, 3 Kontrollleuchte für Bremsbelag, 4 Kontrollleuchte für Stabilitätsprogramm, 5 Kontrollleuchte für ABS, 6 Kontrollleuchte für Bremsanlage, 7 Geber für Bremsdruck, 8 Taster für ASR und ESP, 9 Sensoreinheit für ESP, 10 Bremslichtschalter, 11 Geber für Lenkwinkel, 12 Diagnoseanschluss, 13 Drehzahlfühler vorn rechts, 14 Radlagereinheit vorn, 15 Drehzahlfühler hinten rechts, 16 Radlagereinheit hinten.

Besonderheiten am T5

Serienmäßig ist die Ausführung mit Anti-Blockier-System (ABS), Elektronischer Differenzialsperre (EDS), Antriebs-Schlupf-Regelung (ASR) und Elektronischer Bremskraftverteilung (EBV). Fahrzeuge zur Personenbeförderung können optional mit einem Elektronischen Stabilitätsprogramm (ESP) ausgestattet sein. In das ESP sind ein aktiver Bremskraftverstärker und ein pneumatischer Bremsassistent (Wegsensor in der Unterdruckkammer) integriert. Der Bremsassistent wird ausschließlich in Verbindung mit ESP verbaut. Die Aufgabe des Bremsassistenten ist es, den Fahrer bei dem Versuch eine Vollbremsung durchzuführen zu unterstützen. Zusätzlich zum normalen Umfang eines Bremskraftverstärkers hat er in der Ausstattung mit Bremsassistent eine Magnetspule, einen Löseschalter und einen Wegsensor. Der Wegsensor dient der Erfassung der Betätigungsgeschwindigkeit des Bremspedals. Dieses Sensorsignal wird im ESP-Steuergerät erkannt und ausgewertet. Ist die Betätigungsgeschwindigkeit größer als 120 mm/s, bestromt das Steuergerät die Magnetspule und der Bremskraftverstärker wird vollständig belüftet. Hierdurch wird die Kraft, die der Pedalkraft entgegenwirkt, reduziert. Somit wird vom Fahrer unbewusst ein größerer Druck im Bremssystem aufgebaut. Wenn durch den Löseschalter vom Steuergerät erkannt wird, dass der Fahrer die Pedalkraft mindert, wird der Bremsassistent abgeschaltet.

Zuordnung der Bremskomponenten

Die unterschiedlichen Bremssysteme werden nun der Fahrzeugausrüstung zugeordnet. Da die Fahrzeugzusammenstellung bei der Neufahrzeugkonfiguration durchaus Besonderheiten ergeben kann, sollten Sie die Ausrüstung Ihres Fahrzeuges genauer betrachten. Wir stellen Ihnen hier auch die technischen Daten der Bremssysteme zusammen.

Bremsbetätigung

Der Durchmesser des Hauptbremszylinders beschreibt den Kolbendurchmesser. Die Durchmesserangabe des Bremskraftverstärkers den Durchmesser der Arbeitsmembran.

Hauptbremszylinder	Ø 26,99 mm
Bremskraftverstärker	Ø 9"/10" – Tandem

Vorderradbremse

Bei der Vorderradbremse wird zwischen den Fahrwerksgrößen unterschieden.

Fahrwerksgröße in Zoll	PR-Nr.	Vorderradbremse
16	2E3	FN3 (16")
17	2E4	FN3 (17")
17	2E4	2FNR (17")

Vorderradbremse 16"

Bildnummer	Bauteil	Info
1	Bremssattel	FN3
2	Bremsbelag, Dicke (ohne Rückenplatte)	12,5 mm
3	Bremsscheibe Ø	308 mm
	Bremsscheibe Dicke	29,5 mm
4	Bremssattel, Kolben Ø	60 mm

Vorderradbremse 17"

Bildnummer	Bauteil	Info
1	Bremssattel	FN3
2	Bremsbelag, Dicke (ohne Rückenplatte)	11 mm
3	Bremsscheibe Ø	333 mm
	Bremsscheibe Dicke	32,5 mm
4	Bremssattel, Kolben Ø	60 mm

Vorderradbremse 17"

Bildnummer	Bauteil	Info
1	Bremssattel	2FNR 44
2	Bremsbelag, Dicke (ohne Rückenplatte)	12 mm
3	Bremsscheibe Ø	340 mm
	Bremsscheibe Dicke	32,5 mm
4	Bremssattel, Kolben Ø	2 x 44 mm

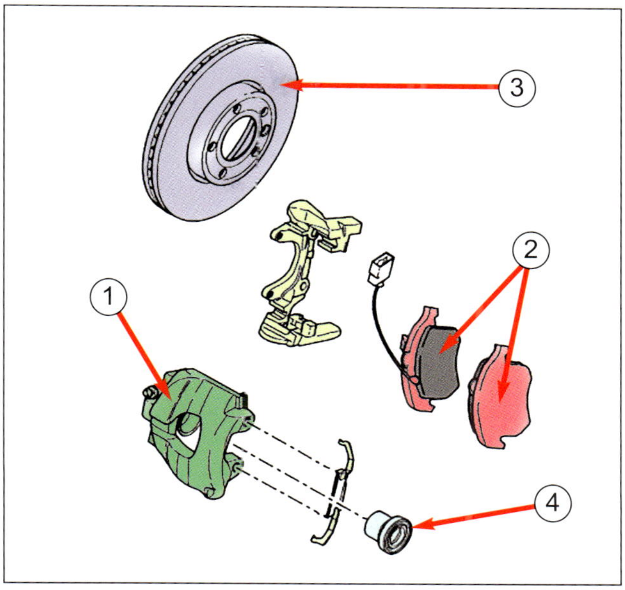

Scheibenbremse vorne: 1 Bremssattel, 2 Bremsbelag, 3 Bremsscheibe, 4 Bremskolben.

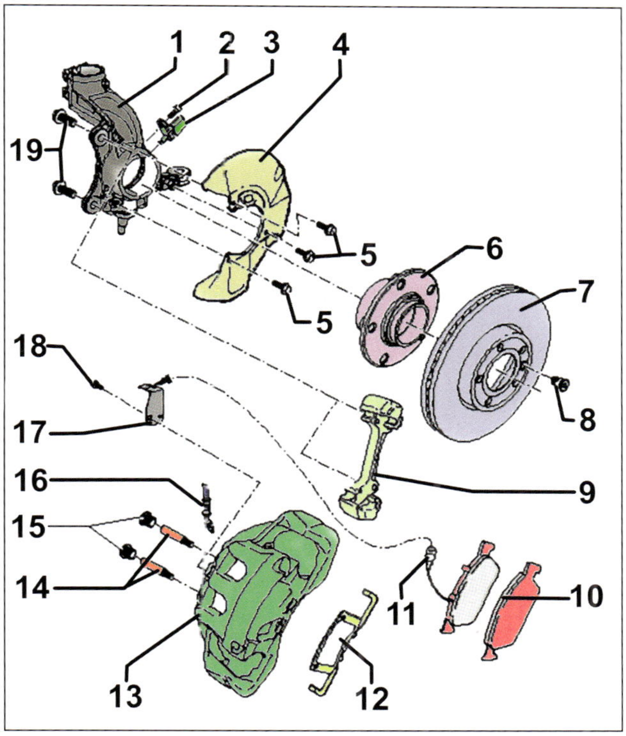

Bremse vorne (2FNR44): 1 Radlagergehäuse, 2 Schraube, 3 ABS-Drehzahlfühler, 4 Abdeckblech, 5 Schraube, 6 Radlagereinheit, 7 Bremsscheibe, 8 Schraube, 9 Bremsträger, 10 Bremsbeläge, 11 Steckverbindung, 12 Haltefeder, 13 Bremssattel, 14 Führungsbolzen, 15 Abdeckkappen, 16 Bremsschlauch/Bremsleitung, 17 Halter, 18 Schraube, 19 Schraube.

Hinterradbremse

Auch bei der Hinterradbremse wird zwischen den Fahrwerksgrößen unterschieden. Hinzu kommen noch zwei unterschiedliche Bauweisen. Eine Variante ist wie beim Pkw üblich mit Bremssätteln ausgerüstet, welche die Handbremsbetätigung über die normalen Bremsbeläge der Betriebsbremse hinten realisieren. Eine weitere Möglichkeit ist die Umsetzung wie beim Nutzfahrzeug. In der Bremsscheibe ist eine Trommelbremse verbaut, welche die Handbremsfunktion übernimmt. Diese Bauweise ist eigentlich mercedestypisch und funktioniert recht gut.

Fahrwerksgröße in Zoll	PR-Nr.	Vorderradbremse
16	2E3	FN44 (16")
17	2E4	FN44 (17")

Hinterradbremse 16" und 17" (Bremsseil am Sattel)

Bildnummer	Bauteil	Info
5	Bremssattel	16 und 17 Zoll
4 und 14	Bremsbelag, Dicke (ohne Rückenplatte)	11,5 mm
9	Bremsscheibe Ø	294 mm
	Bremsscheibe Dicke	22 mm
4	Bremssattel, Kolben Ø	41 mm

Hinterradbremse 16" (Bremstrommel in der Scheibe)

Bildnummer	Bauteil	Info
5	Bremssattel	FN 44 (16")
4 und 14	Bremsbelag, Dicke (ohne Rückenplatte)	13 mm
9	Bremsscheibe Ø	314 mm
	Bremsscheibe Dicke	22 mm
4	Bremssattel, Kolben Ø	44 mm

Feststellbremse (Trommelbremse)

Bildnummer	Bauteil	Info
1	Bremstrommel Ø	185 mm
2	Bremsbelagbreite	30 mm
	Bremsbelag, Dicke (ohne Belagträger)	5,5 mm

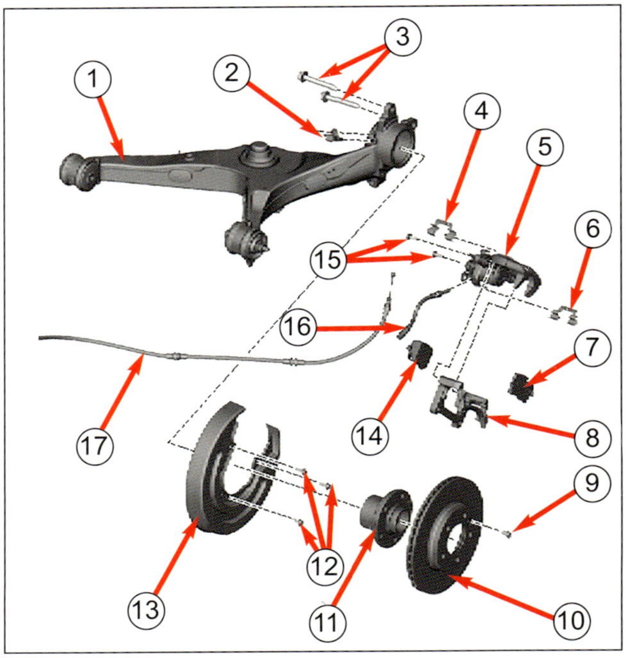

Bremse hinten (Handbremse am Bremssattel): 1 Achslenker, 2 Drehzahlfühler hinten, 3 Schrauben, 4 Belaghaltebleche, 5 Bremssattel, 6 Belaghaltebleche, 7 Bremsbelag, 8 Bremsträger, 9 Schraube, 10 Bremsscheibe, 11 Radlagereinheit, 12 Schrauben, 13 Abdeckblech, 14 Bremsbelag, 15 Schrauben, 16 Bremsschlauch, 17 Handbremsseil hinten.

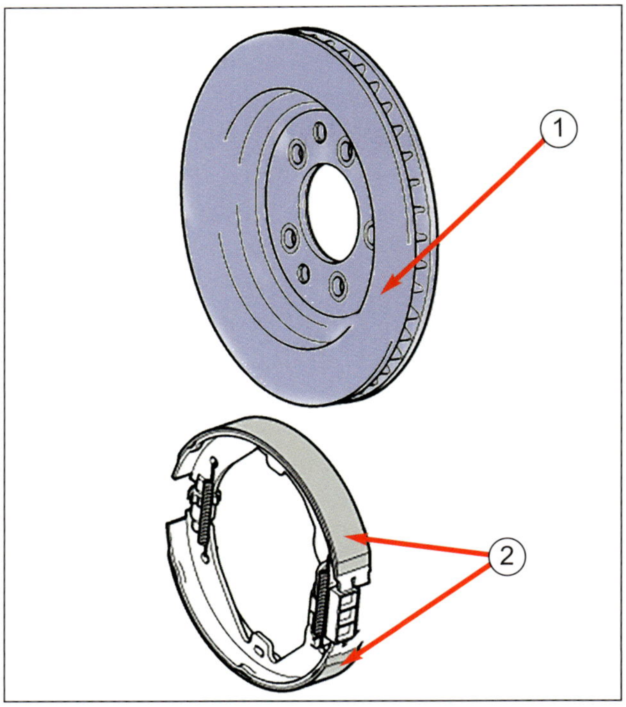

Bremse hinten (Trommelbremse in der Scheibe): 1 Bremsscheibe, 2 Bremsbelag.

Funktionsprüfungen an der Bremse

Regelmäßige Kontrolle der Bremsanlage ist für Autofahrer die beste Lebensversicherung. Im Straßenverkehr entscheiden die Bremsen über Ihre Sicherheit und die anderer Verkehrsteilnehmer. Scheuen Sie sich nicht, die Räder abzunehmen und den Zustand von Bremsscheiben und Bremsbelägen gründlich zu prüfen! Ans Schrauben sollten Sie sich nur dann wagen, wenn Sie sich wirklich auskennen. Suchen Sie sonst besser die Werkstatt auf. Beim Reinigen der Anlage fällt Bremsstaub an, der zu schweren gesundheitlichen Schäden führen kann. Niemals Bremsstaub einatmen! Immer strikt darauf achten, dass Mineralöl, Schmierfett o. Ä. nicht in die Bremsanlage gelangen.

Prüfschritte in Eigenregie

- **Sichtprüfung:** Bremskraftverstärker, Hauptbremszylinder (Montage-Einheit mit Bremsflüssigkeitsbehälter links hinten im Motorraum) und Bremssattel auf Beschädigungen und Undichtigkeiten prüfen. Alle Anschlüsse und Verbindungen von Schläuchen und Rohrleitungen auf richtigen Sitz, Undichtigkeiten und Korrosion untersuchen.

- **Sichtprüfung:** Kontrollieren Sie besonders, ob Hydraulikleitungen geknickt oder Anschlüsse an der Hydraulikeinheit undicht sind. Undichtigkeiten und Schmutznester am Hydrauliksystem müssen beseitigt werden.

- **Sichtprüfung:** Bremsschläuche dürfen nicht in sich verdreht und nirgendwo porös und brüchig sein. Bei maximalem Lenkeinschlag muss ihr Abstand zu anderen Achsteilen mindestens 15 mm betragen. Die Rastnasen der Leitungen müssen einwandfrei in den Haltern sitzen.

- **Sichtprüfung:** Wenn Bremsschlauche, elektrische Leitungen und Steckkupplungen Scheuerstellen aufweisen und Schläuche feucht oder aufgequollen sind: auswechseln!

- **Funktionsprüfung:** Bei laufendem Motor eine Minute lang mit voller Kraft aufs Bremspedal treten. Das Pedal darf nicht nachgeben. Eine exakte Druckprüfung ist allerdings Sache der Werkstatt mit Spezialgerät und Diagnosesystem.

- **Funktionsprüfung:** Auf 50 km/h beschleunigen, Lenkrad loslassen, Hände griffbereit halten. Zuerst sanft, dann scharf bis zum Stillstand bremsen. Das Fahrzeug soll die Spur halten. Nach dem Test auf leicht abschüssiger Strecke Fahrzeug aus dem Stand losrollen lassen. Drehen die Räder frei?

- **Wärmeprobe / kalt:** Räder anfassen. Alle vier Felgen müssen gleich warm sein. Eine einzelne kalte Felge weist auf mangelhafte Bremsfunktion an diesem Rad hin.

- **Wärmeprobe / warm:** Wenn eine Felge ungewöhnlich warm ist (oder wenn Ihnen das bei allen Felgen so scheint), muss weiter gesucht werden. Eine Ursache für zu hohe Temperatur können z. B. schleifende Bremsen oder defekte Radlager sein.

- **Professionelle Bremsenprüfung:** Erfolgt auf einem 1-Achs-Rollenprüfstand. Von Volkswagen freigegebene Anlagen erfüllen die Bedingung, dass die Prüfgeschwindigkeit 6 km/h nicht überschreitet, da sonst beim zeitversetzten Anlaufen der Rollen Bremseingriffe durch das EDS (elektronische Differenzialsperre, Bestandteil des ABS/ESP-Systems) erfolgen. Für Prüfstand-Kontrollen ist ein diagnosefähiges Werkstattsystem (VAS 5051, 5052, 5053 oder 6150; Bild 2) erforderlich. Jeweils eine Achse auf die Rollen fahren. Handgeschaltete Autos in den Leerlauf, automatisch geschaltete in Stellung »N« schalten. Der Antrieb erfolgt durch die Rollen.

- **Auswertung:** Ratsam ist es, die Bremsentests von DEKRA, TÜV oder ADAC in Anspruch zu nehmen. Alle dabei oder auch ohne Geräte von Ihnen festgestellten Mängel müssen unverzüglich in eigener Arbeit oder durch die Werkstatt beseitigt werden.

Die Bremsanlage unterscheidet sich über die Motorvarianten nicht wesentlich voneinander. Somit lassen sich die folgenden Beschreibungen universell einsetzen.

Kontrolle der Bremsbeläge

Kontrollieren Sie regelmäßig die Stärke der Bremsbeläge, mindestens jedoch alle 15.000 km oder einmal im Jahr. Zur Prüfung von Scheiben und Bremsbelägen können Sie durch einen Raddurchbruch schauen. Dabei sind Handlampe, Spiegel und Messschieber hilfreich.
Für eine exakte Messung der Belagdicke ist aber die Demontage der Räder empfehlenswert. Kontrollieren Sie den Zustand der Bremsscheiben stets gemeinsam mit dem der Beläge.

- Beim Erneuern von Bremsbelägen (2) beachten: Grundsätzlich immer auf beiden Seiten austauschen!

- Mit neuen Bremsbelägen (2) sollten Sie auf den ersten 200 Kilometern häufige Vollbremsungen vermeiden. Der Belag kann verhärten (»verglasen«) und erreicht dann nicht mehr seine beste Bremswirkung.

- Bremsbeläge (2), die Sie weiter verwenden können, sollten Sie beim Ausbau kennzeichnen. Sie müssen an gleicher Stelle wieder eingebaut werden.

De- und Montage der Bremssättel

- Radschrauben lösen, aber noch nicht herausdrehen.

- Fahrzeug anheben, Räder abbauen, elektrische Steckverbindung für Belagverschleißanzeige (soweit verbaut) trennen. Bremsschlauch eventuell aus dem Halter nehmen.

- Haltefeder aushängen. Im Bild zur Zuordnung der Bremskomponenten »Bremse vorne (2FNR44)« ist sie mit der Nummer 12 gekennzeichnet. Die Haltefeder dazu so weit in Pfeilrichtung (A im Bild oben) drücken, bis man diese aus der Bohrung in Pfeilrichtung (B) drücken können kann.

- Beide Schrauben von hinten aus dem Bremssattel herausdrehen. Im Bild »Bremse vorne (2FNR44)« sind diese mit der Nummer 14 gekennzeichnet.

- Bremssattel (9) abnehmen und so mit Draht befestigen, dass das Gewicht des Bremssattels den Bremsschlauch nicht belastet bzw. beschädigt.

Die Montage erfolgt sinngemäß in umgekehrter Reihenfolge.

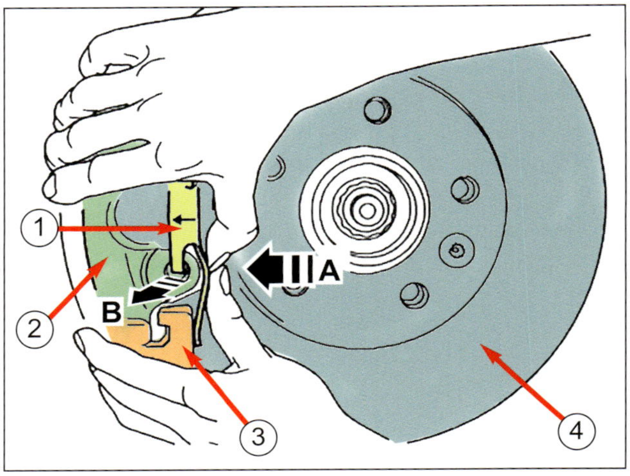

Bremssattel FN3: 1 Haltefeder, 2 Bremssattel, 3 Sattelträger, 4 Bremsscheibe.

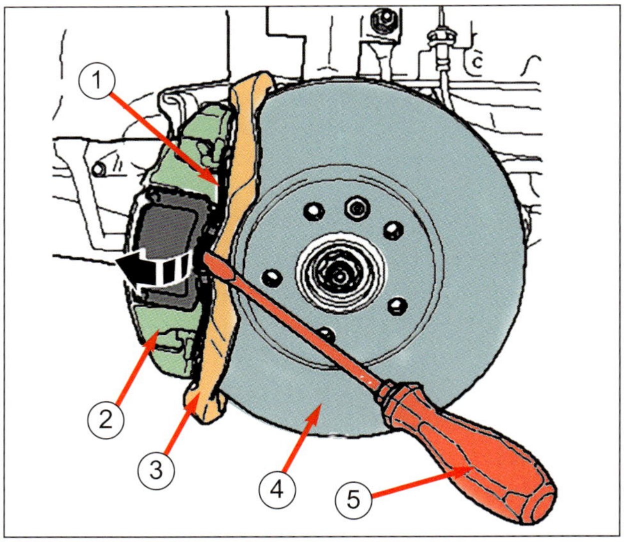

Bremssattel 2FNR44: 1 Haltefeder, 2 Bremssattel, 3 Sattelträger, 4 Bremsscheibe, 5 Schraubendreher.

De- und Montage der Bremsbeläge

Bremsbeläge vorne wechseln

Wenn Bremsbeläge später wieder eingebaut werden sollen, müssen Sie sie beim Ausbau kennzeichnen. Die Beläge müssen an gleicher Stelle wieder eingebaut werden, sonst kann ungleichmäßige Bremswirkung entstehen! Die Montagearbeit unterscheidet sich für die unterschiedlichen Bremssysteme nur unwesentlich.

- Räder abbauen.
- Haltefeder so weit in Pfeilrichtung (A im Bild oben) drücken, bis man diese aus der Bohrung in Pfeilrichtung (B) drücken können kann.
- Haltefeder so weit entspannen, bis man diese aus der oberen Bohrung herausnehmen kann.
- Die beiden Abdeckkappen vor den Führungsbolzen des Bremssattels von hinten (15 im Bild »Bremse vorne (2FNR44)«) abnehmen.
- Die Steckverbindung für die Verschleißanzeige in aus dem Halter am Bremssattel herausschieben und auseinanderziehen.
- Kabel aus dem Halter herausnehmen.
- Beide Führungsbolzen (14) aus dem Bremssattel ausschrauben und herausnehmen.
- Bremssattel abnehmen und so mit Draht befestigen, dass das Gewicht des Bremssattels den Bremsschlauch nicht belastet bzw. beschädigt.
- Bremsbeläge herausnehmen.

Der Einbau erfolgt sinngemäß in umgekehrter Reihenfolge.

- Für das Reinigen des Bremssattels ist ausschließlich Spiritus zu verwenden.
- Vor dem Einsetzen neuer Bremsbeläge den Kolben mit einer geeigneten Kolbenrücksetzvorrichtung in den Zylinder zurückdrücken.

De- und Montage der Bremsscheibe

Wenn Sie die Bremsscheiben erneuern, müssen Sie auch neue Bremsbeläge verwenden. Sollen Beläge und Scheiben wiederverwendet werden, markieren Sie die Einbauposition von Bremsscheiben und Belägen.

- Radschrauben lösen, aber noch nicht herausdrehen, das Fahrzeug anheben, die Räder abbauen, elektrische Steckverbindung für Belagverschleißanzeige trennen. Eventuell den Bremsschlauch aus dem Halter nehmen. Bremsbeläge herausnehmen.
- Drehen Sie die Kreuzschlitzschraube in der Bremsscheibe heraus. Verwenden Sie unbedingt einen passenden Schraubendreher. Lösen Sie die Schraube durch einige Hammerschläge auf den Schraubendreher. Sie sind recht oft festgerostet.
- Nehmen Sie die Bremsscheibe von der Radnabe ab. Auch hier kann Rostbildung dafür sorgen, dass die Bremsscheibe sehr fest sitzt. Im Extremfall helfen nur gezielte Hammerschläge von hinten auf die Bremsscheibe, um sie zu lösen. Der Ersatz ist dann nicht mehr abzuwenden.
- Reinigen Sie die Auflagefläche der Bremsscheibe auf der Radnabe sehr gründlich. Sehr gut und einfach gelingt das mit einer Topfbürste auf dem Winkelschleifer oder der Bohrmaschine. Geringe Korrosionsreste können das saubere Aufliegen der Bremsscheibe verhindern. Daraus resultiert eine ungleichmäßige Wärmeableitung, die schnell einen Verzug der Scheibe nach sich ziehen kann.
- Tragen Sie im Bereich der Auflage der Bremsscheibe auf der Radnabe etwas (sehr wenig!) Montagepaste oder Kupferpaste auf, so wird das Festkorrodieren etwas hinausgezögert.
- Ersetzen Sie die Befestigungsschraube in der Bremsscheibe (Kreuzschlitz) in jedem Fall.

Die weitere Montage erfolgt sinngemäß in umgekehrter Reihenfolge.

ACHTUNG: Nach jedem Bremsbelagwechsel das Bremspedal im Stand mehrmals kräftig durchtreten, damit die Bremsbeläge ihren dem Betriebszustand entsprechenden Sitz einnehmen.

Bremsbelag und Bremsscheibe Hinterachse

De- und Montage der Bremsbeläge

Im Grunde genommen unterscheiden sich die Arbeiten an den beiden Bremssystemen für die Hinterachse nur geringfügig. Jedenfalls für den Belagwechsel der Betriebsbremse. Der deutliche Unterschied liegt wie bereits erwähnt darin, dass die FN44 in der Bremsscheibe die Beläge der Handbremse wie bei einer Trommelbremse angeordnet hat. Wir werden Ihnen im Folgenden den Belagwechsel allgemeingültig für beide Systeme vorstellen und die markanten Unterschiede entsprechend hervorheben. Der Belagwechsel der Handbremse für die FN44 (die Anlage mit der Trommelhandbremse) stellen wir Ihnen im Anschluss dar.

- Weiter zu verwendende Bremsbeläge müssen beim Ausbau gekennzeichnet werden. Die Beläge müssen an gleicher Stelle wieder eingebaut werden, sonst kann ungleichmäßige Bremswirkung entstehen!

Bremsbeläge der Scheibenbremse hinten wechseln

- Das Fahrzeug unterbauen und Räder abbauen.
- Den Stecker für Bremsbelagverschleißanzeige (nur auf der rechten Fahrzeugseite) um 90° drehen und aus Blechhalter herausziehen.
- Trennen Sie die Steckverbindung für Bremsbelagverschleißanzeige.
- Drücken Sie die Haltefeder (1 im Bild) so weit zum Bremssattel, bis Sie diese aus der unteren Bohrung in Bremssattel drücken können.

Bremssystem mit integrierter Handbremse (FN44):

- Handbremsseil aus der Halterung des Bremssattels aushängen.
- Befestigungsschrauben (5) vom Bremssattel abschrauben.

Bremssystem mit Handtrommelbremse:

- Ziehen Sie die Staubschutzkappen (8) ab und drehen Sie die Führungsbolzen (9) heraus.

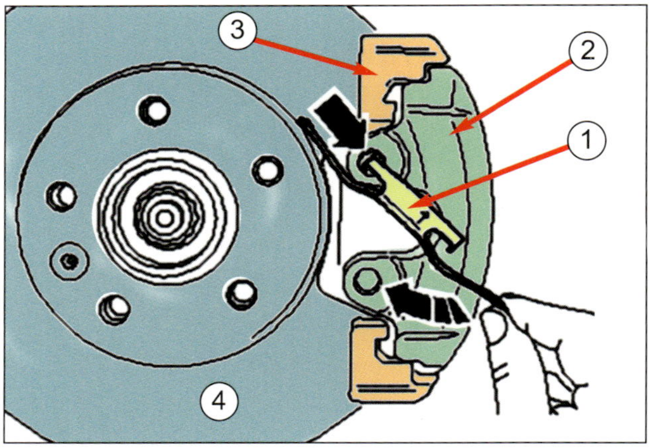

Bremssattel hinten: 1 Haltefeder, 2 Bremssattel, 3 Sattelträger, 4 Bremsscheibe.

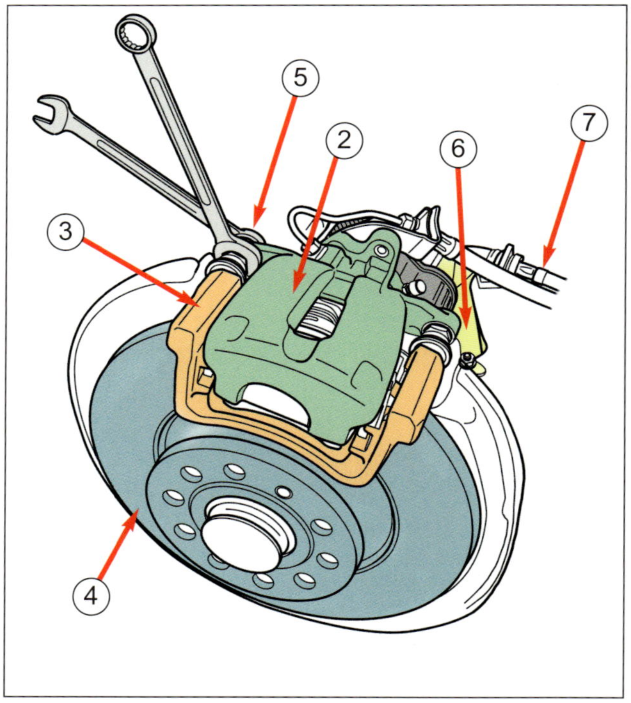

Bremssattel hinten: 1 Haltefeder, 2 Bremssattel, 3 Sattelträger, 4 Bremsscheibe, 5 Schraube, 6 Halter Handbremsseil, 7 Handbremsseil.

Weiter für beide Systeme:

- Bremssattel abnehmen und so mit Draht befestigen, dass das Gewicht des Bremssattels den Bremsschlauch nicht belastet bzw. beschädigt.

- Die Bremsbeläge herausnehmen. Für das Reinigen des Bremssattels ist ausschließlich Spiritus zu verwenden.

Der Einbau erfolgt sinngemäß in umgekehrter Reihenfolge.

- Rückstellwerkzeug so einsetzen, dass der Bund des Werkzeugs am Bremssattel (2) anliegt.
- Kolben durch Rechtsdrehen am Rändelrad einschrauben bzw. zurückdrücken, dabei die Staubschutzkappe (14) nicht beschädigen.
- Bremsbeläge in den Bremssattelträger (3) einsetzen.
- Achten Sie darauf, dass die Bremsbeläge in den Belaghalteblechen im Sattelträger einsitzen.

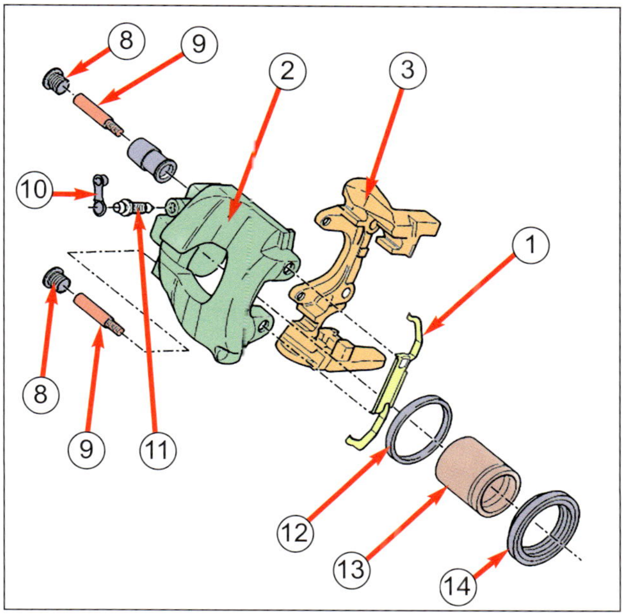

Bild rechts: Bremssattel 2FNR44: 1 Haltefeder, 2 Bremssattel, 3 Sattelträger, 8 Staubschutzkappe, 9 Führungsbolzen, 10 Staubschutz Entlüftungsnippel, 11 Entlüftungsnippel, 12 Rechteckmanschette, 13 Bremskolben, 14 Staubschutzmanschette

Trommelbremse Hinterachse

Bremsbacken der Handbremse aus- und einbauen

De- und Montage der Bremsscheibe

- Radschrauben lösen, aber noch nicht herausdrehen, das Fahrzeug anheben, die Räder abbauen. Legen Sie vor und hinter die Vorderräder Holzblöcke oder andere geeignete Gegenstände, um das Wegrollen zu verhindern.
- Die Handbremse lösen.
- Den Bremssattel hinten rechts und links wie schon beschrieben abbauen.
- Die Bremsbeläge der Betriebsbremse (Bremssattel) wie schon beschrieben herausnehmen. Wenn die Beläge wiederverwendet werden sollen, muss die Einbauposition markiert werden.
- Den jeweiligen Bremsträger des Bremssattels abschrauben.

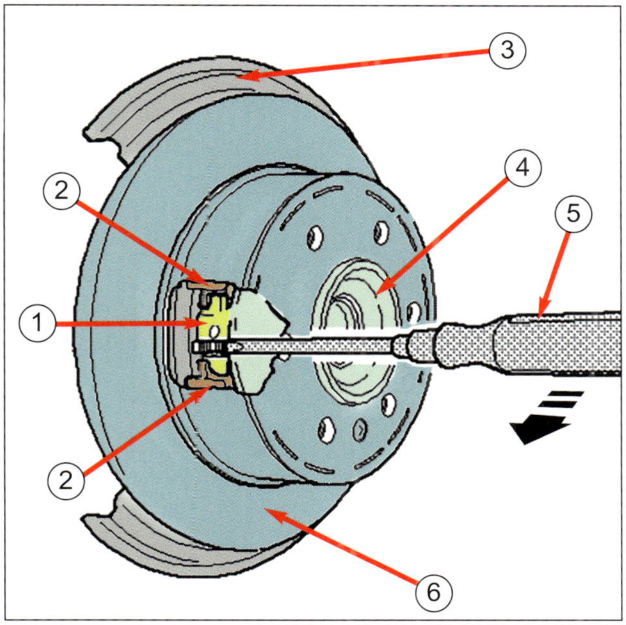

Trommelbremse zurückstellen: 1 Nachstellmutter, 2 Bremsbelag Trommelbremse, 3 Bremsankerplatte, 4 Radnabe, 5 Schraubendreher, 6 Bremsscheibe.

Feststellbremse zurückstellen

- Bremsscheibe so weit drehen, bis durch eine Radschraubenbohrung die Nachstellmutter (1) der Feststellbremse zu sehen ist.
- Nachstellmutter (1) so lange gegen den Widerstand der Zugfeder (8) drehen, bis das größtmögliche Spiel zwischen Bremsscheibe (6) und Belag (2) erreicht ist.
- Die Passschraube (10) herausdrehen und die Bremsscheibe/Bremstrommel abbauen.
- Die beiden Zugfedern (8) aushängen.
- Die Spannstifte mit den Druckfedern (7) ausbauen und die Bremsbacken abnehmen. Halten Sie dazu die Sicherungsplatte mit einer Wasserpumpe fest und drücken Sie sie gegen den Federdruck der Feder (7) an.

Der Einbau erfolgt sinngemäß in umgekehrter Reihenfolge.

- Achten Sie auf Leichtgängigkeit des Spreizschlosses (9).
- Beim Erneuern von Bremsbelägen beachten: Grundsätzlich immer auf beiden Seiten austauschen!
- Reinigen Sie die Bremsanlage mit Bremsenreiniger und lassen Sie die Bremse abtrocknen. Das Ausblasen der Bremse mit Druckluft sollten Sie tunlichst unterlassen. Der Feinstaub, der hierbei in die Luft abgegeben wird, ist lungengängig und wird auf Dauer Ihre Gesundheit schädigen.
- Tragen Sie im Bereich der Auflage der Bremstrommel auf der Radnabe etwas (sehr wenig!) Montagepaste oder Kupferpaste auf. So wird das Festkorrodieren etwas hinausgezögert.

Bremsbacken an beiden Rädern einstellen

- Schraubendreher durch die Bohrung der Bremsscheibe stecken.
- Nachstellmutter (1) gegen den Widerstand der Zugfeder (8) drehen, bis sich die Bremsscheibe nicht mehr drehen lässt.
- Anschließend die Nachstellmutter um 6 Zähne lösen. Die Bremsscheiben müssen dann wieder frei drehbar sein.

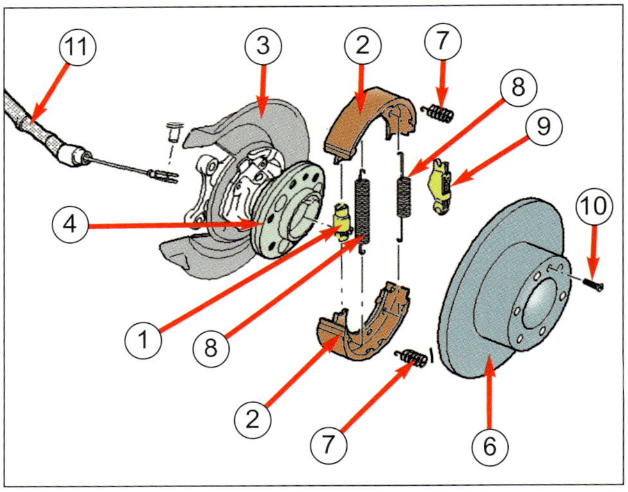

Trommelbremse zurückstellen: 1 Nachstellmutter, 2 Bremsbelag Trommelbremse, 3 Bremsankerplatte, 4 Radnabe, 6 Bremsscheibe, 7 Spannstifte mit Druckfeder, 8 Zugfeder, 9 Spreizschloss, 10 Passschraube, 11 Handbremsseil.

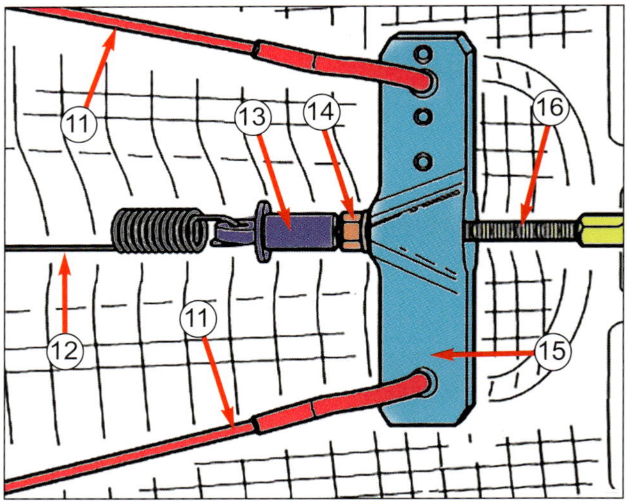

Handbremsseile zurückstellen: 11 Handbremsseil, 12 Feder, 13 Zugstück, 14 Mutter, 15 Balken, 16 Gewindezugstück.

- Den Leerweg am Handbremshebel prüfen und die demontierten Radschrauben anziehen.

Leerweg am Handbremshebel prüfen

- Handbremshebel 2 bis 3 Zähne betätigen. Die Räder müssen sich ohne Schleifen der Bremsbacken durchdrehen lassen.
- Handbremshebel 5 bis 7 Zähne betätigen. Sofern sich die Räder noch durchdrehen lassen, muss die Feststellbremse an der Einstellmutter (14) nachgestellt gestellt werden.

Bremsflüssigkeit

Volkswagen setzt Bremsflüssigkeit nach dem Standard »FMVSS 116 DOT 4« ein wovon auch die Weiterentwicklung »DOT 4 plus« erhältlich ist. DOT 4 entspricht der US-Sicherheitsvorschrift für einen hohen Nasssiedepunkt. Das übliche Wechselintervall beträgt zwei Jahre. Die Bremsflüssigkeit aus Glykol und Polyglykoläther ist bis minus 40 °C dünnflüssig. Ihr Siedepunkt liegt bei 230 °C. »DOT 5« mit noch höherem Siedepunkt enthält Silikon und darf nicht in DOT 4-Bremssysteme. Geeignete DOT 4-Produkte werden von ATE, Ferrodo, AP und anderen angeboten. Bei Volkswagen ist es »VW 50114« mit der Katalog-Teilenummer B 000 750. Bremsflüssigkeit ist erst bernsteinhell, verfärbt sich aber im Laufe der Zeit durch chemische Reaktion. Dunkle Färbung ohne Verunreinigung bedeutet noch nicht mangelhafte Qualität.

Bremsflüssigkeit kontrollieren

Viele Arbeiten an der Bremsanlage, vor allem Wartungen, können Sie selbst ausführen. Auch bei einer intakten Bremsanlage kann zum Beispiel der Bremsflüssigkeits-Pegel sinken. Ursache ist der Verschleiß an den Bremsbelägen. Ein sinkender Pegel kann aber auch mit Defekten am Kupplungssystem zusammenhängen. Regelmäßige Kontrolle des Standes ist auf jeden Fall eine gute Wartungsarbeit.

- Flüssigkeitsstand von außen am Behalter kontrollieren: Der Pegel muss zwischen den Markierungen »MIN« und »MAX« liegen.
- Wenn die Bremsbeläge schon sehr abgefahren sind (und bald erneuert werden müssen), ist ein Pegelstand leicht über »MIN« noch zulässig. Beim Einbau neuer Beläge werden dann nämlich die Bremskolben wieder zurückgedrückt, wodurch der Stand im Bremsflüssigkeitsbehälter wieder ansteigt.
- Sind aber die Bremsbeläge noch neuwertig und hat die vorangegangene Prüfung keine Undichtigkeit im Bremssystem ergeben, muss zur Überbrückung bis zum nächsten Wechsel der Bremsflüssigkeit etwas nachgefüllt werden.
- Nachfüllen nur die schon erwähnte Bremsflüssigkeit nach Norm DOT 4 (VW: 501 14, Teilenummer B 000 750).
- Die Steckverbindung trennen und den Deckel abschrauben. Deckel mit Schwimmereinsatz herausnehmen, das Sieb bleibt im Behälter. Bremsflüssigkeit nachfüllen. Der Füllstand muss stets ausreichend sein, damit keine Luft ins Bremssystem gelangen kann.

Bremsflüssigkeit wechseln

Nach statistischen Erhebungen muss seit Jahren jedes fünfte Kraftfahrzeug auf deutschen Straßen wegen Mängeln an der Bremsanlage beanstandet werden. Die Sachverständigenorganisation DEKRA verweist immer wieder darauf, dass sehr viele Fahrzeuge mit Bremsflüssigkeit unzulänglicher Qualität unterwegs sind. Bei 20 Prozent der auf Bremsflüssigkeit überprüften Fahrzeuge wird der äußerst kritische Siedepunkt von 150 °C (neuwertige Bremsflüssigkeit: 270 bis 300 °C!) unterschritten. Das kann zum Versagen der Bremsen führen, weshalb der Wechsel alle zwei Jahre dringend zu empfehlen ist. Sie benötigen dazu einen Liter frische Bremsflüssigkeit der Spezifikation FMVSS 116 DOT 4 (bei VW die Ersatzteilenummer B 000 700 A). Für einen sachgerechten Bremsflüssigkeitswechsel ist ein Bremsenentlüftungsgerät erforderlich. Lassen Sie diese Arbeiten grundsätzlich in einer Werkstatt durchführen.

STÖRUNGSBEISTAND

Bremsanlage

Störung	Was kann das sein?	Was kann oder muss ich tun?
A Bremsen quietschen	**1** Hochfrequente Schwingungen	Längskanten der Beläge mit einer Feile anschrägen, dazu Anti-Quietsch-Paste auf Rückseite der Beläge
	2 Verglaste Beläge nach extremer Überhitzung	Die Bremsklötze müssen ersetzt werden; dabei die Scheiben genau prüfen
	3 Beläge verschlissen, der Verschleißanzeiger liegt an	Die Bremsklötze müssen ersetzt werden, dabei die Scheiben genau prüfen
B Schwache Bremswirkung	**1** Ungünstige Materialpaarung zwischen Scheiben und Belägen	Scheiben und Beläge ersetzen und dabei zumindest Teile vom gleichen Hersteller, am besten die original verbauten Teile verwenden
... bei zu hartem Bremspedal	**2** Bremskraftverstärker ausgefallen	Unterdruckanschluss prüfen. Evtl. ein Marderbiss?
... bei zu weichem Bremspedal	**3** Bremse überhitzt	Bei langsamer Fahrt abkühlen lassen
	4 Luft im System	Mit speziellem Gerät entlüften lassen und dabei die Bremsflüssigkeit erneuern
C Übermäßiger Verschleiß	**1** Überstrapazieren der Bremse	Lieber etwas stärker und dafür weniger lang bremsen
... an einer Bremse	**2** Schwergängiger Sattel oder Belag verklemmt	Zerlegen und reinigen. Etwas stärkerer Verschleiß an der Kolbenseite ist jedoch normal
... nur vorne	**3** Ungünstige Materialpaarung	Scheiben und Beläge ersetzen und dabei Originalteile verwenden. Evtl. größere Bremsanlage verwenden
... nur hinten	**4** Luftspiel zu gering	Park- und Feststellbremse überprüfen. Sie sollte erst nach der ersten Tastung greifen
D Park- und Feststellbremse reagiert träge oder gar nicht	**1** Die Elektromechanik funktioniert nicht einwandfrei	Steuergerät für elektrische Park- und Handbremse überprüfen und ggf. austauschen. Wenn das Steuergerät in Ordnung ist: Stellmotor prüfen und ggf. austauschen
	2 Beläge hinten abgenutzt oder verglast	Bremsbeläge tauschen und dabei die Bremsscheibe genau inspizieren. Bei Riefen austauschen

Bremsanlage

Störung	Was kann das sein?	Was kann oder muss ich tun?
E Bremsflüssigkeitsstand zu niedrig	**1** Starker Verschleiß an den Bremsbelägen	Alle Bremsen auf Verschleiß prüfen und ggf. ersetzen. Beim Zurücksetzen der Kolben steigt der Stand an
	2 Flüssigkeitsverlust	Undichte Stelle lokalisieren (Bremsleitungen?). Bei deutlichem Leck: Auto abschleppen lassen
F Warnleuchte geht an	**1** Bremsflüssigkeitsstand prüfen	Wenn nötig, etwas nachfüllen
	2 ABS- und/oder ESP-Ausfall	Wagen neu starten. Den Fehlerspeicher auslesen lassen. Manchmal ist der Bremslichtschalter schuld
G Schiefziehen beim Bremsen	**1** Reifenzustand fehlerhaft	Reifenprofil und Luftdruck überprüfen
	2 Eine Bremse ist defekt	An den Felgen die Temperatur erfühlen. Ist eine heißer als die anderen, hängt der Bremssattel; ist eine zu kalt, kommt hier kein Bremsdruck an
H Hässliche Schleifgeräusche beim Bremsen	**1** Bremsscheiben angerostet	Vor und nach längeren Standphasen die Bremsanlage freibremsen
	2 Bremsbeläge verschlissen	Prüfen, ob der Verschleißanzeiger bereits an der Bremsscheibe kratzt
	3 Fremdkörper in der Bremsanlage	Fahren Sie ein paarmal rückwärts und bremsen sie dann
I Vibrationen beim Bremsen	**1** Bremsscheiben verzogen	Scheiben genau anschauen! Blaue Verfärbung deutet auf thermische Überlastung hin, dabei können sich die Scheiben verzogen haben
	2 Bremsscheiben verschmiert	Auf den Scheiben können Spuren von Fremdmaterial verblieben sein, die für ein Rubbeln sorgen
	3 Spiel in der Radaufhängung	Querlenker und andere Bauteile prüfen
	4 Ungünstige Materialpaarung	Scheiben und Beläge ersetzen und dabei Originalteile verwenden. Falsche Fahrwerk- und Lenkungsteile können zu Bremsflattern führen

Karosserie

Bestwerte für statische und dynamische Steifigkeit der Karosserie sorgen beim T5 Multivan für Qualität, Sicherheit, gute Fahrdynamik und Schwingungskomfort sowie für ausbalancierte Akustik. Was man hieran im Bedarfsfall selbst warten und reparieren kann, zeigen wir in diesem Kapitel. Natürlich werden wir Ihnen die Besonderheiten der Karosse Ihres Vans auch mit den erforderlichen Abmessungen und Einstellwerten vorstellen.

Die verwindungssteife Karosserie des Vans passt sehr gut zu seinem richtungsstabilen Fahrwerk. Verstärkungsmaßnahmen im Rohbau erhöhen die Sicherheit noch weiter. Die Längsträger als Hauptlastpfade verformen sich bei einem Unfall gezielt. Erreicht wird das durch Schott- und Schließbleche, die den Längsträger zur Fahrgastzelle hin kontinuierlich versteifen. Das führt im Crashfall zum »Faltenbeulen«, das einen großen Teil der Energie absorbiert. Bei Kollisions-Geschwindigkeiten bis zu 15 km/h nehmen die zwei Deformations-Töpfe des Stoßfängers die Energie auf die dahinter liegende Karosserie bleibt unbeschädigt.

Selbsttragender Aufbau

Die vollverzinkte Karosserie ist selbsttragend. Bodengruppe, Seitenteile, Dach und die hinteren Kotflügel sind miteinander verschweißt. Motorhaube, Heckklappe, die vorderen Kotflügel und die Türen sind angeschraubt und lassen sich auswechseln. Allerdings setzen die nötigen präzisen Einstellungen und das Einhalten der richtigen Maße viel Erfahrung und Fingerspitzengefühl voraus. Die vorgegebenen Maße müssen beim Einbau genau beachtet werden. Wir sehen in unseren Arbeitsanleitungen vom Aus- und Einbau der Türen ab und beschränken uns auf Griff und Schloss. Es können im Fahrgastraum je nach Radstand bis zu sieben Sitzplätze verfügbar sein.

Unterbodenapplikationen

Die Unterbodenapplikationen des Multivans setzen sich aus den Baugruppen Unterbodenverkleidung, Wärmeabschirmung und der Dämpfungswanne zusammen. Sie erfüllen hinsichtlich Gewicht, Cw-Wert, Recycling, Wärme- und Schalldämmung hohe Anforderungen. Der Anteil an PVC (Polyvinylchlorid) am Unterboden wurde zugunsten einer Unterbodenverkleidung aus Polypropylen (mit Langglasfaser-Zusatz) reduziert. Einige Wärmeabschirmbleche der Abgasanlage sind aufgrund ihres Sandwich-Aufbaues gleichzeitig akustisch wirksam.

Geräuschdämmungselemente versteckt

Diverse Karosseriehohlräume sind mit Schaumformteilen versehen. Durch sie wird die Übertragung von Fahrgeräuschen in den Innenraum verringert. Bei Reparaturen müssen ihre genauen Positionen beachtet werden.

Besonderer Aufbau: Durch den Einsatz von hoch- und höherfesten Blechen, Tailored Blanks, Laserschweißungen und einteiligen Seitenteilen wird eine Karosseriestruktur mit hoher Steifigkeit und Crashsicherheit erreicht.

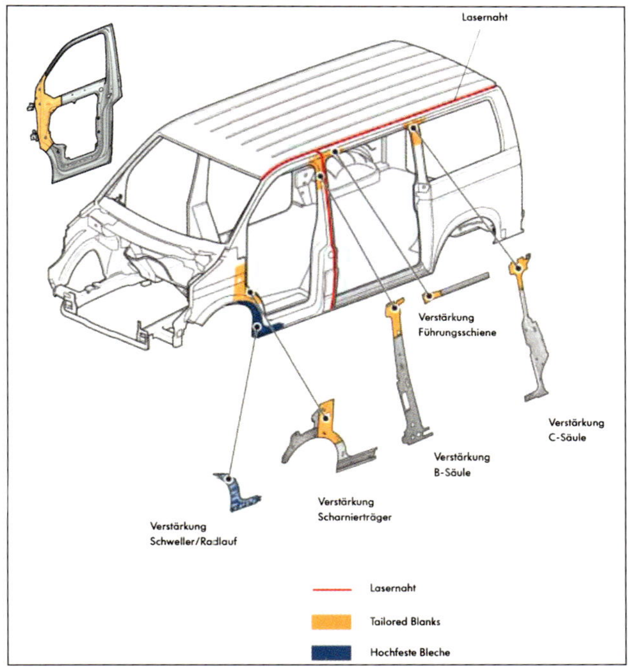

Materialien und Fertigung: Mit den »Tailored Blanks« (maßgeschneiderte Blechpartien) können unterschiedlichste Blecheigenschaften in ein Bauteil eingebracht werden.

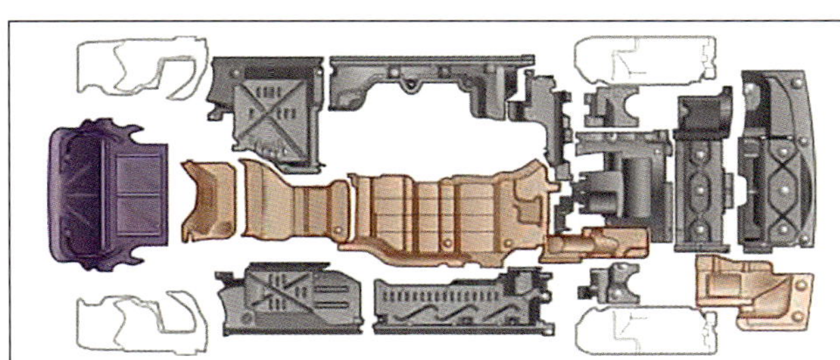

Unterbodenapplikationen: In Grau sind alle Unterbodenverkleidungen dargestellt, in Braun die Wärmeabschirmung und in Violett die Dämpfungswanne unter dem Motor.

Hohe Crashsicherheit

Über die hoch- und höchstfesten Stähle sowie entsprechend gestaltete Karosserie-Knotenpunkte wird eine hohe statische Steifigkeit erreicht. Dies ist ein zentraler technischer Kennwert und wichtig, wenn es um Sicherheit, Qualität und Fahrkomfort geht. Denn bei einem Frontalcrash mit jeweils halber Überdeckung der kollidierenden Fahrzeuge stellt eine steife Fahrgastzelle den Überlebensraum für Fahrer und Mitfahrer sicher. Vorne sorgt ein extrem fester Stoßfängerquerträger dafür, dass die Aufprallenergie auch auf die nicht direkt vom Crash betroffene Seite gelenkt wird: Beide Längsträgerbereiche absorbieren dann zusammen Energie. Durch Optimierung der Längsträger wird der Verzögerungsverlauf bei einem Frontalcrash so gestaltet, dass sich die Belastung der Insassen deutlich reduziert. Der untere Querträger im Fußraum ist ein formgehärtetes Bauteil. Die biomechanischen Belastungen der Füße und Unterschenkel werden so erheblich reduziert. Der besonders gestaltete Seitenbereich der Karosserie sorgt in Verbindung mit der sich darin abstützenden Tür auch bei Frontalunfällen mit nur sehr geringer Überdeckung für Formstabilität. In den »Lastpfaden« wie A- und B-Säule, Türbrüstung, Dachrahmen und Schweller kommen erneut höchstfeste Blechverstärkungen zum Einsatz. Besonderen Wert legen die Entwickler stets auf effektiven Seitenschutz, da die Knautschzone im Bereich der Türen besonders klein ist. Trifft der Van seitlich auf ein Hindernis, wird die Energie über die formgehärtete B-Säule und die diagonal profilierten Aufpraillträger in der Tür abgeleitet. Stark schützend wirken der Sitzquerträger und die Seitenschweller. Sehr kritisch sind in der Regel Unfälle, bei denen der Wagen seitlich auf einen Baum trifft. Dieser Fall wird immer wieder auch in den Crashtests simuliert. Die Karosserie des Vans bietet bei dieser Crash-Art dank eines warm umgeformten und dadurch sehr stabilen Dachrahmens und der steifen Seitenschweller ein extrem hohes Sicherheitsniveau. Der Heckbereich wird durch besonders starke Längsträger verstärkt. Die Kraftstoffanlage ist geschützt untergebracht.

Gurt, Klimaanlage, Elektrik

GEFAHRHINWEISE

- Die Gurtstraffer, die bei einem Crash die Sicherheitsgurte schlagartig anziehen, zwingen zu besonderer Vorsicht bei Arbeiten außen und innen an der Karosserie. Aktiviert werden sie von elektrisch gezündeten Gasgeneratoren. An diesen Rückhaltesystemen ist jedes Do-it-yourself untersagt. Montage und Demontage sind Sache der Werkstatt.
- In der Umgebung der Gurtrolle nicht mit Schlagschrauber oder Hammer arbeiten! Die Gurtstraffer reagieren empfindlich auf Vibrationen und harte Schläge und können auslösen. Ziehen Sie auch vor allen Arbeiten unter dem Fahrzeug die Sicherung für die Gurtstraffer ab und warten Sie fünf Minuten, bis sich die Kondensatoren entladen haben.
- Eine zweite Gefahrenquelle bei Karosseriearbeiten ist die Verzinkung. Die Karosserie ist außen elektrolytisch und innen feuerverzinkt. Bei Schweißarbeiten entsteht giftiges Zinkoxid. Sorgen Sie für gute Belüftung am Arbeitsplatz.
- Ein weiteres Tabu: Es dürfen keine Schweiß- oder Lötarbeiten durchgeführt werden, bei denen sich Teile der Klimaanlage erwärmen könnten. Der Kältemittelkreislauf darf nicht geöffnet werden!
- Soweit Schweißarbeiten oder andere Funken erzeugende Arbeiten durchgeführt werden, müssen grundsätzlich die Batterie abgeklemmt und beide Polklemmen sorgfältig isoliert werden.

Besonderheiten bei Reparaturen

Wird höherfestes Blech zu stark überdehnt, springt es plötzlich auf eine größere Länge als gewünscht! Beim Rückverformen können Materialbrüche auftreten. Das Erwärmen von höherfestem Karosserieblech beim Rückverformen ist übrigens aus Sicherheitsgründen verboten, was auch für normales Karosserieblech gilt. Dach und Karosserie sind teilweise durch Laser verschweißt. Beim Laserschweißen wird ein Lichtstrahl hoher Energie über optische Linsen oder Lichtleitfasern auf die Schweißstelle gelenkt. Das obere Blech wird durch- und das untere Blech angeschmolzen. Die Verschweißung wird also ohne Zusatzwerkstoff durchgeführt.
Bei der Reparatur, mit Ausnahme von Dachreparaturen, werden Laserschweißnähte durch schutzgasgeschweißte Lochnähte oder widerstandsgeschweißte Punktnähte ersetzt.

Spaltmaße der Karosserie

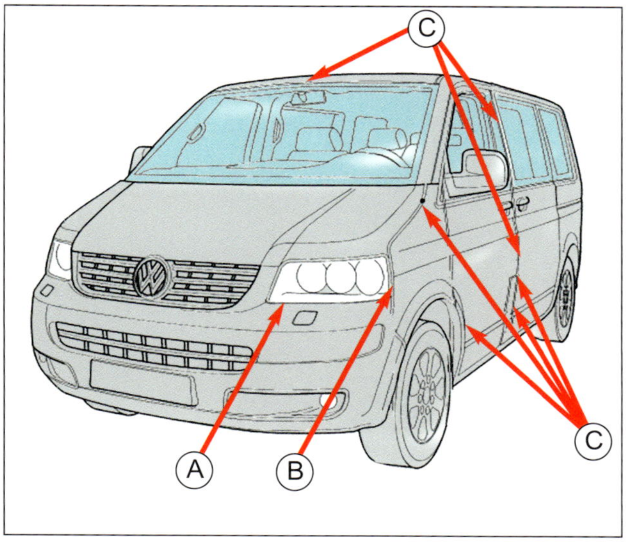

Spaltmaße im vorderen Bereich: A genau 0,5 mm, B 1 bis 3 mm mit gleichmäßigen Verlauf, C 3,5 bis 4,5 mm mit gleichmäßigem Verlauf.

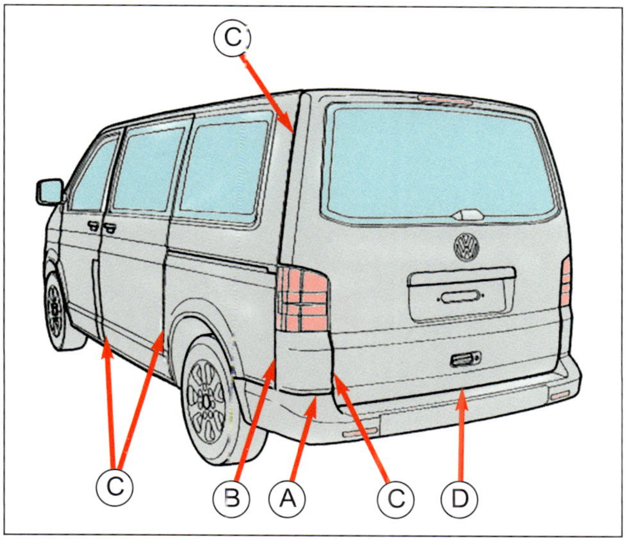

Spaltmaße im hinteren Bereich: A genau 0,5 mm, B 1 bis 3 mm mit gleichmäßigen Verlauf, C 3,5 bis 4,5 mm mit gleichmäßigem Verlauf, D 4 bis 5 mm mit gleichmäßigem Verlauf.

Ein Qualitätsmerkmal des Karosseriebaus bei jedem Auto sind möglichst geringe Maße des Spalts oder der Fugen zwischen beweglichen Teilen wie Klappen und Türen und den festen Strukturen der Karosserie. Die Einhaltung dieser Spalt- oder Fugenmaße ist auch ein Gradmesser für die Güte von Reparaturen an der Karosserie. Nach jedem Austausch oder Aus- und Wiedereinbau von Motorhaube, Gepäckraumklappe oder einzelner Türen muss dieses Maß so stimmen, wie es der Hersteller bei Fahrzeugauslieferung vorgibt. Verlaufen die beiden Grenzkanten der Fuge nicht parallel, ist das schon mit bloßem Auge gut zu erkennen.

Fuge	Spaltmaß	Toleranz
A	0,5 mm	0,0 mm
B	2,0 mm	± 1,0 mm
C	4,0 mm	± 1,0 mm
D	5,0 mm	± 1,0 mm
E	4,5 mm	± 0,5 mm

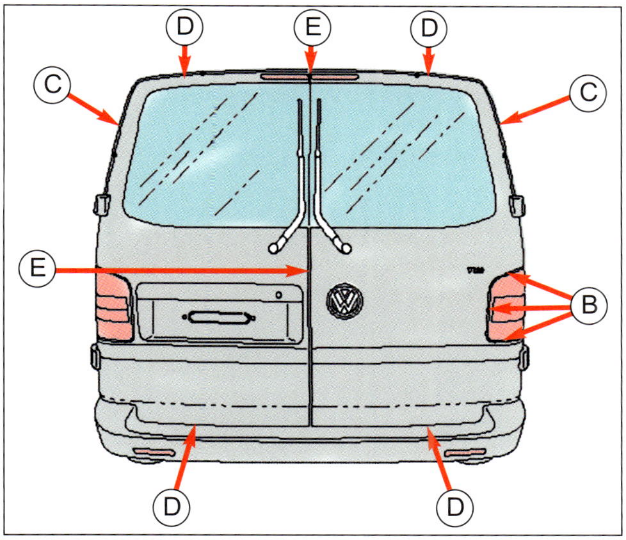

Spaltmaße im hinteren Bereich: A genau 0,5 mm, B 1 bis 3 mm mit gleichmäßigen Verlauf, C 3,5 bis 4,5 mm mit gleichmäßigem Verlauf, D 4 bis 5 mm mit gleichmäßigem Verlauf, E 4 bis 5 mm mit gleichmäßigem Verlauf.

Karosseriekontrollmaße Vorderwagen

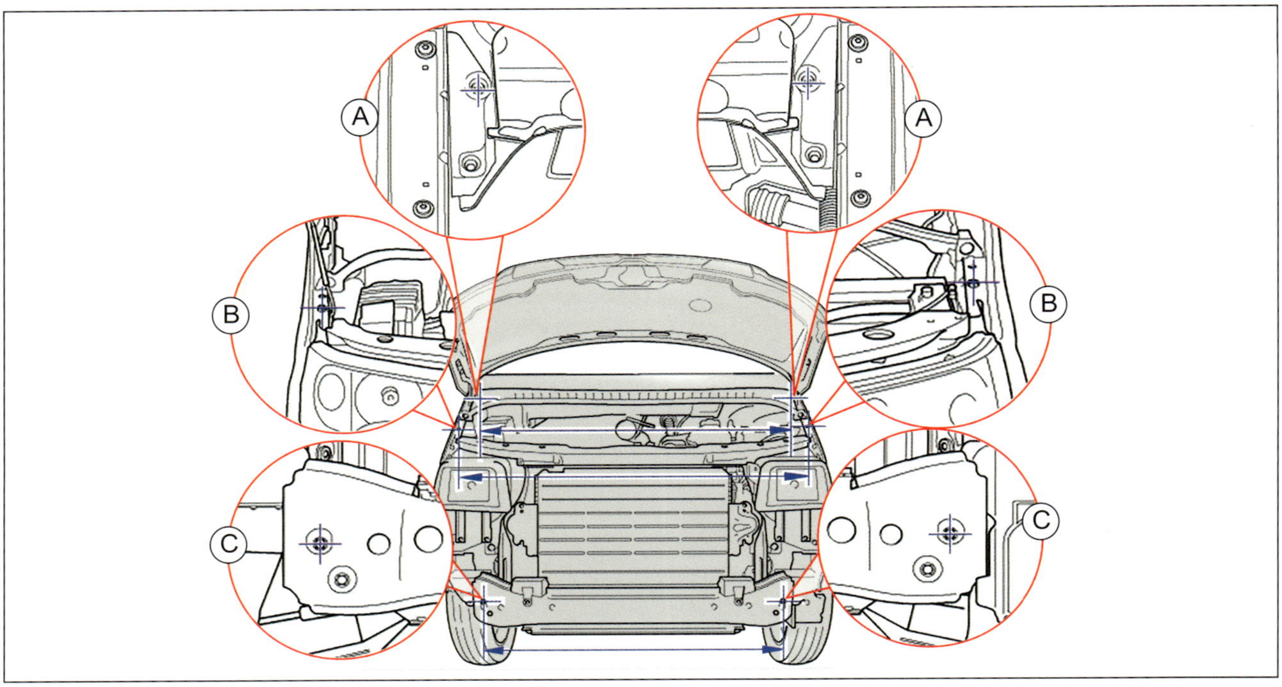

Kontrollmaße vorderen Bereich: A obere Haubenscharnieraufnahme (1584 mm bis 1588 mm), B senkrechter Abstand zwischen den Kotflügelbänken (1680 mm bis 1684 mm), C Abstand zwischen den beiden vorderen Querträgern (1135 mm bis 1139 mm).

Die Kontrollmaße für den Vorderwagen ersetzen nicht die Arbeit mit der Richtbank und entsprechenden Richtsätzen. Sie sollen Ihnen lediglich die Möglichkeit geben ein Unfallfahrzeug hinsichtlich des Reparaturaufwandes besser einschätzen zu können. Wir haben Ihnen die Abmessungen für den Vorderwagen zusammengestellt. Für die anderen Abmessungen ist eine umfangreiche Demontage bis zum Ausbau der Frontscheibe erforderlich. Da das und die nachfolgende Reparatur sicherlich nicht die Sache einer Hobbywerkstatt sein sollte, haben wir auf weitergehende Bemaßungen verzichtet, diese können aber durchaus beim Hersteller abgefragt werden.

Maß	Abstand	Toleranz
A	1586 mm	± 2,0 mm
B	1682 mm	± 2,0 mm
C	1137 mm	± 2,0 mm
D	1455 mm	± 2,0 mm
E	885 mm	± 2,0 mm
F	920 mm	± 2,0 mm

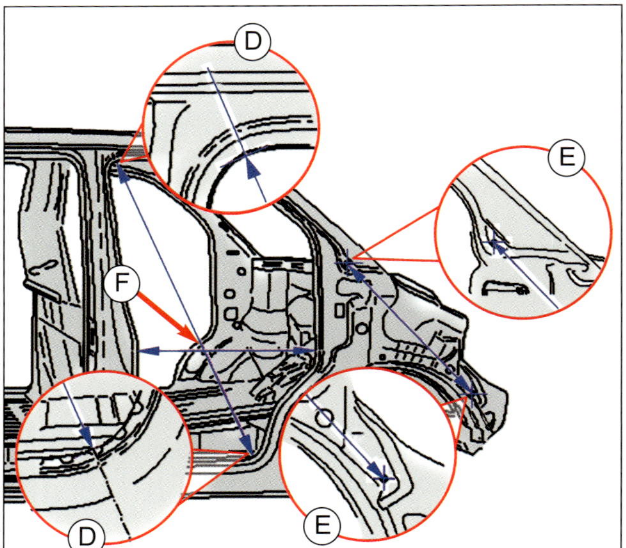

Kontrollmaße vorderen Einstiegsbereich: D Diagonalmaß (1453 bis 1457 mm), E Diagonalmaß Radhausspitze (883 mm bis 887 mm), F waagerecht in Höhe der Schließzapfenbefestigung (918 mm bis 922 mm).

Verglasung

Die Fahrzeugverglasung ist nicht nur recht wichtig, sondern beim T5 schon etwas Besonderes. Wurden früher noch die meisten Scheiben mit einem umlaufenden Gummikeder in der Karosserie gehalten, sind heute die meisten Scheiben verklebt.
Sie gehören mit zu den tragenden Elementen der Fahrzeugkarosserie, und die Verarbeitung muss entsprechend genau erfolgen. Nicht nur wegen der Dichtigkeit.
Der Klebstoffhersteller gibt die erforderliche Wartezeit an, bis das Fahrzeug wieder bewegt werden darf. Da beim T5 lediglich die Türscheiben nicht verklebt sind, werden wir nun zuerst die geklebten Scheiben genauer betrachten.

Frontscheibe

Die Frontscheibe im T5 ist eingeklebt. Sicherlich können Sie die Scheibe mit viel Aufwand auch selbst entfernen. Das Risiko für Lack und Kunststoff ist jedoch recht hoch.
Die meisten Autoglas-Firmen wie Carglass bieten heute einen »Vor-Ort-Service« an. Die Profis können oftmals auch eine intakte Scheibe ausbauen und später auch wieder einsetzen. Die Kosten dafür erfragen Sie am besten bei einem Autoglaser in Ihrer Nähe. Wir werden Ihnen an dieser Stelle zumindest die Abstandsmaße und die Besonderheiten zur Montage der Frontscheibe vorstellen.

Vorbereitungsarbeiten zur Frontscheibenmontage
Hier bietet sich etwas Einsparpotenzial. Wenn Sie die Demontagearbeiten selbst erledigen, können Sie vielleicht etwas am Arbeitslohn für den Autoglaser einsparen. Fragen Sie ruhig mal nach.

- Öffnen Sie die Motorhaube und demontieren Sie die Wasserkastenabdeckung.
- Demontieren Sie den Rückspiegel.
- Demontieren Sie eventuell die Sonnenblenden und die A-Säulenverkleidungen. Diese Arbeiten beschreiben wir etwas später im Kapitel Innenraum.
- Bauen Sie wie schon im Kapitel »Fit durch den Winter« beschrieben die Scheibenwischerarme ab.

Profiarbeit: Zum einer durch die tägliche Erfahrung und zum anderen aufgrund der besseren Werkzeuge ist diese Arbeit schnell erledigt.

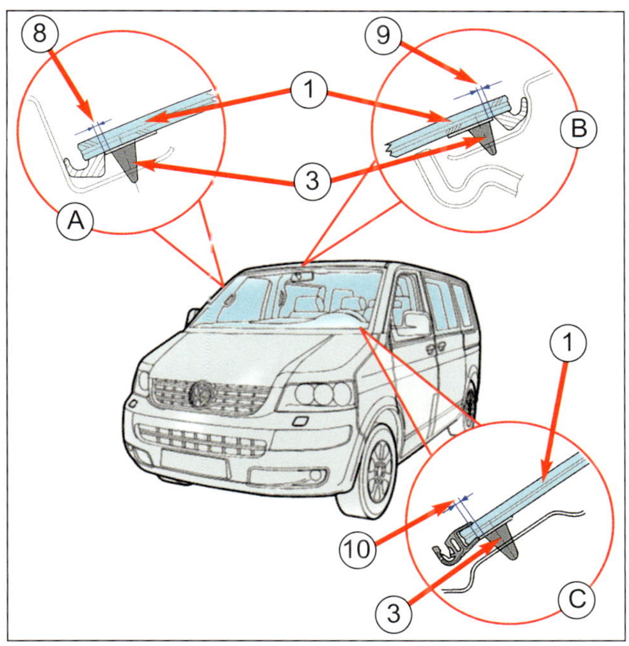

Kleberaupe: A Frontscheibe seitlich, B Frontscheibe oben, C Frontscheibe unten, 1 Frontscheibe, 3 Kleberaupe, 8 Abstand (2 mm), 9 Abstand (2 mm), 10 Abstand (3 mm).

Ausrichten der Frontscheibe
Das Ausrichten der Windschutzscheibe ist nur beim Einkleben der Scheibe möglich. Nach Aushärten des Klebstoffes lässt sich die Scheibe nicht verrutschen.

- Windschutzscheibe (1) zum Einkleben vorbereiten (lassen).
- Windschutzscheibe (1) auf die Kleberaupe des Scheibenklebers (3) am Karosserieflansch auflegen, Windschutzscheibe (1) oben ausrichten und seitlich ausmitteln. Für die Ausrichtung und Fixierung können die Scheibeneinsteller (5) verschoben werden.
- Geeignete Streifen Klebeband aufkleben und an der Oberkante der Windschutzscheibe (1) zum Fixieren aufkleben.

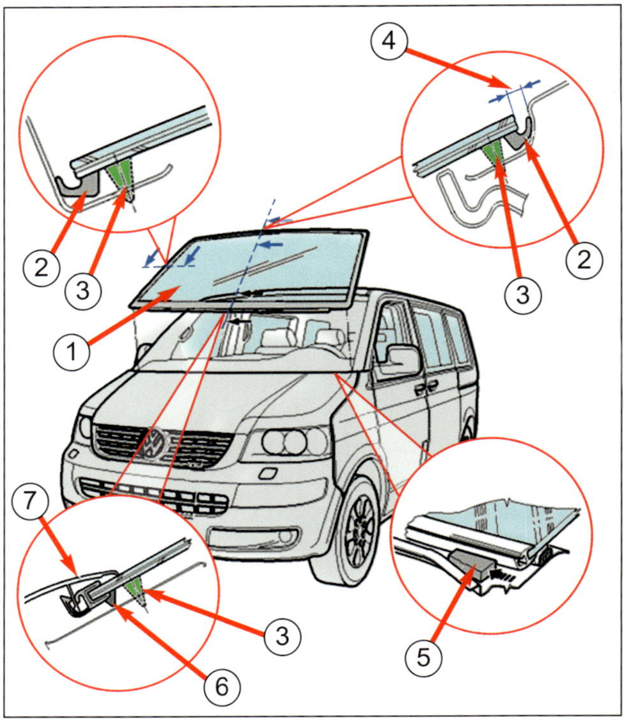

Ausrichten der Frontscheibe: 1 Frontscheibe, 2 Dichtlippe, 3 Scheibenkleber, 4 Abstandsmaß oben (4 mm), 5 Scheibeneinsteller, 6 Einfassprofil, 7 Wasserkastenabdeckung.

Seitenscheibe hinten

Auch hier sollten Sie sowohl den Einbau als auch den Ausbau den Scheibenprofis überlassen. Schon alleine professionelles Werkzeug kann hier Anbaumaterial und sogar die Scheibe selber schonen. Diese muss nämlich nicht automatisch immer ersetzt werden.

Vorbereitungsarbeiten zur Frontscheibenmontage
Je nach Ausbauwerkzeug sind keine Vorbereitungsarbeiten erforderlich. Im Zweifel können Sie die Verkleidungen der anliegenden A-, B-, C- und D-Säule der entsprechenden Seite demontieren.

Ausrichten der Seitenscheibe hinten
Auch hier ist ein Ausrichten der Scheibe nur beim Einkleben möglich. Nach Aushärten des Klebstoffes lässt sich die Scheibe nicht mehr verrutschen.

- Scheibe (1) zum Einkleben vorbereiten (lassen).
- Scheibe (1) mit der Kleberaupe des Scheibenklebers (4) am Karosserieflansch auflegen, vorne (5) und unten (6) ausrichten und ausmitteln.
- Geeignete Streifen Klebeband aufkleben und an der Oberkante der Scheibe (1) zum Fixieren aufkleben.

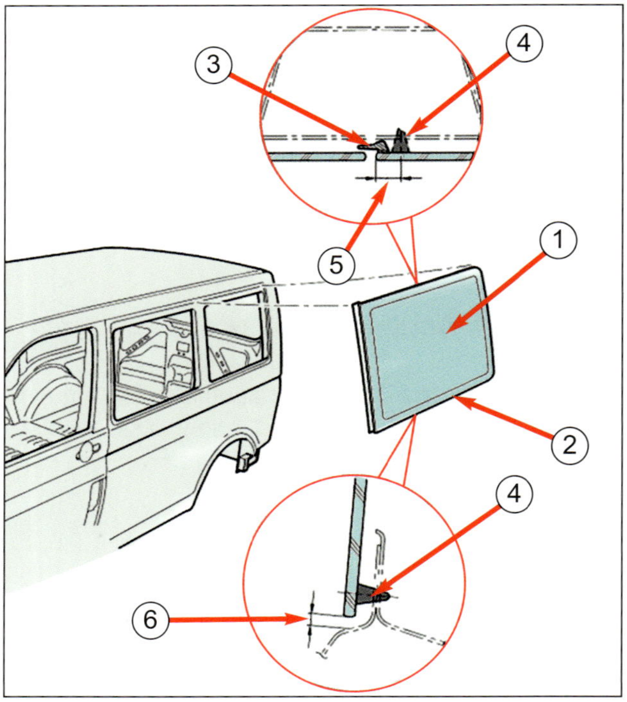

Ausrichten der Seitenscheibe hinten: 1 Seitenscheibe, 2 Keramikschicht, 3 Dichtlippe, 4 Scheibenkleber, 5 Abstand (8 mm), 6 Abstand (3 mm).

Seitenscheibe Mitte

Für die Seitenscheiben gilt das Gleiche. Auch hier sollten Sie sowohl den Einbau als auch den Ausbau den Scheibenprofis überlassen. Gerade bei den Scheiben mit Teilöffnungen kann ein falscher Schnitt hohe Kosten verursachen, da einige Dichtlippen oder der Tiefenanschlag nur zusammen mit der Scheibe lieferbar sind.

Vorbereitungsarbeiten zur Seitenscheibenmontage
Je nach Ausbauwerkzeug sind keine Vorbereitungsarbeiten erforderlich. Im Zweifel können Sie die Verkleidungen der anliegenden A-, B-, C- und D-Säule der entsprechenden Seite demontieren.

Ausrichten der Seitenscheibe hinten
Wie bei allen geklebten Scheiben ist ein Ausrichten der Scheibe nur beim Einkleben möglich. Nach Aushärten des Klebstoffes lässt sich die Scheibe nicht mehr verrutschen.

- Scheibe (2) zum Einkleben vorbereiten (lassen).
- Scheibe (2) mit der Kleberaupe des Scheibenklebers (4) am Karosserieflansch auflegen, hinten (5) und unten (6) ausrichten und ausmitteln.
- Der Tiefenanschlag (7) sollte an der Karosserie aufliegen.
- Geeignete Streifen Klebeband aufkleben und an der Oberkante der Scheibe (1) zum Fixieren aufkleben.

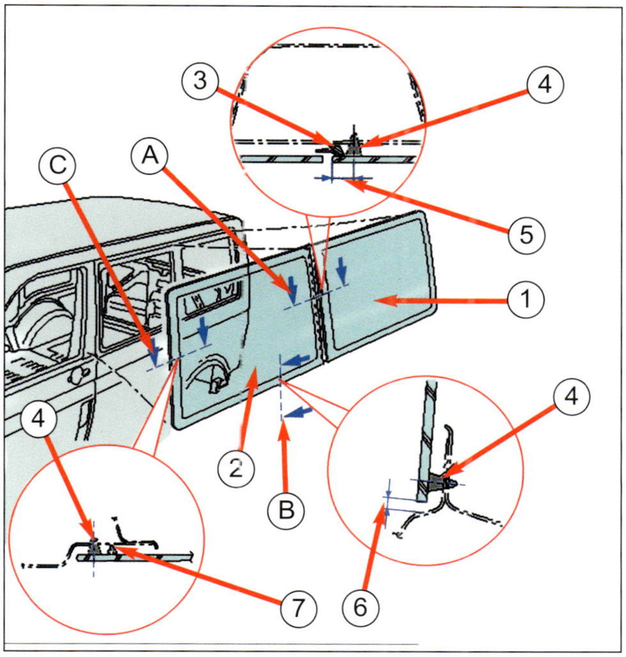

Ausrichten der Seitenscheibe Mitte: 1 Seitenscheibe hinten, 2 Seitenscheibe Mitte, 3 Dichtlippe, 4 Scheibenkleber, 5 Abstand (5 mm), 6 Abstand (3 mm), 7 Tiefenanschlag, A Abstand zur hinteren Seitenscheibe, B gleichmäßiger Abstand zum Seitenteil, C gleichmäßige Anlage am Tiefenanschlag.

Seitliches Schiebefenster

Neben den starren Varianten finden sich im Multivan auch Schiebefenster. Natürlich können auch hier Montagearbeiten anfallen, die wir Ihnen an dieser Stelle vorstellen werden.

Ausbau des Schiebefensters in der Schiebetür oder im Seitenteil
Der Ausbau des Schiebefensters unterscheidet sich nicht vom Ausbau eines feststehenden Fensters. Das Fenster ist genauso eingeklebt. Entsprechend sollten Sie auch hier die Montagearbeiten an einen Autoglasspezialisten vergeben. Die Demontagearbeiten der Verkleidungen können auch hier sinnvoll sein.

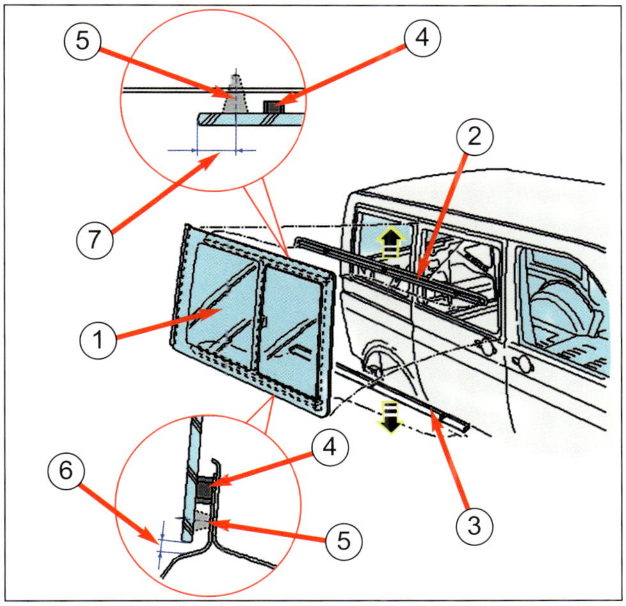

Schiebefenster in der Schiebetür: 1 Schiebefenster komplett, 2 Abdeckung Führungsschiene oben, 3 Abdeckung Führungsschiene unten, 4 Abstandssteg, 5 Scheibenkleber, 6 Abstand (3 mm), 7 Abstand Kleberaupe zum Scheibenrand (8 mm).

Ausrichten des Schiebefensters in der Schiebetür oder im Seitenteil

Auch hier gilt wie bei allen geklebten Scheiben, dass ein Ausrichten der Scheibe nur beim Einkleben möglich ist. Nach Aushärten des Klebstoffes lässt sich die Scheibe nicht mehr verrutschen.

- Scheibe (1) zum Einkleben vorbereiten (lassen).
- Scheibe (1) mit der Kleberaupe des Scheibenklebers (5) am Karosserieflansch auflegen, unten (6) ausrichten und ausmitteln.
- Der Abstandssteg (4) sollte an der Karosserie aufliegen.
- Geeignete Streifen Klebeband aufkleben und an der Oberkante der Scheibe (1) zum Fixieren bis zum Aushärten aufkleben.

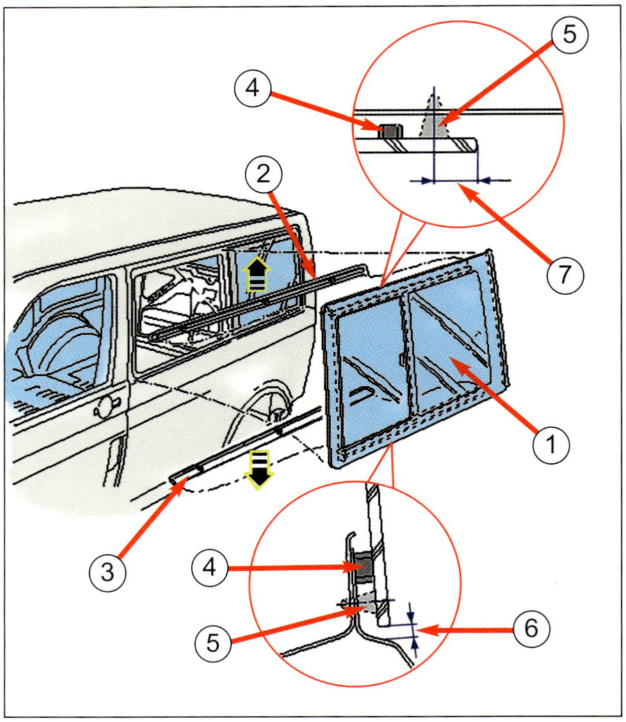

Schiebefenster im Seitenteil: 1 Schiebefenster komplett, 2 Abdeckung Führungsschiene oben, 3 Abdeckung Führungsschiene unten, 4 Abstandssteg, 5 Scheibenkleber, 6 Abstand (3 mm), 7 Abstand Kleberaupe zum Scheibenrand (8 mm).

Bewegliches Schiebefenster aus- und einbauen

Das bewegliche Element des Fensters kann einzeln ausgebaut werden. Hierbei sollten Sie sehr vorsichtig vorgehen, um weder das Fensterelement mit den Führungen noch das bewegliche Element mit den Nasen zu beschädigen.

- Fahrersitz ganz nach vorn schieben.
- Rollo Seitenscheibe links soweit vorhanden ausbauen.
- Dachholmverkleidung wegdrücken.
- Schiebefenster (1) in Mittenstellung bringen.
- Taster für das Schiebefenster (1) darf in dieser Stellung nicht einrasten, sondern muss in geöffneter Stellung bleiben.
- Mit einem geeigneten Demontagekeil den oberen Kunststoffrahmen rechts vorsichtig nach oben drücken.
- Den oberen Zapfen (2) rechts vom Schiebefenster (1) aus der Führung heraushebeln.
- Mit einem geeigneten Demontagekeil den oberen Kunststoffrahmen wiederum vorsichtig links nach oben drücken.
- Den oberen Zapfen (2) links vom Schiebefenster (1) aus der Führung heraushebeln.

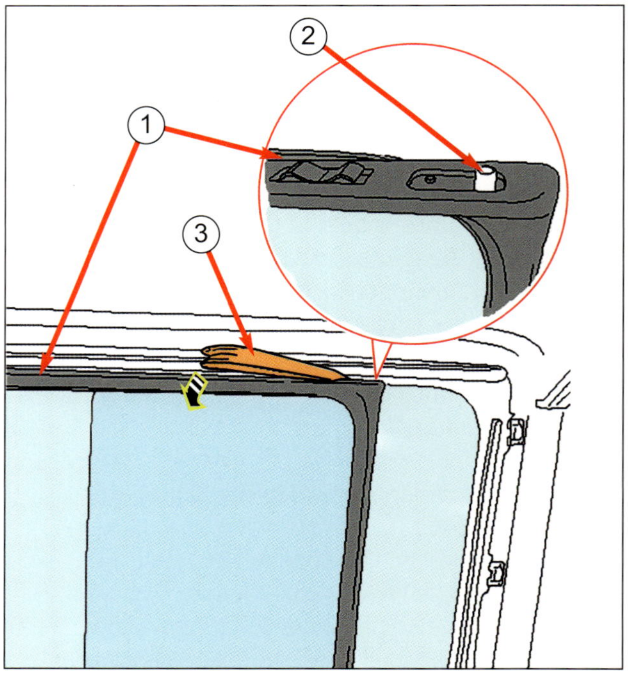

Bewegliches Schiebefenster rechter Zapfen: 1 bewegliches Schiebefenster, 2 Zapfen oben, 3 Montagekeil.

- Das Schiebefenster (1) oben nach innen abklappen und anschließend unten aus der Führung herausziehen.

Der Einbau des Schiebefensters (1) erfolgt sinngemäß in umgekehrter Reihenfolge.

- Achten Sie darauf, dass die Zentrierzapfen (2) oben und unten der linken Fensterseite nach außen schwenken.

- Damit der Rastzapfen (4) abgetaucht bleibt, den Taster (5) in geöffneter Stellung festhalten.

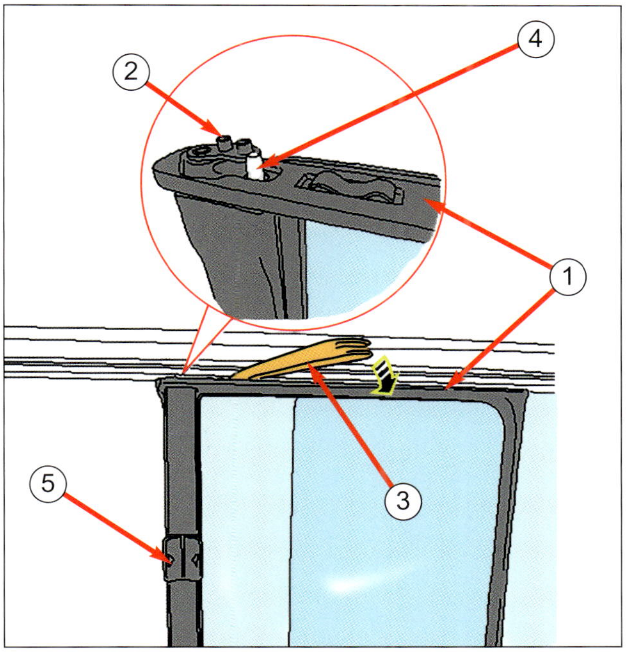

Bewegliches Schiebefenster linker Zapfen: 1 bewegliches Schiebefenster, 2 Zentrierzapfen oben, 3 Montagekeil, 4 Rastzapfen, 5 Taster.

Heckscheibe in Klappe und Türen

Hier können zwei unterschiedliche Türbauweisen verbaut worden sein. Zum einen die nach oben öffnende Heckklappe und die beiden seitlich öffnenden Flügeltüren. Im Folgenden werden wir Ihnen beide Bauweisen mit den Einbaumaßen vorstellen.

Ausbau der Heckscheibe(n)

Der Ausbau der Heckscheibe(n) unterscheidet sich nicht vom Ausbau der anderen geklebten Fenster. Auch für Heckklappe und Flügeltüre ergeben sich im Ablauf keine wichtigen Unterschiede. Auch hier sollten Sie die Montagearbeiten an einen Autoglasspezialisten vergeben. Die Demontagearbeiten der Verkleidungen im Umfeld können auch hier sinnvoll sein. Die Demontage der Heckwischer ist aber, soweit verbaut, erforderlich.

Ausrichten der Heckscheibe(n)

Auch hier gilt wie bei allen geklebten Scheiben, dass ein Ausrichten der Scheibe nur beim Einkleben möglich ist. Nach Aushärten des Klebstoffes lässt sich die Scheibe nicht mehr verrutschen.

- Scheibe (1) zum Einkleben vorbereiten (lassen).

- Scheibe (1) mit der Kleberaupe des Scheibenklebers (3) am Karosserieflansch auflegen, oben (5), unten (6) ausrichten und seitlich ausmitteln.

- Der Abstandssteg (4) sollte an der Karosserie aufliegen.

- Geeignete Streifen Klebeband aufkleben und an der Oberkante der Scheibe (1) zum Fixieren bis zum Aushärten aufkleben.

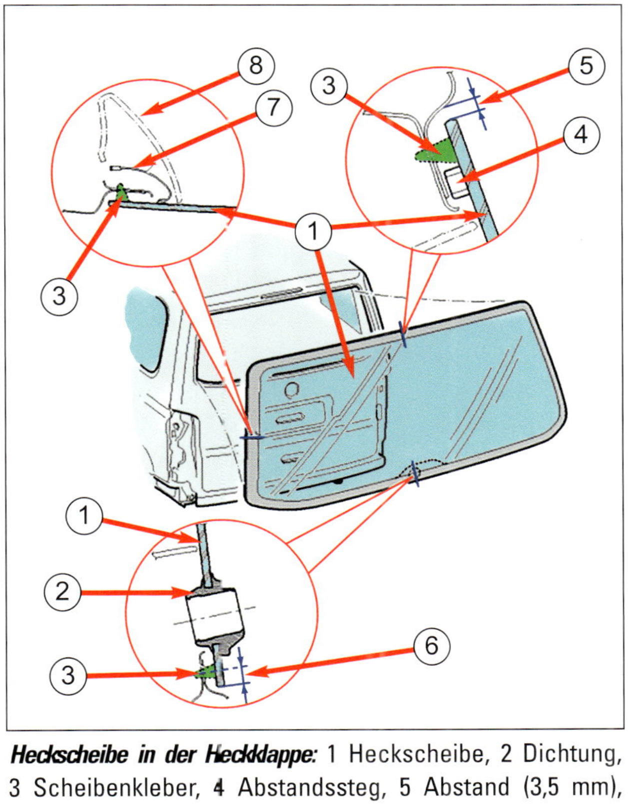

Heckscheibe in der Heckklappe: 1 Heckscheibe, 2 Dichtung, 3 Scheibenkleber, 4 Abstandssteg, 5 Abstand (3,5 mm), 6 Abstand (10 mm), 7 Kontakt für Scheibenheizung, 8 Verkleidung

Flügeltüren
Bei Fahrzeugen mit Flügeltüren sollten die Abstandsangaben für die Heckklappe verwendet werden. Wichtig ist die Scheibe gleichmäßig auszurichten.

Türscheibe vorne

Aus- und Einbau

- Bauen Sie die Türverkleidung vorn aus.
- Hebeln Sie die Abdeckkappen (1) heraus.
- Senken Sie die Türscheibe ab, bis Klemmschrauben (2) der Türscheibe zugänglich sind. Wenn eine Störung des elektrischen Fensterhebers vorliegt, kann der Fensterhebermotor abgeschraubt werden, um dann das Fenster von Hand herunterzuschieben.
- Lösen Sie die Schrauben (2) (nicht abschrauben!) für die Türscheiben und drücken Sie die Klemmbacken der Scheibe auseinander und hebeln Sie die Fensterschachtleiste innen nach oben heraus.
- Heben Sie die Türscheibe hinten an und schwenken Sie die Türscheibe in Pfeilrichtung nach vorn aus der Tür heraus.

Der Einbau erfolgt sinngemäß in umgekehrter Reihenfolge.

- Anschließend ist eine Funktionsprüfung bei geöffneter Tür durchzuführen.

Türfensterscheibe einstellen

- Bauen Sie die Türverkleidung vorn aus.
- Hebeln Sie die Abdeckkappen (1) heraus.
- Senken Sie die Türscheibe (1) ab, bis Klemmschrauben (2) der Türscheibe zugänglich sind.
- Lösen Sie die Klemmschrauben (2) (nicht abschrauben).
- Verschieben Sie die Türscheibe (1) ohne zusätzliche Krafteinwirkung in den Klemmbacken und richten Sie die Türscheibe an der hinteren Fensterführung aus.
- Ziehen Sie die Klemmschrauben (2) fest.
- Bevor Sie die Türverkleidung montieren, sollten Sie eine Funktionsprüfung durchzuführen.

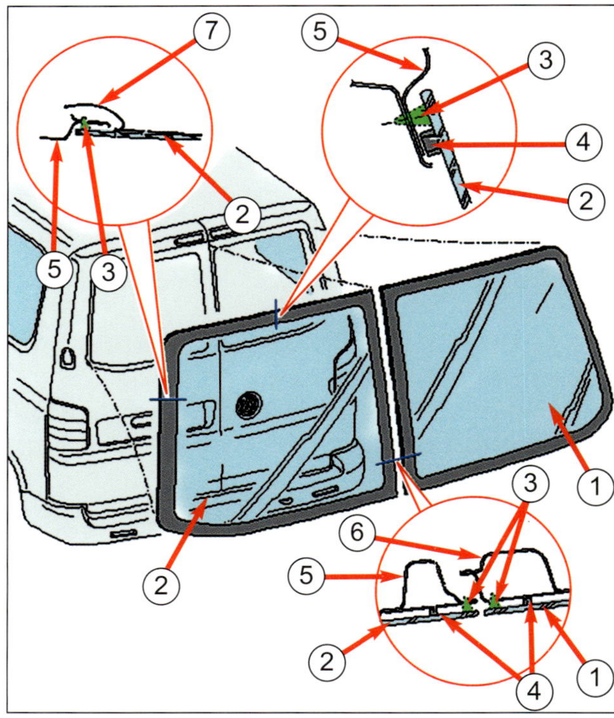

Heckscheiben in den Flügeltüren: Die Abstandsmaße oben betragen etwa 3,5 mm, das Abstandsmaß unten etwa 10 mm. 1 Heckscheibe rechts, 2 Heckscheibe links, 3 Scheibenkleber, 4 Tiefenanschlag, 5 Heckflügeltür links, 6 Heckflügeltür rechts, 7 Kontakt für Heckscheibenheizung.

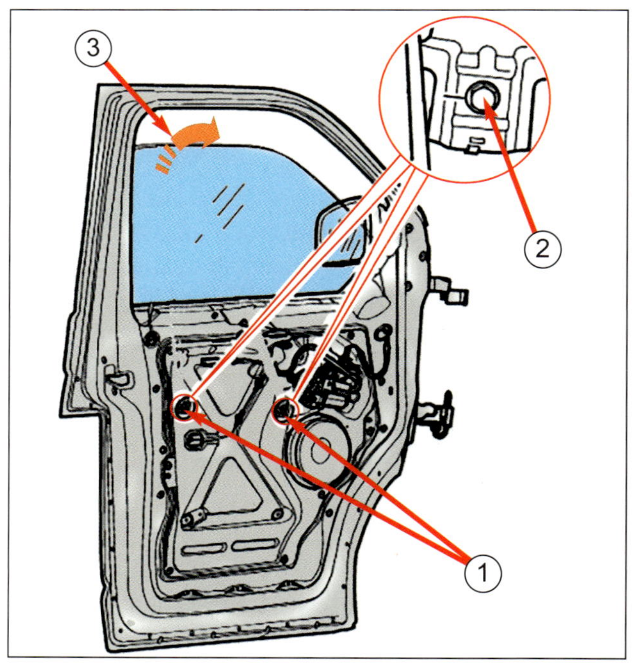

Türscheibe vorne: 1 Abdeckkappen, 2 Klemmschrauben, 3 Kipprichtung der Scheibe zum Ausbau.

Fensterheber Tür

Hebermotor Aus- und Einbau

- Die entsprechende Türverkleidung vorn ausbauen.
- Kleben Sie die Türscheibe mit Klebeband fest, damit sie nicht herunterrutscht.
- Trennen Sie die Steckverbindungen (2) vom Fensterhebermotor.
- Drehen Sie die Schrauben (3) heraus und nehmen Sie den Fensterhebermotor mit Steuergerät (1) vom Aggregateträger ab.

Die Montage erfolgt sinngemäß in umgekehrter Reihenfolge.

- Stecken Sie den Fensterhebermotor mit Steuergerät (1) auf.
- Ziehen Sie die Schrauben (3) an.
- Stecken Sie die Steckverbindungen (2) ein.
- Lassen Sie den Fensterheber jeweils einmal nach oben und nach unten auf Anschlag fahren. Damit ist der Fensterhebermotor normiert und betriebsbereit.
- Nach dem Einbau des Fensterhebers vor der Montage der Verkleidung eine Funktionsprüfung durchführen.

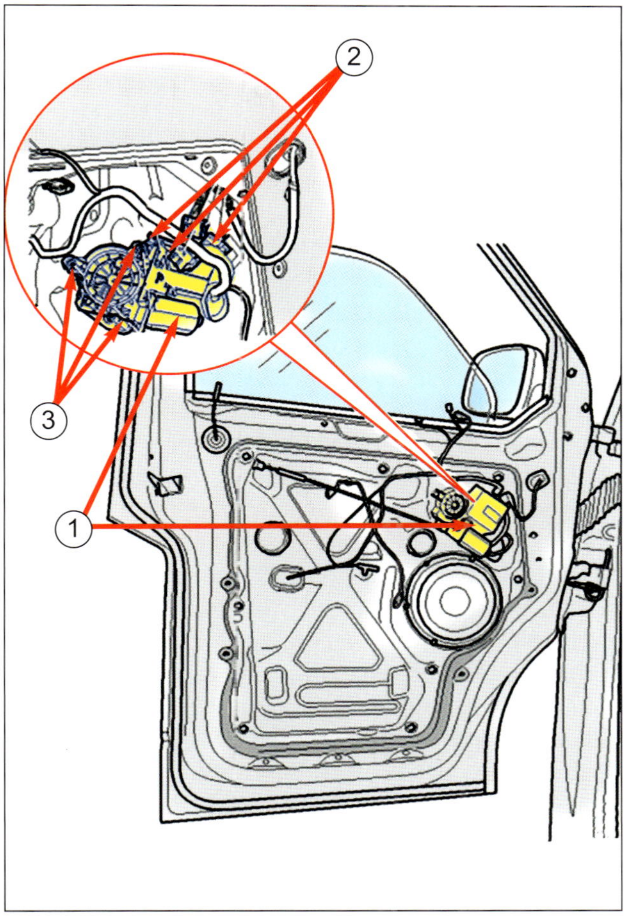

Fensterheber: 1 Fensterhebermotor mit Steuergerät, 2 Steckverbindungen, 3 Schrauben.

Schachtleisten und Fensterführung Aus- und Einbau

Der Kern der Fensterschachtleiste außen baut auf einem Metalleinleger auf. Wenn dieser verbogen wird, kann die Leiste außen nicht mehr geradegebogen werden. Sie bleibt »wellig«. Die Fensterschachtleiste außen deshalb beim Aus- und Einbau gleichmäßig und ohne zu verbiegen, abziehen bzw. aufdrücken.

Fensterschachtleiste innen:

- Ziehen Sie die Fensterschachtleiste nach oben vom Türflansch ab. Für die Montage drücken Sie die Fensterschachtleiste gleichmäßig von Hand auf den Türflansch auf.

Fensterschachtleiste außen:

Der Neuzustand bei Anlieferung der Fensterschachtleiste außen ist gerade und muss manuell auf die entsprechende Kontur (Biegung) gebracht werden (vorsichtig beim Aufdrücken).

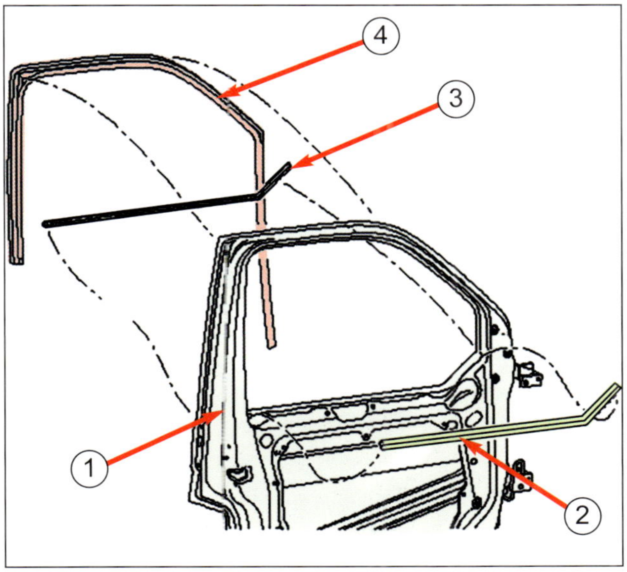

Fensterführung: 1 Tür vorne links, 2 Fensterschachtleiste innen, 3 Fensterschachtleiste außen, 4 Fensterführung.

- Außenspiegel ausbauen.

- Ziehen Sie die Fensterschachtleiste vorsichtig und gerade nach oben vom Türflansch ab. Für die Montage drücken Sie die Fensterschachtleiste gleichmäßig und vorsichtig von Hand auf den Türflansch auf.

Aggregateträger mit Hebemechanik Aus- und Einbau

Am Aggregateträger sind der Fensterheber, das Türschloss und der Lautsprecher befestigt. Der Aggregateträger kann nur ausgebaut werden, wenn die Türscheibe an den Klemmschrauben des Fensterhebers abgeschraubt ist. Dazu muss die Türscheibe bis auf die Höhe der Montagelöcher im Aggregateträger heruntergefahren und die Klemmschrauben gelöst werden. Sollte bei elektrischen Fensterhebern das Herunterfahren der Türscheibe nicht möglich sein, muss erst die genaue Fehlerursache ermittelt werden. Dazu muss mit dem Fahrzeugdiagnosesystem der Fehlerspeicher des Komfortsystems abgefragt werden. Liegt ein elektrischer Fehler vor, ist dieser Fehler zuerst zu beheben. Liegt ein elektrischer Fehler durch den Fensterhebermotor vor, kann dieser vom Aggregateträger abgeschraubt werden. Die Türscheibe kann von Hand in die notwendigen Arbeitspositionen geschoben werden.

- Die entsprechende Türverkleidung vorn ausbauen.

- Das Schließzylindergehäuse ausbauen.

- Den Clip (1 im Bild oben) aus dem Türgriff (2) lösen.

- Die Verschlussstopfen (4 im Bild unten) heraushebeln.

- Masseleitungsanschluss (6) unterhalb der Fensterschachtleiste abschrauben.

- Türscheibe absenken, bis die Klemmschrauben (11) der Türscheibe zugänglich sind. Ist der Arbeitsschritt wegen einer Störung durch den elektrischen Fensterheber nicht möglich, kann der Fensterhebermotor abgeschraubt werden. Danach kann die Türscheibe von Hand in die notwendige Arbeitsposition geschoben werden.

- Die Klemmschrauben für die Türscheibe (11) lösen (nicht abschrauben) und die Klemmbacken auseinanderdrücken.

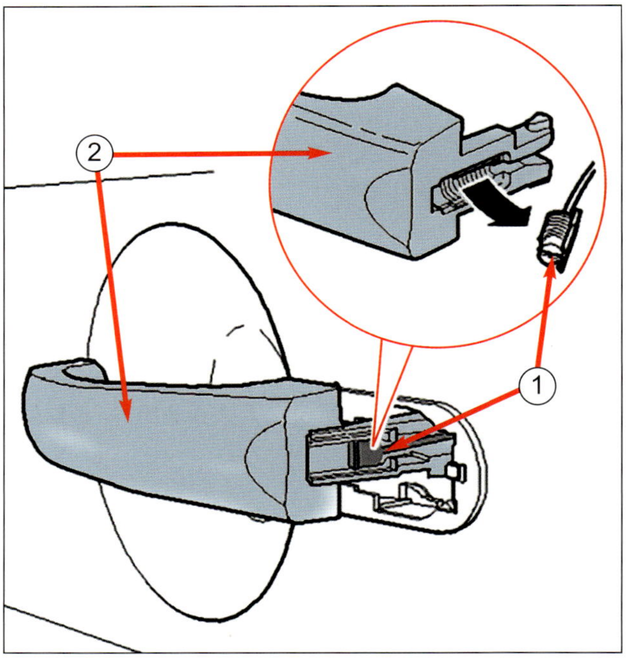

Clip im Türgriff: 1 Clip am Betätigungszug, Türgriff außen.

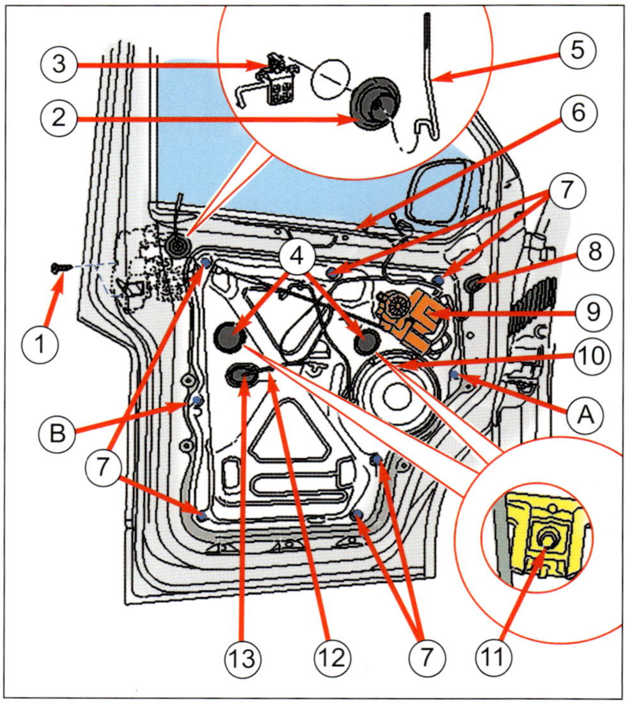

Aggregateträger Tür: 1 Schrauben Türschloss, 2 Faltenbalg, 3 Clip mit Sicherungsstange, 4 Verschlussstopfen, 5 Verriegelungsstange, 6 Masseanschlussschraube, 7 Befestigungsschrauben Aggregateträger, 8 Gummitülle, 9 Fensterhebermotor, 10 Lautsprecher, 11 Schraube, 12 Leitungsstrang, 13 Gummitülle, A Befestigungsschraube, B Befestigungsschraube.

- Die Türscheibe nach oben schieben und (z. B. mit Klebeband) fixieren, damit sie nicht in die Tür fallen kann.
- Den Faltenbalg (2) heraushebeln.
- Die elektrischen Steckverbindungen vom Fensterhebermotor (9) und dem Lautsprecher (10) entriegeln und trennen.
- Befestigungsschrauben für das Türschloss (1) herausschrauben.
- Die 8 Befestigungsschrauben (7, A und B) für den Aggregateträger herausschrauben.
- Den Aggregateträger oben von der Tür abziehen, etwas anheben und mit Türschloss und Verriegelungsstange (5) zur Scharnierseite aus der Tür herausschwenken.
- Den Aggregateträger herumdrehen und die elektrische Steckverbindung vom Türschloss abziehen.
- Die Clips der elektrischen Leitungen von der Rückseite des Aggregateträgers abziehen.
- Die Gummitülle (13) heraushebeln und die Leitung (12) aus der Öffnung (13) und der Gummitülle (8) herausziehen.

Die Montage erfolgt sinngemäß in umgekehrter Reihenfolge.

- Die Verzahnung am Fensterhebermotor muss im Fensterheber einrasten.
- Aggregateträger in die Tür einsetzen.
- Alle 8 Befestigungsschrauben (7, A und B) ansetzen. Die Reihenfolge der Verschraubung am Aggregateträger einhalten. Zuerst die Schraube (A) und dann die Schraube (B) mit dem vorgeschriebenen Anzugsdrehmoment anziehen. Danach die restlichen Schrauben (7) beliebig über Kreuz mit dem vorgeschriebenen Anzugsdrehmoment (10 Nm) anziehen.
- Anschließend ist eine Funktionsprüfung bei geöffneter Tür durchzuführen.

Karosserieanbauteile außen

Schlossträger in Servicestellung bringen

Der Stoßfänger muss hier nicht zwingend demontiert werden. Dazu müssen dann die Blenden unten demontiert werden, um die Verschraubungen zugänglich zu machen.

Vorderbau in Servicestellung setzen

- Bei Fahrzeugen mit Gasdruckfeder als Stütze der Klappe vorn (Motorhaube) die Feder ausbauen (siehe später folgende Arbeitsanleitung).
- Die Motorhaube abstützen.
- Die Stoßfängerabdeckung vorn abbauen.
- Den Kühlmittelbehälter abbauen und zur Seite legen.

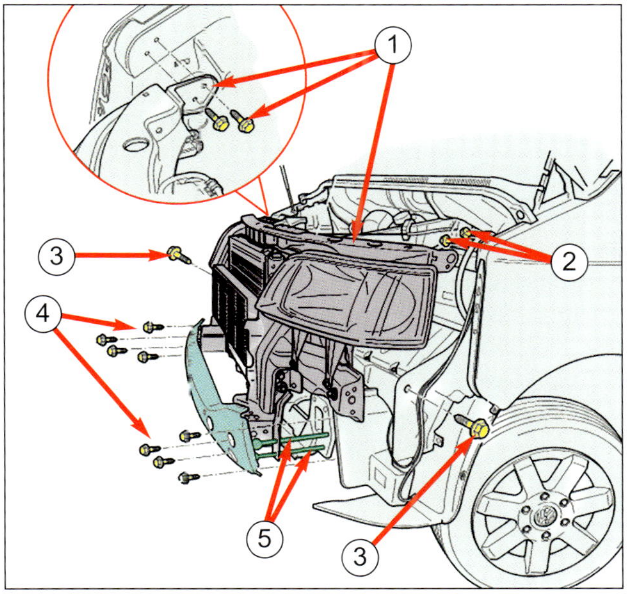

Servicestellung: 1 Schlossträger mit Anbauteilen, 2 Schrauben, 3 zwei Schrauben, 4 Schrauben, 5 Absteckwerkzeug (VW T10228).

■ Die Schrauben (4) herausdrehen und je zwei Führungsstangen am rechten und linken Längsträger einschrauben.

■ Die Schrauben (2) und (3) links und rechts herausdrehen.

■ Bei Fahrzeugen mit Ladeluftkühler die Steckkupplung entriegeln und die Druckschläuche vom Kühler in Pfeilrichtung aus der Kupplung ziehen.

■ Der Schlossträger kann jetzt auf dem Spezialwerkzeug (5) um etwa 150 mm in Pfeilrichtung nach vorn gezogen werden – führen Sie die Schläuche und Leitungen nach.

Der Rückbau erfolgt sinngemäß in umgekehrter Reihenfolge.

■ Um den Schlossträger zurückzusetzen, muss er an den Längsträgern und zwischen den Kotflügeln ausgemittelt werden. Dabei sind die Karosseriespaltmaße zu berücksichtigen.

■ Darauf achten, dass die Druckschläuche für die Ladeluftkühler wieder richtig verrastet werden und Schläuche oder Leitungen nicht eingeklemmt sind.

Stoßfänger vorne demontieren

Es wurden modelljahrabhängig zwei unterschiedliche Stoßfänger am T5 verbaut. Wir stellen Ihnen im folgenden beide Varianten vor. Je nach Modellvariante müssen Sie beim Aus- und Einbau geringfügige Abweichungen berücksichtigen.

Stoßfänger bis 2010

■ Bauen Sie die Geräuschdämpfung unten aus.

■ Bauen Sie die Abdeckung (8 im Bild unten) und Batterieabdeckung (11) aus.

■ Bauen Sie den Kühlergrill (6) aus.

■ Bauen Sie die Stoßleisten und Blenden für Nebelscheinwerfer links und rechts (4) aus.

■ Klappen Sie die Radhausschale im vorderen Bereich vorsichtig zur Seite.

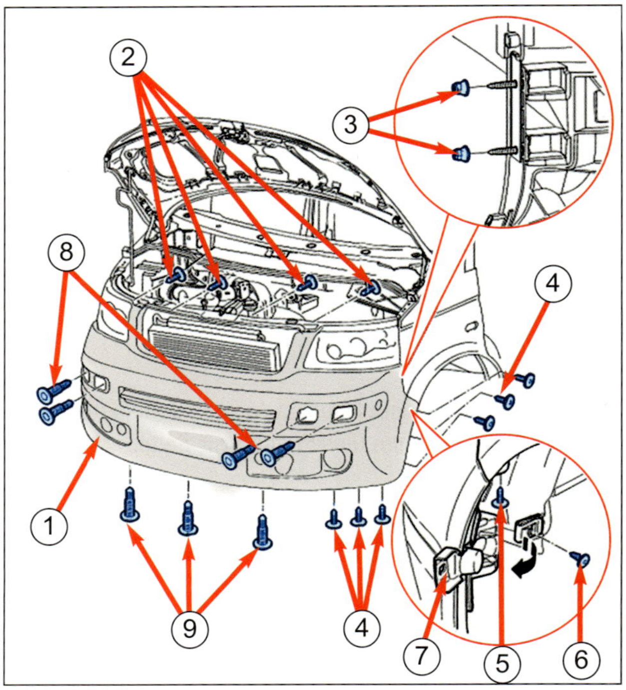

Stoßfänger vorne bis 2010: 1 Stoßfängerabdeckung vorn, 2 Schrauben, 3 Sechskantmuttern, 4 Schrauben, 5 Schrauben, 6 Schrauben, 7 Halter, 8 Schrauben, 9 Schrauben.

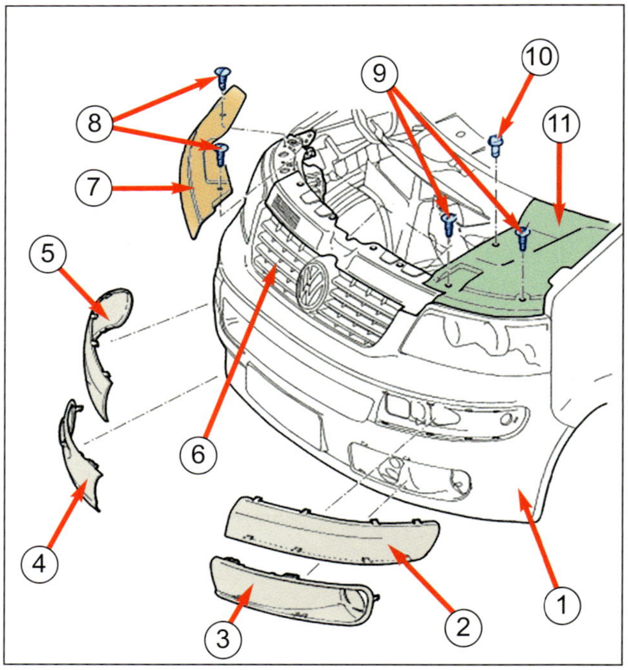

Anbauteile vorne bis 2010: 1 Stoßfängerabdeckung vorn, 2 Stoßleiste links, 3 Blende Nebelscheinwerfer links, 4 Blende Nebelscheinwerfer rechts, 5 Stoßleiste rechts, 6 Kühlergrill, 7 Abdeckung, 8 Schrauben, 9 Drehverschluss, 10 Schrauben, 11 Batterieabdeckung.

- Drehen Sie die Schrauben (5 im Bild oben) (nach oben gerichtet) links und rechts heraus.
- Drehen Sie die Schrauben (6) links und rechts heraus und klappen Sie den Halter (7) zur Seite.
- Drehen Sie die Sechskantmutter (3) links und rechts ab.
- Bauen Sie den Nachfüllbehälter für Hydrauliköl ab und legen ihn zur Seite.
- Bauen Sie den Einfüllstutzen für die Scheibenwaschanlage ab und legen diesen auch zur Seite.
- Drehen Sie die Schrauben (2) oben am Schlossträger heraus.
- Drehen Sie die Schrauben (9) von unten und Schrauben (8) von vorn heraus.

Der weitere Ausbau ist nur mit einem zweiten Monteur möglich.

- Trennen Sie die Steckverbindungen der elektrischen Bauteile (soweit vorhanden).
- Trennen Sie den Schlauch der Scheinwerferreinigungsanlage (soweit vorhanden).
- Nehmen Sie die Stoßfängerabdeckung vorn (1) mit einem zweiten Monteur ab.

Der Einbau erfolgt sinngemäß in umgekehrter Reihenfolge, dabei bitte Folgendes beachten:

- Überprüfen Sie vor dem Einbau der Stoßfängerabdeckung vorn die Befestigungsteile (Clip und Ähnliches) und erneuern Sie diese gegebenenfalls.

Stoßfänger ab 2010

- Die Geräuschdämpfung unten ausbauen.
- Den Kühlergrill ausbauen.
- Die Schrauben (6) von unten herausdrehen.
- Radhausschalen vorn links und rechts jeweils im vorderen Bereich lösen.
- Die Stoßleisten und Blenden (3-6 siehe nächstes Bild) für Nebelscheinwerfer links und rechts ausbauen. Jeweils nur eine Schraube (5) links und rechts herausdrehen.
- Schrauben (3) (nach oben gerichtet) links und rechts herausdrehen.
- Muttern (2) links und rechts abschrauben.
- Die Schrauben (7) herausdrehen.
- Den Kontaktschalter für die Motorhaube aus dem Klappenschloss ausclipsen.
- Die elektrische Steckverbindung am Kühlmittelausgleichsbehälter trennen.
- Die elektrische Steckverbindung am Scheinwerfer links trennen.
- Den elektrischen Leitungsstrang in seinem Verlauf lösen und nach vorn herausführen.

Der weitere Ausbau ist nur mit einem zweiten Monteur möglich:

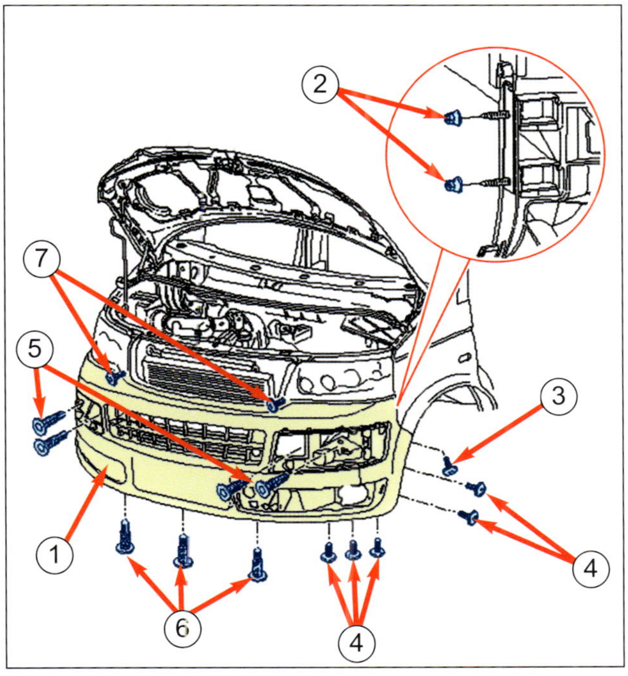

Stoßfänger vorne ab 2010: 1 Stoßfängerabdeckung vorn, 2 Sechskantmuttern, 3 Schrauben, 4 Schrauben, 5 Schrauben, 6 Schrauben, 7 Schrauben.

- Beachten Sie die Hinweise und Arbeitsvorgaben für die Einparkhilfe (soweit vorhanden).
- Soweit verbaut, die Schlauchkupplung der Scheinwerferreinigungsanlage trennen.
- Die Stoßfängerabdeckung vorn (1) zusammen mit einem zweiten Monteur vorsichtig abnehmen.

Der Einbau erfolgt sinngemäß in umgekehrter Reihenfolge.

- Bei der Montage die Spaltmaße der Stoßfängerabdeckung vorn beachten und einstellen.

Stoßfänger hinten demontieren

Auch hier wurden modelljahrabhängig zwei unterschiedliche Stoßfänger am T5 verbaut. Wir stellen Ihnen im folgenden beide Varianten vor. Je nach Modellvariante und oder Ausstattung müssen Sie beim Aus- und Einbau geringfügige Abweichungen berücksichtigen.

Stoßfänger bis 2010

- Stoßfängerabdeckung hinten aus- und einbauen.
- Schlussleuchten ausbauen.
- Spreiznieten (3) mit einem Schraubendreher links und rechts heraushebeln.
- Endstück (2) links und rechts nach oben herausziehen.
- Spreiznieten (5) mit einem Schraubendreher links und rechts heraushebeln.
- Halter (4) für das Endstück (2) links und rechts nach oben herausnehmen.
- Spreiznieten (8) mit einem Schraubendreher links und rechts heraushebeln.
- Radhausschalen im hinteren Bereich lösen und vorsichtig zur Seite klappen.
- Schrauben (6) links und rechts herausdrehen.
- Spreiznieten (10) von unten mit einem Schraubendreher heraushebeln.

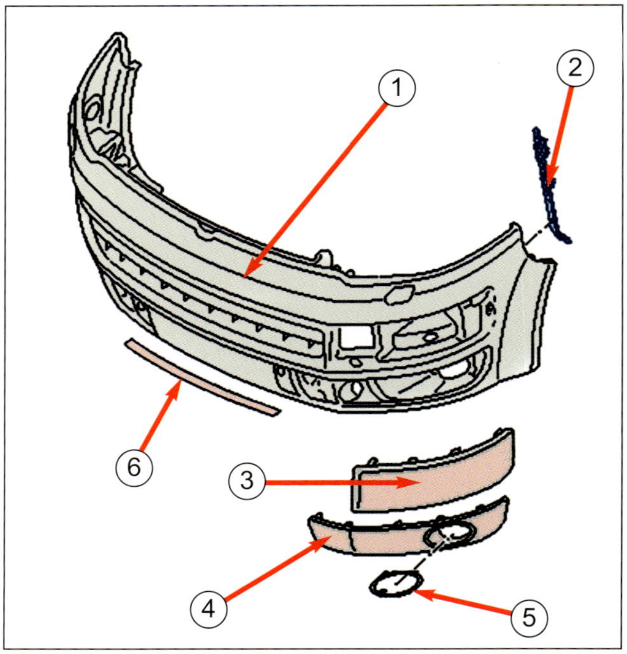

Stoßfänger vorne ab 2010: 1 Stoßfängerabdeckung vorn, 2 Führungsprofil, 3 Schutzleiste, 4 Blende, 5 Abdeckring, 6 Zierleiste.

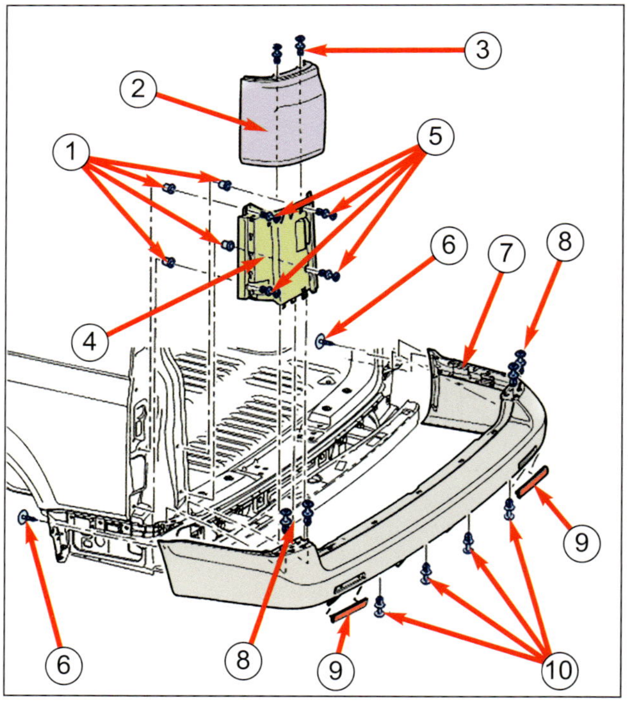

Stoßfänger hinten bis 2010: 1 Tülle, 2 Endstück, 3 Spreizniet, 4 Halter für Endstück, 5 Schrauben, 6 Schraube, 7 Stoßfängerabdeckung hinten, 8 Spreiznieten, 9 Rückstrahler, 10 Spreiznieten.

- Ziehen Sie mit einem zweiten Monteur die Stoßfängerabdeckung hinten (7) parallel aus den Führungen. Je nach Modellvariante muss die Stoßfängerabdeckung hinten (7) aus den seitlichen Führungsprofilen ausgeclipst werden.

- Steckverbindungen der elektrischen Bauteile (soweit vorhanden) trennen. Beispielsweise die Hinweise und Arbeitsvorgaben für die Einparkhilfe beachten.

Der Einbau erfolgt sinngemäß in umgekehrter Reihenfolge.

- Bei der Montage die Spaltmaße der Stoßfängerabdeckung vorn beachten und einstellen.

Stoßfänger ab 2010

- Schlussleuchten links und rechts ausbauen.

- Spreiznieten (5) links und rechts entfernen.

- Endstück (4) links und rechts nach oben abnehmen.

- Schrauben (3) links und rechts herausdrehen.

- Spreiznieten (2) von unten entfernen.

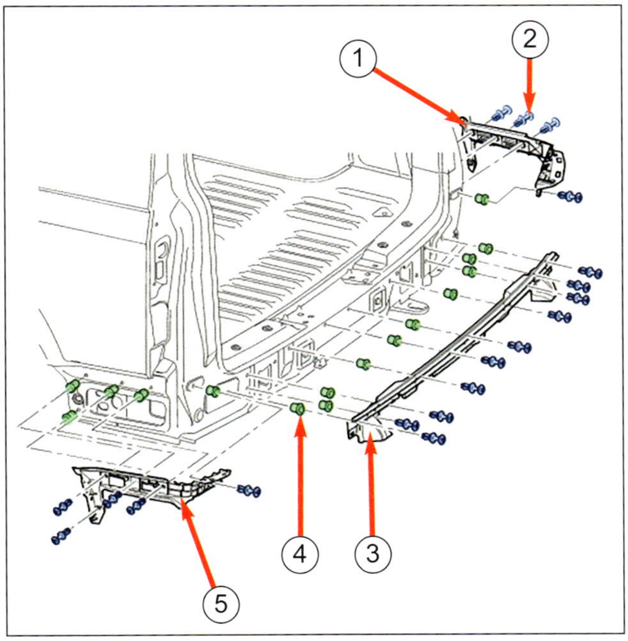

Stoßfänger hinten ab 2010: 1 Führungsprofil rechts, 2 Spreizniet, 3 Befestigungsleiste Mitte, 4 Tüllen, 5 Führungsprofil links.

Der weitere Ausbau ist nur mit einem zweiten Mechaniker möglich.

- Stoßfängerabdeckung hinten (1) links und rechts gleichzeitig nach oben heben und an den Führungsprofilen entriegeln.

- Stoßfängerabdeckung hinten (1) parallel aus den Führungsprofilen links und rechts herausziehen.

- Falls vorhanden, elektrische Steckverbindungen der elektrischen Bauteile trennen. Hinweise und Arbeitsvorgaben für die Einparkhilfe müssen beachtet werden.

Der Einbau erfolgt sinngemäß in umgekehrter Reihenfolge, dabei muss Folgendes beachtet werden:

- Vor dem Einbau der Stoßfängerabdeckung hinten müssen die Befestigungsteile geprüft und wenn erforderlich erneuert werden.

- Bei Fahrzeugen mit Spurwechselassistent muss bei jedem Aus- und Einbau, beziehungsweise Ersetzen des Stoßfängers hinten das »Steuergerät für Spurwechselassistent« oder »Steuergerät 2 für Spurwechselassistent« mit dem Diagnosetester neu kalibriert werden.

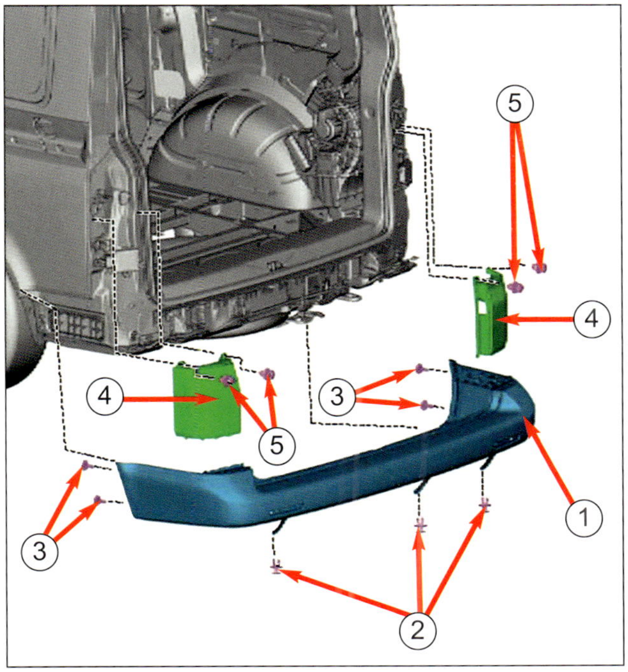

Stoßfänger hinten ab 2010: 1 Stoßfängerabdeckung hinten, 2 Spreizniete, 3 Schrauben, 4 Endstück, 5 Spreizniete.

- Nach Abschluss der Montagearbeiten muss das System Spurwechselassistent »Side Assist« kalibriert werden.

- Auf Parallelität und Spaltmaß ist zu achten. Die Maße dazu haben wir am Anfang dieses Kapitels untergebracht.

Kühlergrill demontieren

Im Zuge des Facelifts finden Sie entsprechend dem Modelljahr zwei unterschiedliche Grillblenden am T5. Wir stellen Ihnen im Folgenden beide Varianten vor. Je nach Modellvariante und/oder Ausstattung müssen Sie beim Aus- und Einbau trotzdem geringfügige Abweichungen berücksichtigen.

Kühlergrill bis 2010 aus- und einbauen

- Schrauben (2) und (6) der Batterieabdeckung (1) herausdrehen und die Batterieabdeckung abnehmen.

- Schrauben (6) der Abdeckung (5) herausdrehen und die Abdeckung abnehmen.

- Schrauben (3) oben herausdrehen.

- Kühlergrill (4) oben aus dem Schlossträger clipsen und den Kühlergrill nach vorn aus der unteren Führung herausziehen.

Der Einbau erfolgt sinngemäß in umgekehrter Reihenfolge, dabei ist Folgendes zu beachten:

- Beim Einbau des Kühlergrills müssen die Rasthaken hörbar am Schlossträger einrasten.

- Achten Sie auf gleichmäßigen Abstand beim Einpassen.

Kühlergrill ab 2010 aus- und einbauen

- Schraube (4) herausdrehen und die Batterieabdeckung seitlich vorn abnehmen.

- Spreiznieten (2) mit einem Schraubendreher herausheben.

- Kühlergrill (1) parallel nach vorn vorsichtig aus den Verrastungen der Stoßfängerabdeckung vorn herausziehen.

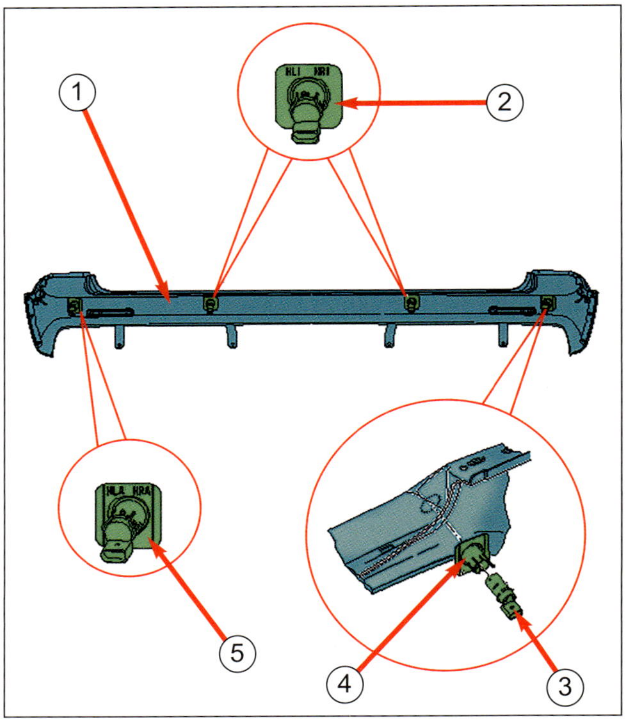

Stoßfänger hinten ab 2010: 1 Stoßfängerabdeckung hinten, 2 Geber für Einparkhilfe hinten Mitte, 3 Geber für Einparkhilfe hinten links, 4 Halter Sensor, 5 Geber für Einparkhilfe hinten rechts.

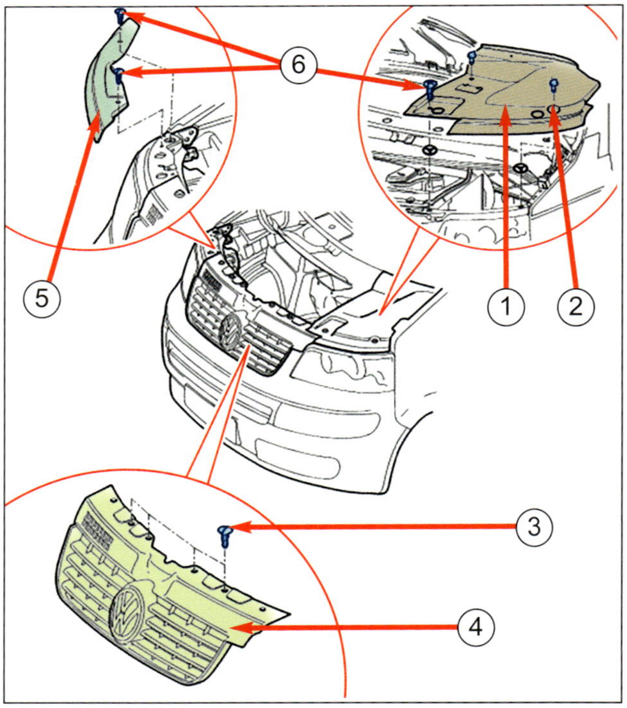

Kühlergrill bis 2010: 1 Batterieabdeckung, 2 Drehverschluss, 3 Schraube, 4 Kühlergrill, 5 Abdeckung, 6 Schraube.

Emblem ausbauen:

- Emblem (3) etwas in Pfeilrechnung verdrehen (die Verrastungen sind gelöst) und das Emblem (3) nach vorn aus dem Kühlergrill (1) herausziehen.

Der Einbau Kühlergrill und Emblem erfolgt sinngemäß in umgekehrter Reihenfolge.

Schriftzug »BLUEMOTION« im Kühlergrill:

- Den Kühlergrill wie bereits beschrieben demontieren.
- Von der Innenseite her die Verrastungen vom Schriftzug »BLUEMOTION« lösen.

Der Einbau erfolgt sinngemäß in umgekehrter Reihenfolge.

Blende B-Säule demontieren

- Öffnen Sie die Tankklappe und drehen Sie die Schraube (7) für die Blende (1) heraus.
- Ziehen Sie die Blende (1) oben vom Clip (5) ab (soweit verbaut) und nehmen Sie die Blende (1) vom Haltewinkel (3) ab.

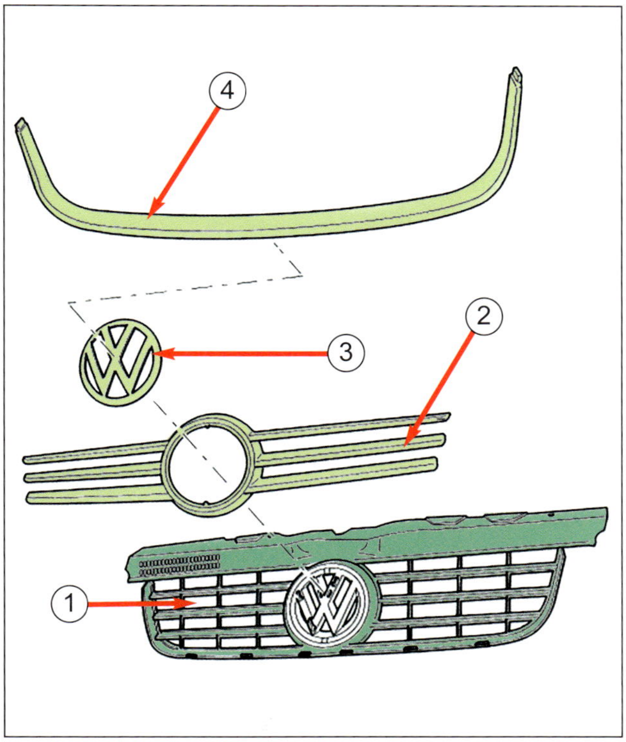

Anbauteile Kühlergrill hinten bis 2010: 1 Kühlergrill, 2 Kühlergrillblende, 3 Emblem, 4 Kühlergrillleiste.

Der Einbau erfolgt sinngemäß in umgekehrter Reihenfolge.

- Achten Sie auf die Spaltmaße bei der Montage der Abdeckung.

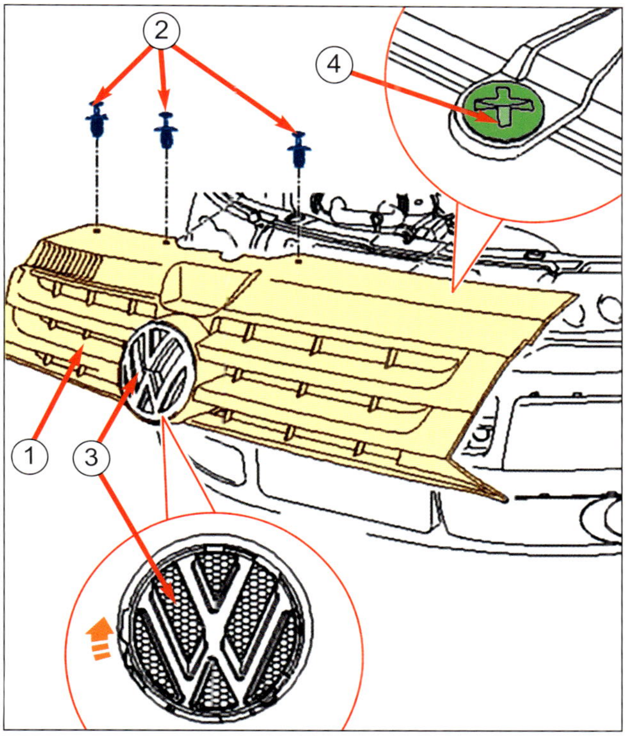

Kühlergrill ab 2010: 1 Kühlergrill, 2 Spreizniet, 3 Emblem, 4 Schraube.

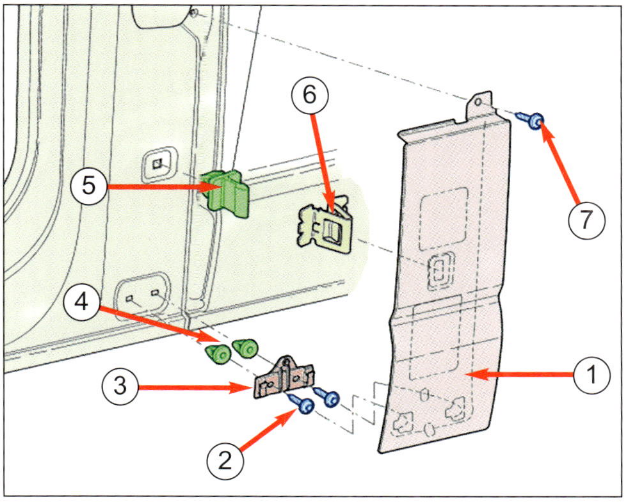

Seitenblende bis 2010: 1 Blende, 2 Schraube, 3 Haltewinkel, 4 Spreizmutter, 5 Clip, 6 Klammer (nicht immer verbaut), 7 Schraube.

Türen und Klappen

Arbeiten an der Frontklappe

Frontklappe (Motorhaube) einstellen

Für die Grundeinstellung der Frontklappe (10) muss das Fahrzeug auf dem Boden stehen und der Schließbügel ausgebaut sein.

- Schließbügel (1) ausbauen.

- Bei Fahrzeugen mit Gasdruckfeder (Haubenöffner) muss die Gasdruckfeder (17) ausgebaut werden. Dazu mit einem kleinen Schraubendreher unter die Federklammer am Kugelgelenk greifen und die Federklammer gerade so weit anheben, dass sich die Federklammer über die Kugelpfanne vom Kugelzapfen abziehen lässt.

- Durch Lösen der Schrauben (14) (nicht abschrauben) kann die Frontklappe (10) zwischen den Kotflügeln durch Verschieben der Klappenscharniere (13) ausgemittelt werden.

- Im hinteren Bereich kann die Frontklappe (10) in der Höhe durch Lösen der Schrauben (12) (nicht abschrauben) eingestellt werden.

- Mit den Einstellpuffern (11) kann die Frontklappe im vorderen Bereich in der Höhe zu den Kotflügeln eingestellt werden.

- Die Anschlagpuffer (16) (4 Stück) an der Frontklappe (10) dienen nicht der Einstellung. Sie haben die Aufgabe, die Frontklappe zu dämpfen.

- Der Anschlag (15) dämpft das Klappenscharnier.

- Achten Sie darauf, dass die Spaltmaße gleichmäßig sind.

- Schrauben (12) und (14) mit einem Anzugsdrehmoment von 20 Nm festziehen.

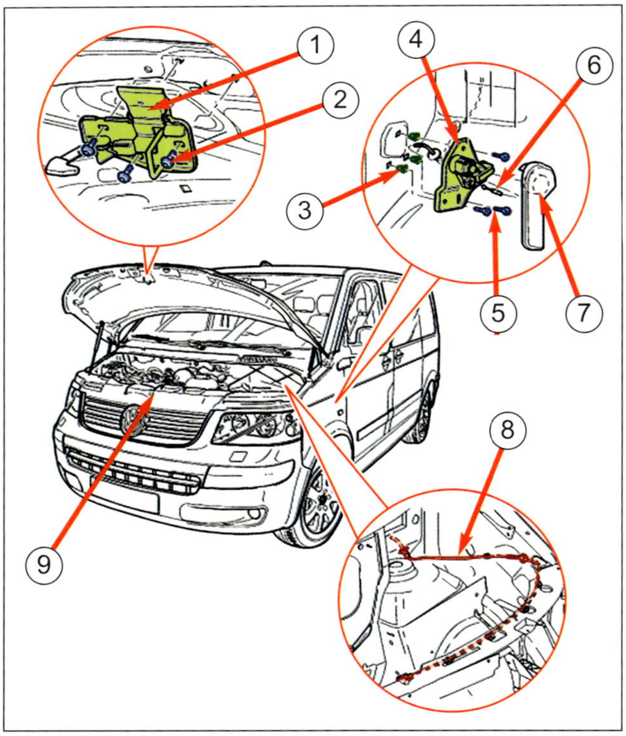

Verriegelungen an der Haube: 1 Schließbügel, 2 Schraube, 3 Spreizmutter, 4 Lagerbock, 5 Schraube, 6 Bowdenzug, 7 Betätigungshebel, 8 Bowdenzug, 9 Klappenschloss.

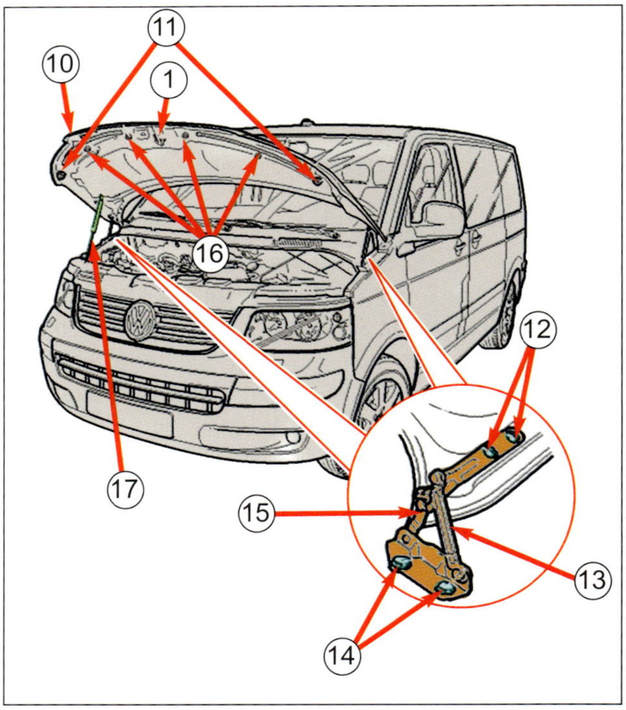

Einstellung und Dämpfung an der Haube: 1 Schließbügel, 10 Frontklappe, 11 Einstellpuffern, 12 Schrauben, 13 Anschlag, 14 Schrauben, 13 Haubenscharnier, 16 Anschlagpuffer, 17 Gasdruckfeder.

- Nach Montage- oder Einstellarbeiten sind Korrosionsschutzmaßnahmen am Scharnier (13) und an den Schrauben (12) und (14) durchzuführen.

- Nach Einstellung der Frontklappe (10) muss der Schließbügel (1) wieder eingebaut werden.

- Führen Sie eine Funktionsprüfung zum Öffnen und Schließen der Frontklappe durch.

- Prüfen Sie die Spaltmaße nach dem Schließen der Frontklappe (10). Ist sie nicht mehr so eingestellt wie gehabt, ist die Einstellung mit dem Klappenschloss noch ein wenig zu korrigieren. Dazu müssen Sie die Schrauben des Klappenschlosses (9) lösen (nicht abschrauben). Dann kann das Spaltmaß der Frontklappe mit dem Klappenschloss (9) korrigiert beziehungsweise eingestellt werden.

Frontklappe (Motorhaube) abbauen

- Steckverbindungen der vorhandenen elektrischen Bauteile und Schläuche trennen.

- Schrauben (12) links und rechts lösen (nicht abschrauben).

- Der weitere Ausbau ist nur mit einem zweiten Monteur möglich.

- Gasdruckfeder (17) an der Frontklappe (10) ausbauen.

- Schrauben (12) erst jetzt herausdrehen und die Frontklappe (10) aus den Scharnieren (13) herausheben.

Der weitere Einbau erfolgt sinngemäß in umgekehrter Reihenfolge, dabei Folgendes beachten.

- Wird die Frontklappe (10) ersetzt, muss die Frontklappe wie beschrieben neu eingestellt werden.

Frontklappendämmung (Motorhaube) abbauen

In der Folge des Faceliftes hat sich die eigentliche Befestigung der Haubendämpfung nicht verändert. Die Arbeitsschritte unterscheiden sich nicht. Allerdings kommen nun 14 Clips statt 12 zu Einsatz.

- Clips (19) mit einem geeigneten Abdrückhebel aus der Dämpfung (18) heraushebeln.

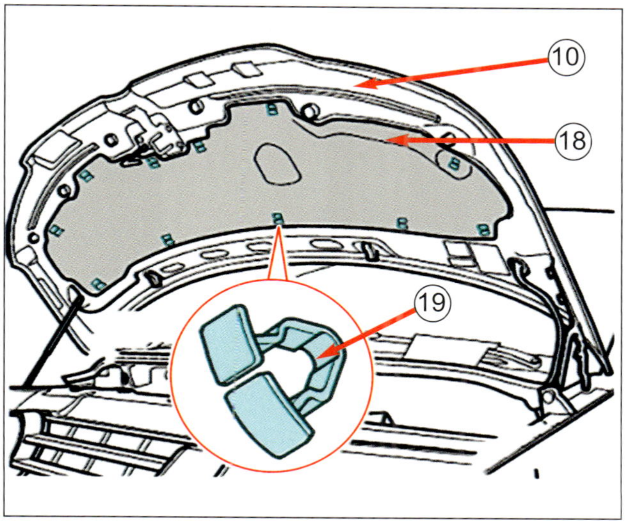

Haubendämmung: 10 Frontklappe, 18 Haubendämpfung, 19 Clips.

- Dämpfung (2) abnehmen.

Der Einbau erfolgt in umgekehrter Reihenfolge, dabei Folgendes beachten:

- Beim Einbauen der Dämpfung (18) muss darauf geachtet werden, dass die Clips (19) mit der kurzen Seite nach oben eingesetzt werden.

Arbeiten an der Türe vorne

Tür vorn aus- und einbauen

Die Beschreibung für den Aus- und Einbau erfolgt nur für die linke Tür. Für die rechte Seite ist dies sinngemäß daraus abzuleiten. Je nach Modellvariante müssen beim Aus- und Einbau geringfügige Abweichungen berücksichtigt werden.

- Die Abdeckkappe vor dem Spiegel am Kotflügel ausbauen.

- Die Verkleidung der Schalttafel links ausbauen.

- Den Faltenbalg (1) durch Druck auf die seitliche Verrastung (2) entriegeln.

- Den Faltenbalg von der A-Säule abziehen.

- Die elektrischen Steckverbindungen (Pfeile) trennen.

- Den Bodenbelag im Fußraum links zur Seite klappen.

- Die Masseleitung vom Massestern trennen.
- Die Leitungen durch die Öffnung führen.
- Die Schutzkappen (3) und (5) (soweit noch vorhanden) abnehmen.
- Die Schrauben (4) und (6) herausdrehen.
- Die Tür nach oben aus den Scharnieren herausheben.

Der Einbau der erfolgt in umgekehrter Reihenfolge. Dabei muss Folgendes zu beachtet werden:

- Anschließend ist eine Funktionsprüfung bei geöffneter Tür durchzuführen.

Tür einstellen

Eine korrekte Einstellung der Bündigkeit erfolgt über die Schrauben am Türscharnier. Für eine korrekte Türeinstellung muss das Türscharnier an der A-Säule gelöst werden. Andere Maßnahmen, wie das Richten der Türen nach oben, sind wirkungslos. Beim Überdrücken sackt die Tür wieder ab. Die Tür vorn ist richtig eingestellt, wenn sie im geschlossenen Zustand überall ein gleichmäßiges Spaltmaß hat, nicht zu weit nach innen oder außen steht und die Konturen fluchten. Die Beschreibung für das Einstellen erfolgt nur für die linke Tür. Für die rechte Tür ist sinngemäß daraus abzuleiten (die Bauteile sind nicht identisch).

- Stellen Sie das Fahrzeug auf den Rädern auf eine gerade Fläche ab. Das Fahrzeug darf nicht auf der Hebebühne stehen.
- Öffnen Sie die entsprechende Türe.
- Bauen Sie den Schließbügel an der B-Säule ab.
- Kontrollieren Sie, ob die Tür in der Höhenlage und den Spaltmaßen zu den anliegenden Karosserieteilen passt. Beachten Sie hierbei die am Anfang des Kapitels angegebenen Spaltmaße.

Korrektur über die Türscharniere oben:

- Um die Tür (1) im oberen Bereich an den Scharnieren (5) einzustellen, lösen Sie die Schrauben (4) und (6).
- Für die Schraube (4), die Verkleidung Schalttafel links ausbauen.

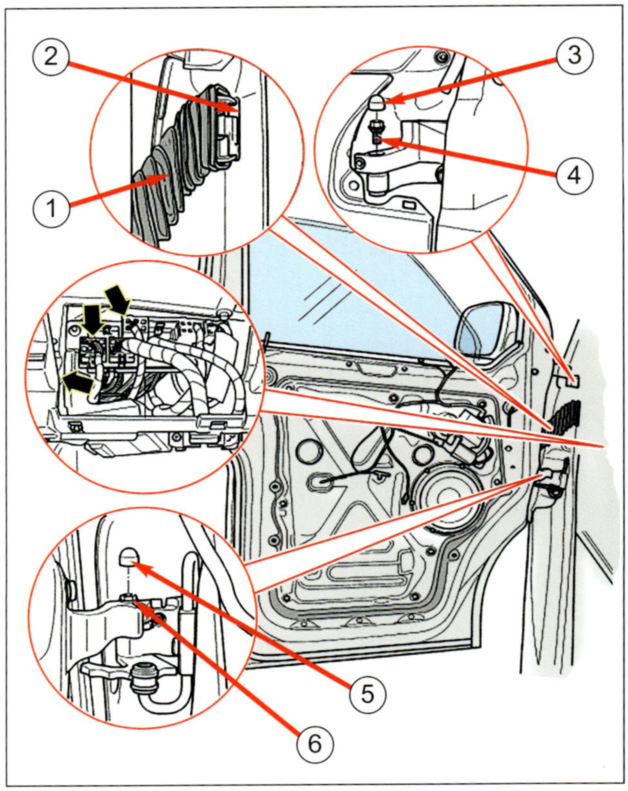

Türausbau: 1 Faltenbalg, 2 seitliche Verrastung, 3 Schutzkappe, 4 Schraube, 5 Schutzkappe, 6 Schraube.

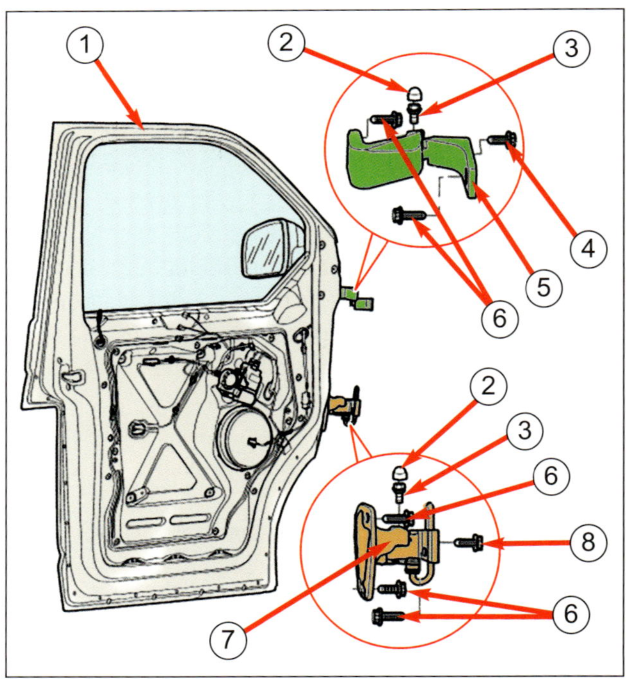

Tür einstellen: 1 Tür, 2 Schutzkappe, 3 Schraube, 4 Schraube, 5 Scharnier oben, 6 Schraube, 7 Scharnier unten, 8 Schraube.

- Verschieben Sie das Scharnier beziehungsweise die Tür und kontrollieren Sie das Spaltmaß der Tür erneut. Die Verschraubungen an der Tür erlauben eine Korrektur nach innen oder außen, die Verschraubungen an der A-Säule eine Korrektur nach vorne oder hinten.

Korrektur über die Türscharniere unten:

- Um die Tür (1) im unteren Bereich an den Scharnieren (7) einzustellen, lösen Sie die Schrauben (6) und (8).

- Für die Schraube (8) Verkleidung Schalttafel links ausbauen. Für das Lösen oder Befestigen der Türscharnierschraube an der A-Säule innen muss die Verkleidung Schalttafel links ausgebaut werden.

- Verschieben Sie das Scharnier beziehungsweise die Tür und kontrollieren Sie das Spaltmaß der Tür erneut. Die Verschraubungen an der Tür erlauben eine Korrektur nach innen oder außen, die Verschraubungen an der A-Säule eine Korrektur nach vorne oder hinten.

- Nach Montage- und Einstellarbeiten sind Korrosionsschutzmaßnahmen am Scharnier und an den Schrauben durchzuführen.

- Die Schrauben der Türscharniere sollten nach dem Lösen immer ersetzt werden.

Schließbügel einstellen

Mit dem Schließbügel kann die Flucht der Tür vorn zum Seitenteil eingestellt werden (Windgeräusche). Die Tür muss beim Schließen ohne zusätzlichen Kraftaufwand vollständig verriegeln und darf kein Spiel haben.
Durch die Einstellung des Schließbügels darf die Tür nicht nach oben oder nach unten gedrückt werden. Der Schließbügel ist richtig eingestellt, wenn die Aussparung des Türschlosses mit der Drehfalle mittig zum Schließbügel einrastet.

- Schließbügel (1) durch Lösen der Schrauben (2) an der B-Säule lockern.

- Stellen Sie die Tür mit dem Schließbügel (1) so ein, dass die Tür im geschlossenen Zustand zum Seitenteil fluchtet.

- Die Schrauben (2) des Schließbügels (1) festziehen.

Schließzylinder aus- und einbauen

- Hebeln Sie die Abdeckkappe aus der Öffnung im Türfalz in Höhe des Türgriffes heraus.

- Ziehen Sie den Türgriff (9) in Öffnungsrichtung und lösen Sie die Schraube (3) (nicht herausdrehen) mit Druck auf den Steckschlüssel. Durch Lösen dieser Schraube (3) wird die Arretierung für das Schließzylindergehäuse entriegelt.

- Ziehen Sie das Schließzylindergehäuse im rechten Winkel aus dem Lagerbügel.

Der Einbau der erfolgt in umgekehrter Reihenfolge

- Anschließend ist eine Funktionsprüfung durchzuführen.

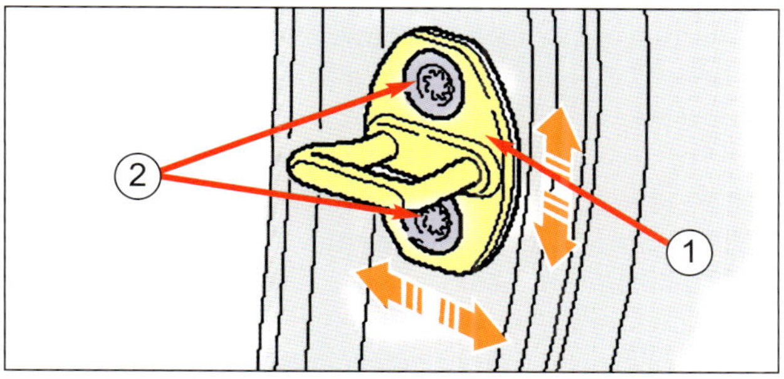

Schließbügel einstellen: 1 Schließbügel, 2 Schrauben.

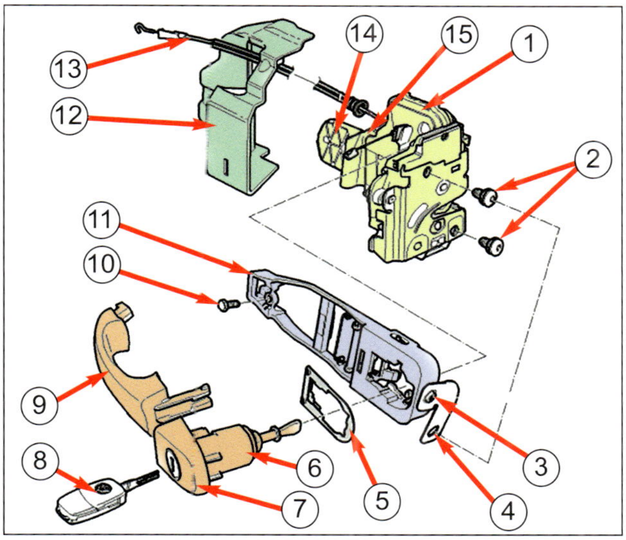

Türgriff mit Schloss: 1 Türschloss, 2 Schrauben, 3 Innenvielzahnschraube, 4 Halteblech, 5 Unterlage, 6 Schließzylindergehäuse, 7 Abdeckkappe, 8 Schlüssel, 9 Türgriff, 10 Schraube, 11 Lagerbügel, 12 Abdeckkappe, 13 Seilzug, 14 Haltewinkel, 15 Seilzug.

Türgriff aus- und einbauen

- Bauen Sie das Schließzylindergehäuse wie beschrieben aus.
- Lösen Sie den Clip (1) aus dem Türgriff (2) und schwenken den Türgriff (2) aus der Tür heraus.
- Führen Sie durch die Öffnung im Türinnenblech ein geeignetes Hakenmontagewerkzeug in die Tür ein.
- Leuchten Sie den Bereich in der Tür zur besseren Sicht das Türinnenteil mit einer Taschenlampe aus.
- Haken Sie das Montagewerkzeug in die Feder ein (5).
- Durch Ziehen des Montagewerkzeugs (6) hängen Sie die Feder in das Türschloss ein und der Auslösehebel ist jetzt arretiert. Durch das Einhängen der Feder in den Betätigungshebel wird das Schloss arretiert. Das spätere falsche Einclipsen des Seilzugs am Türgriff wird hiermit verhindert.

Der Einbau der erfolgt in umgekehrter Reihenfolge. Dabei muss Folgendes zu beachtet werden:

- Schwenken Sie den Türgriff (2) in die Tür ein.
- Rasten Sie den Clip (1) in den Türgriff (2) ein. Während der Montage muss der Türgriff (2) an das Türaußenblech angedrückt werden. Der Clip (1) muss mit einem gut hörbaren Klicken in den Türgriff (2) einrasten.
- Bauen Sie das Schließzylindergehäuse wie bereits beschrieben wieder ein.
- Führen Sie bei geöffneter Tür unbedingt eine Funktionsprüfung durch, da bei nicht korrekter Einstellung und Verclipsung des Bowdenzugs die Tür nicht geöffnet werden kann.

Türschloss aus- und einbauen

- Aggregateträger wie schon für den Fensterheber beschrieben ausbauen.
- Die Blindnieten (5) vom Aggregateträger (4) abbohren.
- Den Seilzugnippel (6) um 90° drehen und den Bowdenzug aus der Öse herausnehmen.
- Die Rastnasen der Abdeckkappe (8) vom Türschloss (1) lösen.

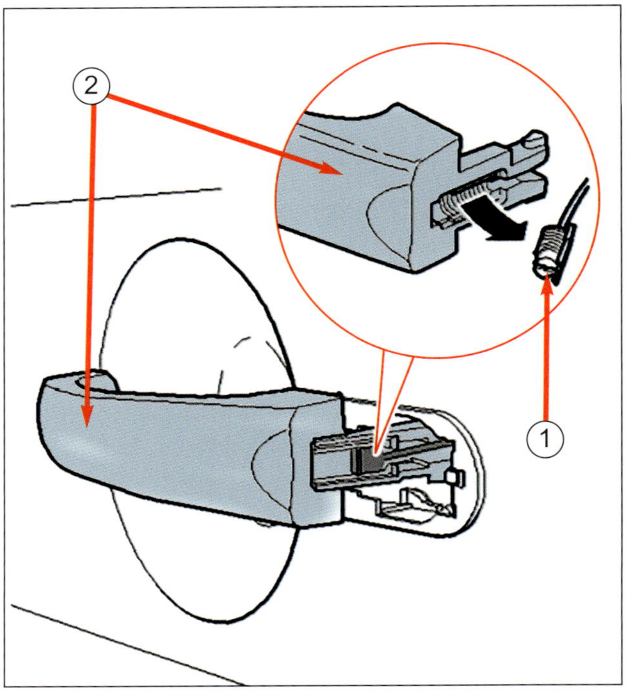

Clip im Türgriff: 1 Clip am Betätigungszug, 2 Türgriff außen.

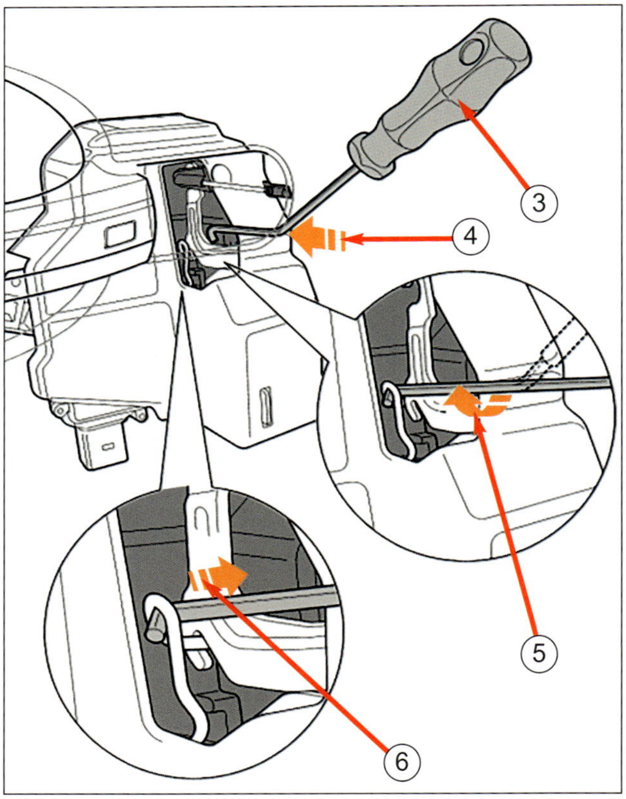

Montage des Türgriffes: 3 Hackenwerkzeug, 4 Einführen in die Tür, 5 Aufnehmen der Feder, 6 Einrasten der Feder im Schloss.

- Die Sicherungsstange (2) abnehmen.
- Den Blindniet (7) abbohren.
- Den Haltewinkel (3) vom Türschloss (1) abziehen. Der Haltewinkel gehört nicht zum Teileumfang des Türschlosses. Er soll bei jedem Ausbau ersetzt werden.
- Betätigungshebel (9) in Pfeilrichtung (A) ziehen.
- Mit einem Schraubendreher die am Türschloss befestigte Haltefeder (10) in Pfeilrichtung (B) spannen und Verriegelungshebel in die Feder einhängen. Der Auslösehebel ist jetzt arretiert. Durch das Einhängen des Betätigungshebels (9) wird das Schloss arretiert. Das spätere »falsche« Einclipsen des Bowdenzugs wird somit verhindert.

Der weitere Einbau erfolgt sinngemäß in umgekehrter Reihenfolge.

- Anschließend muss eine Funktionsprüfung bei geöffneter Tür durchgeführt werden.

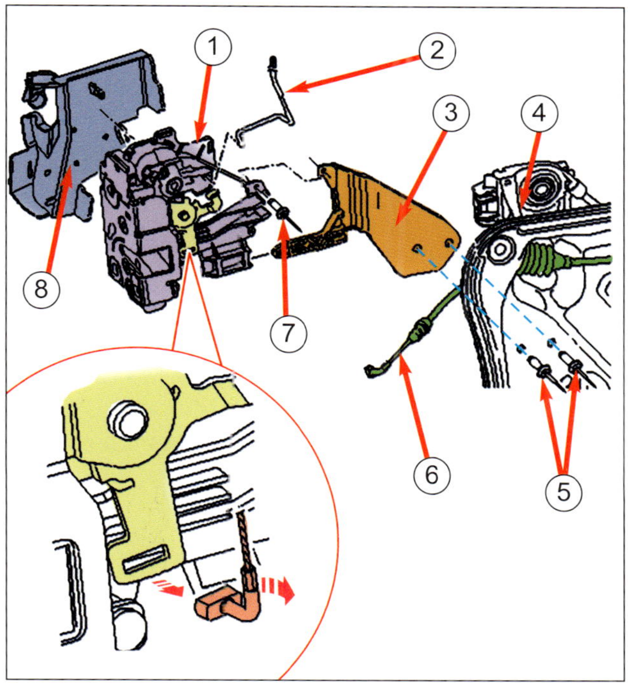

Montage des Türgriffes: 1 Türschloss, 2 Sicherungsstange, 3 Haltewinkel, 4 Aggregateträger, 5 Blindnieten, 6 Seilzugnippel, 7 Blindniet, 8 Abdeckkappe.

Die Schiebetür(en)

Die Schiebetür ist gerade beim Multivan ein sehr umfangreiches System. Wir werden aufgrund des beschränkten Umfangs dieses Buches nicht schaffen Ihnen alle Montage- und Einstellarbeiten an den Türen vorzustellen. Wir möchten Ihnen aber einige wichtige Grundarbeiten an die Hand geben, die Ihnen eine gesunde Basis zur Arbeit an Ihrem VW T5 bieten. Der Multivan hat in der Basisausstattung eine Schiebetür auf der Beifahrerseite. Auch auf der Fahrerseite kann er ab Werk mit einer Schiebetür ausgestattet werden

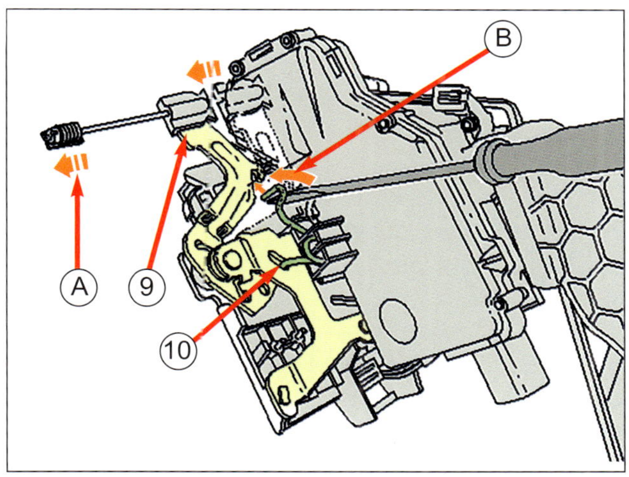

Montage des Türschlosses: 9 Betätigungshebel, 10 Feder, A Bewegungsrichtung des Betätigungshebels, B Spannrichtung zum Einhängen.

Besonderheiten der elektrischen Schiebetür

Sie sind bekannt und gefürchtet, wenn es um Fehlfunktionen geht oder eigenartige nicht vorgesehene Funktionen. Da der Antrieb der Tür über ein Seil und nur eine Zugbelastung am Seil möglich ist, sind zwei Seile eingesetzt. Ein Seil ist für das Öffnen und ein zweites ist für das Schließen der Tür verantwortlich. Das eine Seilende ist auf der Rolle am Motor für Schiebetüröffnung eingehängt und wird dort aufgewickelt. Das andere Seilende ist am Scharniergelenk eingehängt. Durch Ansteuerung des Motors für Schiebetüröffnung (1) wird die Tür über das entsprechende Seil je nach Anforderung auf- oder zugezogen. Die Drehrichtung des Motors wird vom Steuergerät für Schiebetür (11) vorgegeben.

Die elektrischen Schiebetüren sind zumindest in der Steuerung etwas für die Spezialisten unter den Schraubern und auch unter den Werkstätten. Die Funktionszustände der Schalter und Sensoren lassen sich über einen Diagnosetester mit ausreichender Tiefe in der Diagnose auslesen und kontrollieren, ohne das halbe Fahrzeug zu zerlegen. Sobald also Fehler im Ablauf der Funktionen der Tür vorliegen, ist es besser jemanden mit entsprechender Erfahrung mit Tester und elektrischen Türen hinzuzuziehen. Zumindest für die Diagnose.

Die Ansteuerung:
Die Signalübertragung zwischen den Bauteilen in der Schiebetür und dem Steuergerät für Schiebetür erfolgt über die Spule für Schiebetür und die Lesespule für Schiebetür an der oberen Schiebetürführung. Die Bedienung erfolgt über die Bedientasten im Innenraum, die Türgriffe oder die Funkfernbedienung.

Einklemmschutz an der Schiebetür:
Hier kommen zwei Systeme zum Einsatz. Das passive System reagiert auf eine Drehzahlabsenkung des Motors für die Schiebetüröffnung. Wird diese angesprochen, wird die Tür gestoppt oder wieder geöffnet. Beim Ansprechen des aktiven Systems in der Türdichtung wird die Schiebetür wieder voll geöffnet.

Elektrische Zuziehhilfe:
Um das Öffnen und Schließen der Schiebetüren zu erleichtern, kann optional eine elektrische Zuziehhilfe eingebaut werden. Die Zuziehhilfe ist an der C-Säule verbaut und besteht aus dem Motor und dem Schließbügel. Der Motor ist direkt über eine Hohlwelle mit Innenverzahnung mit dem Exzenter-Bolzen des Schließbügels verbunden. Im offenen Zustand ist die Hohlwelle so verdreht, dass sie einen größeren Abstand der Tür zur Türdichtung erlaubt. Die Tür muss die Dichtung nicht überwinden und lässt sich leicht schließen. Dreht sich die Hohlwelle, so überträgt sie diese Bewegung auf den Exzenter-Bolzen und die Tür wird herangezogen.

Schiebetür aus- und einbauen

Zur besseren Darstellung der Abbildung für die Montageschritte, ist die Schiebetür ausgebaut.

Fahrzeuge mit und ohne Fanghaken:

- Drehen Sie die Schrauben (3) heraus und nehmen den Schließbügel (2) für den Fanghaken soweit vorhanden heraus.

- Drehen Sie die Schrauben (1) heraus und nehmen Sie den Türfeststeller (Schließplatte) (4) heraus.

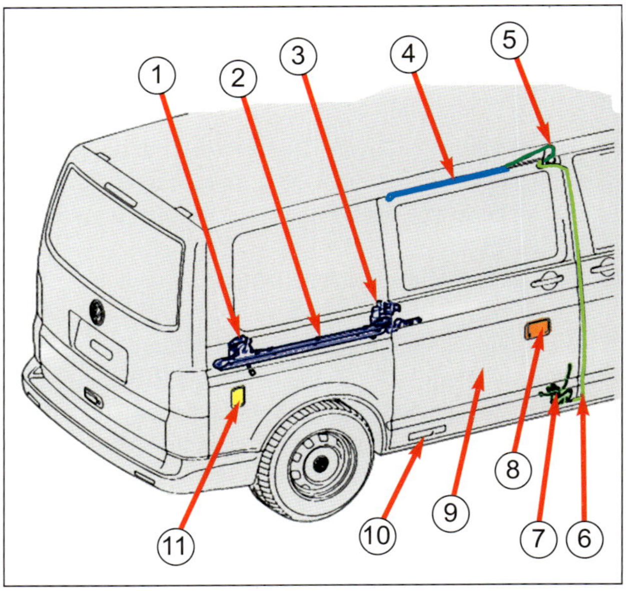

Bauteilübersicht elektrische Schiebetür: 1 Motor für Schiebetüröffnung, 2 Führungsschiene mit Rollenlager, 3 Schließbügel mit Motor für Zuziehhilfe, 4 Führungsschiene mit Lesespule oben, 5 Rollenführung oben mit Transponder, 6 Dichtung mit Einklemmschutz, 7 Rollenführung unten, 8 Sendeeinheit für elektrische Schiebetür, 9 Schiebetür, 10 Türfeststeller, 11 Steuergerät für Schiebetür.

Fahrzeuge ab 06/2007:

- Drehen Sie die Schrauben (1 und 3) heraus und nehmen Sie den Türfeststeller (4) ab.

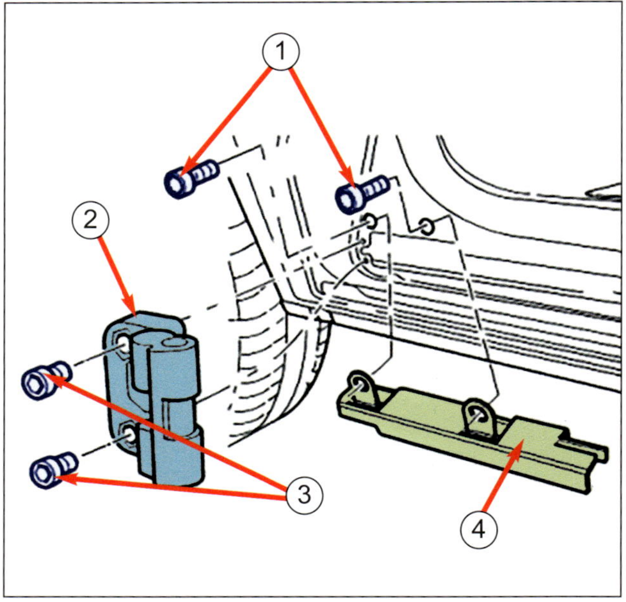

Türfeststeller bis 06.2007: 1 Schrauben, 2 Schließbügel (Schließplatte), 3 Schrauben, 4 Türfeststeller.

Weiter für alle Fahrzeuge mit elektrischer Türbetätigung:

- Schalten Sie den Taster der elektrischen Betätigung der Schiebetür in der Schalttafel auf »Deaktivieren«.
- Bauen Sie die untere Verkleidung der Schiebetür aus.

Weiter für alle Fahrzeuge:

- Schließen Sie die Schiebetür und clipsen Sie die Abdeckung für die Schrauben am Scharnierbeschlag (9) aus der Verkleidung der Schiebetür.
- Drehen Sie die Schrauben (9) heraus. Die Schrauben verbleiben in der Öffnung der Schiebetür.

Der weitere Ausbau ist nur mit einem zweiten Monteur möglich.

- Öffnen Sie die Schiebetür und ziehen Sie den Scharnierbeschlag (8) aus der Schiebetür heraus.
- Führen Sie die untere Rollenführung (11) nach hinten aus der unteren Führungsschiene heraus.
- Senken Sie die Schiebetür im vorderen Bereich so weit ab, bis sich die obere Rollenführung (6) nach unten aus dem Führungskanal herausnehmen lässt.

Der Einbau erfolgt in sinngemäß umgekehrter Reihenfolge, dabei ist Folgendes zu beachten:

- Bauen Sie den Türfeststeller wieder ein.
- Stellen Sie den Scharnierbeschlag ein.
- Führen Sie anschließend eine Funktionsprüfung der Schiebetür durch.

Schiebetür einstellen

Um die Einstellung vornehmen zu können, muss das Fahrzeug auf den Rädern stehen. Die Schiebetür ist richtig eingestellt, wenn sie im geschlossenen Zustand überall ein gleichmäßiges Spaltmaß hat, nicht zu weit nach innen oder außen steht und die Konturen fluchten.

Scharnierbeschlag in der Höhe einstellen:

Die Schiebetür stimmt hinten in der Höhe nicht oder sie fluchtet nicht mit der Außenkontur der C-Säule. Die Höhe der Schiebetür zum Dach im Bereich der C-Säule wird über den verstellbaren Scharnierbolzen am Scharnierbeschlag eingestellt.

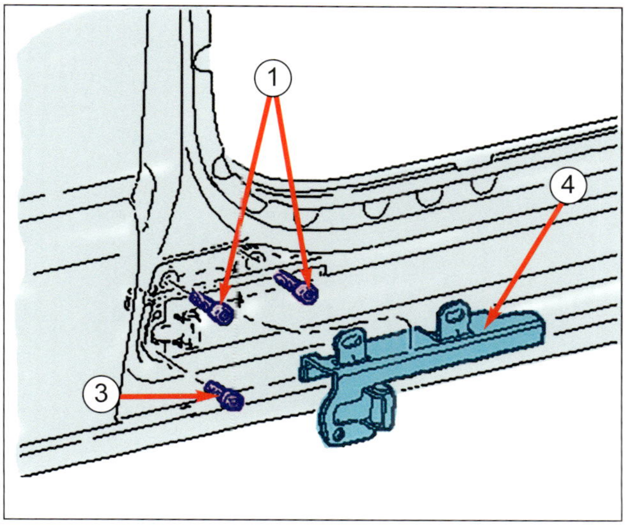

Türfeststeller ab 06.2007: 1 Schrauben, 3 Schraube, 4 Türfeststeller.

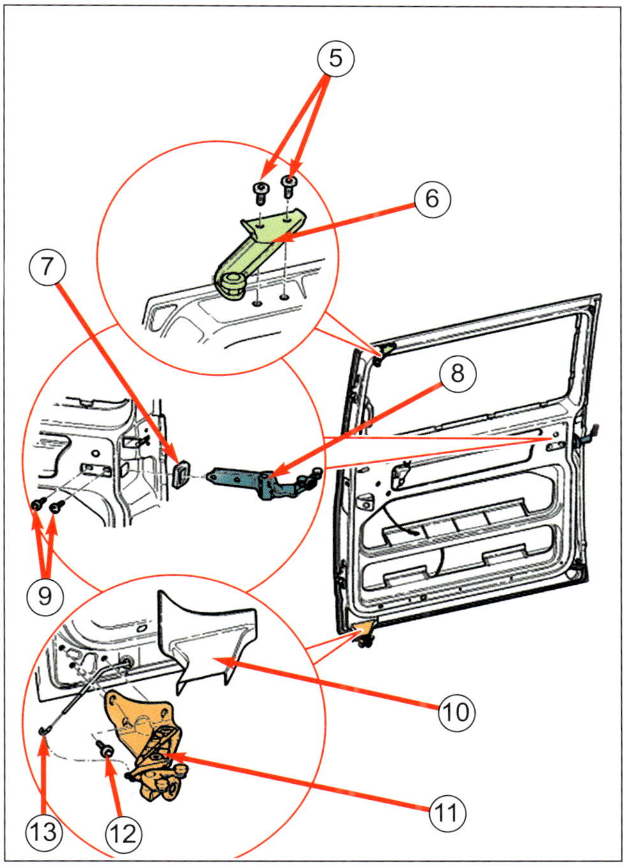

Montage des Türschlosses: 5 Schraube, 6 Rollenführung oben, 7 Abdichtung für Scharnierbeschlag, 8 Scharnierbeschlag, 9 Schraube, 10 Verkleidung für Rollenführung unten (nur ohne elektrische Schiebetür), 11 Rollenführung unten, 12 Schraube, 13 Bowdenzug (Fahrzeuge mit Fanghaken).

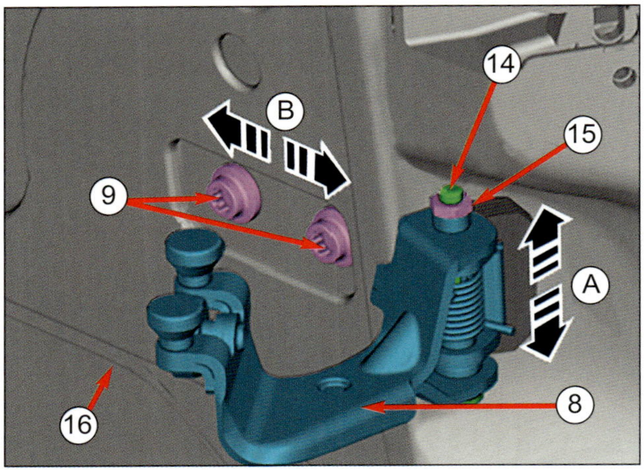

Scharnierbeschlag (hinten): 8 Scharnierbeschlag, 9 Schrauben, 14 Scharnierbolzen, 15 Kontermutter, 16 Schiebetür, A Höhenverstellung, B Längsverstellung.

- Kontermutter (15) lösen.

- Den Scharnierbolzen (14) mit dem Innensechskant an der Unterseite verdrehen, um den Scharnierbeschlag (8) in der Höhe (Pfeilrichtungen A) zu verstellen.

- Kontermutter (15) nach erfolgter Einstellung mit 10 Nm festziehen.

Scharnierbeschlag in Längsrichtung einstellen:

- Die Abdeckung für Schrauben und den Scharnierbeschlag abnehmen.

- Die Schiebetür (16) schließen und die Befestigungsschrauben (9) vom Inneren des Fahrzeugs her lösen.

- Die Schiebetür (16) von einem zweiten Monteur anheben und in Längsrichtung (Pfeilrichtungen B) in die richtige Position drücken lassen. Um Beschädigungen an der Abdeckung der Führungsschiene beim Schließvorgang zu vermeiden, muss der Scharnierbeschlag in Richtung C-Säule gedrückt werden.

- Schrauben (9) nach erfolgter Einstellung mit 65 Nm festziehen.

Schließbügel einstellen:

Die Schiebetür fluchtet nicht zur Außenkontur der C-Säule.

- Schließbügel (18) lässt sich durch Lösen der Schrauben (17) horizontal und vertikal verschieben.

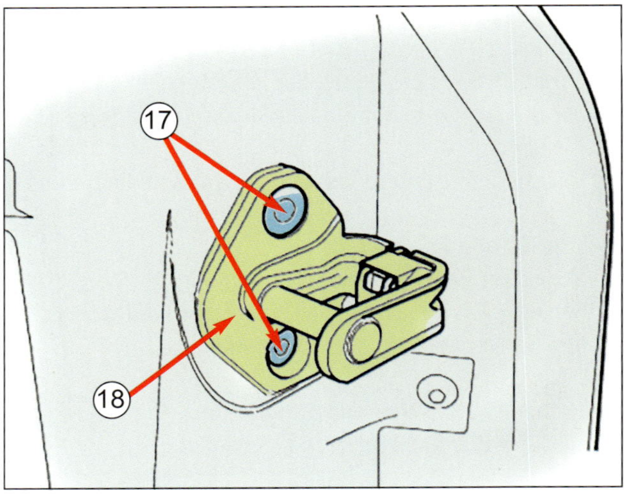

Schließbügel (hinten): 17 Schrauben, 18 Schließbügel.

- Schließbügel (18) so einstellen, dass die Aussparung des Schlosses mit der Drehfalle mittig zum Schließbügel einrastet.

- Schrauben (17) festziehen.

Untere Rollenführung einstellen:

Die Schiebetür stimmt vorn in der Höhe nicht. Sie fluchtet nicht mit der Außenkontur der Fahrertür.

- Lösen Sie die Rastzapfen (19) oben und unten (20) durch Lösen der Schrauben (21).

- Clipsen Sie, wenn vorhanden, die Verkleidung der Rollenführung (24) nach oben von der Rollenführung.

- Durch Lösen der Schrauben (22) kann die Schiebetür in der Höhe (Pfeil A) ausgerichtet werden.

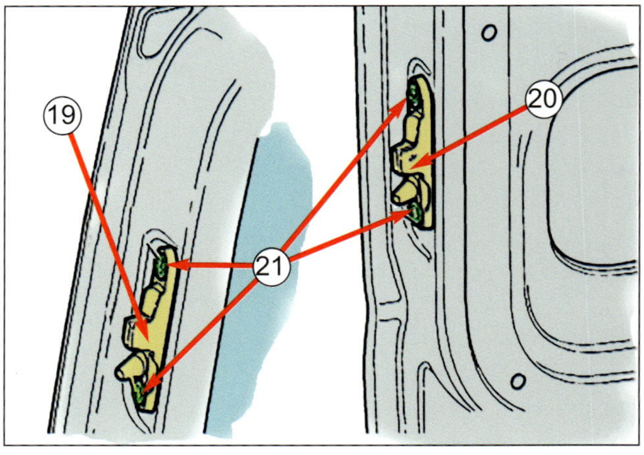

Rastzapfen (oben und unten vorne): 19 Rastzapfen oben, 20 Rastzapfen unten, 21 Schrauben.

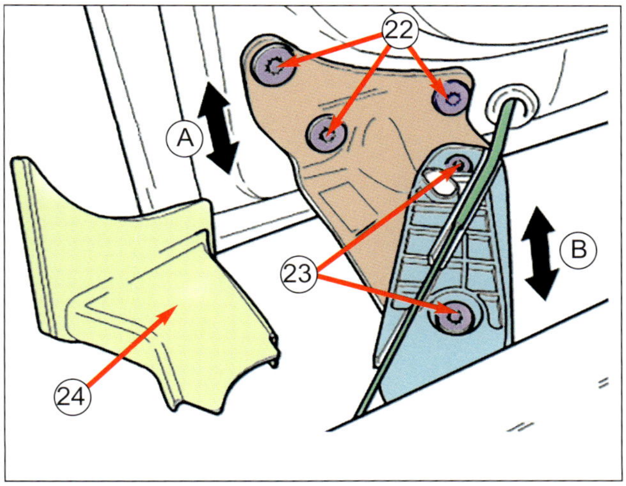

Rollenführung unten (vorne): 22 Schrauben, 23 Schrauben, 24 Abdeckung, A Bewegungsrichtung Auf/Ab, B Bewegungsrichtung innen/außen.

- Durch Lösen der Schrauben (23) kann die Schiebetür zur Außenkontur der Fahrertür in der Tiefe (Pfeil B) ausgerichtet werden.
- Schrauben (22) und (23) festziehen.
- Nach der Einstellung müssen die Rastzapfen wieder eingestellt werden.

Obere Rollenführung einstellen:

Die Schiebetür fluchtet oben nicht mit der Außenkontur der Fahrertür.

- Lösen Sie die Rastzapfen oben (19) und unten (20) durch Lösen der Schrauben (21).

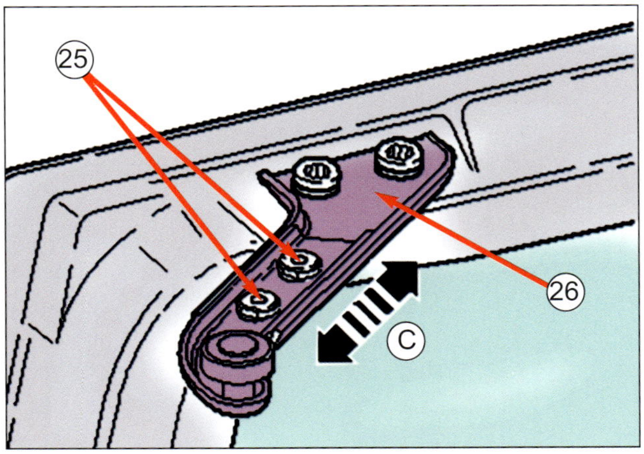

Rollenführung oben (vorne): 25 Schrauben, 26 Rollenführung oben, C Bewegungsrichtung.

- Durch Lösen der Schrauben (25) von der Unterseite der oberen Rollenführung aus (26) kann die Schiebetür in der Tiefe ausgerichtet werden.
- Rollenführung (26) in (Pfeilrichtung C) verschieben, bis die Außenkontur der Schiebetür und der Tür vorn fluchtet, dann Schrauben (25) festziehen.
- Die Rastzapfen nach der Einstellung wieder neu einstellen.

Schließzylindergehäuse und Türaußengriff aus- und einbauen

- Verkleidung Schiebetür unten ausbauen.
- Lösen Sie die Schraube (1) (nicht herausdrehen) am Lagerbügel (2) mit einem passenden Steckschlüssel.

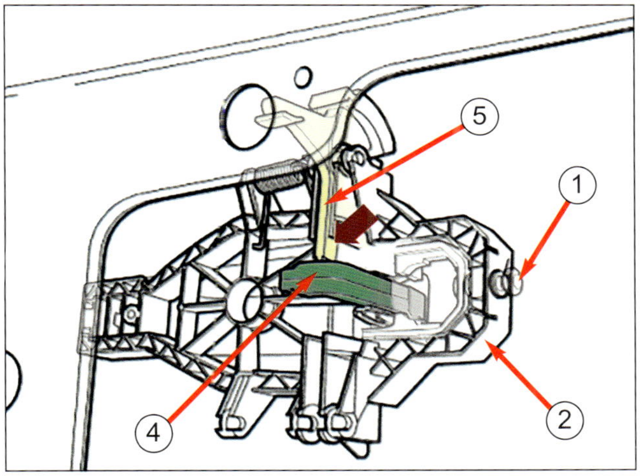

Ansicht von innen: 1 Schraube, 2 Lagerbügel, 4 Türgriff, 5 Öffnungsbetätigung.

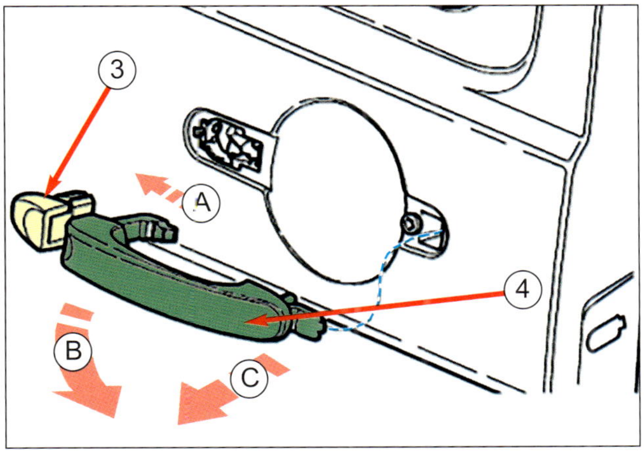

Ansicht von außen: 3 Schließzylindergehäuse, 4 Türgriff, A Zurückziehen, B Ausschwenken, C Herausziehen.

- Ziehen Sie das Schließzylindergehäuse (3) im rechten Winkel aus dem Lagerbügel des Türgriffs heraus.
- Ziehen Sie den Türgriff etwas zurück (Pfeil A).
- Schwenken Sie den Türgriff (4) aus der Tür heraus (Pfeil B).
- Nehmen Sie den Türgriff aus der Tür heraus (Pfeil C).

Der Einbau erfolgt in sinngemäß umgekehrter Reihenfolge, dabei ist Folgendes zu beachten:

- Setzen Sie den Türgriff (4) von außen in den Lagerbügel ein. Dabei müssen Sie die Öffnungsbetätigung (5) zurückdrücken.
- Schieben Sie das Schließzylindergehäuse (3) im rechten Winkel in den Lagerbügel des Türgriffs hinein und verschrauben Sie ihn wieder (1).
- Anschließend ist eine Funktionsprüfung bei geöffneter Schiebetür durchzuführen.

Türschloss aus- und einbauen

Das Türschloss verriegelt die Schiebetür an der C-Säule. Eingestellt wird es über den Schlossbügel. Das Türschloss selber kann nicht verschoben werden.

- Die Verkleidung der Schiebetür unten ausbauen.
- Die Schrauben (1) herausdrehen.
- Nehmen Sie das Türschloss (3) aus der Schiebetür heraus und clipsen den Bowdenzug (2) vom Türschloss (3) aus.

Der Einbau erfolgt sinngemäß in umgekehrter Reihenfolge.

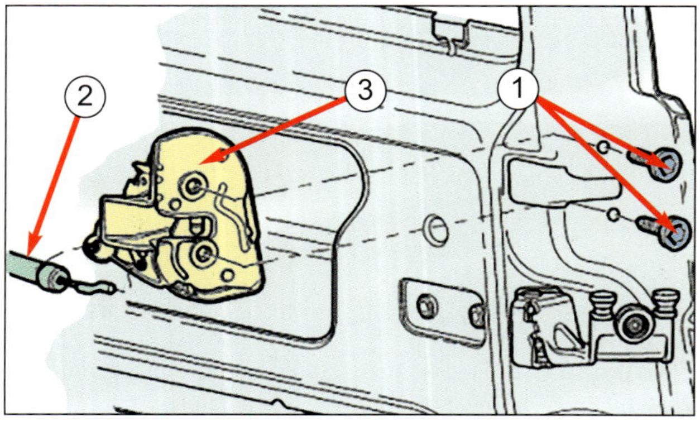

Türschloss Schiebetür: 1 Schrauben, 2 Seilzug, 3 Türschloss.

Die Heckklappe

Heckklappe aus- und einbauen

- Die Heckklappe (1) öffnen.
- Die Verkleidung der Heckklappe ausbauen.
- Die Steckverbindungen der vorhandenen elektrischen Bauteile und den Schlauch der Waschanlage (soweit vorhanden) trennen.
- Die Steckverbindung der hochgesetzten Bremsleuchte trennen.
- Die Steckverbindung am Heckklappenschloss trennen.
- Leitungen und Schläuche durch die Öffnung führen.
- Die Schrauben (2) an den Scharnieren (3) links und rechts lösen (nicht abschrauben).
- Der weitere Ausbau ist nur mit einem zweiten Monteur möglich.
- Gasdruckfedern (4) links und rechts an der Heckklappe (1) ausbauen.
- Schrauben (2) erst jetzt herausdrehen und die Heckklappe (1) von der Karosserie abnehmen.

Der Einbau erfolgt sinngemäß in umgekehrter Reihenfolge.

- Am Klappenscharnier und an den Schrauben nach den Montagearbeiten Korrosionsschutzmaßnahmen durchführen.

Heckklappe einstellen

Die Einstellung der Heckklappe erfolgt über den Schließbügel am Schlossquerträger. Das Klappenschloss ist an der Klappe angeschraubt. Es hat keine Langlöcher und kann somit nicht eingestellt werden. Die Dämpfer und Führungskeile dienen nicht der Einstellung der Klappe. Sie haben die Aufgabe, die Klappe zu stabilisieren bzw. zu dämpfen. Im Anschluss wird das Einstellen der Heckklappe in mehreren Schritten beschrieben. Hierzu gehört die Grundeinstellung der Heckklappe, das Einstellen der Schließkeile, Zentrierzapfen und des Dämpfers. Um die Einstellung vornehmen zu können, muss das Fahrzeug auf den Rädern stehen. Die Heckklappe ist richtig eingestellt, wenn sie im geschlossenen Zustand

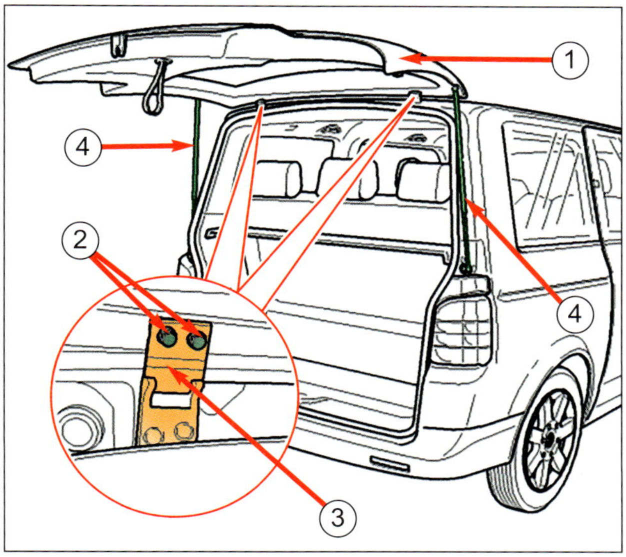

Heckklappe aus und einbauen: 1 Heckklappe, 2 Schrauben, 3 Scharnier, 4 Gasdruckfedern.

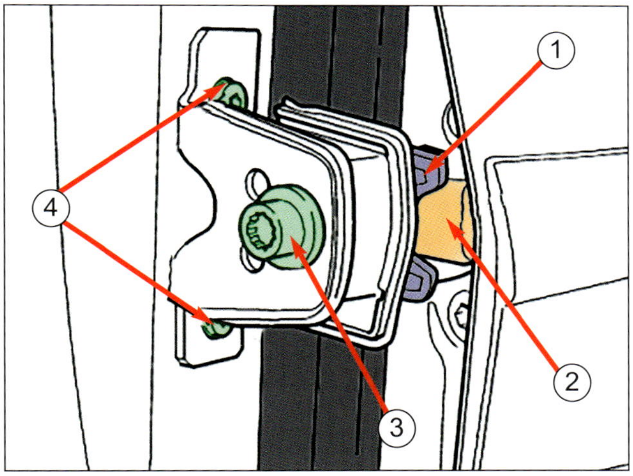

Heckklappe einstellen: 1 Zentrierzapfen, 2 Führungskeil, 3 Schraube, 4 Schrauben.

überall ein gleichmäßiges Spaltmaß hat, nicht zu weit nach innen oder außen steht und die Konturen fluchten.

- Dachverkleidung hinten ausbauen.
- Gasdruckfeder für Heckklappe ausbauen.
- Stoßfängerabdeckung Endstück ausbauen.
- Schrauben (3) und (4) so weit lösen, dass die Zentrierzapfen (1) links und rechts frei beweglich sind.

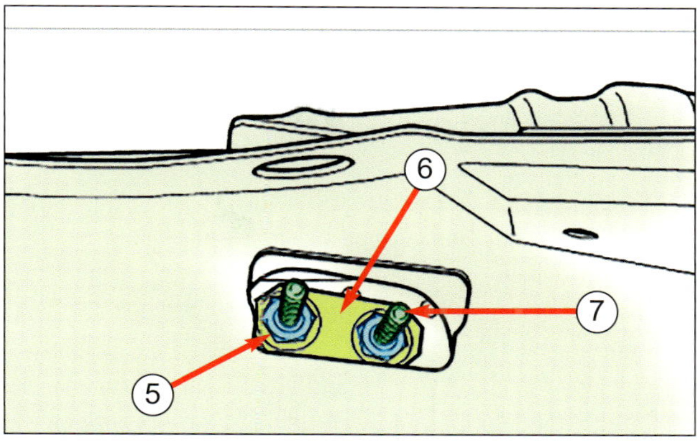

Heckklappenbefestigung: 5 Sechskantmuttern, 6 Dachholmausschnitt, 7 Führungsbolzen

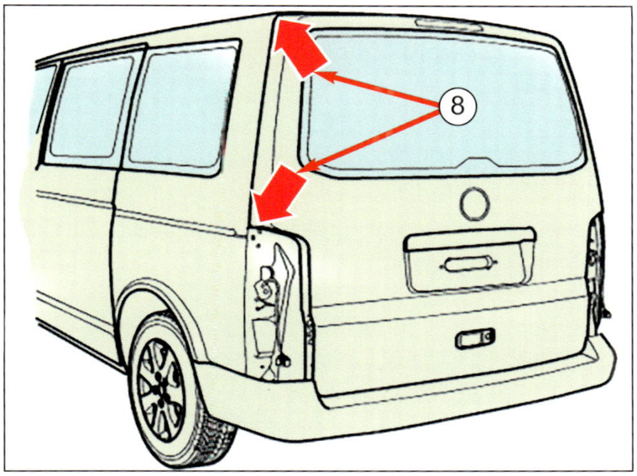

Heckklappe einpassen: 8 Außenkonturen, die beim Einpassen beachtet werden müssen.

- Führungskeile (2) müssen sich ohne Widerstand in den Zentrierzapfen bewegen können.
- Sechskantmuttern (5) im Dachholmausschnitt hinten (6) (nicht abschrauben) lösen. Die Sechskantmuttern (5) lassen sich nur mit einer »Langschaftnuss« lösen, da die Führungsbolzen (7) des Heckklappenscharniers zu lang sind.
- Heckklappe entsprechend den Außenkonturen (Pfeile 8) links und rechts gleichmäßig mit einem zweiten Monteur einpassen.
- Sechskantmuttern (5) mit einem Anzugsdrehmoment von 20 Nm festziehen.
- Zentrierzapfen einstellen.

Klappenschloss aus- und einbauen

- Verkleidung der Heckklappe ausbauen.
- Betätigungsstange (1) am Schlossträger ausclipsen.
- Schrauben (3) herausdrehen und das Klappenschloss etwas aus der Heckklappe herausziehen.
- Steckverbindung (4) am Heckklappenschloss (2) trennen.
- Heckklappenschloss (2) mit der Betätigungsstange (1) von der Heckklappe abnehmen.

Der Einbau erfolgt in umgekehrter Reihenfolge, dabei ist Folgendes zu beachten:

- Die Betätigungsstange und das Klappenschloss müssen spannungsfrei eingebaut werden.
- Bevor die Verkleidung der Heckklappe einbaut und die Heckklappe geschlossen wird, ist eine Funktionsprüfung der Ver- und Entriegelungsbauteile durchzuführen.

Schlossträger Heckklappe aus- und einbauen

- Verkleidung der Heckklappe ausbauen.
- Auf der linken Seite das Gestänge an der Innenbetätigung lösen.
- Elektrische Steckverbindungen am Schlossträger trennen.
- Betätigungsstangen am Schlossträger ausclipsen.
- Schrauben (9) herausdrehen und den Diebstahlschutz (6) für den Schließzylinder abnehmen.

Demontage für den Außengriff mit Schließzylinder:

- Die Sicherungsklammer (11) für den Schließzylinder mit einem Schraubendreher in Pfeilrichtung (12) zur Seite drehen und herausnehmen.
- Rastnase links oben und rechts unten am Schlossträger (7) zur Seite drücken.
- Schlossträger (7) vom Klappeninnenteil um einige Millimeter herausziehen. Der Schließzylinder muss im Schlossträger verrastet bleiben.

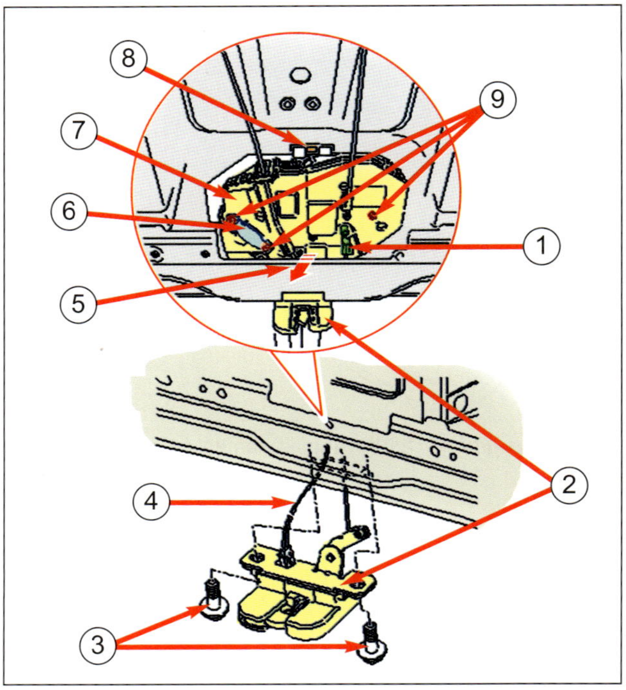

Heckklappenschloss mit Schlossträger: 1 Betätigungsstange, 2 Heckklappenschloss, 3 Schrauben, 4 Steckverbindung, 5 Demontagerichtung des Schlossträgers, 6 Diebstahlschutz, 7 Schlossträger, 8 Rastnase, 9 Schrauben.

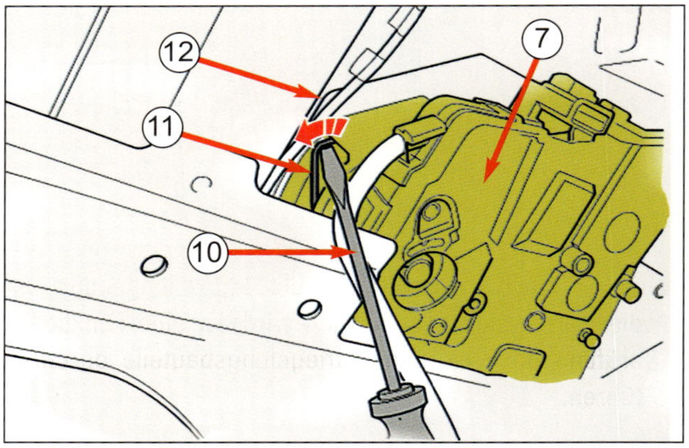

Heckklappenschloss im Schlossträger: 7 Schlossträger, 10 Schraubendreher, 11 Sicherungsklammer, 12 Demontagerichtung.

- Den Außengriff ohne Schließzylinder mit gezogenem Greifstück herausnehmen. Bevor der Außengriff ausgebaut werden kann, den Schließzylinder in die Verriegelungsposition stellen.
- Die Rastnase Mitte am Schlossträger (8) vom Klappeninnenteil zurückdrücken.

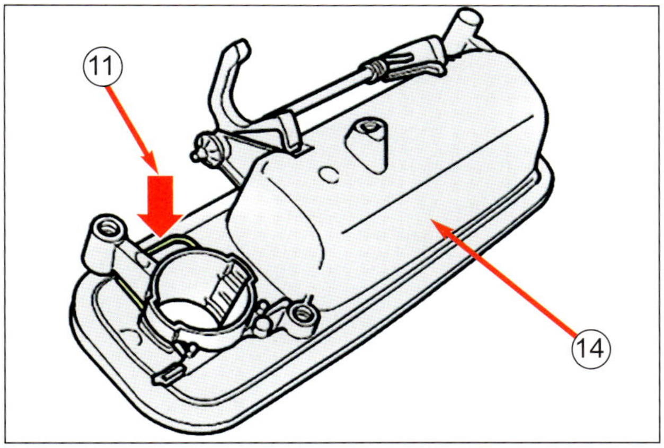

Heckklappengriff: 11 Sicherungsklammer, 14 Außengriff mit Klappenschloss.

- Den Schlossträger (7) zusammen mit dem Lagerbügel als eine Einheit in Pfeilrichtung (5) aus der Heckklappe herausnehmen.

Der weitere Einbau erfolgt sinngemäß in umgekehrter Reihenfolge. Dabei ist Folgendes zu beachten:

- Die Sicherungsklammer für den Schließzylinder Pfeil (11) in den Außengriff (14) einschieben. Dabei darauf achten, dass die Sicherungsklammer Pfeil (11) im Außengriff richtig verrastet ist.

- Beim Einbau beachten, dass der Schließzylinder auf der Verriegelungsposition steht und damit die Verriegelungseinheit geschlossen ist. Wird dies nicht beachtet, lässt sich der Außengriff nicht ordnungsgemäß einbauen und es treten Funktionsstörungen auf.

- Bevor die Verkleidung der Heckklappe eingebaut und die Heckklappe geschlossen wird, ist eine Funktionsprüfung der Ver- und Entriegelungsbauteile durchzuführen.

Außengriff ohne Schließzylinder ab 2010:

- Zugstange (16) vom Klappenschloss ausclipsen.

- Steckverbindungen (17) trennen.

- Außengriff (15) in Pfeilrichtung (18) aus der Heckklappe herausschwenken.

Der Einbau erfolgt sinngemäß in umgekehrter Reihenfolge.

Die Heckflügeltüren

Heckflügeltüren aus- und einbauen

Die Beschreibung des Aus- und Einbaus erfolgt zur Vereinfachung nur für die rechte Heckflügeltür. Der Aus- und Einbau der linken Heckflügeltür unterscheidet sich nicht wesentlich und kann sinngemäß daraus abgeleitet werden.

- Bauen Sie die Verkleidung der Heckflügeltür aus.

- Trennen Sie die Steckverbindungen der vorhandenen elektrischen Bauteile und den Schlauch der Waschanlage (soweit vorhanden).

- Führen Sie die Anschlussleitung (13 auf der nächsten Seite) zum Fahrzeug aus der Heckflügeltür heraus.

- Mit Druck in Pfeilrichtung (12) auf den Türfeststeller (8) die Heckflügeltür aushängen.

- Stopfen (11) oben und unten aus der Heckflügeltür (1) heraushebeln.

- Schrauben (10) oben und unten in den Öffnungen der Heckflügeltür (1) lösen (noch nicht abschrauben).

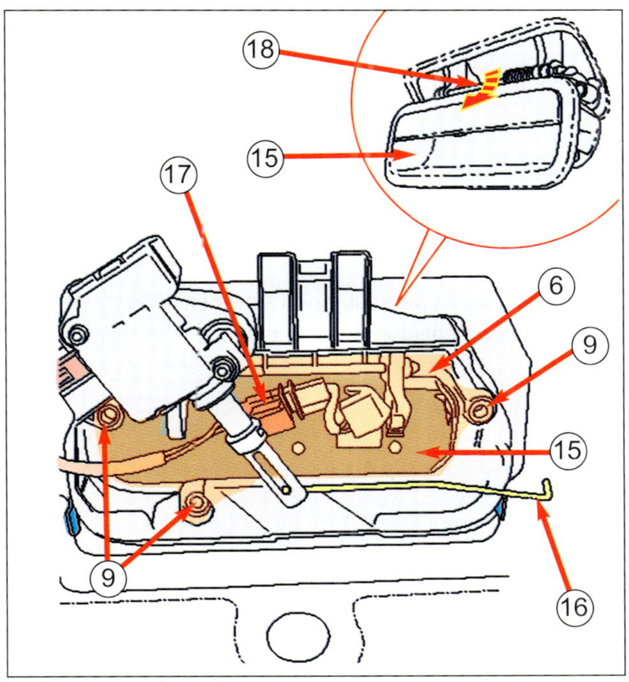

Heckklappengriff ohne Schließzylinder: 6 Diebstahlschutz (durchsichtig dargestellt), 9 Schrauben, 15 Türaußengriff, 16 Zugstange, 17 Steckverbindung, 18 Ausbaurichtung.

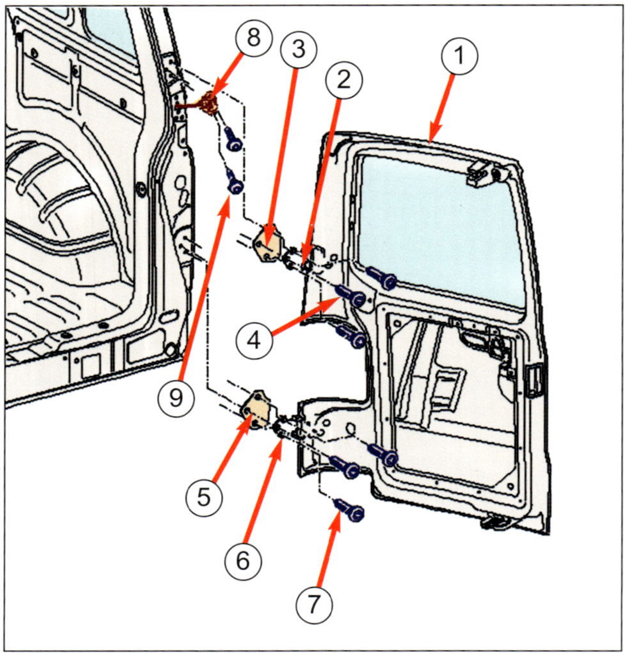

Bauteilübersicht der Heckflügeltür: 1 Heckflügeltür rechts, 2 Scharnier oben, 3 Dichtung für Scharnier oben, 4 Schraube, 5 Dichtung für Scharnier unten, 6 Scharnier unten, 7 Schrauben, 8 Türfeststeller, 9 Schrauben.

Der weitere Ausbau ist nur mit einem zweiten Monteur möglich.

- Schrauben (10) erst jetzt herausdrehen und die Heckflügeltür (1) mit einem zweiten Monteur

Der Einbau erfolgt sinngemäß in umgekehrter Reihenfolge.

- Heckflügeltür (1) wenn erforderlich neu einstellen.

- Führen Sie eine Funktionskontrolle der Anbauteile und Schlösser durch, bevor die Verkleidung montiert wird.

Heckflügeltüren einstellen

Die Arbeitsbeschreibung erfolgt nur für die linke Heckflügeltür. Die Grundeinstellung der rechten Heckflügeltür ist sinngemäß daraus abzuleiten. Für die Grundeinstellung der Heckflügeltür muss das Fahrzeug auf Rädern stehen. Die Heckflügeltür ist dann richtig eingestellt, wenn sie im geschlossenen Zustand überall ein gleichmäßiges Spaltmaß aufweist, nicht zu weit nach innen oder außen steht und die Konturen fluchten. Auch auf einen gleichmäßigen Spaltverlauf um die Schlussleuchte achten.

Die Einstellarbeiten sind grundsätzlich zuerst an der rechten und dann an der linken Heckflügeltür durchzuführen. Es ist die Hilfestellung durch einen zweiten Monteur erforderlich. Wenn die Türscharniere versetzt oder der Aufsteckflansch umgebogen wurden, muss die Dichtlinie angeglichen werden. Nach Montage oder Einstellarbeiten sind, wenn erforderlich, Korrosionsschutzmaßnahmen am Scharnier und Schrauben durchzuführen.

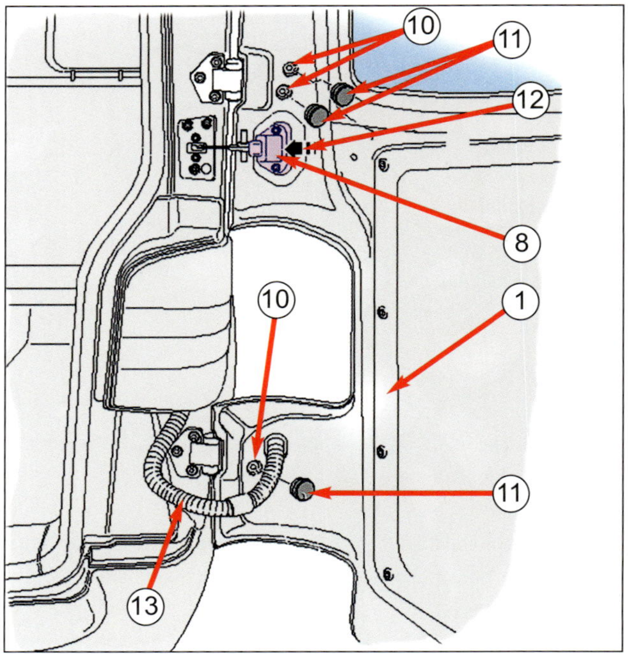

Heckflügeltür aus- und einbauen: 1 Heckflügeltür, 8 Türfeststeller, 10 Schrauben, 11 Stopfen, 12 Druckrichtung, 13 Leitung.

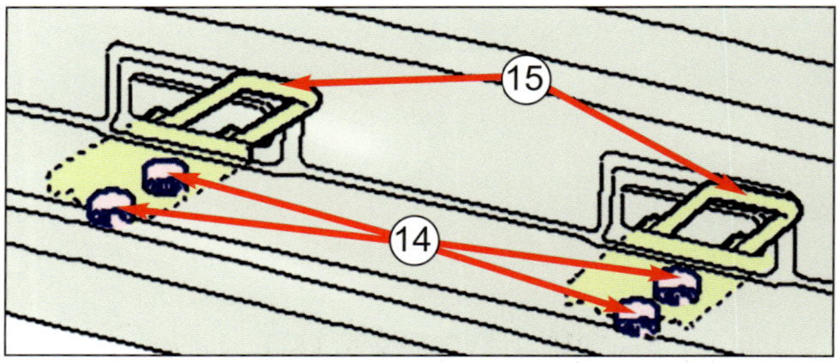

Schließbügel oben: 14 Schrauben, 15 Schließbügel.

Grundeinstellung der Heckflügeltür:

Die Grundeinstellung der Heckflügeltüren erfolgt über die Einstellung der Scharniere oben (2) und unten (6). Die Einstellung der Heckflügeltüren erfolgt über das Schloss oben, den Schließbügel oben und den Schließbügel unten. Die Vorgehensweise dazu werden wir im Folgenden aufgreifen. Durch das Lösen der Schrauben (4) am Scharnier oben (2) (nicht abschrauben) können Sie die Heckflügeltür im oberen Bereich einpassen. Durch das Lösen der Schrauben (7) am Scharnier unten (6) (nicht abschrauben) können Sie die Heckflügeltür im unteren Bereich einpassen.

- Zuerst die rechte Heckflügeltür entsprechend der Außenkontur oben mit einem zweiten Monteur einpassen.

- Danach kann die linke Heckflügeltür bündig entsprechend der Außenkontur zur rechten Heckflügeltür mit einem zweiten Monteur eingepasst werden.

- Nach den Einstellarbeiten am Scharnier oben (2) die Schrauben (4) mit einem Anzugsdrehmoment von 20 Nm festziehen.

- Nach den Einstellarbeiten am Scharnier unten (6) die Schrauben (7) mit einem Anzugsdrehmoment von 20 Nm festziehen.

Schließbügel oben einstellen:

- Dachabschlussleiste ausbauen.

- Durch Lösen der Schrauben (15) die Schließbügel oben (14) in den übergroßen Bohrungen verschieben.

- Schließbügel (14) so einstellen, dass die Aussparung des Schlosses mit Drehfalle mittig zum Schließbügel (14) einrastet.

- Heckflügeltür schließen und die Einstellung prüfen. Die Heckflügeltüren müssen beim Schließen ohne zusätzlichen Kraftaufwand vollständig verriegeln und dürfen kein Spiel haben. Die Heckflügeltüren dürfen hierbei nicht angehoben oder heruntergedrückt werden.

Schließbügel unten einstellen:

- Schlossträgerabdeckung ausbauen.

- Durch Lösen der Schrauben (16) die Schließbügel unten (17) in den übergroßen Bohrungen verschieben.

- Schließbügel (17) so einstellen, dass die Aussparung des Türschlosses mit Drehfalle mittig zum Schließbügel (17) einrastet.

- Heckflügeltür schließen und ihre Einstellung prüfen. Die Heckflügeltüren müssen beim Schließen ohne zusätzlichen Kraftaufwand vollständig verriegeln und dürfen kein Spiel haben. Die Heckflügeltüren dürfen hierbei nicht angehoben oder heruntergedrückt werden.

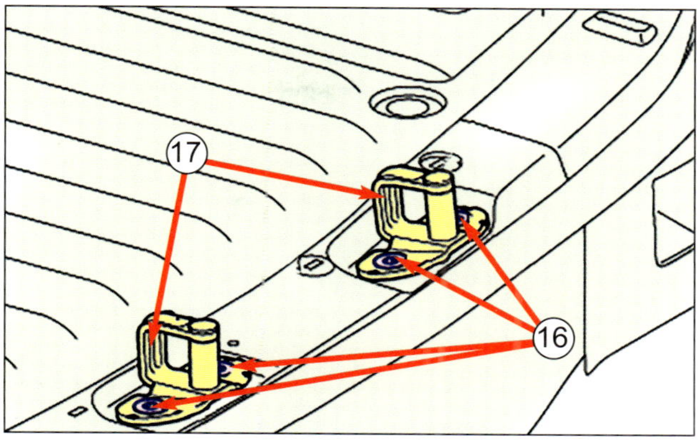

Schließbügel unten: 16 Schrauben, 17 Schließbügel unten.

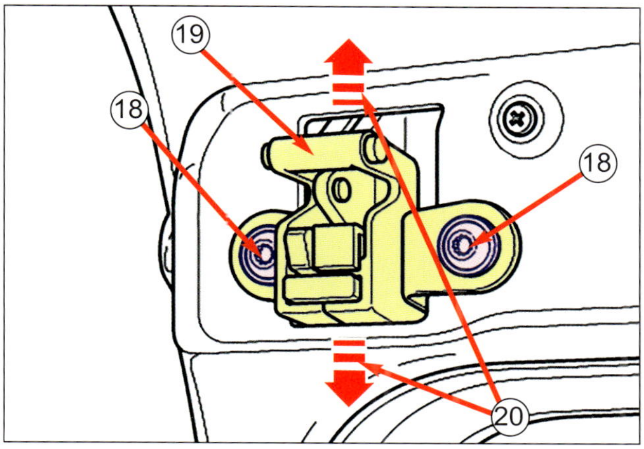

Heckflügeltürschloss oben: 18 Schrauben, 19 Schloss oben, 20 Bewegungsrichtung zur Korrektur.

Schloss oben einstellen:

Zur besseren Darstellung ist die Abdeckkappe für das Schloss oben ausgebaut dargestellt.

- Die Schrauben (18) lösen.

- Durch Lösen der Schrauben (18) kann das Schloss oben (19) in den Langlöchern in Pfeilrichtung (20) nach oben und nach unten verschoben und eingestellt werden.

- Schloss (19) so einstellen, dass die Aussparung des Schlosses mit Drehfalle mittig zum Schließbügel einrastet.

- Heckflügeltür schließen und ihre Einstellung prüfen. Das Schloss oben muss beim Schließen ohne zusätzlichen Kraftaufwand vollständig verriegeln und darf kein Spiel haben. Die Heckflügeltüren dürfen hierbei nicht angehoben oder heruntergedrückt werden.

- Schrauben (18) mit einem Anzugsdrehmoment von 20 Nm festziehen.

Schloss oben rechte Heckflügeltür aus- und einbauen

- Verkleidung der Heckflügeltür ausbauen.
- Abdeckkappe (20) vom Schloss oben (19) abziehen.
- Bowdenzug (21) unten aus dem Betätigungshebel clipsen.
- Schrauben (18) herausdrehen und das Schloss oben (19) aus der Heckflügeltür ziehen.
- Bowdenzug (21) aus dem Schloss oben (19) ausclipsen.

Der Einbau erfolgt in umgekehrter Reihenfolge, dabei bitte Folgendes beachten:

- Darauf achten, dass beim Zusammenbau der Bowdenzug (21) richtig verclipst wird.
- Bevor die Verkleidung Heckflügeltür eingebaut wird, ist eine Funktionsprüfung der Entriegelungsbauteile durchzuführen.
- Schloss oben (19) wenn erforderlich einstellen.

Betätigungshebel aus- und einbauen

- Verkleidung der Heckflügeltür ausbauen.
- Betätigungsstange (24) und den Bowdenzug (21) von innen aus dem Betätigungshebel (22) ausclipsen.
- Schrauben (23) an der Griffmulde (22) herausdrehen und Betätigungshebel (25) von außen abnehmen.

Die Montage erfolgt sinngemäß in umgekehrter Reihenfolge.

- Griffmulde (22) in die Heckflügeltür einsetzen und mit dem Betätigungshebel (25) verschrauben.
- Darauf achten, dass beim Zusammenbau die Betätigungsstange (24) und der Bowdenzug (21) richtig ver-

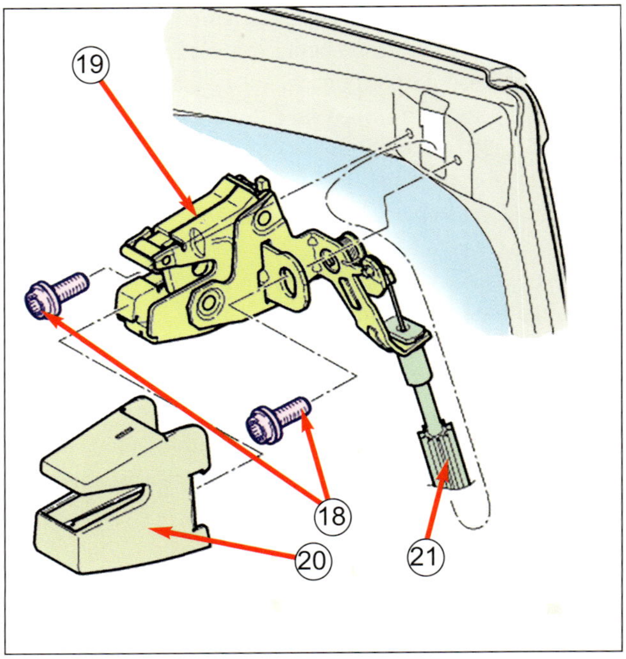

Heckflügeltürschloss oben: 18 Schrauben, 19 Schloss oben, 21 Bowdenzug oben.

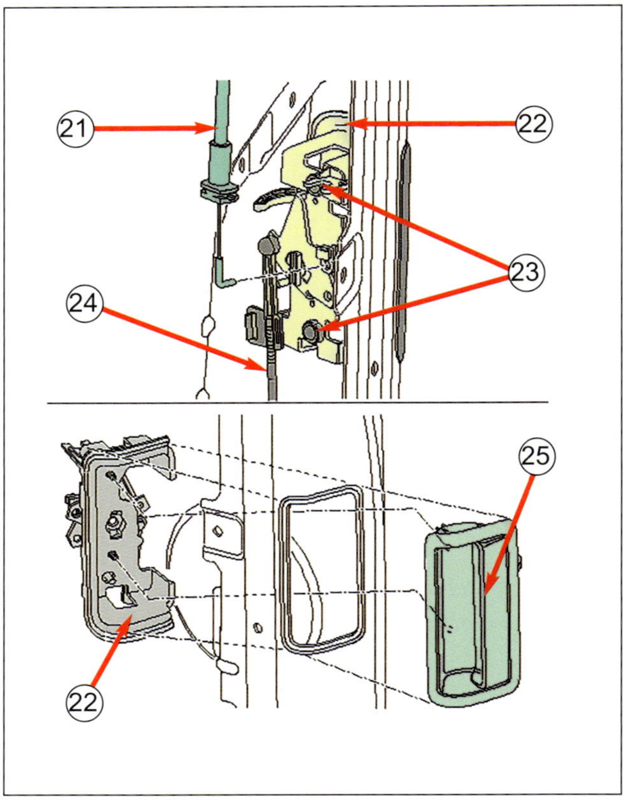

Heckflügeltürschloss oben: 21 Bowdenzug oben, 22 Betätigungshebel,23 Schraube, 24 Betätigungsstange, 25 Betätigungshebel außen.

clipst werden. Bevor die Verkleidung Heckflügeltür eingebaut wird, ist eine Funktionsprüfung der Entriegelungsbauteile durchzuführen.

Schloss unten rechte Heckflügeltür aus- und einbauen

- Verkleidung der Heckflügeltür ausbauen.
- Betätigungsstange (24) von innen aus dem Betätigungshebel ausclipsen.
- Schrauben (26) herausdrehen und das Schloss unten (25) aus der Heckflügeltür ziehen.
- Steckverbindung (27) vom Schloss unten (25) trennen.

Der Einbau erfolgt sinngemäß in umgekehrter Reihenfolge.

- Darauf achten, dass beim Zusammenbau die Betätigungsstange (24) richtig verclipst wird.
- Bevor die Verkleidung Heckflügeltür eingebaut wird, ist eine Funktionsprüfung der Entriegelungsbauteile durchzuführen.

Träger Verriegelung aus- und einbauen

- Verkleidung Heckflügeltür ausbauen.
- Steckverbindung (25) an den Aggregateträger (30) trennen und die Kabelbinder (26) lösen.
- Verriegelungsstange für Innenbetätigung (32) und Zugstange für Innenbetätigung (27) aus dem Träger Verriegelung (31) ausclipsen.
- Zugstange für Schloss unten (24) und Zugstange für Umlenkhebel am Schließzylinder (28) aus dem Träger Verriegelung (31) ausclipsen.
- Bowdenzug für Schloss oben (21) aus dem Träger Verriegelung (31) ausclipsen.
- Schrauben (schwarze Pfeile) herausdrehen und die Zugstange für Türaußengriff (29) aus dem Träger Verriegelung (31) herausziehen.

Der Einbau erfolgt sinngemäß in umgekehrter Reihenfolge, dabei muss Folgendes beachtet werden:

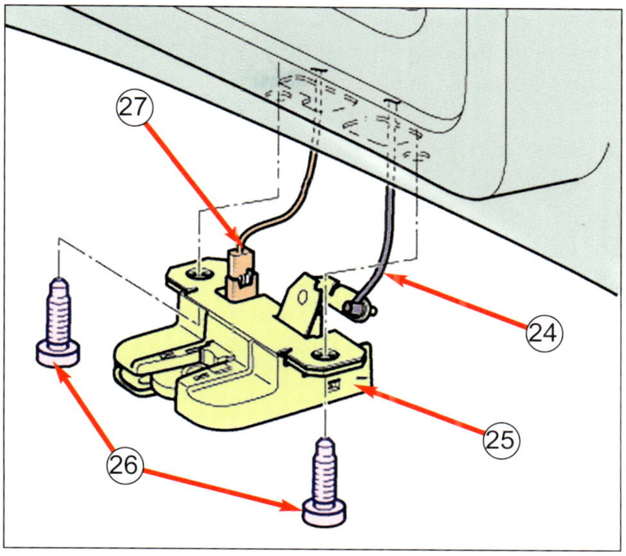

Heckflügeltürschloss oben: 21 Bowdenzug oben, 22 Betätigungshebel, 23 Schraube, 24 Betätigungsstange, 25 betätigungshebel außen

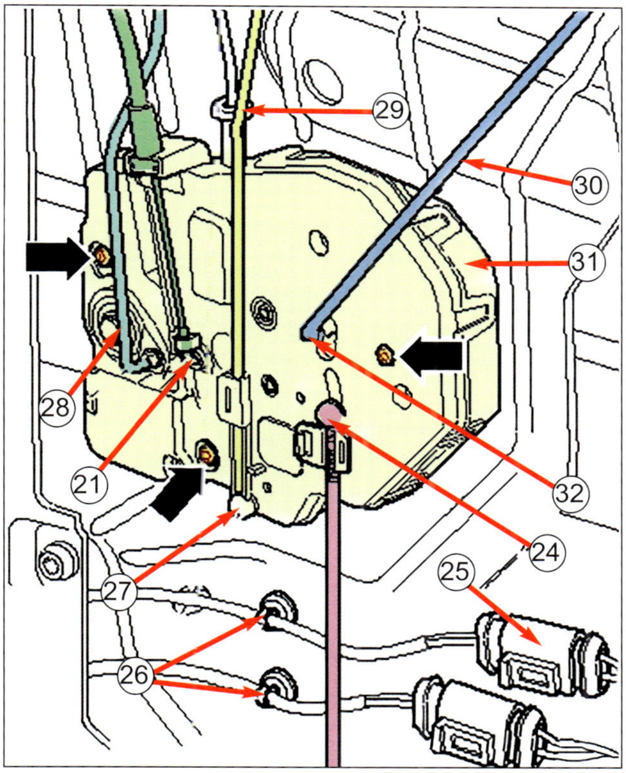

Heckflügeltürschloss oben: 21 Bowdenzug oben, 24 Zugstange für Schloss unten, 25 Steckverbindung, 26 Kabelbinder, 27 Zugstange für Innenbetätigung, 28 Umlenkhebel-Schließzylinder, 29 Zugstange für Türaußengriff, 30 Aggregateträger, 31 Träger Verriegelung, 32 Verriegelungsstange für Innenbetätigung.

- Darauf achten, dass beim Zusammenbau alle Zugstangen, die Betätigungsstange und der Bowdenzug richtig verclipst werden.

- Bevor die Verkleidung Heckflügeltür eingebaut wird, ist eine Funktionsprüfung der Entriegelungsbauteile durchzuführen.

Türaußengriff aus- und einbauen

- Den Träger Verriegelung (31) ausbauen und die Steckverbindung am Türgriff (3) trennen.

- Schrauben (2) herausdrehen und den Türaußengriff (1) aus der Heckflügeltür herausnehmen.

Der Einbau erfolgt sinngemäß in umgekehrter Reihenfolge.

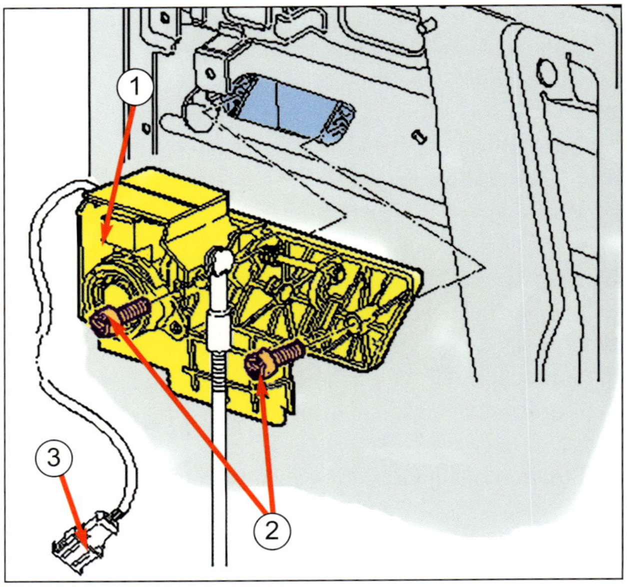

Türaußengriff: 1 Türaußengriff 2 Schrauben, 3 Steckverbindung

Außenspiegel

Grundsätzlich sollten Sie immer, wenn Sie am Spiegelglas arbeiten, Handschuhe zum Schutz vor Schnittverletzungen tragen. Der Aus- und Einbau wird nur für den linken Spiegel beschrieben. Der Aus- und Einbau des rechten Spiegelglases ist sinngemäß daraus abzuleiten.

Spiegelglas am Rückspiegel bis 2010er Modell aus- und einbauen

- Die 2 Schrauben (5) herausdrehen.

- Montageteil (6) vom Spiegelgehäuse (1) nach unten abnehmen.

- Den Gehäuserahmen (8) vom Spiegelgehäuse (1) abziehen.

- Mit einem Schraubendreher die Rastnase (9) entriegeln.

- Die Ecke (Pfeil) etwas zur Seite drücken und das Spiegelgehäuse (1) vom Spiegelgrundträger nach oben abziehen.

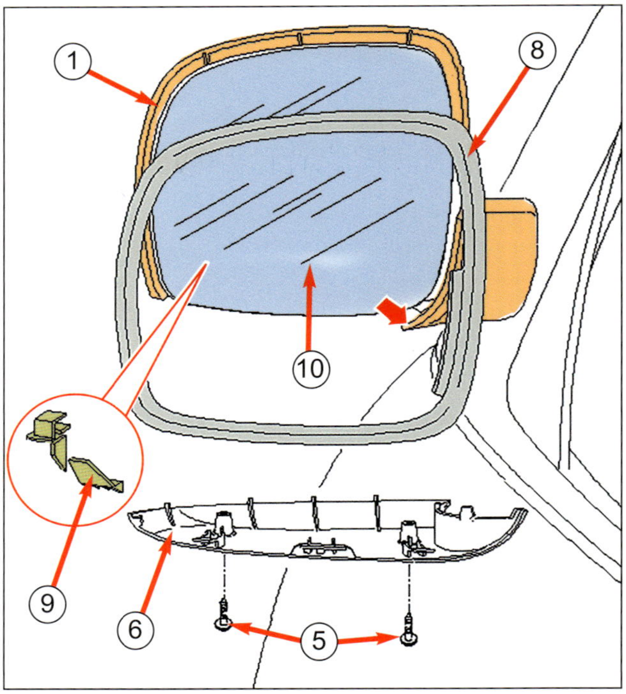

Rückspiegel bis 2010: 1 Spiegelgehäuse, 5 Schrauben, 6 Montageteil, 8 Gehäuserahmen, 9 Rastnase, 10 Spiegelglas.

- Rastnasen mit einem Schraubendreher auf der Rückseite von dem Spiegelglas (10) lösen.
- Spiegelglas (10) zur Seite schwenken und die Steckkontakte für die Spiegelheizung auf der Rückseite des Spiegelglases abziehen.

Der Einbau erfolgt sinngemäß in umgekehrter Reihenfolge.

- Das Spiegelgehäuse (1) auf den Spiegelgrundträger aufsetzen und das Spiegelgehäuse (1) nach unten drücken.
- Die Verrastung (9) und die Ecke (Pfeil) kontrollieren.
- Den Gehäuserahmen (8) auf das Spiegelgehäuse (1) aufdrücken.
- Das Montageteil (6) von unten in das Spiegelgehäuse (1) einrasten und die Schrauben (5) festziehen.

Spiegelglas am Rückspiegel ab 2010er-Modell aus- und einbauen

- Die Gehäusekante vor Lackbeschädigung schützen, z. B. mit textilverstärktem Klebeband abkleben.
- Das Spiegelglas (4) unten in Pfeilrichtung (B) in das Spiegelgehäuse eindrücken.
- Das Spiegelglas (4) mit einem geeigneten Kunststoff-Abdrückhebel von der Verstelleinheit in Pfeilrichtung (A) abdrücken. Es sind sechs Verrastungen am Spiegelglas vorhanden.
- Das Spiegelglas (4) zur Seite schwenken und die vorhandenen Steckkontakte (15) für die elektrische Abblendung und die Spiegelheizung auf der Rückseite des Spiegelglases (4) abziehen.

Der Einbau erfolgt sinngemäß in umgekehrter Reihenfolge.

- Die Steckkontakte (15) für Spiegelheizung am Spiegelglas (4) aufstecken.
- Das Spiegelglas (4) mittig auf die Verstelleinheit im Gehäuse aufdrücken. Das Spiegelglas (4) rastet mit der Verrastung (13) hörbar ein.
- Abschließend eine Funktionsprüfung des Spiegels durchführen.

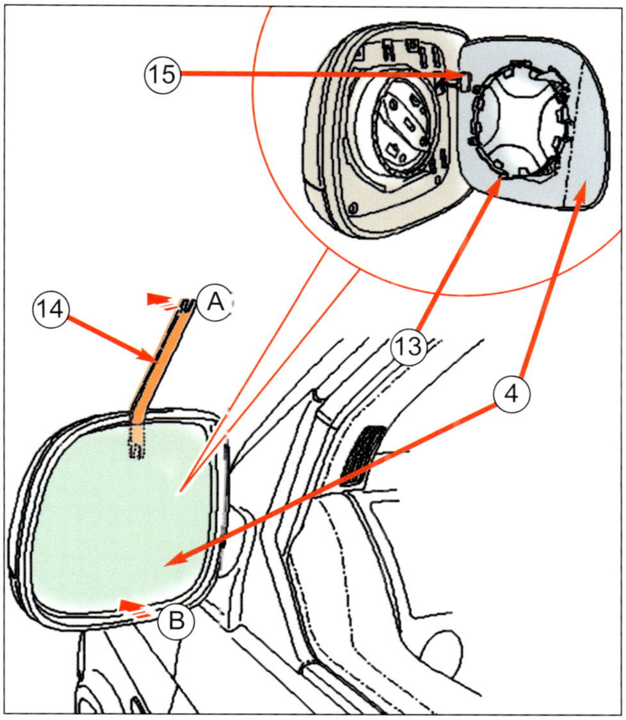

Spiegelglas ab 2010: 4 Spiegelglas, 13 Verrastungen, 14 Hebelwerkzeug aus Kunststoff, 15 Steckkontakte am Spiegelglas, A Bewegungsrichtung zur Demontage.

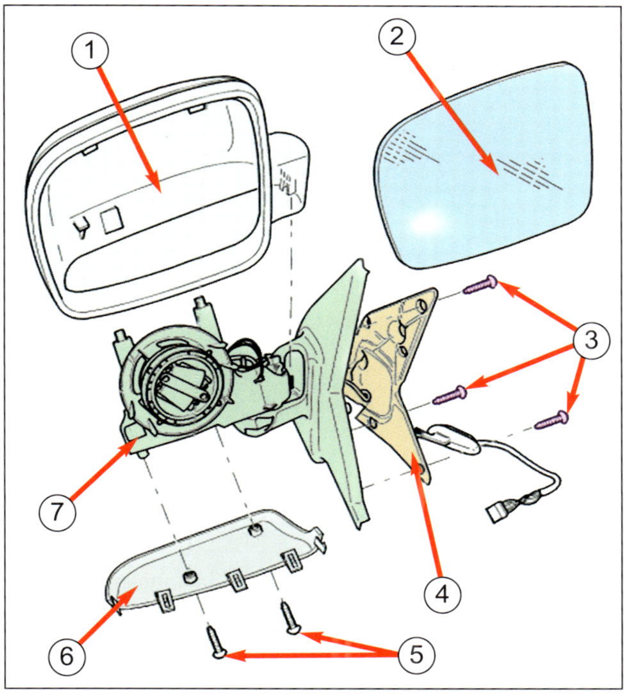

Rückspiegel bis 2010: 1 Spiegelgehäuse, 2 Spiegelglas, 3 Schrauben, 4 Dämpfung, 5 Schrauben, 6 Montageteil, 7 Spiegelgrundträger.

Rückspiegel bis 2010er-Modell aus- und einbauen
Der Aus- und Einbau wird nur für den linken Spiegel beschrieben. Der Aus- und Einbau des rechten Spiegels ist sinngemäß daraus abzuleiten.

- Türverkleidung vorn ausbauen.
- Elektrische Steckverbindungen für den Außenspiegel (soweit vorhanden) trennen.
- Drehen Sie die Schrauben (3) heraus und nehmen Sie den Außenspiegel von der Tür ab.
- Leitung für den Spiegel durch die Öffnung (2) nachführen.

Der Einbau erfolgt sinngemäß in umgekehrter Reihenfolge.

- Kontrollieren Sie den Sitz der Dämmung (4).
- Führen Sie abschließend eine Funktionsprüfung durch.

Rückspiegel ab 2010er-Modell aus- und einbauen
Der Aus- und Einbau wird nur für den linken Spiegel beschrieben. Der Aus- und Einbau des rechten Spiegelglases ist sinngemäß daraus abzuleiten.

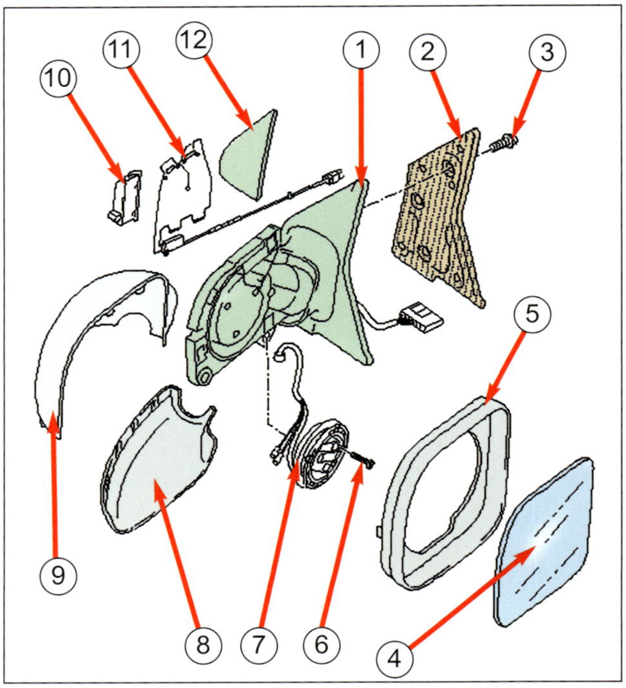

Rückspiegel ab 2010: 1 Spiegelgrundträger, 2 Dämpfung, 3 Schraube, 4 Spiegelglas, 5 Gehäuserahmen, 6 Schraube, 7 Verstelleinheit, 8 Blende unten, 9 Spiegelgehäuse, 10 Warnleuchten für Spurwechselassistent, 11 Antennenmodul, 12 Abdeckung.

Tankdeckel / Tankklappe

- Tankklappe öffnen und die Schrauben (2) herausdrehen, dann die Tankklappe (1) abnehmen.
- Die Schraube (5) herausdrehen.
- Die Verschlussdeckel des Kraftstoffbehälters abdrehen.
- Topf Einfüllstutzen (6) mit einem kleinen Schraubendreher in der Aussparung oben Pfeil (A) heraushebeln.
- Wasserablaufschlauch vom Topf Einfüllstutzen abziehen. Darauf achten, dass der Wasserablaufschlauch nicht aus der Öffnung im Unterfahrschutz gezogen wird.

Die Montage erfolgt sinngemäß in umgekehrter Reihenfolge.

- Die Formabdeckung (6) in den Ausschnitt drücken.
- Tankklappe (1) ansetzen und zuerst die obere, dann die untere Schraube (2) handfest anziehen.
- Fugenbild der Tankklappe (1) einstellen und Schrauben (2) festziehen.

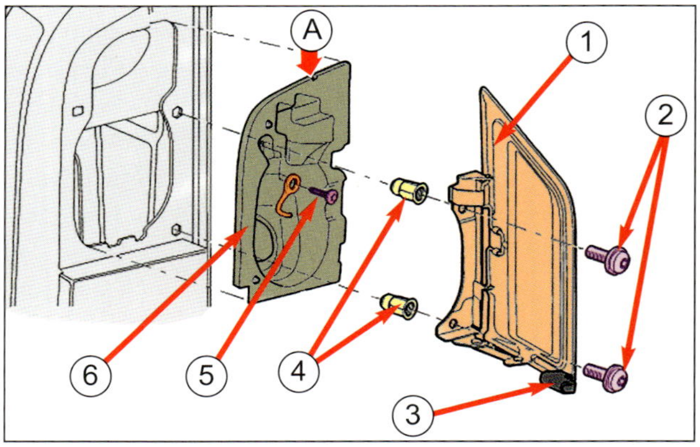

Tankdeckel/Tankklappe: A Aussparung, 1 Tankklappe, 2 Schrauben, 3 Anschlag, 4 Blindnietmutter, 5 Schraube, 6 Topf Einfüllstutzen.

Karosserie außen

Störung	Was kann das sein?	Was kann oder muss ich tun?
A Klappergeräusch einer Tür	**1** Türschloss schließt nicht richtig.	Einstellung des Türschlosses prüfen (lassen).
	2 Türschloss defekt.	Türschloss und Funktion prüfen lassen (Tester erforderlich), eventuell Türschloss ersetzen.
	3 Fanghaken defekt.	Befestigung des Fanghakens prüfen und instand setzen eventuell Fanghaken ersetzen.
	4 Einstellung der Türe falsch.	Türeinstellung durchführen (lassen).
	5 Verschraubungen oder Fangbänder lose.	Befestigung des Fanghakens prüfen und instand setzen eventuell Fanghaken ersetzen.
	6 Anschlaggummi verschlissen.	Anschlaggummis prüfen und gegebenenfalls erneuern.
B Tür schließt nicht richtig.	**1** Tür steht vorne weiter außen.	Einstellung der Tür prüfen und wenn erforderlich einstellen (lassen). Achten Sie auf die richtige Einstellung der vorderen Türen (Grundeinstellung)! Prüfen Sie den Zustand der Türscharniere.
	2 Tür steht hinten weiter außen.	
	3 Schließt nicht richtig.	Schlosshaken und Einstellung prüfen lassen.
	4 Tür sitzt schief.	Zustand der Türscharniere prüfen (lassen).
	5 Tür ist schwergängig.	Zustand der Türscharniere und der Fangbänder prüfen (lassen).
C Tür lässt sich nicht öffnen oder verriegeln.	**1** Türschloss defekt.	Türschloss und Funktion prüfen lassen (Tester erforderlich), eventuell Türschloss ersetzen.
	2 Defekt am Servo der Zentralverriegelung.	Funktion des Servomotors und der Zentralverriegelung prüfen lassen (Tester erforderlich), eventuell Servo ersetzen.
	3 Zentralverrieglung defekt.	Funktion der Zentralverriegelung prüfen lassen, Diagnose ist wichtig!

STÖRUNGSBEISTAND

Elektrische Fensterheber

Störung	Was kann das sein?	Was muss ich tun?
A Fensterscheibe wird nur in eine Richtung verstellt	**1** Schalter defekt	Schalter auswechseln
B Fensterscheibe wird in keine Richtung verstellt	**1** Fensterscheibe schwergängig, Sicherung wegen Überlastung des Motors durchgebrannt	Fensterscheibe in den Führungen gängig machen, Sicherung erneuern
	2 Fensterheber wird nicht angesteuert	Fehlerspeicher abfragen (lassen) Fensterhebermotor prüfen
C Fensterscheibe wird im ganzen Verstellbereich zu langsam verstellt	**1** Fensterscheibe in den Führungen verklemmt	Spiel der Scheiben prüfen, ggf. korrigieren
	2 Kabelverbindungen defekt oder oxidiert	Überprüfen, reinigen ggf. auswechseln
	3 Schalter defekt oder oxidiert	Überprüfen, ggf. auswechseln
D Fensterscheibe wird an der oberen Grenze des Verstellbereichs zu langsam verstellt	**1** Fensterscheibe in den Führungen verklemmt, Aufnahmen gebrochen	Reparatursatz Fensterheber verbauen

Der Innenraum

VW T5 als Multivan stellt auch im Innenraum eine Bandbreite an Ausstattung und Variationsmöglichkeiten bereit, die vom Luxusliner bis zum Großkombi reicht. Woran Sie in diesem Bereich edler Oberflächen und Features tätig werden können, wollen wir hier zeigen. Oberstes Gebot: Kratzer und Schäden vermeiden an Kunststoffoberflächen und Verkleidungen!

In diesem Kapitel erfahren Sie, welche Arbeiten im Innenraum selbst erledigt werden können, aber auch, wovon Sie besser Abstand nehmen sollten. Denn hinter den vielen Abdeckungen und Verkleidungen in Ihrem Multivan lauern durchaus auch Gefahren, wie die pyrotechnischen Elemente des Rückhaltesystems in den Airbags. Aber wir wollen Sie keineswegs gleich zu Beginn entmutigen. Es gibt noch eine Reihe anderer Dinge, die Sie mithilfe der folgenden Anleitungen erledigen können. Dazu gehören zum Beispiel der Lampenwechsel der Innenraumbeleuchtung oder auch der Ausbau diverser Verkleidungen, zum Beispiel an der Türinnenseite. Gerade diese Arbeit kann für Sie früher oder später wichtig werden, wenn der Fensterheber streiken sollte.

An welchen Teilen sollte nicht gearbeitet werden?

Wie bereits erwähnt: Vor Arbeiten an Komponenten, die dem Insassenschutz dienen, müssen wir warnen. Wenn es an Kenntnis und Erfahrung mangelt, sollten Sitze und Lenkrad wegen der darin enthaltenen Airbags tabu sein. Denn selbst in den Werkstätten darf nur speziell geschultes Personal an diesen Teilen tätig werden. Das Risiko bei Reparaturversuchen verletzt zu werden, ist ja nur die eine Seite. Ein bei einem Unfall nicht mehr ordnungsgemäß funktionierender Insassenschutz stellt die weitaus schwerer wiegende andere Seite dar. Sogar bei einer Verschrottung des Fahrzeugs, etwa nach einem Unfall, müssen die Airbageinheiten und Gurtstraffer nach bestimmten Vorschriften sicher entsorgt werden. Auf keinen Fall dürfen Sie diese Komponenten wie üblichen Abfall behandeln. Das gilt auch für gezündete Einheiten und technische Ladungen, wozu übrigens auch Gurtstraffereinheiten zählen. Denn es ist nicht mit Sicherheit zu bestimmen, ob wirklich alle im Fahrzeug vorhandene Pyrotechnik sicher gezündet wurde.

Profitipp: Montagekeil für Verkleidungen

Die teilweise kratzempfindlichen Kunststoffe der Innenraumverkleidung verlangen einen äußerst sensiblen Umgang. Will man nicht gleich beim ersten Demontageversuch hässliche Spuren hinterlassen, empfiehlt sich die Verwendung eines Montagekeils für den Innenraum (VW-Nummer: 3409). Dieser ist aus weichem und elastischem Kunststoff und erlaubt

GEFAHRHINWEISE

Arbeiten am Rückhaltesystem

Achtung Lebensgefahr!

Grundsätzlich dürfen keine Arbeiten an Systemen der Airbageinheiten von ungeschulten Personen durchgeführt werden. Es handelt sich nicht nur um tatsächliche Sprengsätze, sondern auch um Fahrzeugeinrichtungen, die der Sicherheit des Fahrzeuges dienen. Unsachgemäßer Umgang kann Ihr Leben oder Ihre Gesundheit schon bei der Demontage gefährden. Auch wenn es auf den ersten Blick einfach erscheint, sollten Sie niemals ohne entsprechende Ausbildung an diesen Systemen arbeiten. Für die Arbeit, den Umgang und die Lagerung mit diesen Systemen muss ein »Airbag-Sachkunde-Lehrgang« abgeschlossen und bescheinigt worden sein. Auf die Demontage dieser Systeme wird in diesem Buch absichtlich nicht eingegangen. Das Abklemmen der Batterie reicht nicht aus um eine sichere Montage an diesen Systemen gewährleisten zu können.

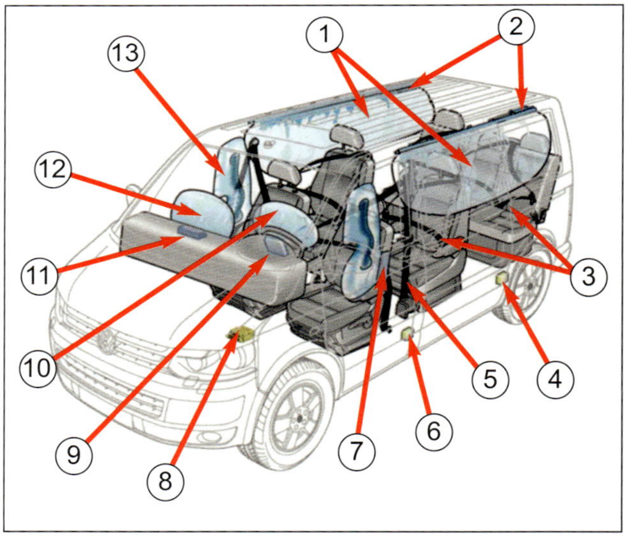

Airbag im T5: 1 Kopfairbag, 2 Modul Kopfairbag, 3 Dreipunktgurt im Sitz, 4 Crashsensor C-Säule, 5 Dreipunktgurt mit Gurtstraffer, 6 Crashsensor B-Säule, 7 Modul Kopfairbag Fahrer, 8 Airbagsteuergerät Frontairbags, 9 Modul Fahrerairbag, 10 Frontairbag Fahrer, 11 Modul Seitenairbag, 12 Beifahrerairbag, 13 Kopf-Toraxairbag Beifahrer.

mit der flachen Seite auch in den meist sehr engen Spalten problemlos zu arbeiten. Eine weitere Schutzmaßnahme ist das Abkleben der entsprechenden Stellen mit Klebeband oder das Unterlegen mit

Kommt in die meisten Spalten: Ein Montagekeil ist im Fachhandel für wenige Euro zu erhalten und spart bei Montagearbeiten im Innnenraum oder generell bei Kunststoffteilen oder anderen empfindlichen Flächen eine Menge Ärger und Kratzer.

Sichtprüfung: Eine einwandfreie Funktion hat der Gurt nur, wenn er keine Beschädigungen aufweist. Beschädigungen können nach häufigem Einklemmen in der Tür auftreten.

einem schützenden Stofftuch. Die Vielzahl der Verkleidungsteile ist mit Halteclips angebracht, die Sie mit einem Schraubendreher schnell beschädigen oder gar abreißen werden. Ein Ärgernis, denn die Wiederanbringung des Verkleidungsteils kann dann zum Problem werden. Auch hier können Sie mit dem Keil sensibler vorgehen.
Zum Thema Sicherheit im Innenraum gehört auch eine regelmäßige Gurtkontrolle. Achten Sie dabei auf Beschädigungen wie Einrisse oder Verfransungen. Solche Verschleißerscheinungen können im Ernstfall zur Achillesferse des Rückhaltesystems werden. Denn sollte der Gurt bei einem Unfall durch die hohe Beanspruchung versagen, dann dort, wo er beschädigt ist. Rollen Sie daher bei der Sichtprüfung bei hellem Tageslicht die gesamte Gurtlänge ab. Fahren Sie mit den Fingern über den gesamten Gurt, und fühlen Sie dabei, ob es Beschädigungen wie oben beschrieben gibt. Nehmen Sie den Gurt auch genauestens in Augenschein. Die Behandlung mit irgendwelchen Mittelchen ist ebenfalls tabu! Denken Sie daran, dass im Falle eines Unfalls mehrere Tonnen am Gurt zerren.

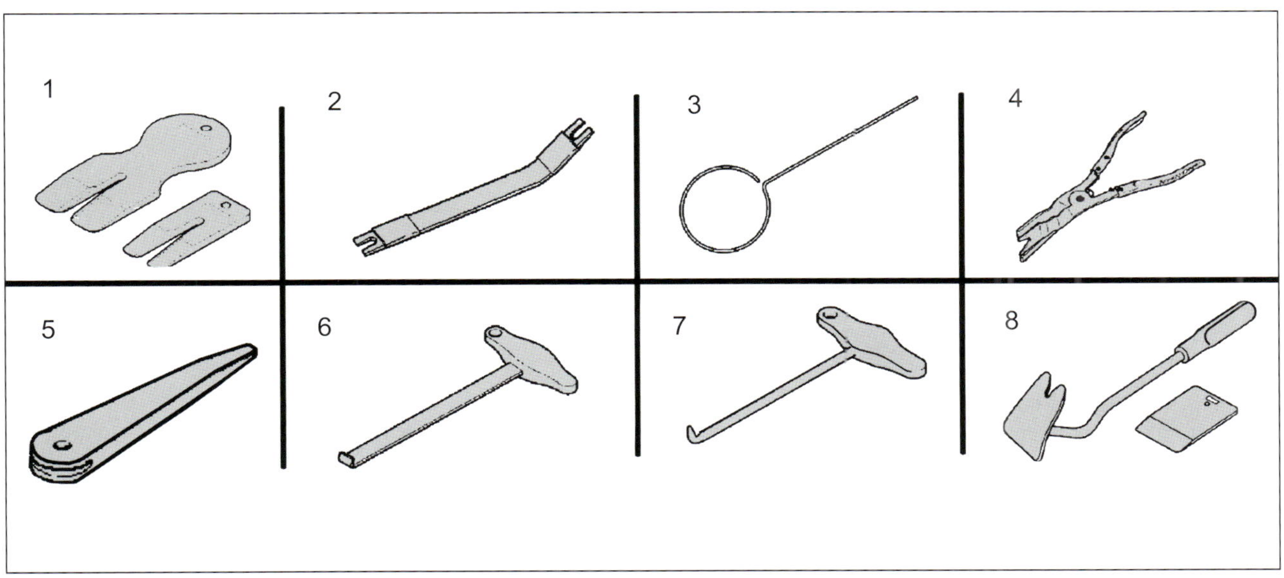

Karosseriewerkzeuge für den Innenraum: 1 geschlitzte Demontagekeile, 2 Lösehebel, 3 Absteckstift, 4 Demontagezange, 5 Demontagekeil, 6 Demontagehaken, 7 Frontend-Haken, 8 Abdrückhebel.

Sitze und Bänke

Montagearbeiten Vordersitze

Sitz ausbauen
Für den Vordersitz gelten bereits die Regeln für die Montagearbeiten am Airbagsystem. Sie sollten diese Arbeiten nicht angehen, wenn Sie keinen Sachkundelehrgang vorweisen können und/oder keine Erfahrung im Umgang mit Airbagsystemen haben.
Der Aus- und Einbau ist für die linke Fahrzeugseite beschrieben. Der Aus- und Einbau für die rechte Fahrzeugseite erfolgt sinngemäß. Um Schäden am Airbagleitungsstrang zu verhindern, ist es zwingend notwendig, bei Arbeiten am Fahrersitz zuerst die Masseleitung am Batterie-Minuspol der Zweitbatterie abzuklemmen. Danach ist die Sicherung »S171« zu ziehen.

- Schalten Sie die Zündung aus.
- Bringen Sie den Fahrersitz in die vorderste Position.

Fahrersitz:

- Klemmen Sie die Zweitbatterie unter dem Fahrersitz ab. Für den Beifahrersitz entfällt dann diese Arbeitsposition.
- Ziehen Sie die Sicherung »S171« unter dem Fahrersitz heraus.
- Ziehen Sie die Verkleidung Batterie (1) nach hinten ab.

Weiter für alle Vordersitze:

- Schrauben Sie die hinteren Schrauben (2) aus den Sitzschienen heraus.
- Bringen Sie den Fahrersitz in die hinterste Position.
- Drehen Sie die vorderen Schrauben (3) aus den Sitzschienen heraus. Anstelle der vorderen Schrauben (3) können auch Sechskantmuttern verbaut sein. Das Anzugsdrehmoment beträgt 20 Nm. Die Nacharbeit beschädigter Gewinde im Sitzgestell ist unzulässig. Es ist ein Austausch vom Sitzgestell vorzunehmen.
- Heben Sie den Sitz im vorderen Bereich an, bis die elektrischen Leitungsstränge (5) zugänglich sind.

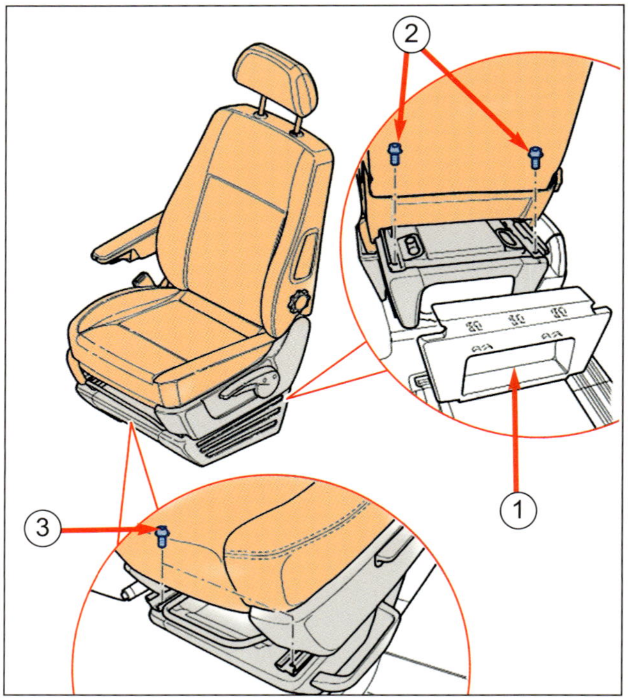

Fahrersitz als Beispiel für die Vordersitze: 1 Verkleidung Batterie, 2 hintere Schrauben, 3 vordere Schrauben.

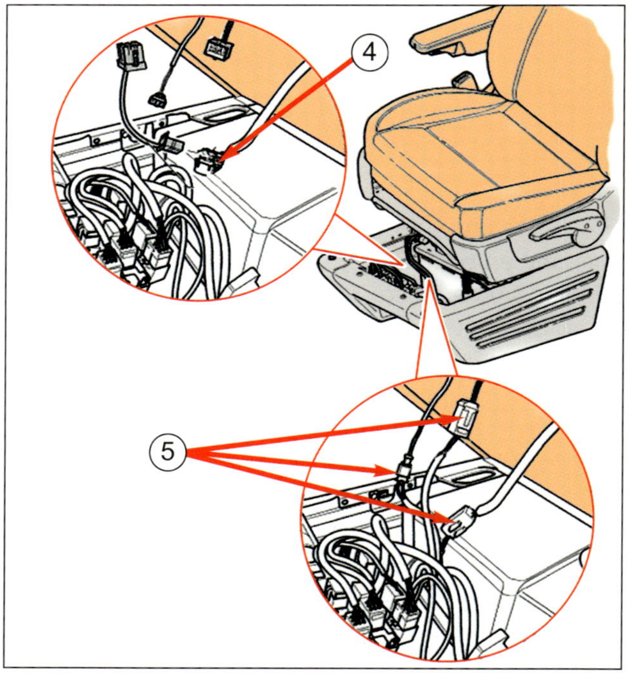

Fahrersitz als Beispiel für die Vordersitze: 4 Steckkupplung vom Seitenairbag, 5 Leitungsstränge.

- Trennen Sie je nach Ausstattung die elektrischen Leitungsstränge (5).
- Stecken Sie den Airbag-Adapter »VAS 5232/1« auf die Steckkupplung vom Seitenairbag (4).
- Heben Sie den Sitz aus dem Fahrzeug heraus.

Der Einbau erfolgt in umgekehrter Reihenfolge.

- Schalten Sie die Zündung ein. Es ist darauf zu achten, dass sich keine Personen im Fahrzeug aufhalten.
- Klemmen Sie die Batterie wieder an.

Armlehne Vordersitz aus- und einbauen

Der Aus- und Einbau ist für die linke Armlehne am rechten Vordersitz beschrieben. Der Aus- und Einbau der übrigen Armlehnen erfolgt sinngemäß.

- Hebeln Sie die Abdeckkappe (1) mit einem kleinen Schraubendreher heraus.
- Drehen Sie die Schraube (2) heraus. Die Schraube (2) ist mikroverkapselt (Schraubensicherungsmittel), sie muss nach jedem Lösen ersetzt werden. Vor dem Verbau der neuen Schraube muss das Gewinde der entsprechenden Mutter gereinigt werden.
- Nehmen Sie die Armlehne (3) vom Sitz ab.

Der Einbau erfolgt sinngemäß in umgekehrter Reihenfolge.

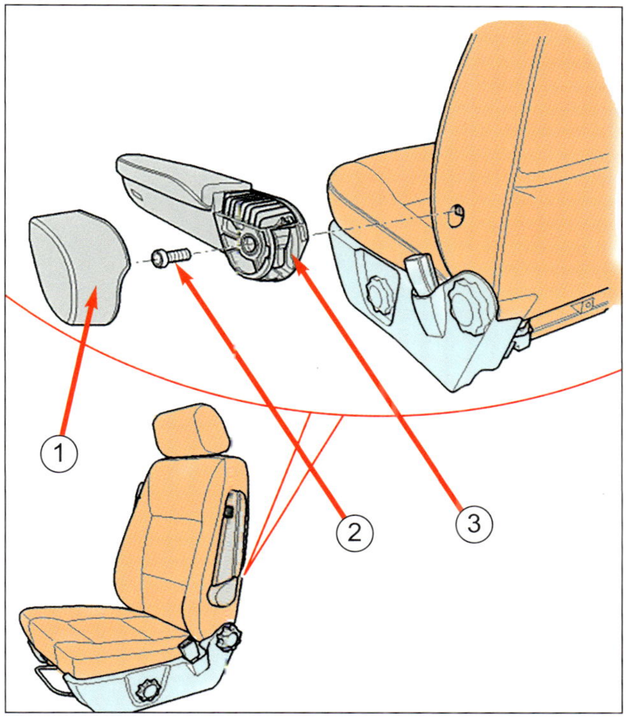

Armlehne am Vordersitz: 1 Abdeckkappe, 2 Schraube mit Sicherungsmittel, 3 Armlehne.

Drehgestell für drehbaren Vordersitz aus- und einbauen

Für den Vordersitz gelten bereits die Regeln für die Montagearbeiten am Airbagsystem. Sie sollten diese Arbeiten nicht angehen, wenn Sie keinen Sachkundelehrgang vorweisen können und/oder keine Erfahrung im Umgang mit Airbagsystemen haben. Der Aus- und Einbau ist für die linke Fahrzeugseite beschrieben. Der Aus- und Einbau für die rechte Fahrzeugseite erfolgt sinngemäß.

- Das Vordersitzkissen des entsprechenden Vordersitzes ausbauen.
- Die Lehne des Vordersitzes ausbauen.

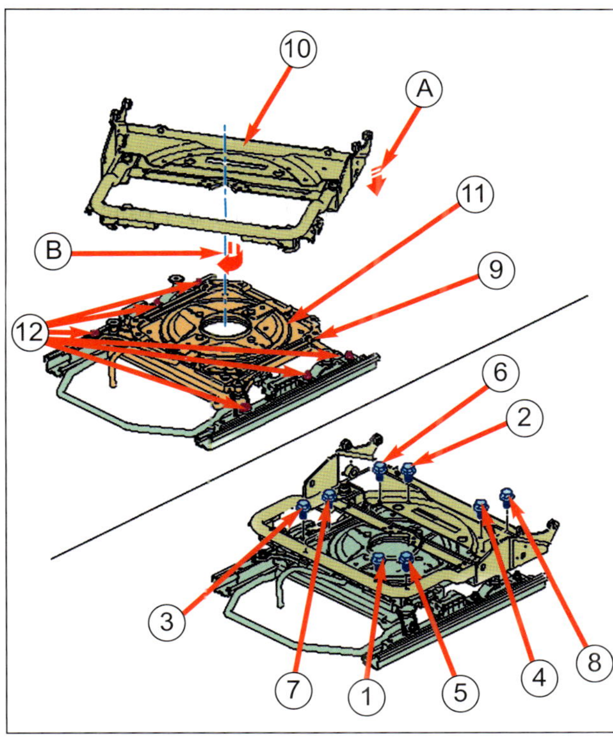

Drehgestell für die Vordersitze: 1-8 Schrauben, 9 Drehgestell, 10 Adapter, 12 Muttern, A Aufsetzen des Adapters, B Drehrichtung.

- Schrauben Sie die Schrauben (1–8) heraus und nehmen Sie den Adapter (10) vom Drehgestell (9) ab.

- Drehen Sie die Sechskantmuttern (12) ab und nehmen Sie das Drehgestell für den drehbaren Vordersitz (11) vom Sitzgestell (13) ab.

Der Einbau erfolgt sinngemäß in umgekehrter Reihenfolge.

- Setzen Sie den Adapter für den drehbaren Vordersitz (10) um 30° verdreht in Pfeilrichtung (A) auf das Drehgestell (11) auf.

- Drehen Sie den Adapter für den drehbaren Vordersitz (10) in Pfeilrichtung (B) zurück.

- Setzen Sie alle 8 Schrauben an. Ziehen Sie die Schrauben in der Schraubreihenfolge 1 bis 8 fest.

Montagearbeiten Sitze hinten

Sitz ausbauen

Ob nun Einzelsitz oder Sitzbank: der Ausbau wird schon recht genau in der Fahrzeugbedienungsanleitung für den verbauten Sitz beschrieben. Im Grundsatz werden die Sitze im Schienensystem nach vorne verschoben und in der vordersten Position nach dem Entriegeln entnommen. Um Schäden an der Karosserie zu vermeiden, sollten Sie diese Arbeiten besser immer zu zweit erledigen. Die 3er-Sitzbank des Multivans ab Mai 2007 erhält eine zusätzliche Entriegelungsmöglichkeit, sodass die Bank auch vom Kofferraum aus verschoben werden kann.

Sitzgestellverkleidung am Einzelsitz hinten aus- und einbauen

- Griff Lehnenverstellung (5) nach hinten ziehen.

- Mit einem kleinen Schraubendreher die Klammer (3) entfernen.

- Griff Lehnenverstellung vom Hebel (4) abziehen.

- Schrauben (2) (3 Stück) herausdrehen und die Verkleidung (1) vom Sitz lösen.

Der Einbau erfolgt sinngemäß in umgekehrter Reihenfolge.

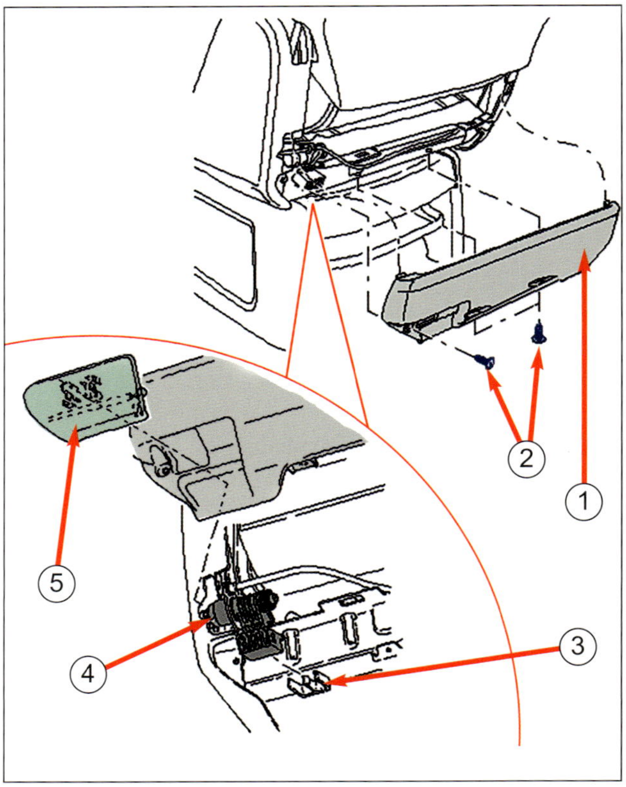

Einzelsitzverkleidung hinten: 1 Verkleidung, 2 Schrauben, 3 Klammer, 4 Hebel, 5 Griff Lehnenverstellung.

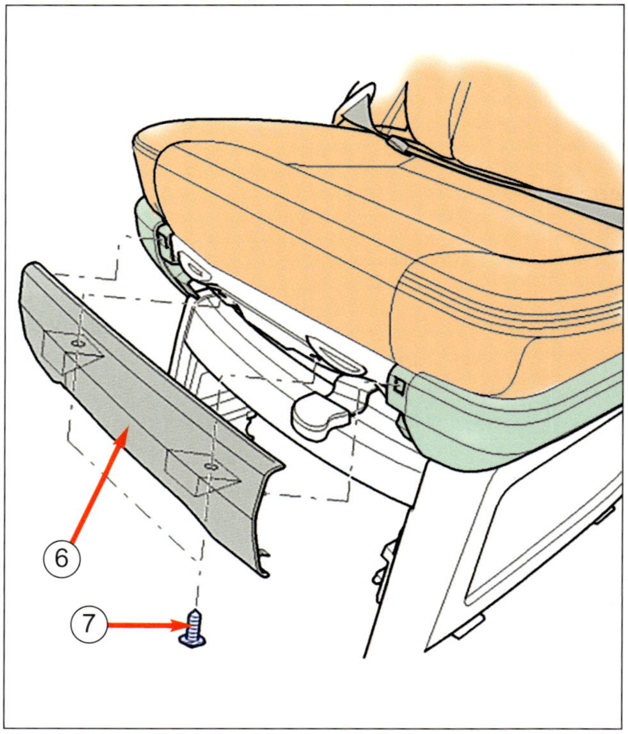

Einzelsitzverkleidung vorne: 6 Verkleidung vorne, 7 Schraube.

Sitzgestellverkleidung am Einzelsitz vorn aus- und einbauen

- Die zwei Schrauben (7) herausdrehen und die Sitzgestellverkleidung vorn (6) vom Sitz lösen.

Der Einbau erfolgt sinngemäß in umgekehrter Reihenfolge.

Sitzgestellverkleidung links am Einzelsitz aus- und einbauen

- Die Sitzgestellverkleidung Einzelsitz hinten, wie bereits beschrieben, ausbauen.

- Sitzgestellverkleidung Einzelsitz vorn, wie bereits beschrieben, ausbauen.

- Schraube (8) und die zwei Schrauben (9) herausdrehen.

- Sitzgestellverkleidung (10) vom Sitz lösen.

Der Einbau erfolgt sinngemäß in umgekehrter Reihenfolge.

Sitzgestellverkleidung rechts am Einzelsitz aus- und einbauen

Je nach Modellvariante müssen Sie beim Aus- und Einbau geringfügige Abweichungen berücksichtigen.

- Sitzgestellverkleidung Einzelsitz hinten ausbauen.

- Sitzgestellverkleidung Einzelsitz vorn ausbauen.

Fahrzeuge mit Betätigung Lehnenverstellung hinten:

- Mit einem kleinen Schraubendreher den Betätigungshebel (15) abhebeln.

- Schraube (13) herausdrehen und den Betätigungsbügel (14) herausziehen.

Fahrzeuge ohne Betätigung Lehnenverstellung hinten:

- Mit einem kleinen Schraubendreher die Abdeckkappe (12) heraushebeln.

- Die Schraube (13) herausdrehen.

Alle Fahrzeuge:

- Mit einem kleinen Schraubendreher die Abdeckkappe (21) abhebeln.

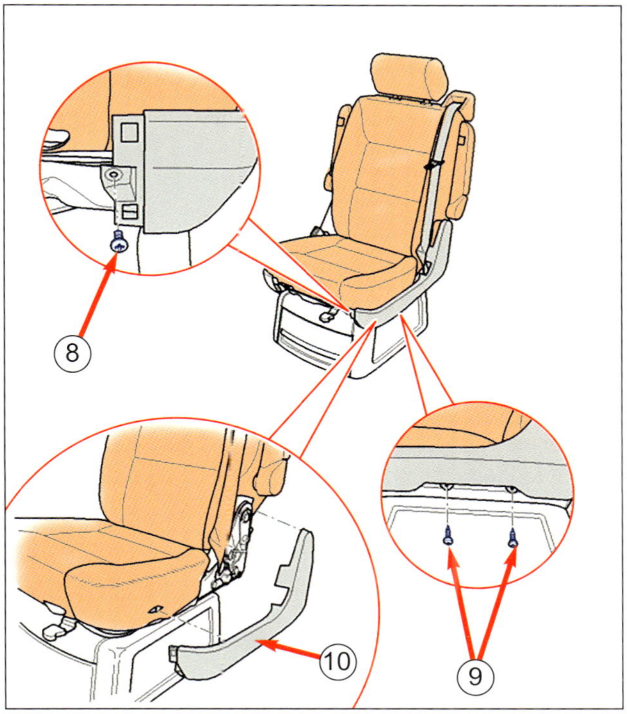

Einzelsitzverkleidung hinten: 8 Schraube, 9 Schrauben, 10 Verkleidung links.

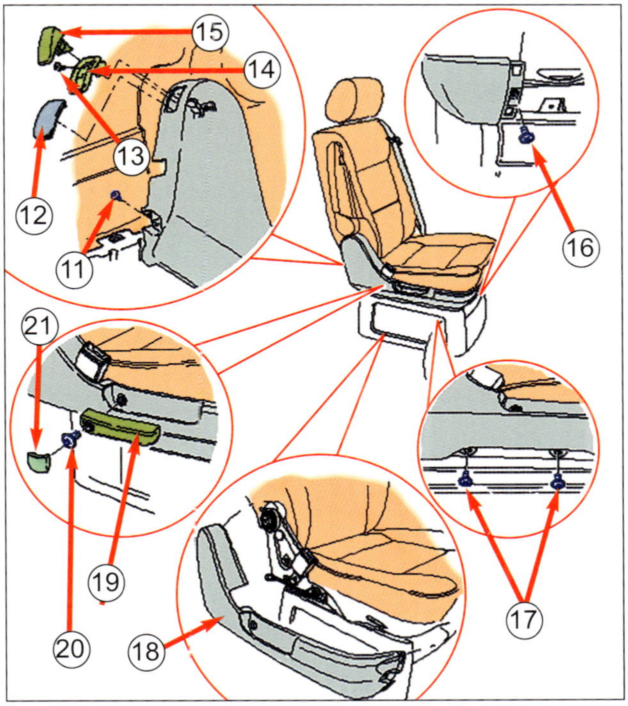

Einzelsitzverkleidung hinten: 11 Schraube, 12 Abdeckkappe (ohne Verstellung), 13 Schraube, 14 Betätigungsbügel, 15 Betätigungshebel, 16 Schraube, 17 Schrauben, 18 Sitzgestellverkleidung, 19 Griff, 20 Schraube, 21 Abdeckkappe.

- Die Schraube (20) herausdrehen und den Griff (19) abziehen.
- Die Schrauben (11) und (16) herausdrehen.
- Die zwei Schrauben (17) herausdrehen.
- Die Sitzgestellverkleidung (18) vom Sitz lösen.

Der Einbau erfolgt in umgekehrter Reihenfolge.

Lehnenrückwand am Einzelsitz aus- und einbauen

Die Bauweise ist bei unterschiedlichen Ausstattungsvarianten sehr ähnlich.

- Schrauben (24) herausdrehen.
- Lehnenrückwand (23) aus ihren Aufnahmen im Lehnenrahmen (22) herausziehen.

Der Einbau erfolgt in umgekehrter Reihenfolge.

- Vor der Montage sind die Halteclips (25) auf Beschädigungen zu prüfen und ggf. zu erneuern.

Verkleidung 3er-Sitzbank vorn aus- und einbauen

Die dritte Sitzreihe in der Business-Ausstattung unterscheidet sich wesentlich und wird somit im Anschluss gesondert dargestellt.

- Bauen Sie die Sitze der 2. Sitzreihe aus.
- Bauen Sie das Tischmodul in der Sitzschiene aus.
- Bringen Sie die Sitzbank in die vorderste Position.
- Klappen Sie das Sitzpolster nach vorn.
- Clipsen Sie den Griff für die Längsverstellung (5) nach unten ab.
- Drehen Sie die Schraube (7) heraus und nehmen Sie den Griff für die Lehnenverstellung (6) ab.
- Drehen Sie die zwei Schrauben (3) und die zwei Schrauben (4) heraus.
- Ziehen Sie die Verkleidung (2) nach oben aus den Aufnahmen (1) heraus.

Der Einbau erfolgt in umgekehrter Reihenfolge.

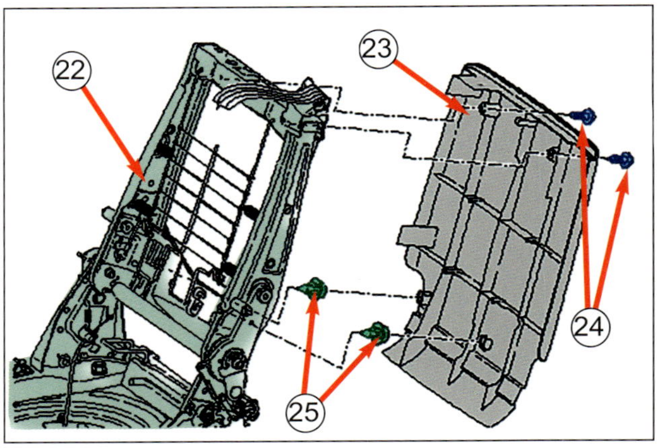

Einzelsitzverkleidung hinten: 22 Lehnenrahmen, 23 Lehnenrückwand, 24 Schrauben, 25 Halteclips.

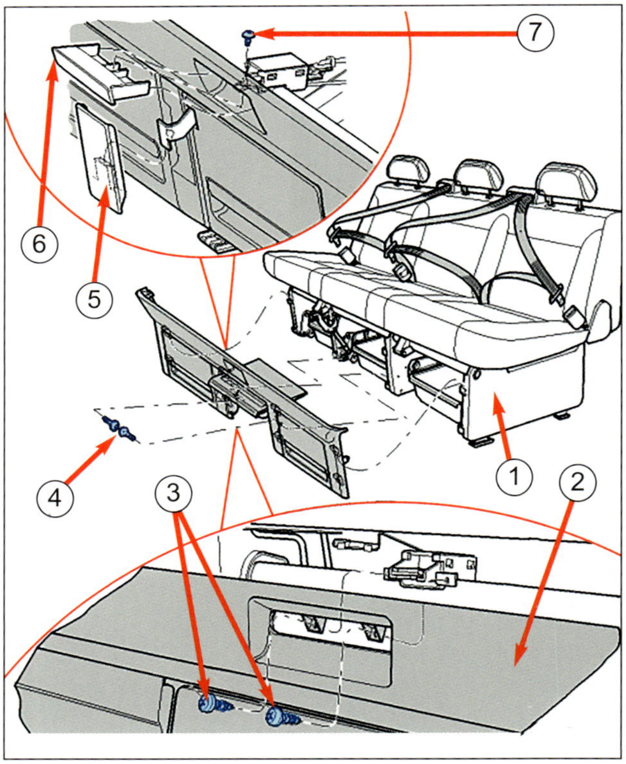

Verkleidung 3er-Bank hinten: 1 Aufnahmen, 2 Verkleidung, 3 Schrauben, 4 Schrauben, 5 Griff Längsverstellung, 6 Griff Lehnenverstellung, 7 Schraube.

Seitenverkleidung 3er-Sitzbank aus- und einbauen

Die Montagearbeiten sind für die linke Seitenverkleidung beschrieben. Der Aus- und Einbau für die rechte Seitenverkleidung erfolgt sinngemäß spiegelverkehrt.

- Bauen Sie die Sitze der 2. Sitzreihe aus.
- Bauen Sie das Tischmodul in der Sitzschiene aus.

- Bringen Sie die Sitzbank in die vorderste Position.
- Bauen Sie die Verkleidung der 3er-Sitzbank vorn aus.
- Haken Sie die Verkleidung (8) aus den Aufnahmen heraus.

Die Montage erfolgt sinngemäß in umgekehrter Reihenfolge.

Verkleidung 3er-Sitzbank hinten aus- und einbauen

Wenn Einschubläden im Sitzgestell verbaut sind, sollten Sie diese vor den Demontagearbeiten herausnehmen um den Zugang zu den Schrauben (11) zu erleichtern.

- Bauen Sie die Sitze der 2. Sitzreihe aus.
- Bauen Sie das Tischmodul in der Sitzschiene aus.
- Bringen Sie die Sitzbank in die vorderste Position.
- Bauen Sie die Verkleidung der Dreier-Sitzbank vorn aus.
- Bauen Sie die Seitenverkleidung der 3er-Sitzbank aus.
- Ziehen Sie die hinteren Klappen der Schubladenfächer heraus.
- Drehen Sie die 2 Schrauben (11) heraus.
- Ziehen Sie die Verkleidung (10) nach oben aus den Aufnahmen im Sitzgestell (9) heraus.

Der Einbau erfolgt sinngemäß in umgekehrter Reihenfolge.

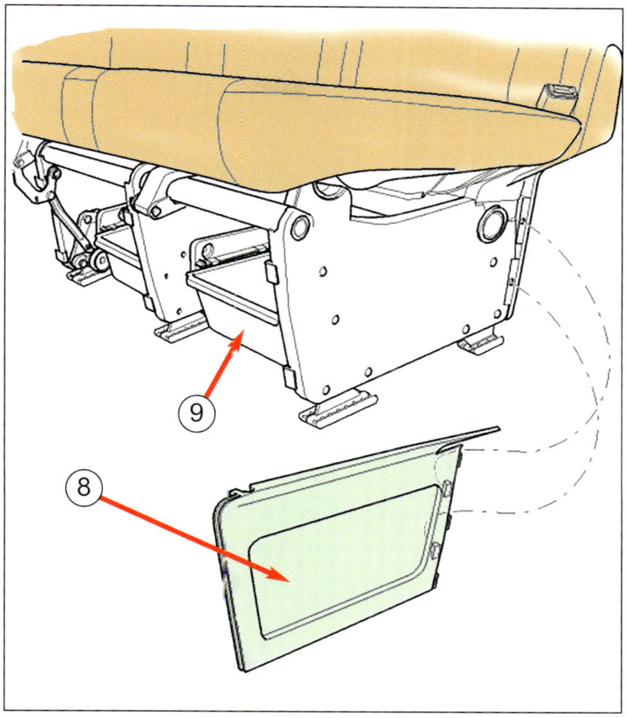

Verkleidung 3er-Sitzbank seitlich: 8 Verkleidung, 9 Sitzgestell.

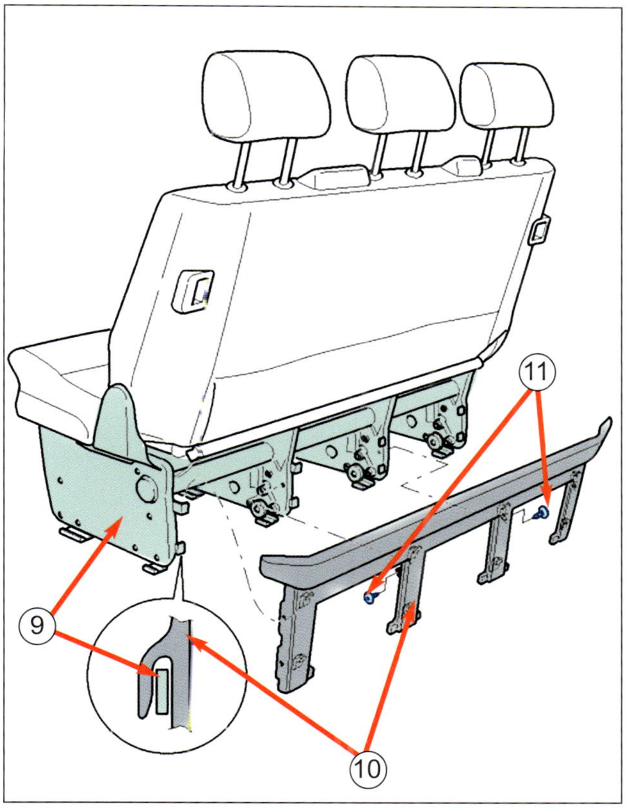

Verkleidung 3er-Sitzbank hinten: 9 Sitzgestell, 10 Verkleidung, 11 Schrauben.

Montagearbeiten Sitze hinten Business

Sitzbank aus- und einbauen

- Zündung ausschalten.
- Fahrzeugbatterie abklemmen.
- Drehsitz mit Sitzgestell auf beiden Seiten ausbauen.
- Bodenbelag (soweit vorhanden) aus dem Fahrzeug herausnehmen.
- Verkleidung Sitzbank vorn oben links und rechts ausbauen.

- Verkleidung Sitzbank vorn unten links und rechts ausbauen.
- Verkleidung Rücksitzbank unten ausbauen.
- Steckverbindungen vorn an der Koppelstelle unter dem Sitz trennen.
- Die Schraube der Masseverbindung lösen und die Verbindungen abnehmen.
- Einbaumaß der Endanschläge (3) markieren und die Schrauben (2) für die Endanschläge (3) in den Sitzschienen (1) links und rechts lösen.
- Abdeckkappen (4) der Sitzmontageöffnung nach oben aus den Sitzschienen ausclipsen.
- Endanschläge (3) links und rechts bis zur Sitzmontageöffnung (5) schieben und nach oben in Pfeilrichtung herausnehmen.
- Sitzbank so weit nach vorn schieben, bis das Bedienungselement für Sitzverstellung zugänglich ist.
- Kabelbinder vom elektrischen Leitungsstrang unter dem Bedienungselement an der Sitzbank trennen.
- Schrauben (6) und (7) herausdrehen.
- Bedienungselement für Sitzverstellung (8) etwas anheben und nach hinten schieben.
- Sitzbank so weit nach vorn schieben, bis die Sitzbank aus den Sitzmontageöffnungen herausgenommen werden kann. Zum Herausnehmen der Sitzbank sind mindestens 4 Monteure notwendig. Um Beschädigungen an den Sitzschienen, am Bodenbelag sowie den Verkleidungen der Innenausstattung zu vermeiden, sind diese abzudecken bzw. abzukleben.

Der Einbau erfolgt in umgekehrter Reihenfolge.

- Alle Kabelbinder und Dämmmaterialien, die beim Ausbau gelöst oder aufgeschnitten werden, sind beim Einbau an gleicher Stelle wieder anzubauen.

Sitz aus- und einbauen

Der Aus- und Einbau ist für den linken Sitz beschrieben. Der Aus- und Einbau des rechten Sitzes erfolgt singemäß.

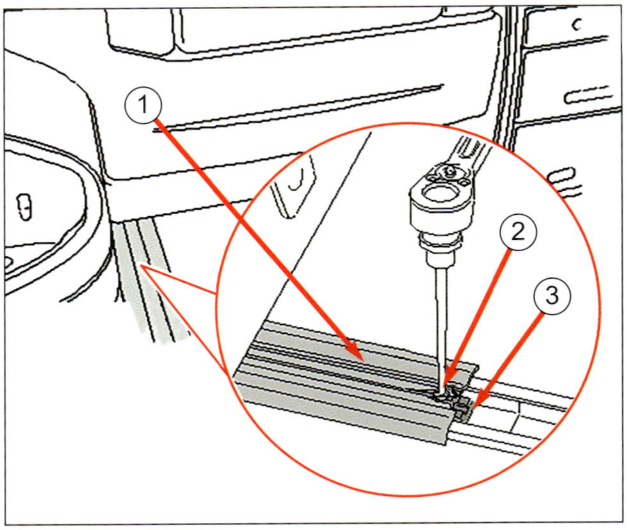

Befestigung in den Sitzschienen: 1 Sitzschiene, 2 Schraube Endanschlag, 3 Endanschlag (rechts und links).

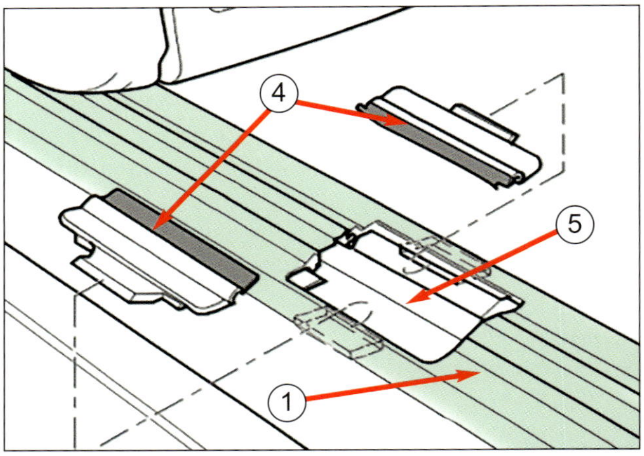

Befestigung in den Sitzschienen: 1 Sitzschiene, 4 Abdeckkappen, 5 Öffnung zur Demontage.

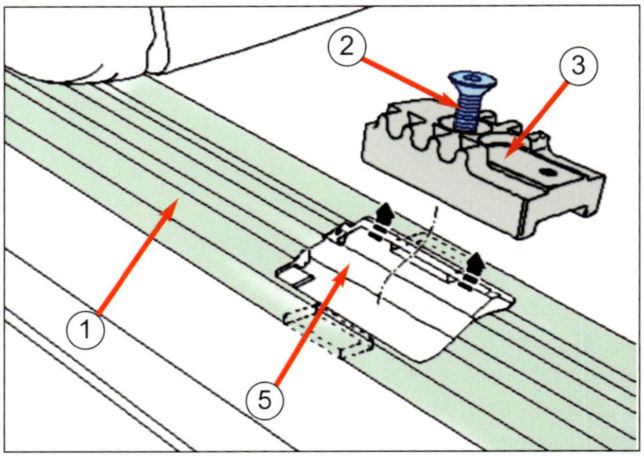

Befestigung in den Sitzschienen: 1 Sitzschiene, 2 Schraube Endanschlag, 3 Endanschlag, 5 Öffnung zur Demontage.

- Sitzbank ausbauen.
- Sechskantmuttern (15) und (16) vom Sitzgestell (10) abschrauben.
- Steckverbindung (14) unter dem Sitz (10) trennen.
- Sechskantmuttern (11) und (12) vom Sitzgestell (10) abschrauben.
- Steckverbindung (13) unter dem Sitz (10) trennen.
- Sitz (10) von der Sitzbank (17) abnehmen.

Der Einbau erfolgt in umgekehrter Reihenfolge.

- Vor der Montage sind sämtliche Befestigungselemente auf Beschädigungen zu prüfen und ggf. zu ersetzen.

Armlehne aus- und einbauen

Sollen die jeweils äußeren Armlehnen ausgebaut werden, ist es erforderlich, dazu die Sitzbank auszubauen. Für die jeweils inneren Armlehnen reicht es aus beide Sitzlehnen so zu verstellen, dass eine Demontage möglich ist. Die Abdeckkappe am jeweiligen Gelenk der Armlehne ist nicht zerstörungsfrei ausbaubar und muss erneuert werden. Wir haben den Aus- und Einbau für die äußere Armlehne des linken Sitzes beschrieben. Der Aus- und Einbau der übrigen Armlehnen erfolgt sinngemäß.

- Die Abdeckkappe mit einem 2-mm-Bohrer genau in der »Perforierung« durchbohren.
- Mit dem Durchschlag in der Bohrung die Abdeckkappe ankippen und ihn von der Armlehne abnehmen.
- Schraube (2) herausdrehen.
- Armlehne (1) von der Sitzgestellwelle (4) abnehmen.
- Distanzring (3) von der Sitzgestellwelle (4) abnehmen.

Der Einbau erfolgt sinngemäß in umgekehrter Reihenfolge.

- Der Distanzring (3) muss vor der Montage der Armlehne (1) auf der Sitzgestellwelle (4) eingebaut sein.

Verkleidungen am Sitz

Der Aus- und Einbau ist für den linken Sitz beschrieben. Der Aus- und Einbau am rechten Sitz erfolgt sinngemäß.

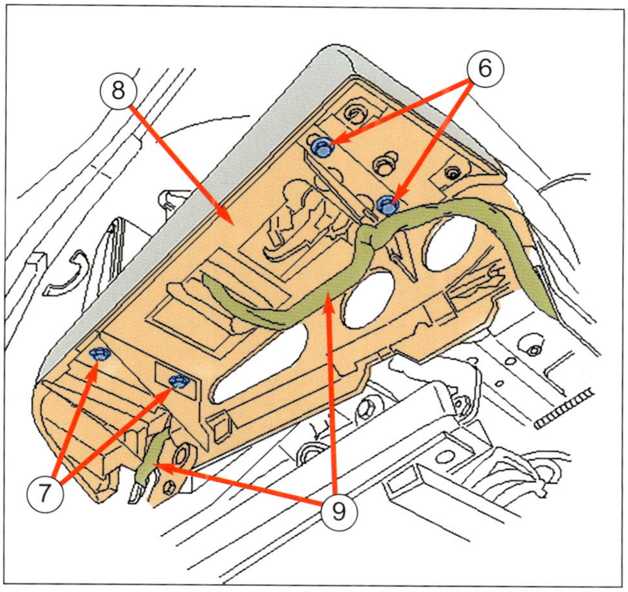

Bedienungselement lösen: 6 Schrauben, 7 Schrauben, 8 Bedienungselement, 9 elektrische Leitungen.

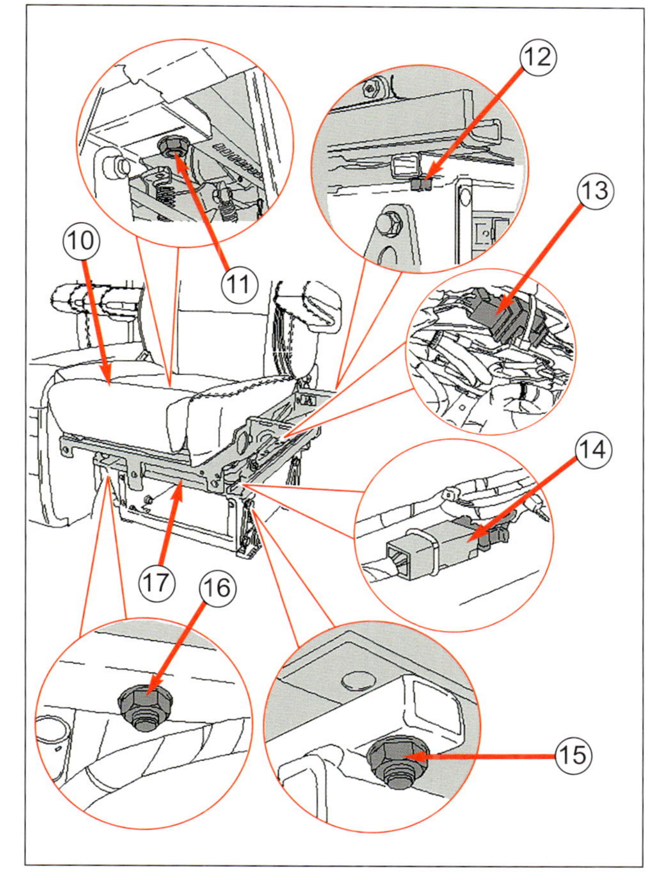

Sitz lösen: 10 Sitz mit Sitzgestell, 11 Mutter, 12 Mutter, 13 Steckverbindung, 14 Steckverbindung, 15 Mutter, 16 Mutter, 17 Sitzbank.

Verkleidung Lehne aus- und einbauen:

- Verkleidung Rücksitzbank oben ausbauen.
- Schrauben (3) herausdrehen.
- Verkleidung Lehne (1) in Pfeilrichtung (C) etwas wegziehen.
- Verkleidung Lehne (1) in Pfeilrichtung (B) nach oben von den Stiftschrauben (2) schieben.
- Verkleidung Lehne (1) vom Sitz abnehmen.

Der Einbau erfolgt sinngemäß in umgekehrter Reihenfolge.

- Vor der Montage sind sämtliche Befestigungselemente auf Beschädigungen zu prüfen und ggf. zu ersetzen.
- Die Verkleidung der Lehne (1) in Pfeilrichtung (A) auf die Stiftschraube (2) schieben.
- Die Verkleidung der Lehne (1) in Pfeilrichtung (D) an den Sitz klappen.
- Schrauben (3) wieder ansetzen und festziehen.

Verkleidung Sitzbank vorn oben aus- und einbauen:

- Schraube (4) herausdrehen.
- Clips (6) mit dem Demontagekeil (7) aus den Verrastungen lösen.
- Verkleidung Sitzbank vorn oben (5) von der Sitzbank abnehmen.

Der Einbau erfolgt in umgekehrter Reihenfolge.

- Vor der Montage sind sämtliche Befestigungselemente auf Beschädigungen zu prüfen und ggf. zu ersetzen.

Verkleidung Sitzbank vorn unten aus- und einbauen:

- Clips mit dem Demontagekeil (7) aus den Verrastungen lösen.
- Verkleidung Sitzbank vorn unten (10) in Pfeilrichtung (8) von der Sitzbank (9) abnehmen.

Der Einbau erfolgt in umgekehrter Reihenfolge.

- Vor der Montage sind sämtliche Befestigungselemente auf Beschädigungen zu prüfen und ggf. zu ersetzen.

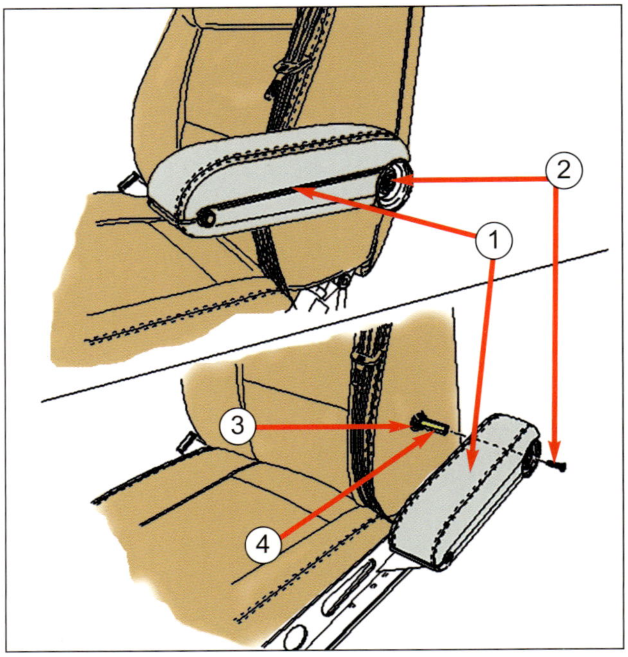

Armlehne am Sitz: 1 Armlehne, 2 Schraube, 3 Distanzring, 4 Sitzgestellwelle.

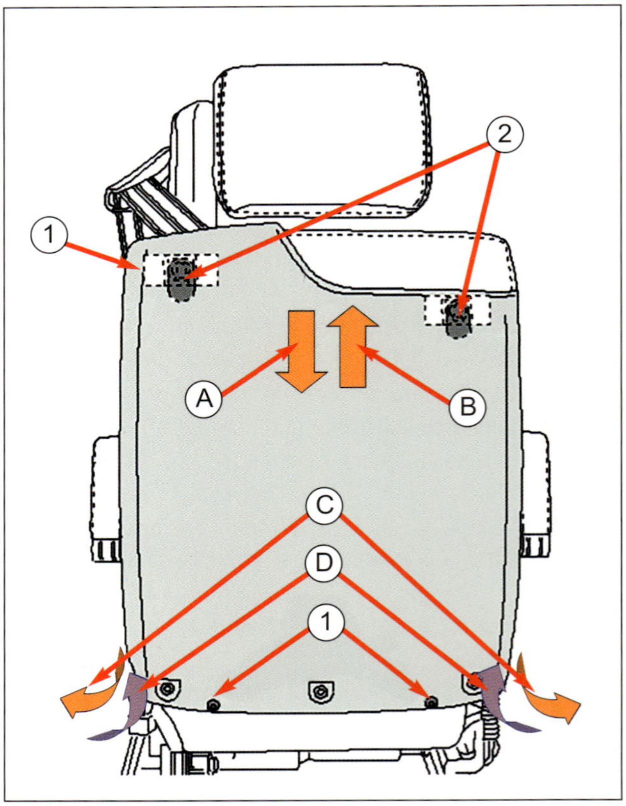

Lehnenverkleidung: 1 Verkleidung Lehne, 2 Stiftschrauben, 3 Schrauben, A Montagerichtung, B Demontagerichtung, C Abklappen und Abziehen, D Abklappen und Aufschieben.

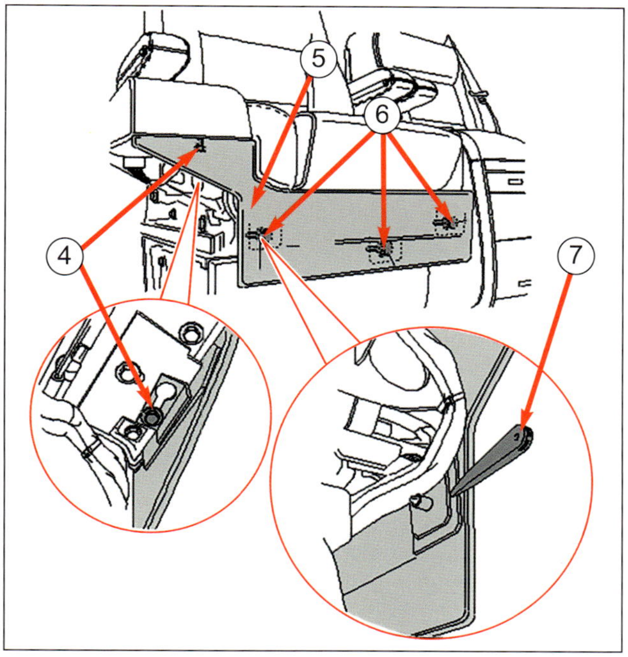

Sitzverkleidung vorne oben: 4 Schrauben, 5 Verkleidungsverkleidung Sitzbank vorne, 6 Clips, 7 Demontagekeil.

Verkleidung Rücksitzbank oben aus- und einbauen:

- Klettband (14) von der Verkleidung Rücksitzbank unten (13) lösen.
- Clips mit dem Demontagekeil (7) aus den Verrastungen am Sitz (12) lösen.
- Verkleidung Rücksitzbank oben (11) vom Sitz abnehmen.

Der Einbau erfolgt in umgekehrter Reihenfolge.

Verkleidung Rücksitzbank unten aus- und einbauen:

- Entriegelungshebel (15) in Pfeilrichtung (16) ziehen und die Schraube (18) herausdrehen.
- Den Entriegelungshebel (15) oben ankippen und vom Halter abnehmen.
- Die Verkleidung »Rücksitzbank oben« (14) am Klettverschluss lösen.
- Die Verkleidung der »Rücksitzbank unten« vom Sitzgestell in Pfeilrichtung (17) ausclipsen.

Der Einbau erfolgt in umgekehrter Reihenfolge.

- Vor der Montage sind die Halteclips auf Beschädigungen zu prüfen und soweit erforderlich zu ersetzen.

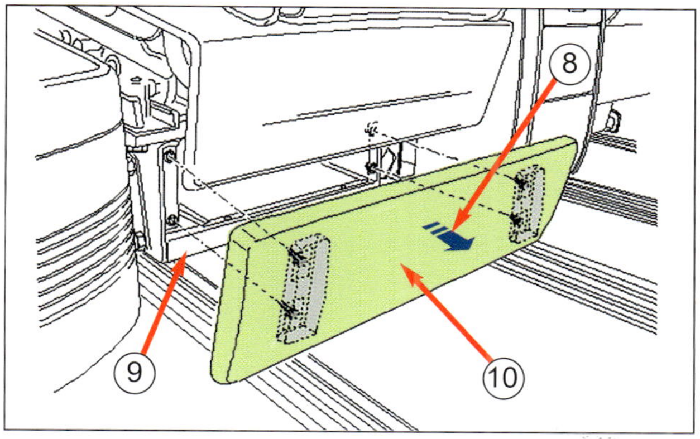

Sitzverkleidung vorne oben: 8 Demontagerichtung, 9 Sitzgestell, 10 Verkleidung Sitzbank vorne unten.

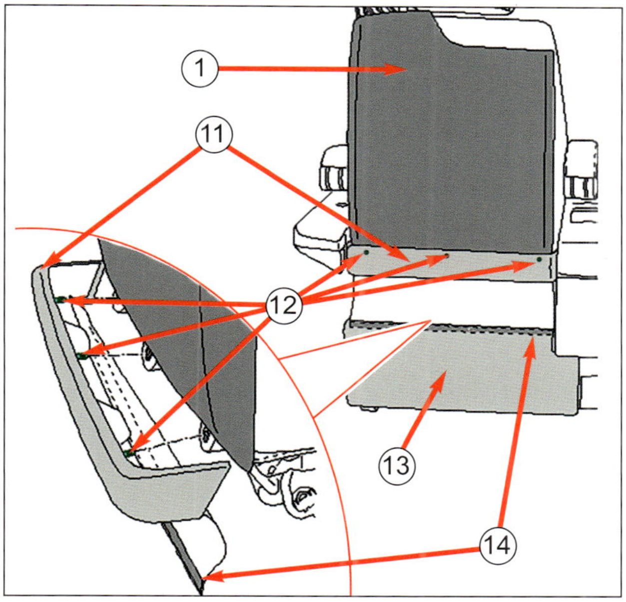

Sitzverkleidung vorne oben: 1 Verkleidung Lehne, 11 Verkleidung Rücksitzbank oben, 12 Verrastungen am Sitz, 13 Verkleidung Rücksitzbank unten, 14 Klettband.

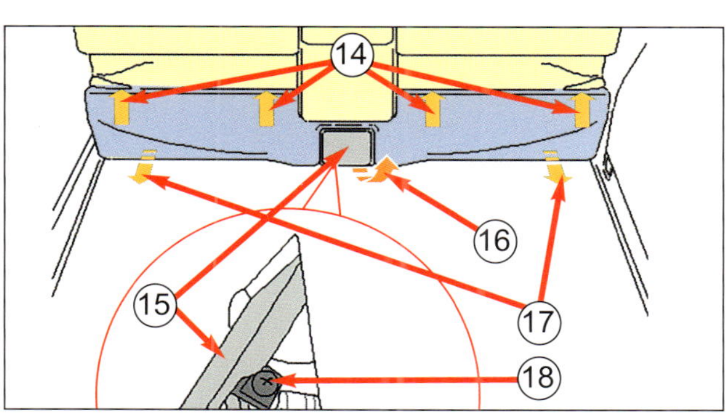

Sitzverkleidung vorne unten: 14 Klettverschlüsse, 15 Entriegelungshebel, 16 Bewegungsrichtung, 17 abclipsen, 18 Schraube.

Türverkleidungen

Türverkleidung vorn

Fahrer- und Beifahrerseite aus- und einbauen

Der Aus- und Einbau ist für die linke Tür beschrieben. Der Aus- und Einbau an der rechten Verkleidung erfolgt sinngemäß und spiegelverkehrt in der Darstellung.

- Die Zündung ausschalten.
- Mit einem Montagekeil die Abdeckblende (2) aus der Türverkleidung (1) nach oben heraushebeln.
- Elektrischen Steckverbindungen der vorhandenen Bedienungselemente trennen.
- Schrauben (3) und die Schrauben (5) von unten herausdrehen.
- Einlage für das Ablagefach aus der Türverkleidung (1) herausnehmen.
- Schraube (4) herausdrehen.
- Türverkleidung (1) im Bereich der Befestigungen mit dem Montagekeil (B) aus den Aufnahmen heraushebeln.
- Türverkleidung (1) senkrecht nach oben (Pfeile) heben und die Verkleidung von der Tür lösen.
- Verriegelung der Halterung Bowdenzug (8) nach außen ziehen.
- Halterung Bowdenzug (8) nach hinten drücken (Pfeil A).
- Drücken Sie die Halterung Bowdenzug (8) nach außen und lösen Sie so die Halterung von der Türinnenbetätigung (7).
- Bowdenzug (6) aus der Türinnenbetätigung (7) aushängen.
- Je nach Fahrzeugausstattung die elektrischen Leitungsstränge an den Steckverbindungen von den elektrischen Bauteilen trennen.
- Elektrische Leitungsstränge von der Innenseite der Türverkleidung (1) lösen.

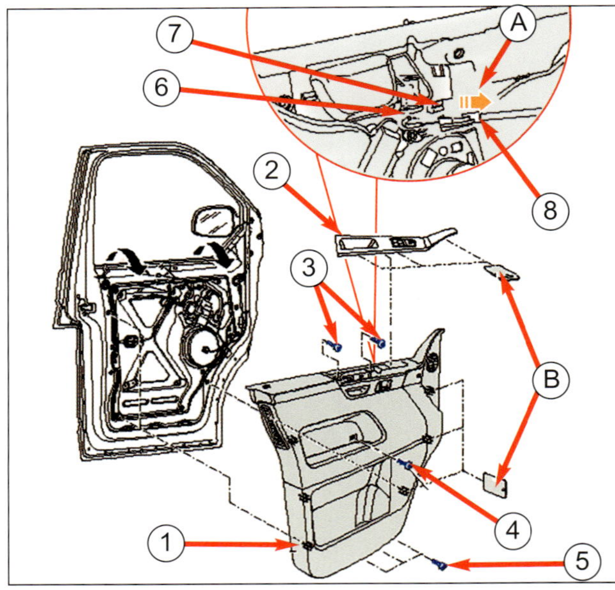

Türverkleidung vorne: 1 Türverkleidung, 2 Abdeckblende, 3 Schrauben, 4 Schraube, 5 Schraube, 6 Bowdenzug, 7 Türinnenbetätigung, 8 Halterung Bowdenzug, A Demontagerichtung, B Montagekeil.

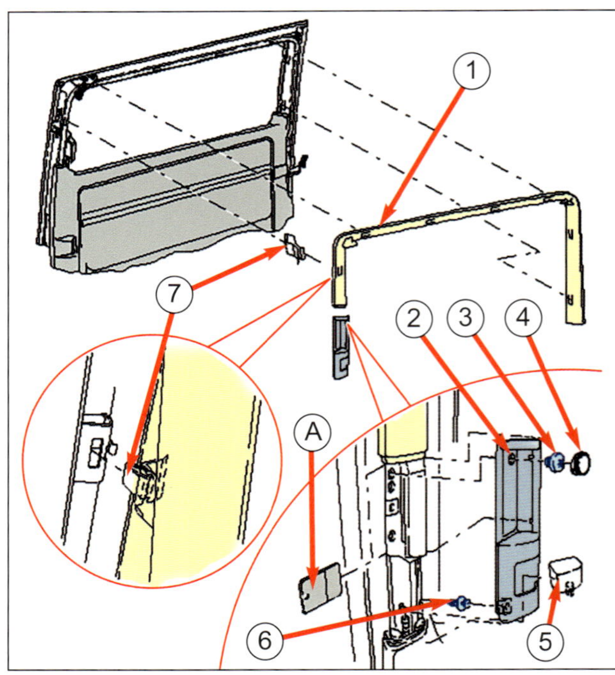

Verkleidung Schiebetür oben: 1 Verkleidung Scheibenrahmen, 2 Verkleidung Türbetätigung, 3 Schraube, 4 Abdeckkappe, 5 Knopf Verriegelung, 6 Schraube, 7 Halteklammer.

■ Türverkleidung (1) abnehmen.

Der Einbau erfolgt sinngemäß in umgekehrter Reihenfolge.

■ Vor der Montage sind die Halteclips auf Beschädigungen zu prüfen und soweit erforderlich zu ersetzen.

■ Prüfen Sie die Funktion der Schalter und Bedienelemente vor der endgültigen Montage der Verkleidung.

Verkleidungen Schiebetür

Der Aus- und Einbau der Verkleidung ist für die rechte Schiebetür beschrieben. Der Aus- und Einbau der Verkleidung der linken Schiebetür erfolgt sinngemäß.

Verkleidung Schiebetür oben

■ Schalten Sie die Zündung aus.

■ Ziehen Sie den Knopf (5) für die Verriegelung nach oben ab.

■ Hebeln Sie mit einem kleinen Schraubendreher die Abdeckkappe (4) aus der Verkleidung Türbetätigung (2) heraus.

■ Drehen Sie die Schraube (3) heraus.

■ Hebeln Sie die Verkleidung der Türbetätigung mit einem geeigneten Montagekeil von oben beginnend aus den Aufnahmen und nehmen Sie die Verkleidung nach oben ab.

■ Ziehen Sie die Verkleidung (1) an den Seiten beginnend nach innen ab.

Der Einbau erfolgt sinngemäß in umgekehrter Reihenfolge.

■ Vor der Montage sind die Halteklammern (7) und der Clip (6) auf Beschädigungen zu prüfen und ggf. zu erneuern.

Verkleidung Schiebetür unten

■ Schalten Sie die Zündung aus.

■ Lösen Sie die Verkleidung der Schiebetür oben vorn und hinten.

■ Hebeln Sie die Verkleidung (1) an den Befestigungspunkten von unten beginnend mit einem geeigneten Montagekeil ab.

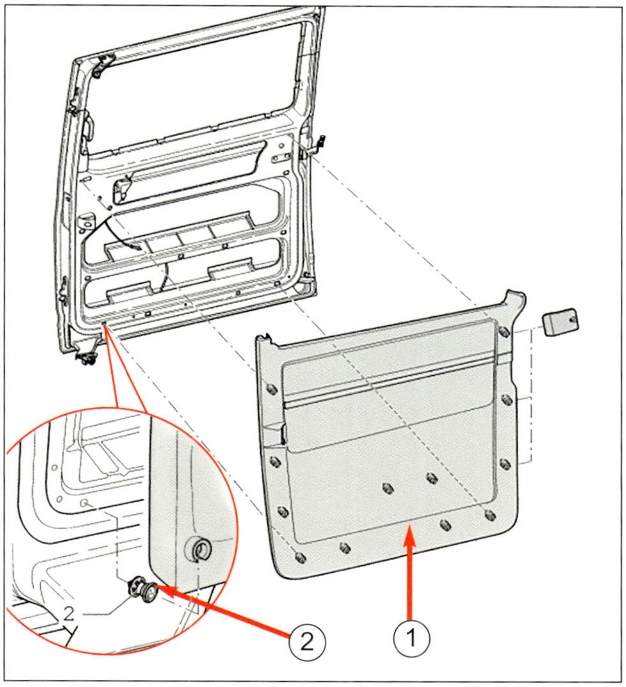

Verkleidung Schiebetür unten: 1 Verkleidung Schiebetür unten, 2 Halteclip.

■ Nehmen Sie die Verkleidung (1) nach innen aus den Aufnahmen ab.

Der Einbau erfolgt sinngemäß in umgekehrter Reihenfolge.

■ Vor der Montage sind die Halteclips (2) auf Beschädigungen zu prüfen und wenn erforderlich zu erneuern.

Verkleidungen Heckklappe

Recht selten ist der Multivan mit Heckflügeltüren ausgestattet. Auf Sonderwunsch ist das aber durchaus lieferbar. Wir möchten aber aufgrund des geringen Aufkommens und des Umfangs der verbauten Verkleidungen im Multivan auf diese Hecktürvariante verzichten. Diese wurde dann in Hartfaser ausgelegt. Der Aus- und Einbau der Verkleidung ist für die rechte Schiebetür beschrieben. Der Aus- und Einbau der Verkleidung der linken Schiebetür erfolgt sinngemäß.

Verkleidung oben Heckklappe aus- und einbauen

■ Schalten Sie die Zündung aus.

■ Ziehen Sie die Verkleidung Fensterrahmen (1) vorsichtig an den Seiten mittig beginnend vom Fensterrahmen ab.

Der Einbau erfolgt sinngemäß in umgekehrter Reihenfolge.

- Vor der Montage sind die Halteclips (2) auf Beschädigungen zu prüfen und wenn erforderlich zu erneuern.

Verkleidung unten Heckklappe aus- und einbauen
Die Unterschiede der Verkleidungen bis zum Modelljahr 2010 und danach sind nicht sehr groß, auf die Besonderheiten wird in Text und Bild hinweisen.

- Lösen Sie die Verkleidung oben am Fensterrahmen links und rechts.

Fahrzeug ab Modelljahr 2010:

- Hebeln Sie den Schalter (6) vorsichtig mit dem Schraubendreher aus der Verkleidung der Heckklappe heraus.
- Entriegeln Sie die Steckverbindung am Schalter (5).

Nur Fahrzeuge mit einer zusätzlichen Innenverriegelung der Heckklappe:

- Bei dieser Ausstattung müssen zusätzlich die »Abdeckung vom Schließzylinder der Kindersicherung« und die »Blende der Innenverriegelung« ausgebaut werden.
- Drücken Sie die Blende der Innenverriegelung vorsichtig nach oben und ziehen Sie die Blende von der Verkleidung ab.
- Stecken Sie 2 Spiralbohrer (1 mm) 15 mm tief in die Öffnungen der Abdeckung vom Schließzylinder der Kindersicherung. Drücken Sie die Bohrer zusammen und ziehen Sie die Abdeckung aus den Aufnahmen heraus. Erst wenn die Verkleidung sich da gelöst hat, weiter zu den Ecken vorgehend lösen.

Weiter für alle Fahrzeuge:

- Die Verkleidung nicht einfach herunterziehen, sondern mit den Fingern hinter die Verkleidung fassen und mit den Daumen gegen die Heckklappe drücken.
- Ist die Verkleidung vom Heckklappenschloss bis zu den Ecken lose, lösen Sie den Rest der Verkleidung.
- Drehen Sie die Schrauben (3) (2 Stück) heraus und halten Sie mit einer Hand die Verkleidung fest, mit der anderen nehmen Sie die Zuziehschlaufe (4) ab.
- Die Verkleidung ist jetzt komplett frei und kann entfernt werden.
- Die Clips, die in der Heckklappe verblieben sind, mit einem geeigneten Lösehebel (5) entriegeln.

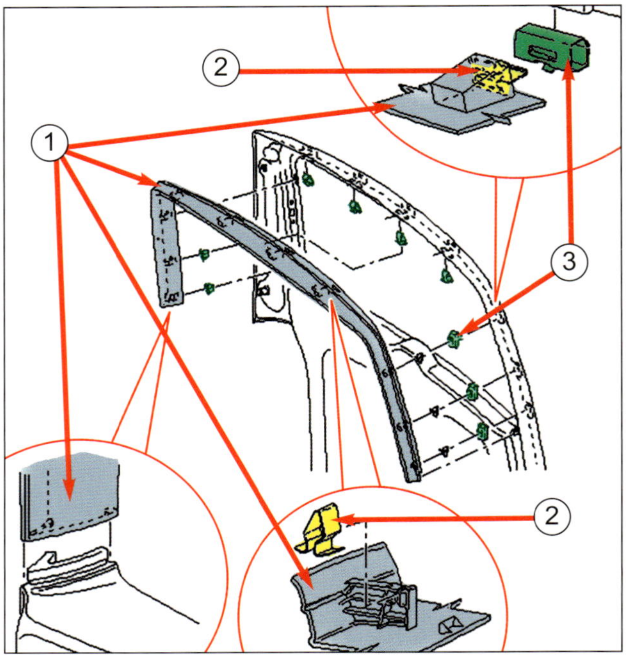

Verkleidung Heckklappe oben: 1 Verkleidung Heckklappe oben, 2 Halteclip, 3 Klammern.

Der Einbau erfolgt sinngemäß in umgekehrter Reihenfolge.

- Bei der Montage der Zuziehschlaufe (4) ist auf korrekten Sitz der Distanzscheiben (2) zu achten.

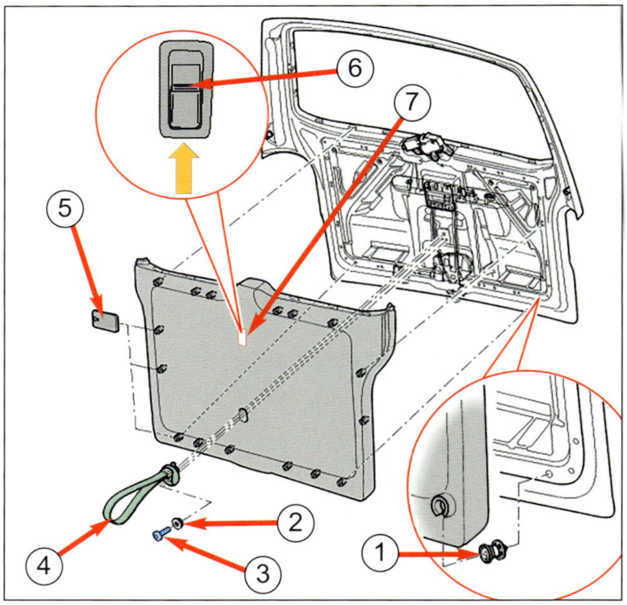

Verkleidung Heckklappe: 1 Clips, 2 Distanzscheiben, 3 Schrauben, 4 Zuziehschlaufe, 5 Lösehebel oder Montagekeil, 6 Schalter (nur bei Fahrzeugen ab 2010), 7 Loch (nur bei Fahrzeugen ab 2010)..

Dachsäulenverkleidungen

A-Säulen-Verkleidung aus- und einbauen

Der Aus- und Einbau ist für die Beifahrerseite beschrieben. Der Aus- und Einbau für die Fahrerseite erfolgt sinngemäß.

- Bauen Sie die Lautsprecherblende Schalttafel aus, indem Sie sie an der dem Innenraum zugewandten Seite mit einem geeigneten Montagekeil anheben und dann nach oben herausnehmen.
- Hebeln Sie mit einem kleinen Schraubendreher das Griffoberteil (3) von unten beginnend aus den Aufnahmen.
- Drehen Sie die 2 Schrauben (4) heraus und nehmen Sie das Griffunterteil (5) ab.
- Clipsen Sie die Verkleidung (1) von oben beginnend von den Befestigungspunkten ab.
- Haken Sie die Verkleidung (1) am unteren Ende (6) aus der Schalttafel aus.

Der Einbau erfolgt sinngemäß in umgekehrter Reihenfolge.

- Vor der Montage sind sämtliche Befestigungselemente auf Beschädigung zu prüfen und ggf. zu ersetzen.
- Die in den Aufnahmepunkten der Karosserie verbliebenen Klammern (2) mit einem geeigneten Demontagewerkzeug ausbauen und zum Einbau in die Verkleidung einsetzen.
- Achten Sie darauf, dass sich die Verkleidung nach dem Einbau im Keder der Türdichtung befindet.

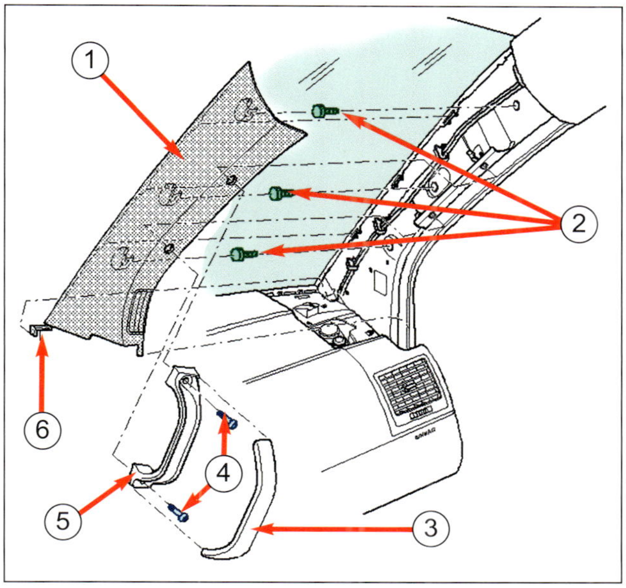

***Verkleidung A-Säule:* 1** Verkleidung A-Säule, 2 Halteklammern, 3 Griffoberteil, 4 Schrauben, 5 Griffunterteil, 6 Halterung unten.

B-Säulen-Verkleidung aus- und einbauen

Der Aus- und Einbau ist für die Beifahrerseite beschrieben. Der Aus- und Einbau für die Fahrerseite erfolgt sinngemäß.

B-Säulen-Verkleidung oben aus- und einbauen

- Bauen Sie den Mantelhaken (wenn vorhanden) aus.
- Bauen Sie den Haltegriff der B-Säule aus.

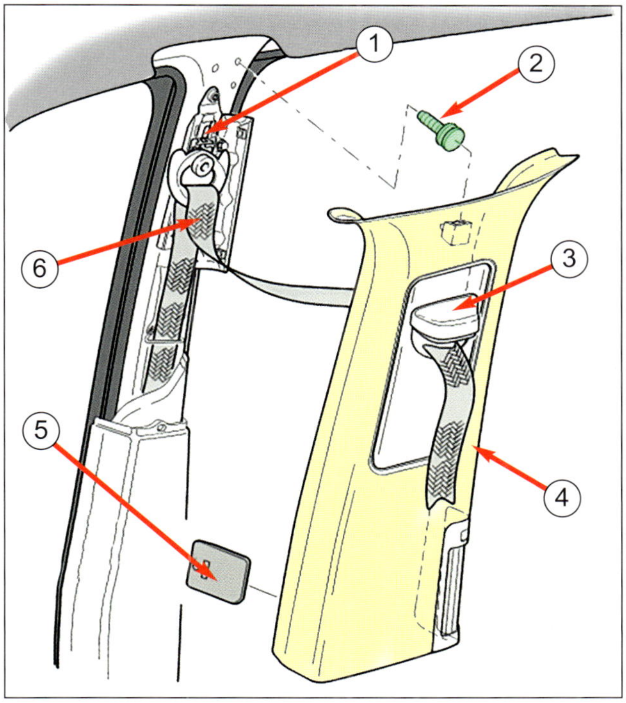

Verkleidung B-Säule oben: 1 Gurthöhenverstellung, 2 Halteclip, 3 Griff Höhenverstellung, 4 Verkleidung, 5 Montagehebel, 6 Gurt.

■ Bauen Sie den Gurtendbeschlag des Sicherheitsgurts vorn unten am Sitz aus.

■ Hebeln Sie die Verkleidung (3) mit einem geeigneten Montagekeil (5) aus der Aufnahme in der Karosserie und den Keder der Türdichtungen heraus.

■ Ziehen Sie den Sicherheitsgurt (6) durch die Öffnung in der Verkleidung (3).

Der Einbau erfolgt sinngemäß in umgekehrter Reihenfolge.

■ Vor der Montage sind sämtliche Befestigungselemente (2) auf Beschädigung zu prüfen und ggf. zu ersetzen.

■ In den Aufnahmepunkten der Karosserie verbliebene Klammern (2) mit einem geeigneten Kunststoffhebel heraushebeln und zum Einbau in die Verkleidung einsetzen.

■ Setzen Sie die Gurtverstellung (3) in der Verkleidung auf die Verstellung der Gurtumlenkung (1) auf.

■ Darauf achten, dass sich die Verkleidung (4) nach dem Einbau im Keder der Türdichtung befindet.

B-Säulen-Verkleidung unten aus- und einbauen

■ Bauen Sie den Haltegriff der B-Säule aus.

■ Bauen Sie die B-Säulen-Verkleidung oben (Schiebetürseite) aus.

■ Bauen Sie ausstattungsabhängig den Schalter für die Deaktivierung der Innenraumüberwachung aus.

■ Ziehen Sie die Verkleidung (2) von oben beginnend aus den Aufnahmen und dem Keder der Türdichtung heraus.

Der Einbau erfolgt sinngemäß in umgekehrter Reihenfolge.

■ Vor der Montage sind sämtliche Befestigungselemente auf Beschädigung zu prüfen und ggf. zu ersetzen.

■ In den Aufnahmepunkten der Karosserie verbliebene Klammern (1) mit einem geeigneten Hebel ausbauen und zum Einbau in die Verkleidung einsetzen.

■ Achten Sie darauf, dass sich die Verkleidung nach dem Einbau im Keder der Türdichtung befindet.

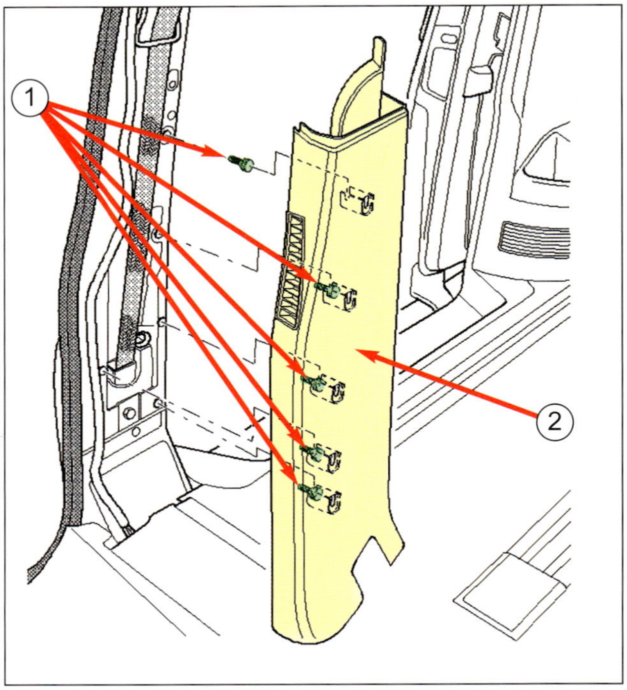

Verkleidung B-Säule: 1 Halteklammern, 2 Verkleidung B-Säule unten.

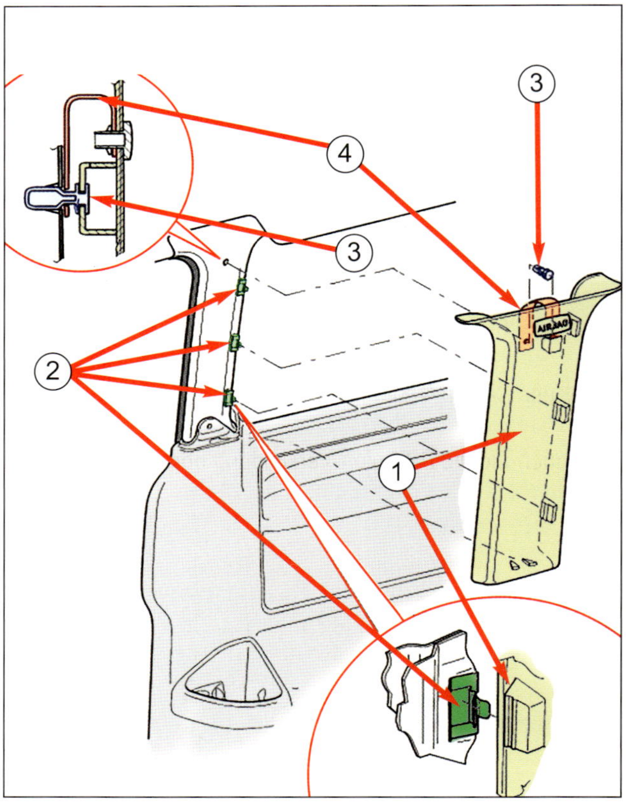

Verkleidung C-Säule: 1 Verkleidung C-Säule oben, 2 Halteklammern, 3 Halteclip, 4 Bügel.

C-Säulen-Verkleidung oben aus- und einbauen

- Ziehen Sie die Verkleidung (1) aus dem Keder der Türdichtung und den Halteklammern (2) heraus.

Der Einbau erfolgt sinngemäß in umgekehrter Reihenfolge.

- Vor der Montage sind sämtliche Befestigungselemente auf Beschädigung zu prüfen und ggf. zu ersetzen.
- In den Aufnahmepunkten der Karosserie verbliebene Halteklammer (3) mit einem geeigneten Hebel ausbauen und zum Einbau in die Verkleidung einsetzen.
- Achten Sie darauf, dass sich die Verkleidung nach dem Einbau im Keder der Türdichtung befindet.

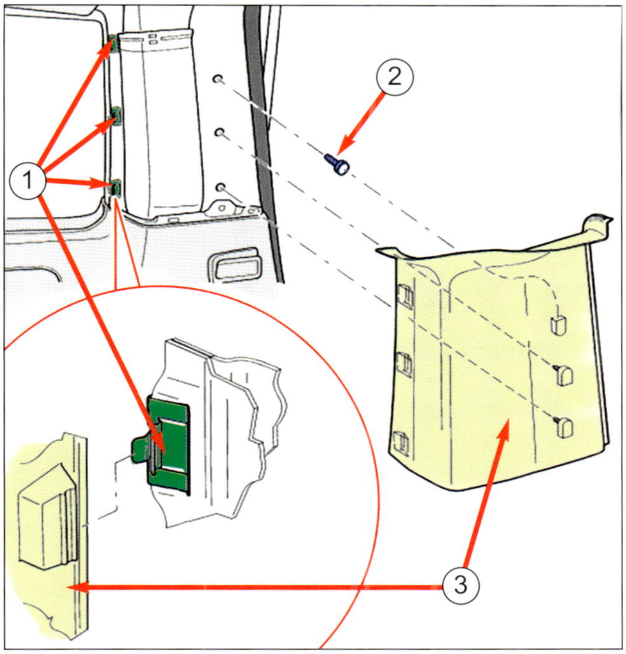

Verkleidung D-Säule: 1 Halteklammern, 2 Halteclips, 3 Verkleidung.

Verkleidungen Seitenwand

Seitenwandverkleidung vorn aus- und einbauen

Je nach Modellvariante müssen Sie beim Ausbau und Einbau geringfügige Abweichungen berücksichtigen.

- Schalten Sie die Zündung aus.
- Bauen Sie die B-Säulen-Verkleidung oben aus.
- Bauen Sie die C-Säulen-Verkleidung oben aus.
- Bauen Sie die D-Säulen-Verkleidung oben aus.
- Bauen Sie die Zierblende Seitenwandverkleidung hinten aus.
- Bauen Sie den Ascher hinten mit dem Einbaurahmen aus.
- Bauen Sie die Seitenwandverkleidung hinten aus.
- Ziehen Sie den Klemmstift (2) aus dem Spreizniet (1) heraus.
- Lösen Sie die Seitenwandverkleidung (4) aus den Aufnahmen heraus.

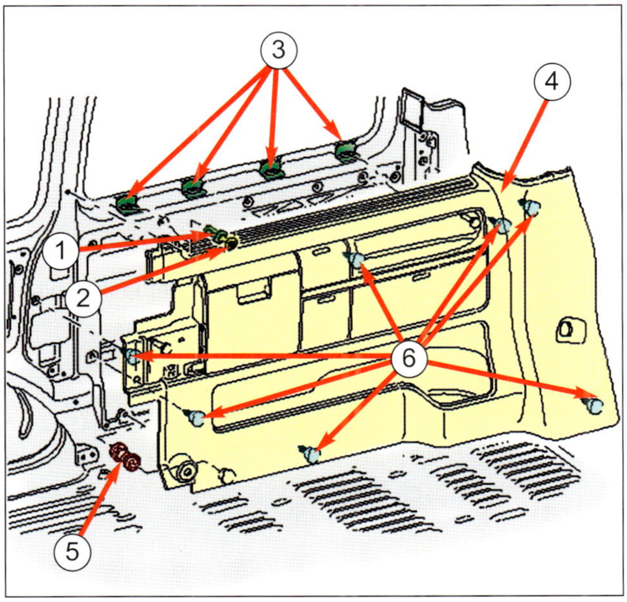

Verkleidung Seitenwand: 1 Spreizniet, 2 Klemmstift, 3 Halteklammern, 4 Seitenwandverkleidung, 5 Halteclip, 6 Halteclips.

Der Einbau erfolgt sinngemäß in umgekehrter Reihenfolge.

- Vor der Montage sind die Halteklammern (3) und die Halteclips (5) auf Beschädigungen zu prüfen und ggf. zu erneuern.
- Überprüfen Sie nach der Montage, ob sich die Verkleidung komplett im Keder der Türdichtung befindet.

Seitenwandverkleidung hinten aus- und einbauen

Der Aus- und Einbau ist für die rechte Fahrzeugseite mit Schiebetür und für die linke Fahrzeugseite ohne Schiebetür beschrieben. Der Aus- und Einbau für die rechte Fahrzeugseite ohne Schiebetür und für die linke Fahrzeugseite mit Schiebetür erfolgt sinngemäß.

Fahrzeugseite mit Schiebetür

- Schalten Sie die Zündung aus.
- Bauen Sie die C-Säulen-Verkleidung oben aus.
- Bauen Sie die D-Säulen-Verkleidung oben aus.
- Demontieren Sie die Schlossträgerabdeckung hinten.
- Drehen Sie die 2 Schrauben (3) heraus und nehmen Sie die Verzurröse (4) ab.
- Ziehen Sie die 2 Klemmstifte (2) heraus.
- Lösen Sie die Seitenwandverkleidung (1) aus den Aufnahmen heraus.
- Trennen Sie ausstattungsabhängig die elektrischen Leitungsstränge von der Seitenwandverkleidung.
- Nehmen Sie die Seitenwandverkleidung (1) aus dem Fahrzeug heraus.

Der Einbau erfolgt sinngemäß in umgekehrter Reihenfolge.

- Vor der Montage sind die Halteklammern (1) (3 Stück) und die Halteclips (5) auf Beschädigungen zu prüfen und ggf. zu erneuern.
- den Aufnahmepunkten der Karosserie verbliebene Klammern mit einem geeigneten Montagekeil ausbauen und zum Einbau in die Verkleidung einsetzen.

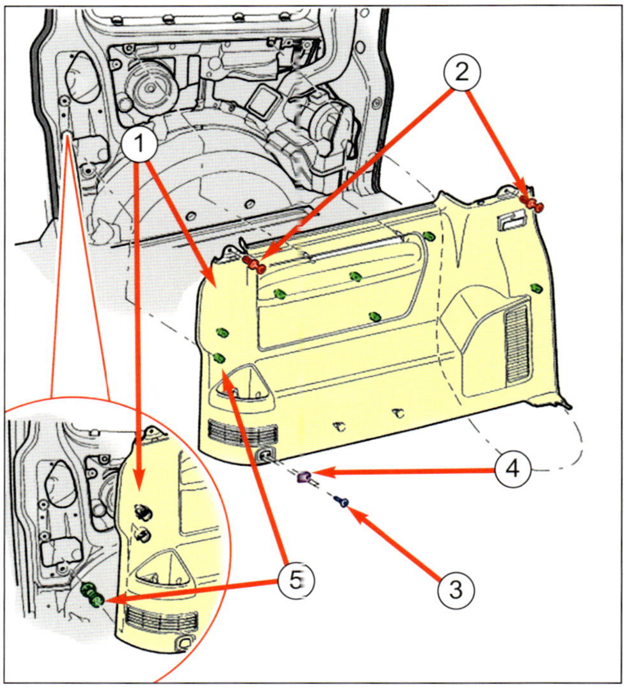

Seitenverkleidung mit Schiebetür: 1 Verkleidung, 2 Klemmstifte, 3 Schraube, 4 Verzurröse, 5 Halteclip.

- Achten Sie darauf, dass sich die Verkleidung nach dem Einbau im Keder der Türdichtung befindet.

Fahrzeugseite ohne Schiebetür

- Bauen Sie die hintere Zierblende aus.
- Bauen Sie den Ascher hinten mit dem Einbaurahmen aus.
- Drehen Sie die zwei Schrauben (6) heraus und nehmen Sie die Verzurröse (7) ab.
- Ziehen Sie die zwei Klemmstifte (4) aus den beiden Spreiznieten (3) heraus.
- Drehen Sie die 3 Schrauben (5) (0,7 Nm) heraus.
- Lösen Sie die Seitenwandverkleidung (1) aus den Aufnahmen heraus.
- Trennen Sie ausstattungsabhängig die elektrischen Leitungsstränge von der Seitenwandverkleidung.
- Nehmen Sie die Seitenwandverkleidung (1) aus dem Fahrzeug heraus.

Sonnenschutzrollo aus- und einbauen

Der Aus- und Einbau ist für das Sonnenschutzrollo der Schiebetür rechts beschrieben. Der Aus- und Einbau für die linke Fahrzeugseite erfolgt sinngemäß. Der Aus- und Einbau für die Sonnenschutzrollos in den Seitenwandverkleidungen kann hiervon, bis auf geringfügige Abweichungen, abgeleitet werden.

- Bauen Sie die Verkleidungen Türbetätigung und Fensterrahmen aus.
- Bauen Sie die Verkleidung Schiebetür unten (1) aus.
- Drehen Sie die 6 Schrauben (4) heraus.
- Drücken Sie den Rasthaken (5) auf der linken und rechten Seite nach innen und klappen Sie das Rollo (3) etwas nach oben.
- Ziehen Sie das Rollo aus den oberen Aufnahmen (2) in der Verkleidung Schiebetür unten (1) heraus.

Der Einbau erfolgt sinngemäß in umgekehrter Reihenfolge.

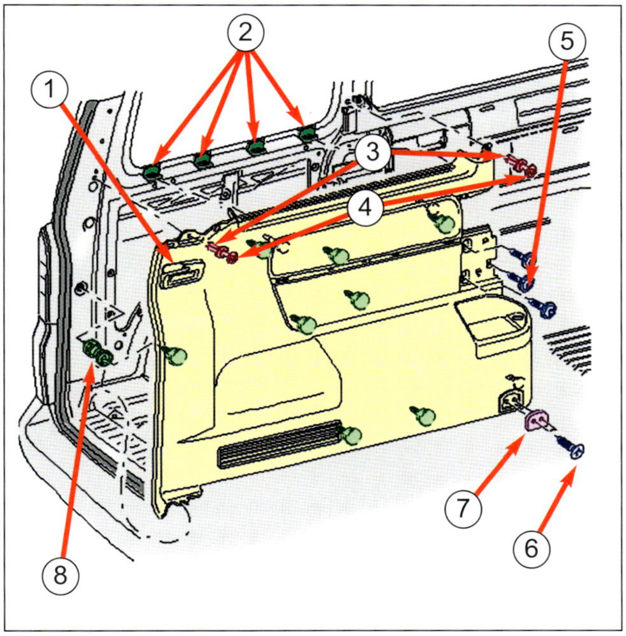

Seitenverkleidung ohne Schiebetür: 1 Seitenwandverkleidung, 2 Halteklammern, 3 Spreiznieten, 4 Klemmstifte, 5 Schraube, 6 Schraube, 7 Verzurröse, 8 Halteclip.

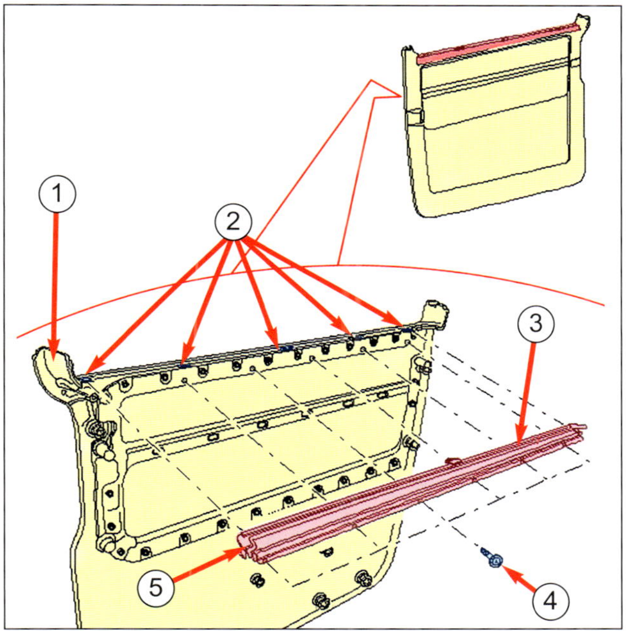

Sonnenschutzrollo: 1 Verkleidung Schiebetür unten, 2 obere Aufnahmen, 3 Rollo, 4 Schrauben, 5 Rasthaken.

Dachhimmel und Anbauteile

Dachabschlussleiste aus- und einbauen

- Öffnen Sie die Heckklappe.
- Bauen Sie die D-Säulen-Verkleidungen oben aus.
- Ziehen Sie die Dachabschlussleiste (1) nach unten aus den Aufnahmen im Dachquerträger (4) und dem Keder der Heckklappendichtung (2) heraus.

Der Einbau erfolgt sinngemäß in umgekehrter Reihenfolge.

- Vor der Montage sind die Halteclips (3) auf Beschädigungen zu prüfen und ggf. zu erneuern.
- Überprüfen Sie nach der Montage, ob sich die Dachabschlussleiste (1) komplett im Keder der Heckklappendichtung (2) befindet.

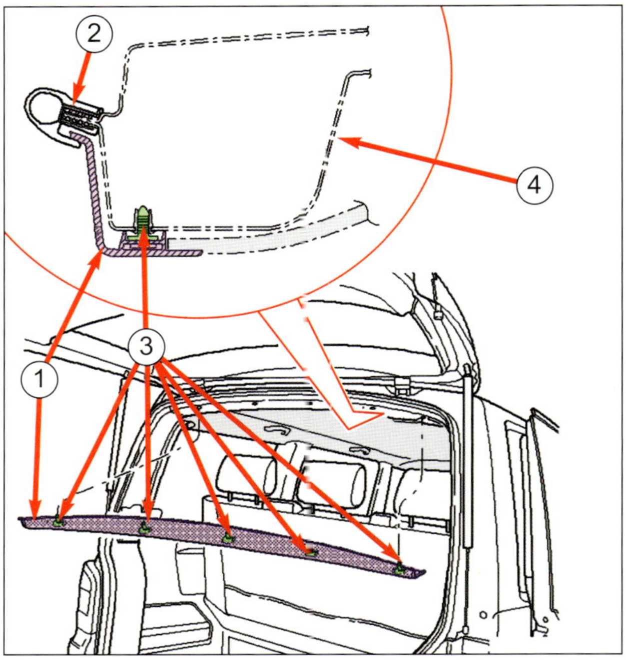

Dachabschlussleiste: 1 Dachabschlussleiste, 2 Heckklappendichtung, 3 Halteclips, 4 Dachquerträger.

Formhimmel Fahrerraum aus- und einbauen

Nur Fahrzeuge mit Schiebe-/Ausstelldach

- Bauen Sie die Bedienungselemente in der Dachkonsole aus.
- Bauen Sie die Dachkonsole aus.
- Bauen Sie die Sonnenblenden aus.
- Bauen Sie die Make-up-Spiegelbeleuchtung aus.
- Bauen Sie die Haltegriffe (an den A-Säulen) aus.
- Bauen Sie die A-Säulen-Verkleidungen aus.
- Schieben Sie einen geeigneten Montagekeil (B) zwischen Rahmen (1) und Formhimmel Fahrerraum (2).
- Trennen Sie mit einem geeigneten Lösehebel (A) den Rahmen (Pfeil) umlaufend vom Formhimmel.

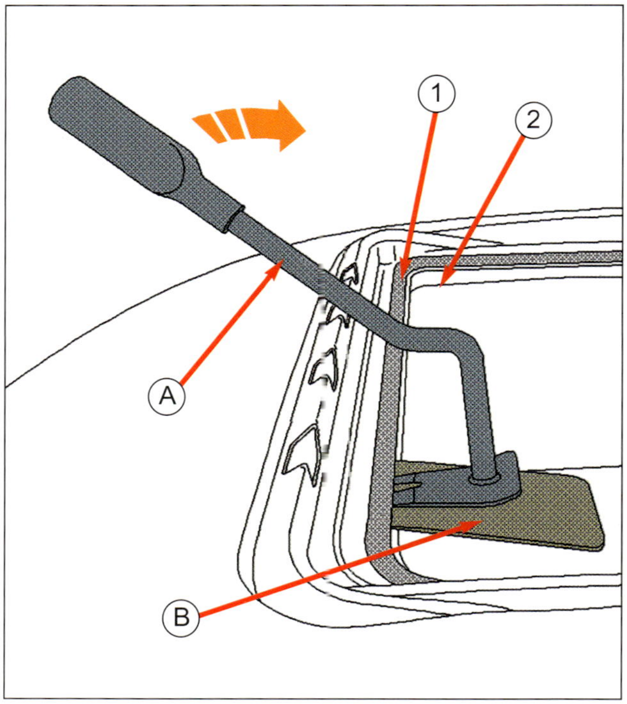

Abhebeln am Schiebedach: 1 Rahmen, 2 Formhimmel Fahrerraum, A Lösehebel, B Montagekeil.

Alle Fahrzeuge

- Drehen Sie die Schrauben (1) heraus.
- Bauen Sie die Haltegriffe (Dach) vorn aus.

- Ziehen Sie den Formhimmel Fahrerraum zur Seite aus dem Fahrzeug heraus.

Der Einbau erfolgt sinngemäß in umgekehrter Reihenfolge.

Formhimmel Fahrgastraum aus- und einbauen

- Bauen Sie die Innenleuchten Mitte aus.
- Bauen Sie die Innenleuchten hinten aus.
- Bauen Sie die Haltegriffe (B-Säulen) aus.
- Bauen Sie die B-Säulen-Verkleidungen oben aus. Die Gurtendbeschläge müssen nicht ausgebaut werden.
- Bauen Sie die Halteösen für die Netztrennwand aus.
- Bauen Sie die C-Säulen-Verkleidung oben aus.
- Bauen Sie die D-Säulen-Verkleidungen oben aus.

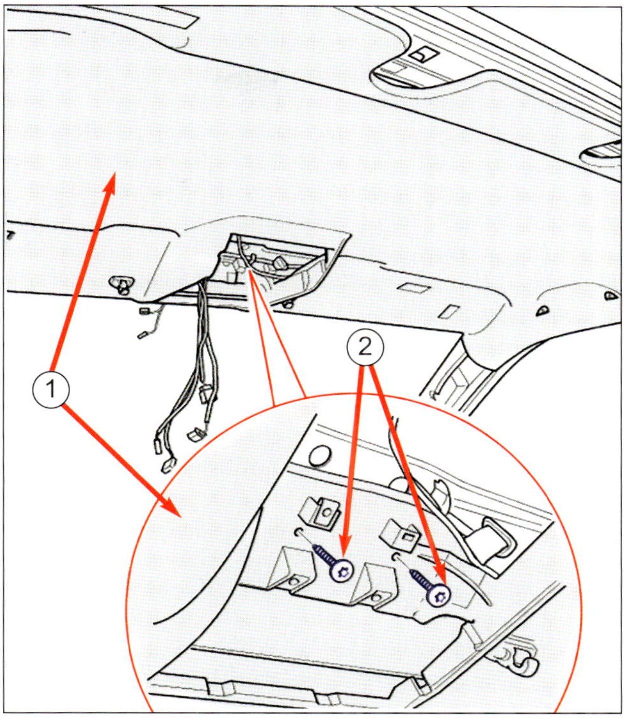

Formhimmel Fahrerraum: 1 Formhimmel Fahrerraum, 2 Schrauben.

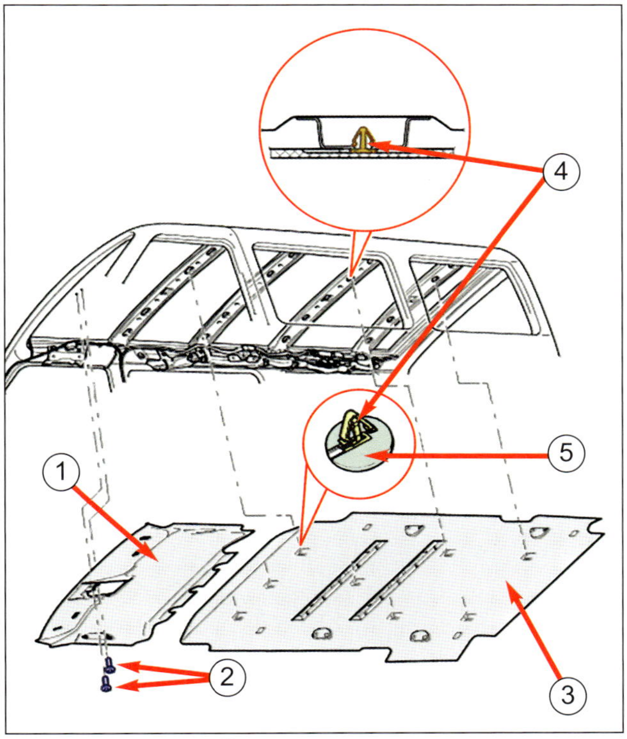

Formhimmel in der Übersicht: 1 Formhimmel Fahrerraum, 2 Schrauben, 3 Formhimmel Fahrgastraum, 4 Halteclip, 5 Cliphalter.

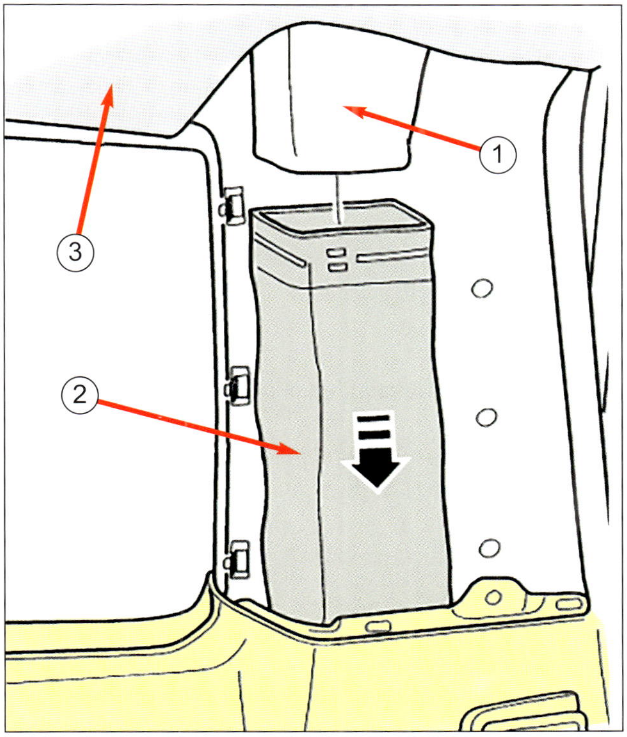

Formhimmel im Fahrgastraum: 1 Luftführungsrohr, 2 Luftführungsschlauch, 3 Formhimmel Fahrgastraum.

- Bauen Sie die Dachabschlussleiste aus.
- Bauen Sie die Haltegriffe (Dach) in der Mitte und hinten aus.
- Ziehen Sie den Luftführungsschlauch (2) vom Luftführungsrohr (1) am Formhimmel (3) ab (Pfeil).
- Senken Sie den Formhimmel (3) im hinteren Bereich etwas ab und ziehen Sie ihn nach hinten aus den Clips.
- Ziehen Sie den Formhimmel (3) nach hinten aus dem Fahrzeug heraus.

Der Einbau erfolgt sinngemäß in umgekehrter Reihenfolge.

- Nehmen Sie die 8 Clips 4) aus den Dachspriegeln heraus und setzen Sie diese in die Cliphalter (5) (auf der Rückseite des Formhimmels) ein.
- Bringen Sie den Formhimmel Fahrgastraum in Einbaulage und clipsen Sie ihn unter das Dach.

Sonnenblende ausbauen

Der Aus- und Einbau ist für die linke Fahrzeugseite beschrieben. Der Aus- und Einbau für die rechte Fahrzeugseite erfolgt sinngemäß.

- Schalten Sie die Zündung aus.
- Lösen Sie die Sonnenblende (1) aus dem Aufnahmelager (6).
- Den »Haken für Frontend 3370« an der Abdeckkappe (3) nacheinander links und rechts neben »Schlitz« ansetzen und gerade nach unten ziehen.
- Drehen Sie die 2 Schrauben (2) heraus.
- Ziehen Sie das Sonnenblendenlager (4) aus der Aufnahme heraus und trennen Sie die Steckverbindung (5).
- Hebeln Sie die Abdeckkappe (7) heraus.
- Drehen Sie die 2 Schrauben (8) heraus und entfernen Sie das Aufnahmelager (6).

Der Einbau erfolgt sinngemäß in umgekehrter Reihenfolge.

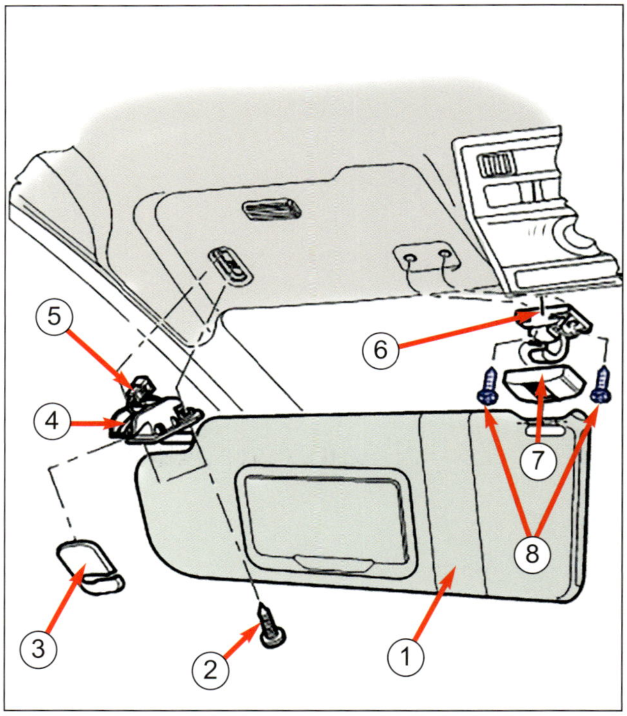

Sonnenblenden: 1 Sonnenblende, 2 Schrauben, 3 Abdeckkappe, 4 Sonnenblendenlager, 5 Steckverbindung, 6 Aufnahmelager, 7 Abdeckkappe, 8 Schrauben.

Haltegriffe und Ösen

Wir unterscheiden die Bauweisen der Haltegriffe nach dem Anbau an den Dachsäulen und im Formhimmel. Die Unterschiede für die einzelnen Anbaupositionen sind nicht sehr groß. Entsprechend fassen wir die Arbeitsbeschreibungen hier zusammen.

Haltegriffe an den Dachsäulen

- Hebeln Sie mit einem kleinen Schraubendreher das Griffoberteil (3) von unten beginnend aus den Aufnahmen.

- Drehen Sie die 2 Schrauben (2) heraus und nehmen Sie das Griffunterteil (1) ab.

Der Einbau erfolgt sinngemäß in umgekehrter Reihenfolge.

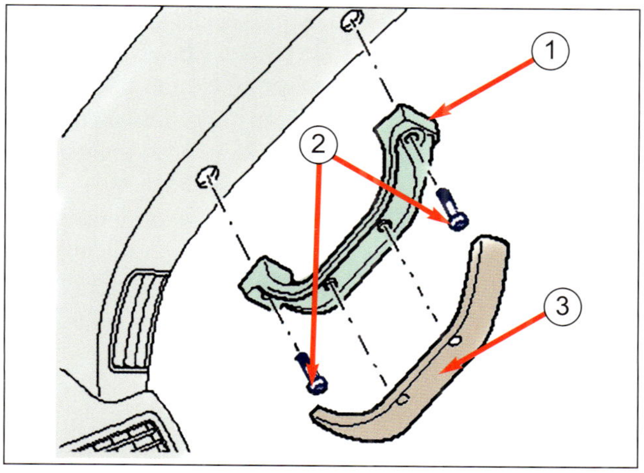

Haltegriff an der Dachsäule: 1 Griffunterteil, 2 Schrauben, 3 Griffoberteil.

Haltegriffe im Formhimmel

- Klappen Sie die Haltegriffe (4) nach unten.

- Hebeln Sie die Abdeckungen (5) mit einem kleinen Schraubendreher auf.

- Klappen Sie die Abdeckungen (5) auf und arretieren Sie so die Haltegriffe (4).

- Drehen Sie die Schrauben (6) (2 Stück pro Haltegriff) heraus und nehmen Sie die Haltegriffe (4) ab.

Der Einbau erfolgt sinngemäß in umgekehrter Reihenfolge.

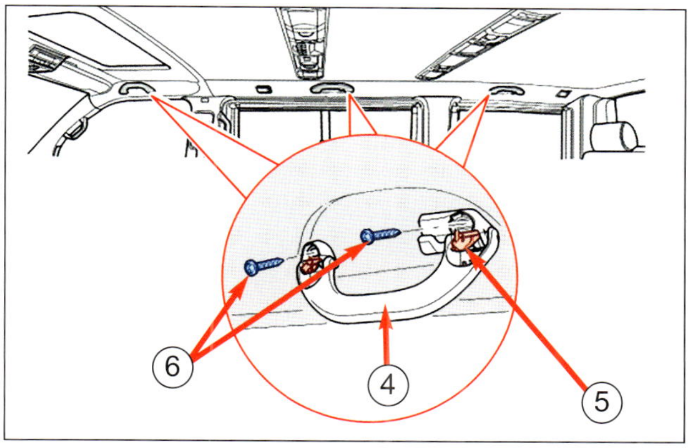

Haltegriff im Formhimmel: 4 Haltegriff, 5 Abdeckung, 6 Schrauben.

Halteösen aus- und einbauen

- Öffnen Sie die Deckel (8) der Halteösen (7).

- Drehen Sie die Schraube (9) heraus und ziehen Sie die Halteösen (7) aus dem Formhimmel.

Der Einbau erfolgt sinngemäß in umgekehrter Reihenfolge.

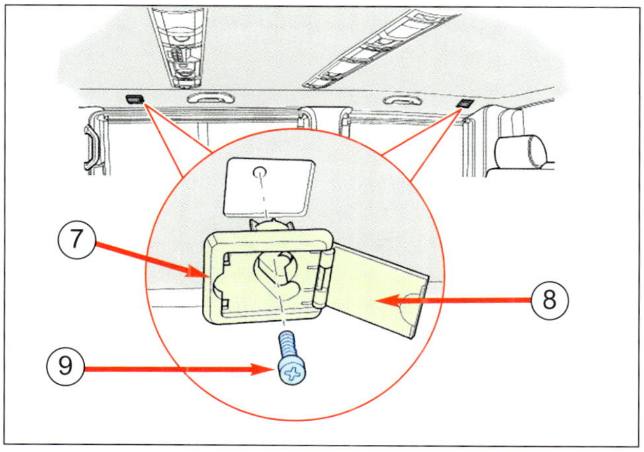

Halteösen im Formhimmel: 7 Halteösen, 8 Deckel, 9 Schraube.

Rückspiegel

Der automatisch abblendbare Innenspiegel dunkelt stufenlos ab, wenn der Fahrer von hinten geblendet wird. Er besteht aus einem Spiegelelement und einer Elektrik mit zwei Fotosensoren. Die Elektronik erkennt durch die Fotosensoren den Lichteinfall von vorn und hinten.

Ist der Lichteinfall von hinten größer als von vorn, wird durch die Elektronik eine Spannung an die leitfähige Beschichtung gelegt. Die angelegte Spannung verändert die Farbe des Elektrolyten. Je höher die Spannung ist, desto dunkler wird der Elektrolyt. Das einfallende Licht wird nicht mehr so stark reflektiert. Beim Einlegen des Rückwärtsgangs wird die Abblendfunktion abgeschaltet. Dadurch kann mithilfe des Innenspiegels z. B. aus einer dunklen Garage herausgefahren werden. Über diesen Lichtsensor erfolgt auch die Automatik-Lichtsteuerung sowie die Wischersteuerung in Automatikstellung des Wischerhebels. Der Regensensor ist nur in Verbindung mit dem automatisch abblendbaren Innenspiegel verbaut und befindet sich im Spiegelfuß des Innenspiegels.

Die Montagearbeiten zu den einzelnen Spiegelsystemen unterscheidet sich nicht wesentlich. Aus diesem Grund stellen wir Ihnen hier den aufwändigsten Rückspiegel vor. Die Montagearbeiten für die anderen Rückspiegel können daraus abgeleitet werden. Besonderheiten werden wir in Text hervorheben.

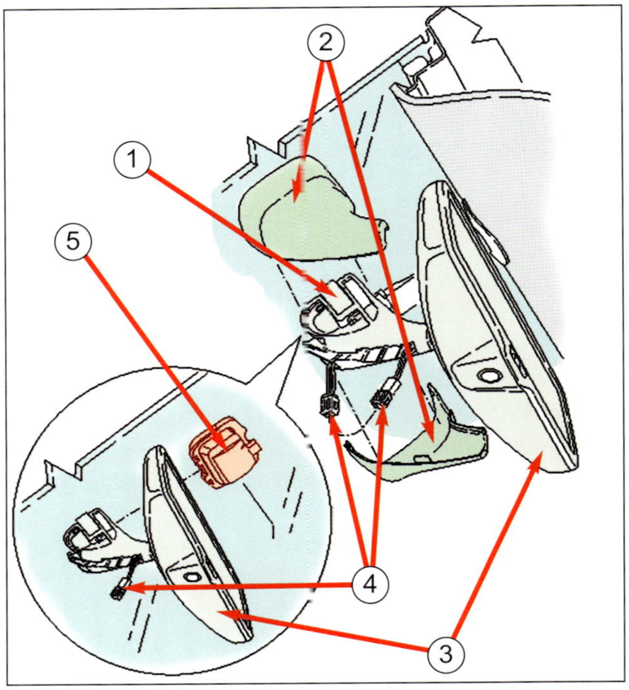

Automatischer Rückspiegel mit Licht und Regensensor: 1 Halteklammern, 2 Abdeckkappen, 3 Innenspiegel, 4 Steckverbindung, 5 Halteplatte mit Regensensor.

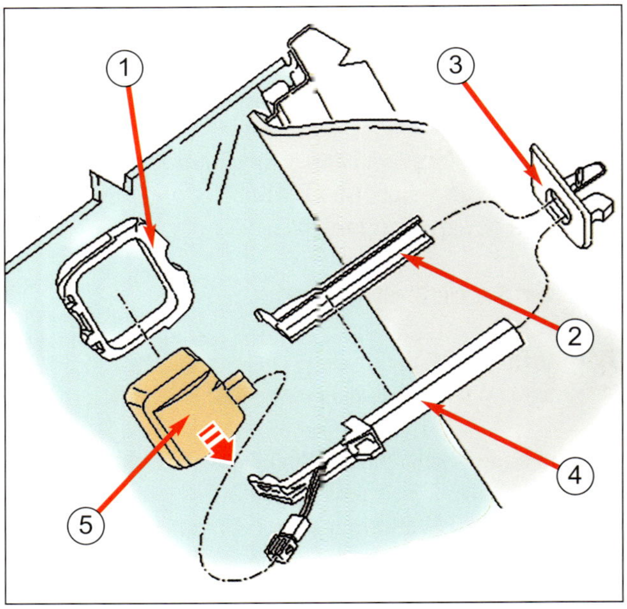

Licht- und Regensensor: 1 Halteplatte, 2 Kabelführung oben, 3 Blende für Dachverkleidung, 4 Kabelführung unten, 5 Regensensor.

Demontage des Rückspiegels

Manuell abblendbarer Innenspiegel bis 05/2007

- Innenspiegel mit dem Spiegelfuß um 90° entgegen dem Uhrzeigersinn drehen und von der Halteplatte abnehmen.

Der Einbau erfolgt sinngemäß in umgekehrter Reihenfolge.

- Die Halteplatte ist Bestandteil der Frontscheibe und nicht einzeln erhältlich.

Manuell abblendbarer Innenspiegel ab 05/2007

- Innenspiegel nach oben vom Spiegelfuß wegdrücken und nach dem Herausschieben aus der Führung im Spiegelfuß abnehmen.

Der Einbau erfolgt in umgekehrter Reihenfolge.

Automatisch abblendbarer Innenspiegel mit Sensor für Regen- und Lichterkennung

- Zündung ausschalten.
- Mit einem geeigneten Demontagekeil die Verrastungen der Abdeckkappen (2) lösen und vom Spiegelfuß abnehmen.
- Steckverbindung für automatische Abblendfunktion (4) trennen.
- Mit einem kleinen Schlitzschraubendreher beidseitig die Halteklammern (1) etwas lösen.
- Spiegelfuß mit Innenspiegel (3) nach unten von der Halteplatte (5) abschieben. Der Regensensor verbleibt an der Frontscheibe.

Der Einbau erfolgt sinngemäß in umgekehrter Reihenfolge.

Demontage des Sensors für Regen- und Lichterkennung

Die Halteplatte für den Licht- und Regensensor beziehungsweise für den Rückspiegel kann einzeln ersetzt werden. Mit dem Reparaturverfahren kann der bisher vorgenommene Windschutzscheibenwechsel vermieden werden. Gleichzeitig ist es möglich, den alten, abgefallenen Spiegelfuß wieder zu verwenden.

- Innenspiegel ausbauen.
- Kabelführung unten (4) aus Verrastung mit der Halteplatte (1) lösen.
- Kabelführung unten (4) aus Blende für Dachverkleidung (3) herausziehen und die Steckverbindung für den Regensensor (5) trennen.
- Regensensor (5) in Pfeilrichtung aus der Halteplatte (1) herausnehmen.
- Kabelführung oben (2) aus Verrastung mit der Halteplatte (1) lösen.
- Kabelführung oben (2) aus Blende für Dachverkleidung (3) herausziehen.
- Blende für Dachverkleidung (3) nach unten aus der Dachverkleidung herausnehmen. Dabei Steckverbindung mit elektrischem Leitungsstrang durch die Blende führen.

Der Einbau erfolgt in umgekehrter Reihenfolge.

Stufen und Einstiege

Der Aus- und Einbau ist für die linke Fahrzeugseite beschrieben. Der Aus- und Einbau für die rechte Fahrzeugseite erfolgt sinngemäß.

Einstiege in den Türen

Trittstufe vorne

- Bauen Sie die Einstiegsleuchte vorn links aus.
- Bauen Sie die Verkleidung B-Säule oben aus.
- Bauen Sie die Verkleidung B-Säule unten aus.
- Bei Fahrzeugen ohne Schiebetür Seitenverkleidung ausbauen.
- Hebeln Sie den Trittstufeneinsatz (1) mit einem geeig-

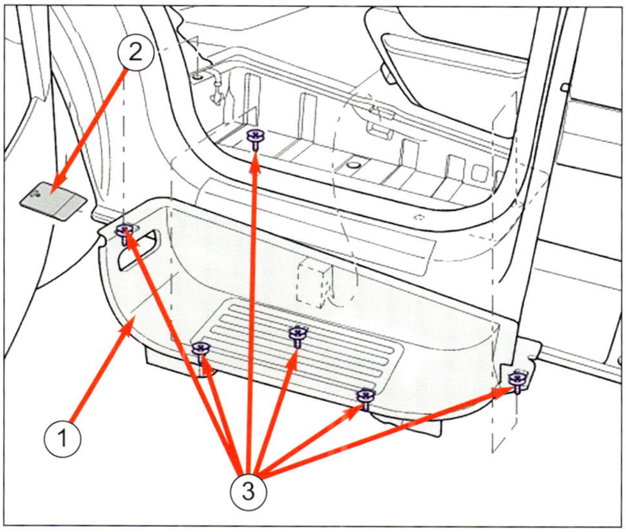

Türeinstieg vorne: 1 Trittstufeneinsatz, 2 Montagekeil, 3 Clips.

neten Montagekeil (2), vorn beginnend, aus den Aufnahmen.

- Haken Sie den Trittstufeneinsatz (1) auf der Innenseite nach oben heraus.

- Ziehen Sie den Trittstufeneinsatz (1) heraus.

Der Einbau erfolgt sinngemäß in umgekehrter Reihenfolge.

- Vor der Montage sind die Halteclips auf Beschädigungen zu prüfen und ggf. zu erneuern.

- Bei der Montage sind die Halteclips (2) bis ca. zur Hälfte in die Karosserie einzusetzen. Die Halteclips (3) werden in die Trittstufenverkleidung (1) geclipst.

- Nach der Montage ist der richtige Sitz der Türdichtung herzustellen.

Trittstufeneinsatz hinten

- Bauen Sie die Einstiegsleuchte hinten links aus.

- Ablagefach am Sitzgestell vorn ausbauen.

- Lösen Sie die Verkleidung B-Säule unten.

- Hebeln Sie den Trittstufeneinsatz (1) mit einem geeigneten Montagekeil vorn beginnend aus den Aufnahmen.

- Nehmen Sie den Trittstufeneinsatz (1) heraus.

Der Einbau erfolgt sinngemäß in umgekehrter Reihenfolge.

- Vor der Montage sind die Halteclips auf Beschädigungen zu prüfen und ggf. zu erneuern.

- Bei der Montage sind die Halteclips (2) bis ca. zur Hälfte in die Karosserie einzusetzen. Die Halteclips (3) werden in die Trittstufenverkleidung (1) geclipst.

- Nach der Montage ist der richtige Sitz der Türdichtung herzustellen.

Schlossträgerabdeckung hinten

- Schieben Sie einen geeigneten Montagekeil (5) zwischen der oberen Abdeckung (1) und der unteren Abdeckung (4) ein. Hebeln Sie mit dem Montagekeil die obere Abdeckung (1) an den Befestigungspunkten aus den Aufnahmen.

- Drehen Sie die 8 Befestigungsschrauben (3) heraus.

- Nehmen Sie die untere Abdeckung (4) heraus.

Der Einbau erfolgt sinngemäß in umgekehrter Reihenfolge.

- Vor der Montage sind die Halteclips (2) (6 Stück) auf Beschädigungen zu prüfen und ggf. zu erneuern.

- Überprüfen Sie nach der Montage, ob sich die Abdeckung komplett im Keder der Heckklappendichtung befindet.

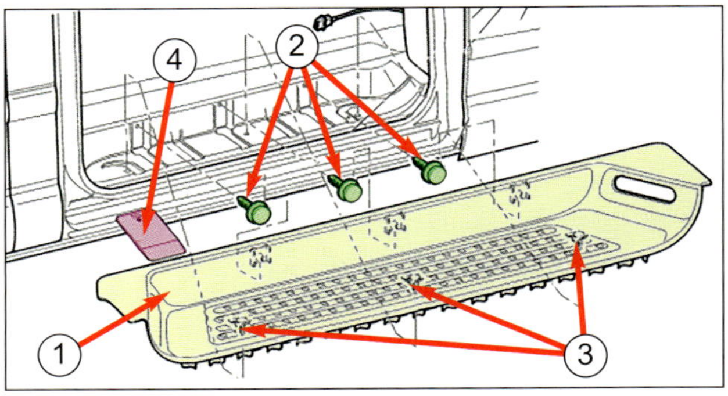

Trittstufeneinsatz hinten: 1 Halteplatte, 2 Halteclips, 3 Halteclips, 4 Montagekeil.

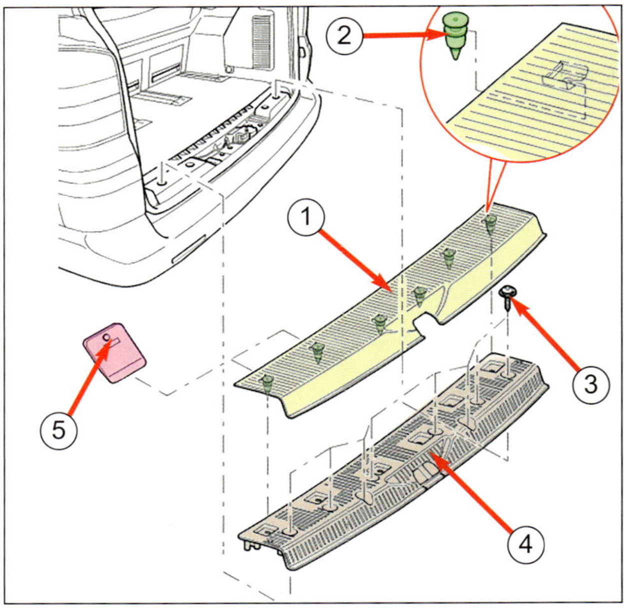

Schlossträgerabdeckung: 1 obere Abdeckung, 2 Halteclips, 3 Befestigungsschrauben, 4 untere Abdeckung, 5 Montagekeil.

Elektrik

Während der Kraftstoff als ausgesprochen wertvoll gilt, wird die Stromversorgung sträflich vernachlässigt. Früher oder später rächt sich das: Misteriöse Fehlfunktionen oder sogar der Totalausfall des Bordnetzes sind die Folge. Wir verraten Ihnen, wie sich das mit wenig Aufwand vermeiden lässt und wie Sie zusätzlich Geräte anschließen können.

Ein Auto braucht im Wesentlichen drei Dinge, um zu fahren: Kraftstoff, Luft und Zündung. Alle diese Dinge werden durch elektrische Bauteile gesteuert, geregelt und durch Elektronik beeinflusst.

Während der Kraftstoff als ausgesprochen wertvoll gilt, wird die Stromversorgung sträflich vernachlässigt. Früher oder später rächt sich das: Mysteriöse Fehlfunktionen oder sogar der Totalausfall des Bordnetzes sind die Folge.

»Na klar, früher war alles einfacher!«, denkt man. Stimmt aber nicht. Es ist neu, das Datenbussystem im Auto, ist aber real leichter zu prüfen. »Früher ...«, ruft mir der Altgeselle zu,»... hamwa alles noch mit der Prüflampe ...!!!«. Das Argument, dass man manchmal das halbe Auto zerlegt hat, lässt er kaum gelten. Die Prüflampe gehört nun endgültig, schön in Kupfer, Stahl und Hausmüll getrennt, auf den Recyclingweg. Und einfacher war es auch nicht! Die guten Mechaniker haben die meisten Standardschaltpläne im Kopf und müssen meist nur wegen der Kabelfarben oder dem Einbauort im Schaltplan schauen.

Und genau das ist jetzt zwar anders, aber nicht schwerer. Die OBD ermöglicht Messungen und Funktionsprüfungen an Bauteilen, ohne die entsprechenden Bauteile überhaupt zu Gesicht zu bekommen. Dazu aber etwas später.

Was ist eigentlich der Unterschied zwischen Elektrik und Elektronik?

Von der Elektrik spricht man bei Bauteilen, die nach einem einfachen physikalischen Prinzip funktionieren. Kabel: »Stromleitung durch freie Elektronen«, Elektromotor: »Drehbewegung durch Einwirken elektrischer Feder auf Festmagneten«. Die Elektronik beschreibt alle Bauteile, die durch andere elektrische Bauteile oder Größen beeinflusst steuern oder regeln können. Eine klare Grenze gibt es aber nicht. Betrachtet man beispielsweise die Lichtmaschine, würde man sie sicherlich jetzt der »Elektrik« zuordnen. Die Ladespannung wird aber »elektronisch« geregelt. Der Übergang zwischen diesen beiden Begriffen ist also eher fließend.

Vernetzung

Seit ungefähr1980 ist zur Datenübertragung im Fahrzeug der CAN-Daten-Bus Industriestandard. Über eine, zwei Leitungen oder sogar über Glasfaserkabel werden elektrische Signale mit einer Übertragungsrate von bis zu 500 kBit/s zwischen den einzelnen Steuergeräten ausgetauscht. Der Code enthält neben den Daten auch Informationen, für welches Steuergerät seine Daten relevant sind. Die Dateninformationen werden in einer bestimmten »Sprache« übermittelt. Schließlich müssen die Informationen auch hinsichtlich Dringlichkeit sortiert werden. Die Motortemperatur ändert sich beispielsweise deutlich langsamer als der zeitliche Abstand der Zündung oder die erforderliche Kraftstoffmenge. Neben dem ursprünglichen Netz sind mittlerweile mehrere Datennetze mit unterschiedlichen Geschwindigkeiten, Aufgaben und Ausführungen im Fahrzeug verbaut, die den möglichst reibungslosen Betrieb gewährleisten sollen.

Es gibt eigentlich zwei Argumente für die Datenbusvernetzung. Zum einen die Sparsamkeit und zum anderen die Flexibilität des Systems. Die Anbindung an ein Datennetz ermöglicht es tatsächlich, etliche Meter Kabel an einem Fahrzeug einzusparen.

Natürlich waren die Datenbussysteme im Vorgängermodell noch nicht so weit ausgeprägt wie die Netzwerksysteme an den modernen Fahrzeugen heute. Zwischen Motorsteuergerät und ABS wurde schon damals ein CAN-Datenbus eingesetzt.

Heutzutage werden alle Steuergeräte in durchaus auch unterschiedlichen Datennetzen übermittelt. So können einzelne Sensoren für unterschiedliche Aufgaben ausgewertet werden und natürlich auch die unterschiedlichsten Funktionen auch unterschiedlicher Systeme zusammengeführt werden. Ein typisches Beispiel hierfür an modernen Fahrzeugen sind die ABS-Sensoren. Beim Ihrem VW T5 erfassen sie die Raddrehzahl für das ABS-System. Wenige Bussgenerationen weiter, wird mit ihnen die ESP-Regelung, natürlich das ABS, der Tachometer Navigationssystem, Notrufsysteme und einige Funktionen erlauben die heute noch nicht umgesetzt worden sind.

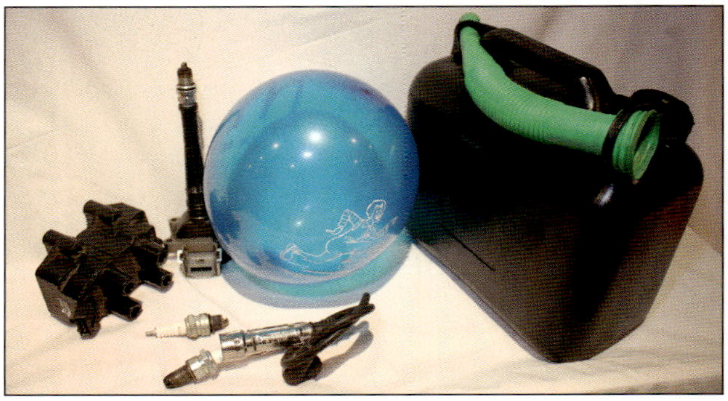

Sprit, Luft und Zündung: Die Basis für jeden Motorlauf. Ob Diesel oder Benziner: immer etwas anders, die Wirkung bleibt gleich.

Fehlersuche und Diagnose

Bei einem Fehler in der Elektronik ist guter Rat teuer. Denn das Ermitteln der Fehlerquelle, die so genannte Diagnose, ist heutzutage ohne ein entsprechendes Diagnosetool, wie im Bild zu sehen, nicht möglich. Diagnosegeräte können dabei aber weitaus mehr als nur den Fehlerspeicher auslesen. Das moderne Fahrzeugsystem verbindet gleich mehrere Funktionen miteinander. Eine geführte Fehlersuche erläutert dem Servicetechniker ein schrittweises Vorgehen zum Beheben des aufgetretenen Fehlers. Niemals sollte die erste Hilfe nach gut nachbarschaftlichem Rat erfolgen. Setzen Sie das Steuergerät beispielsweise durch mehrstündiges Abklemmen der Batterie zurück, wird zwar der Fehlerspeicher gelöscht, aber neben dem Radiocode (der sich wieder eingeben lässt) gehen alle Feinabstimmungsdaten (so genannte Adaptionswerte) die das Steuergerät selbst ermittelt hat, verloren. Im schlimmsten Fall wird durch das mehrstündige Abklemmen auch die Software beschädigt und das Auto läuft nicht mehr. Mit etwas Glück kann der freundliche Hersteller-Partner diese wieder aufspielen. Gelingt das nicht, wird die Neuanschaffung eines

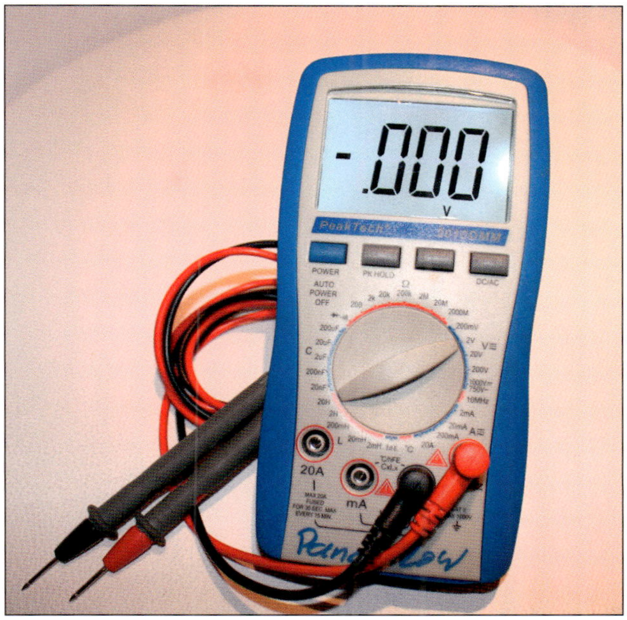

Multitalent: Der Umgang mit dem Multimeter ist nicht schwer und doch sehr hilfreich. Spannung, Stromstärke oder der Widerstand eines Verbrauchers können leicht ermittelt werden.

Steuergerätes (könnten auch mehrere werden…) und die Anpassung an das System unumgänglich. Bei jeder Art von Messungen sollte immer ein Dauerladegerät angeschlossen werden, um die Bordnetzspannung aufrecht zu halten.
Garnicht so wenige Störungen an der Elektrik lassen sich mit einfachen Mitteln beheben. Man muss sich natürlich etwas auskennen, weswegen wir Ihnen Grundbegriffe erläutern und Hilfen bieten wollen. Wie bei anderen Baugruppen auch, gehören dennoch viele Störungen in die Fachwerkstatt oder zu einem versierten Mechaniker. Hilfen hierzu werden auch im Buch »Reparaturanleitung« unseres Verlages genauer beschrieben.

On Bord Diagnose (OBD)

Seit den 1990er-Jahren sind alle Automobilhersteller gesetzlich dazu verpflichtet, die abgasbeeinflussenden Systeme während des Fahrbetriebs permanent zu überwachen und auftretende Fehler zu speichern. Die On Bord Diagnose in Ihrem VW T5 erfüllt genau diese Aufgabe. Das System ist ebenso in der Lage, Fehler zu erkennen, wie auch abzuspeichern. Es informiert ggf. auch den Fahrer über eine Anzeige im Cockpit um ihn so dazu zu veranlassen, die Werkstatt aufzusuchen.

Anschlussdose: Die Verbindung zwischen Auto und Tester.

Die im VW T5 eingesetzte OBDII ist in der Lage, bei der Eigendiagnose die Fehlerart (Unterbrechung, Kurzschluss, unplausibles Signal), den Fehlerstatus (sporadisch, resistent) und die Fehlerquelle zumindest im System zu erkennen. Dies erleichtert der Werkstatt die Fehlersuche (das Auftrennen verschiedener Steckverbindungen mit anschließenden und aufwendigen Funktions- und Bauteileprüfungen wird oftmals unnötig). Zur Informationsübertragung wurde eine Diagnoseschnittstelle geschaffen, die eine Kommunikation zwischen den eingesetzten Steuergeräten und einem angeschlossenen Diagnosetester ermöglichen.
Der Informationsfluss ist in beide Richtungen möglich, das heißt zusammen mit dem Werkstattreparaturleitfaden hilft dieses System der Werkstatt das Einkreisen des Fehlers zu beschleunigen, die Reparatursicherheit zu erhöhen und damit auch Reparaturkosten zu senken. Die Diagnosegeräte haben sich mittlerweile vom einfachen Fehlerauslesegerät zu richtigen Hightechrechnern mit Eingriffsmöglichkeiten in die Steuergeräteumgebung entwickelt. Damit ein solches System funktionieren kann, müssen alle Systeme miteinander vernetzt sein und untereinander kommunizieren können. Dies ermöglicht der so genannte CAN-Daten-Bus.

WISSENSWERTES

Grundbegriffe der Elektrik

Spannung (Volt): Vergleichbar mit dem Druck in einer Wasserleitung. Je größer der Druck, umso schärfer der Strahl. Autos benutzen derzeit ein 12 Volt-Bordnetz, in naher Zukunft wird die Voltzahl wohl deutlich erhöht. Besonders hohe Spannungen werden in Zündanlagen bereitgestellt. Bis zu 40 000 Volt sorgen dafür, dass der Strom auch größere Distanzen überspringen kann. Im Grunde soll er das aber nur an der Zündkerze, weshalb alle spannungsführenden Teile gut isoliert sind.

Stromstärke (Ampere): Vergleichbar mit der Durchflussmenge am Wasserhahn. Neben der Spannung, die zu Stromüberschlägen führen kann, ist die Stromstärke das eigentlich Gefährliche am Strom. Wird dicht an der Stromquelle ein Kurzschluss verursacht, fließt maximaler Strom. Vergleichbar einem Wasserrohrbruch, der eine ganze Straße unter Wasser setzen kann.

Leistung (Watt): Das Produkt aus Spannung und Strom gibt an, welche elektrische Arbeit ein Verbraucher abgibt beziehungsweise aufnimmt. Das hängt wiederum von dessen Widerstand ab. Bildlich gesprochen: Der wenig geöffnete Wasserhahn kann bei hohem Druck die gleiche Menge abgeben wie ein voll geöffneter Hahn bei geringem Druck. Wie viel entnommen werden soll, bestimmt allein der Verbraucher und dessen Aufnahmefähigkeit.

Widerstand (Ohm): Fließt der Strom ungehindert, ist der Widerstand = 0. Bei einer Unterbrechung des Stromkreises dagegen unendlich. Jeder Verbraucher bietet normalerweise einen gewissen Widerstand, wenn auch zum Teil einen sehr geringen. Kurzschluss: Wenn Sie zum Beispiel mit einem Schraubenschlüssel beide Batteriepole verbinden, kann durch den massiven Stahl fast unendlich Strom fließen. Das schweißt sogar den Schlüssel an den Polen fest! Vor Kurzschlüssen im Bordnetz schützen Schmelzsicherungen mit ihrer dünnen Drahtbrücke. Dieser Draht ist das genau definierte schwächste Glied im Stromkreis und brennt bei Überlastung durch. Der Stromfluss wird somit unterbrochen und weiterer Schaden vermieden.

Das Bordnetz

Ihr VW T5 ist in allen Versionen vom Start an auf elektrische Energie angewiesen. Alle für den Fahrbetrieb, die Sicherheit und die Bequemlichkeit eingebauten Systeme und die gesamte Lichtanlage sind ohne sie arbeitsunfähig.

Batterie

Startenergie bereitzustellen, ist die wichtigste Aufgabe der Batterie auf der linken Fahrzeugseite Ihres VW T5. Defekte Verbraucher, Selbstentladung durch lange Standzeiten oder eine Tiefentladung durch einen nicht abgeschalteten Verbraucher können Ausfälle verursachen. Diese Fehler zu finden, kann durchaus eine kniffelige Sachen sein. Eine ausgebaute Batterie oder den Akku in einem vorübergehend stillgelegten Fahrzeug aufzuladen, ist hingegen leicht zu schaffen. Die Funktionen des Dauerladers werden wir etwas später noch vorstellen. Soweit Sie kein Dauerladegerät benutzen, sollten Sie die Batterie einmal im Monat laden. Denn zum Anlassen sind bei einem kleinen warmen Motor schon durchaus 400 W erforderlich. Bis zu 2000 W können bei Kaltstart abgefragt werden.

Generator

Der Drehstromgenerator (im Volksmund »Lichtmaschine«) versorgt vom Motor angetrieben schon bei Leerlauf alle elektrischen Aggregate mit Strom und lädt ständig die Batterie auf. .

Generator im Schnitt: 1 Wicklungen mit drei Phasen, 2 Antriebswelle, 3 Gehäuse, 4 Regler mit Kohlen, 5 Kollektor, 6 Diodensatz.

Batteriezelle in Scheiben: 1 Zellbrücke, 2 Plusplatte, 3 Minusplatte mit Trägergitter, 4 Separator, 5 Batteriegehäuse, 6 Batteriepol.

Dauerladegerät im Einsatz: Ob nun aufgeladen oder die Ladung erhalten werden soll, gute Geräte arbeiten selbsttätig.

Er bringt es auf mehr als 2 kW Elektroenergie. Leistungsdioden besorgen die Gleichrichtung dieses Wechselstroms. Der Generator im VW T5 ist wartungsfrei, die Schleifkohlen sind für 100.000 km gut.
Je schneller die Lichtmaschine dreht, umso höher die Spannung. Ein Regler schützt vor Überspannungen und verhindert Überladen der Batterie. An die Lichtmaschine angeschraubt, reguliert er die Betriebsspannung je nach Temperatur auf Werte zwischen 13,8 und 14,5 Volt im »14-Volt-Toleranzfeld«.

Anlasser

Der VW T5 ist mit dem üblichen Schub-Schraubtrieb-Anlasser ausgestattet, der sich vorn am Motor befindet. Sein Magnetschalter (1, Bild 3) trägt die Anschlüsse Klemme 30 (Pluskabel der Batterie) und Klemme 50 (Startfreigabe vom Bordnetzsteuergerät).
Tut sich mal beim Starten gar nichts und könnte es der Anlasser sein: Kontakte überprüfen, durchmessen, vielleicht ausbauen und auswechseln. Magnetschalter, Schleifkohlen oder ein Lager-Verschleiß sind mögliche Ursachen.

Fehler an der Elektrik

Nötige Arbeiten sind nicht immer von der komplizierten Elektronik verursacht. Pflege und Wartung der Batterie, Ersetzen von Lampen im ausgedehnten Beleuchtungssystem oder Austausch von Sicherungen können Sie durchaus bewältigen. Dazu geben wir Ihnen später einige Tipps.

Die Beleuchtung

Die Fahrzeugbeleuchtung ist ein zentrales aktives Sicherheitselement. Auch das Fahren mit Licht am Tag ist inzwischen aktuell. Die VW-Lichttechnik ist über Steuergeräte in den Daten- und Kommunikationsverbund integriert. Neue Funktionen werden realisiert.

Für Sicherheit auf der Straße

Mit H4- und H7-Scheinwerfern sowie einem Xenonscheinwerfersystem wurde in Kombination mit dem Licht- und Regensensor ein automatischer Lichtassistent realisiert. Das Einschalten des Lichts oder das Umschalten von Tagfahrlicht erfolgt automatisch. Wie bei den meisten Herstellern heute wird die Fahrzeugbeleuchtung um das Fahrzeugumfeld beim Öffnen der Zentralverriegelung und ein Weiterleuchten der Beleuchtung beim Verlassen des Fahrzeugs realisiert. Der erforderliche Sensor und auch die Funktion von Wischer und Licht können bei Bedarf auch nachgerüstet werden. Es ist durchaus auch Hochwertiges aus dem Zubehörregal lieferbar. Wenn Systeme am Fahrzeug nach- oder umgerüstet werden sollen, achten Sie immer darauf, dass diese auch für den Straßenverkehr zugelassen sind oder eintragungsfähig sind. Im Zweifel bei der Prüfstelle Ihres Vertrauens nachfragen.

Schub-Schraubtrieb-Anlasser: Das Bosch-Gerät zeigt die auch im VW T5 zu findende Bauform. (1) Magnetschalter.

Frontscheinwerfer: als Xenon-Ausführung mit Freiflächenfernlicht, Standlicht und Blinker.

Die Scheibenwischanlage

Über das Bordnetz wird auch die Steuerung der Scheibenwischer geregelt. Die Wischeranlage ermöglicht Wischen in den Geschwindigkeitsstufen 1 und 2, Intervallbetrieb (zwischen 2 und 24 Sekunden), Lichtsensorbetrieb, Tippwischen, das Waschen von Scheiben und Scheinwerferglas sowie Service-Funktionen.

Wischerfunktionen

Die Anlage ist mit den Steuergeräten im Schalttafeleinsatz und für Wischermotor, für Bordnetz und für Lenksäulenelektronik vernetzt. Bei stehendem Fahrzeug ist nach Aktivierung der Funktion »Tippwischen« eine Servicestellung möglich: Wischerarme nach oben in Ruhe (Bild 5). Die »alternierende Parkstellung« klappt das Wischergummi auf der Scheibe um und erhöht so die Lebensdauer der Wischgummis.
Der Stufenschalter auf dem Wischerhebel kann vier Intervallstufen einstellen. Es gibt Stopp (beim Öffnen der Motorhaube) und Störungsstopp (Blockierung der Wischer wird erkannt). Das Frontwischersystem ist einmotorig mit mechanischer Verbindung zwischen den beiden Wischern. Der einmotorige Heckwischer mit vielen Funktionen beginnt bei eingeschalteten Frontwischern automatisch zu laufen, wenn im Fahrzeug der Rückwärtsgang eingelegt wird.

Sehr groß: Wischbereich der Scheibenwischer beim VW T5.

Relais und Sicherungen

Damit Sie die Elektrik Ihres Autos einfach, zuverlässig und sicher nutzen können, gibt es Schaltstellen, Leitungsstränge und Sicherheitsvorkehrungen. Die zahlreichen Schalter und Taster können auch schon mal Ursache für Störungen sein. Mit Multimeter kontrollieren, defekte Schalter auswechseln: Zündung und Verbraucher ausschalten, Zündschlüssel abziehen.

Schutz der Systeme

Verbraucher, die einen hohen Strom aufnehmen, werden durch Schaltrelais in Betrieb genommen. Erst über das Schließen des Schaltstromkreises wird von ihnen der Arbeitsstromkreis hergestellt. Für den Schutz der elektrischen Systeme sorgen Schmelzsicherungen. Wo sich Relaisträger und Sicherungshalter befinden, zeigen wir weiter hinten. Für Sie am wichtigsten: Sicherungen im Halter links unten in der Schalttafel (Bild unten).

Bauteilkennung und Kabelfarben

In den Stromlaufplänen haben alle Bauteile Kennbuchstaben in Kombination mit Zahlen. Die Kabel sind mit Farben gekennzeichnet, und die meisten Anschlüsse an den Mehrfachsteckern wie an den Relais sind nummeriert.

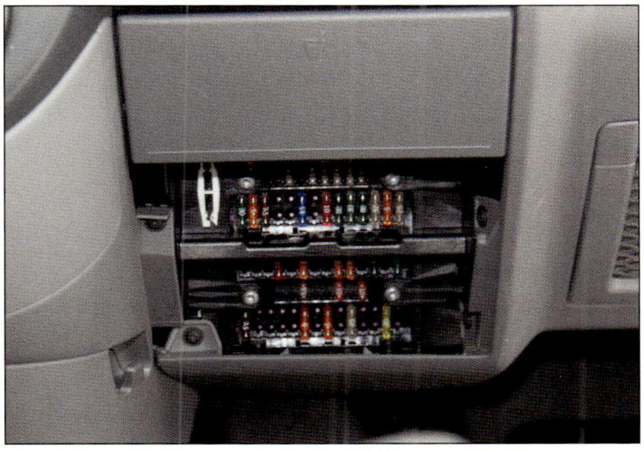

Schutz der Elektrik Mitten in der Armaturentafel.

Batterie: Sichtprüfung und richtige Behandlung

- **Sichtprüfung:** Zündung ausschalten, Zündschlüssel abziehen, Motorhaube öffnen. Die Batterie links im Motorraum hat eine flexible Hülle oder steckt in einem verriegelbaren Kunststoffkasten. Auf Schäden am Gehäuse untersuchen. Wenn Säure ausgelaufen ist: Stellen mit Säurewandler oder Seifenlauge reinigen. Undichte Batterien auswechseln!

- Sind die Batteriepole (Bild 1 Minuspol mit Klemme) beschädigt? Der nötige Kontakt der Klemmen muss unbedingt gewährleistet sein. Oxidkristalle an Batterieklemmen mit warmem Sodawasser abwaschen oder mit Säurewandler Neutralon behandeln.

- Die Batteriepolklemmen (Bild 1) müssen korrekt aufgesteckt und festgezogen sein, weil es sonst zu Leitungsbränden und Störungen kommen kann. Der Funktionszustand des Fahrzeugs ist dann in erheblichem Maße nicht mehr gewährleistet. Polklemmen gewaltfrei von Hand aufstecken, um das Gehäuse nicht zu beschädigen. Die Muttern (3, Bild 1) werden mit 6 Nm festgeschraubt.

- Die Batterie muss fest in ihrer Halterung (Bild 2) sitzen. Schraube (3) mit 20 Nm anziehen. Lockerer Sitz verkürzt durch Erschütterungen die Batterielebensdauer, kann zu Schäden an den Batterieplatten führen und stellt eine Gefährdung durch Explosions-Möglichkeit dar.

- **Batterie richtig behandeln:** Um lange Gebrauchstüchtigkeit zu gewährleisten, muss die Batterie sachgemäß geprüft, gewartet und gepflegt werden. Hinweise (Piktogramme) auf der Oberseite und in der Betriebsanleitung beachten!

- Reihenfolge beim Ab- und Anklemmen: Zuerst Minuspol, dann Pluspol abklemmen. Beim Anklemmen erst Plus-, dann Minusklemme (»Masseband«) aufstecken. Verpolung und Kurzschlüsse vermeiden!

- Wenn die Batterie längere Zeit im abgestellten Fahrzeug verbleibt, sollte der Minuspol abgeklemmt werden.

- Für die neue Batteriegeneration weist Volkswagen an: »Keine Etiketten entfernen und kein destilliertes Wasser auffüllen. Nur Sichtprüfungen vornehmen!«

- Nach Wiederanklemmen der Batterie Grundprogrammierung mit dem Werkstattsystem (VAS 505x) vornehmen. Einige Funktionen »lernt« das Elektrik-System auch wieder selbst.

Anmerkung: Mit »AGM« gekennzeichnete Blei-Säure-Akkus sind Vliesbatterien, wartungsfrei mit festem Elektrolyt. Dieser ist in einem Mikroglasvlies (»Absorbent Glas Material – AGM«) festgelegt. Die Batterie ist verschlossen und hat Ventile. Vliesbatterien stets durch Vliesbatterien ersetzen!

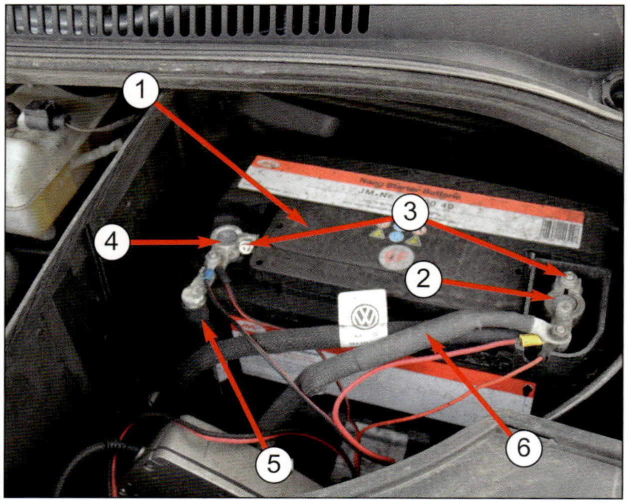

Polklemme: 1 Batterie, 2 Plusklemme, 3 Klemmenmutter, 4 Minusklemme, 5 Masseanschlusskabel, 6 Plusleitung.

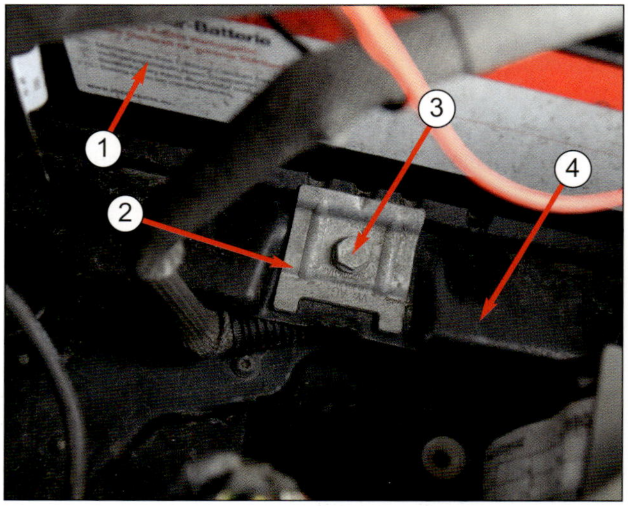

Batteriehalterung: 1 Batterie, 2 Klemmplatte, 3 Befestigungsschraube, 4 Batteriekasten.

Batterie warten und prüfen

Sie führt ein unbeachtetes Dasein in einer möglichst versteckten Ecke und wird schon nach wenigen Einsatzjahren oft schon wieder in den Recyclingkreislauf zurückgeführt. Die Batterie kann aber –vorausgesetzt sie ist von guter Qualität, wird regelmäßig gewartet und nachgeladen – einige Jahre halten. Auch der plötzliche Batterietod kann gut vorausgesehen werden.

Prüfung des Säurestandes

Diese Prüfung ist natürlich nur bei Nassbatterien möglich, an denen Sie die Zellenverschlussdeckel noch öffnen können. Der Säurestand ist sehr wichtig für die Leistungsfähigkeit einer Batterie. Im Laufe der Zeit verdunstet etwas vom Wasseranteil der Batteriesäurefüllung und der Elektrolytstand nimmt in den Zellen ab. Wird eine Zelle nicht mehr vom Elektrolyt komplett abgedeckt, steht auch nur noch der kleinere noch im Elektrolyt stehende Plattenanteil als Kapazität zur Verfügung.

- Öffnen Sie die Zellenverschlussdeckel der Batterie.
- Kontrollieren Sie, ob der Säurestand die Markierungsnase über den Platten erreicht.
- Wenn erforderlich, füllen Sie den Säurestand mit destilliertem Wasser auf.

Prüfung der Säuredichte

Der Ladezustand einer Batterie spiegelt sich in der Säuredichte am deutlichsten wieder.

- Öffnen Sie die Zellenverschlussdeckel der Batterie.
- Drücken Sie den Gummiball des Säurehebers (3) zusammen und saugen Sie das Elektrolyt aus einer Batteriezelle an. Der Schwimmer mit Skala des Säurehebers (4) muss aufschwimmen.
- Lesen Sie die Dichte an der Flüssigkeitslinie (5) am Schwimmer ab. Werten Sie die Säuredichte aus:

Dichte	Ladezustand (etwa)
1,28 g/cm³	Voll geladen
1,22 g/cm³	Normal geladen
1,18 g/cm³	Schwach geladen
1,12 g/cm³	Normal entladen
1,06 g/cm³	Tief entladen

Magisches Auge (integrierter Säureheber): 1 Verschlussschraube mit Säureheber und Sichtkugel, 2 Sichtkugel mit definiertem Gewicht (etwa 1,20 g/cm³).

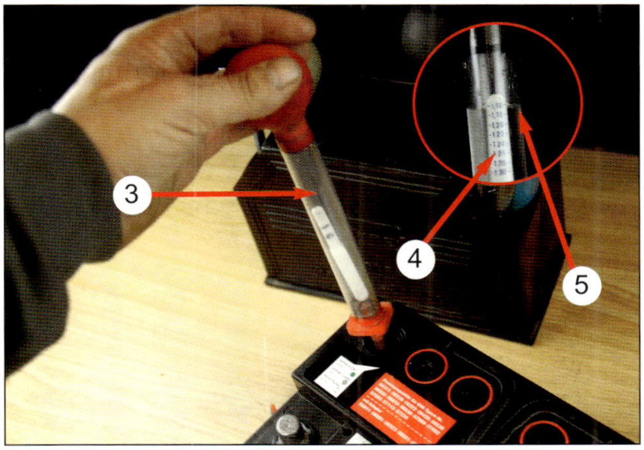

Säureheber als Werkzeug: 3 Säureheber, 4 Skala auf dem Schwimmer, 5 Säurestand.

Prüfung der Batteriespannung

Die Prüfung der Batteriespannung ist zwar die am häufigsten eingesetzte Methode, liefert aber wie der Test mit den Batterietestern nur dann ein zuverlässiges Ergebnis, wenn die Batterie nach der Vollladung mindestens 3 Stunden weder ge- noch entladen wurde. Hier finden Sie die meisten Messfehler auch bei der Einschätzung durch die Werkstätten und Händler. Die Ruhezeit ist von entscheidender Wichtigkeit.

- Laden Sie die Batterie auf und lassen Sie sie etwa 3 Stunden ruhen.
- Schließen Sie ein Multimeter an die Pole an und lesen Sie die Spannung ab.

Spannung	Ladezustand (etwa)
> 12,8 V	Voll geladen
ca. 12,4 V	Normal geladen
ca. 12,2 V	Schwach geladen
ca. 11,9 V	Normal entladen
< 10,7 V	Tief entladen

Batterietester einsetzen

Auch für die Prüfung mit dem Batterietester muss die Batterie geladen werden und ruhen. Anschließend wird nach der Dateneingabe und dem Anschluss an die Batterie ein kleiner Belastungsstrom (2) für eine kurze Zeit aufgeschaltet. Die Auswertung des Spannungsabfalls (4) erfolgt durch den Batterietester. Je stärker der Spannungsabfall ausfällt und je schlechter sich die Batterie nach der Belastung (4 bis 5) erholt, umso geringer fällt die Kapazität aus. Sobald diese Werte den im Tester abgelegten Messwerten deutlich widersprechen, wird der Test als »nicht bestanden« und die Batterie als »defekt« ausgewiesen.

Spannungsmessung an der Batterie: Das Messergebnis zeigt, dass die Batterie nur schwach geladen ist, oder aber, nach der Ladung und der Ruhezeit, einen Defekt aufweist.

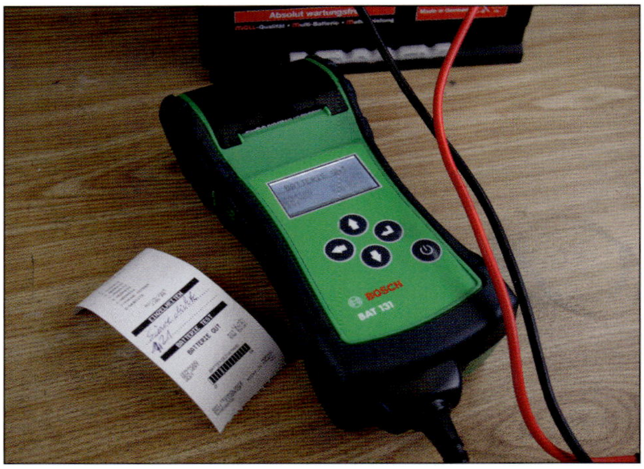

Batteriehandtester: Ein zuverlässiges Ergebnis ist nur bei sachgerechter Handhabung zu erwarten. Der Ausdruck weist einen korrekten oder fehlerhaften Prüfablauf aber nicht aus.

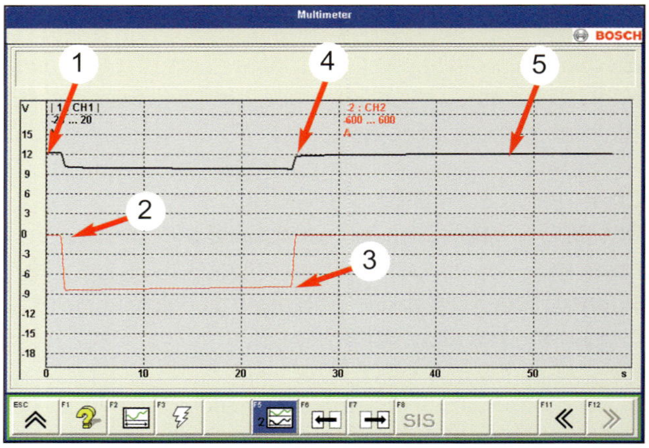

Strom und Spannung: 1 Batterieruhespannung, 2 Belastungsstrom setzt ein, 3 Ende Belastungstest, 4 Spannung nach Belastung, 5 Spannung nach Erholung, 4 bis 5 Zeit der Erholung.

Prüfen und Reinigen der Polanschlüsse und Kabel

Korrosion und Verschmutzungen an den Batteriepolen verursachen Übergangswiderstände, die zum einen die Stromabnahme verhindern, aber auch die Batterieladung verschlechtern. Beides sind Faktoren, die die Leistung einschränken und aufgrund der schlechteren Ladebilanz die Batterie auch nachhaltig schädigen können.

Zur Batteriewartung gehören also die gewissenhafte Gehäusereinigung und die Reinigung von Polen und Polklemmen auch dazu. Korrosionsspuren müssen entfernt werden.

- Klemmen Sie den Minuspol der Batterie ab.

- Klemmen Sie den Pluspol der Batterie ab.

Reinigung des Batteriegehäuses

- Reinigen Sie mit einem Lappen das Batteriegehäuse um die Zellverschlussdeckel und die Batteriepole gründlich. Verwenden Sie eventuell eine Seifenlauge und keinen brennbaren Reiniger.

Reinigung der Batteriepole

- Drücken Sie die Polbürste auf den Batteriepol auf.

- Drehen Sie die Bürste einige Male in die Bürstenstrichrichtung und kontrollieren Sie, ob der Pol wieder metallisch blank ist.

Reinigung der Polklemmen

- Stecken Sie die Polbürste in die Batteriepolklemme ein.

- Drehen Sie die Bürste einige Male in die Bürstenstrichrichtung und kontrollieren Sie, ob die Polanschlussklemme wieder metallisch blank ist.

Einsatz von Polfett am Batteriepol

Das Batteriepolfett sollte ausschließlich auf den Bereich des Batteriepols aufgetragen werden, wo der Übergang zwischen Batteriepol und Gehäuse ist. Auf den Kontaktflächen verursacht das Polfett im ungünstigsten Fall einen Übergangswiderstand.

- Klemmen Sie die Batterie wieder an.

Ladegeräte und die Batterie

Ladegerät ist nicht gleich Ladegerät. Der Unterschied liegt meist nicht nur im Preis. Betrachten wir das Thema Batterie und das passende Ladegerät mal unter unterschiedlichen Aspekten.

Säure- oder AGM-Batterie?

Der erste Unterschied fällt tatsächlich ins Auge, nicht nur im Preis. Es sind keine Zellenverschlussdeckel verbaut und die Batterie ist gasdicht. Der wesentliche Unterschied zwischen AGM- und Nassbatterie liegt darin, dass der Elektrolyt in ein Glasfaservlies eingebunden ist. AGM bedeutet »Absorbent Glass Mat«. Die Ladeschlussspannung für offene Batterien und den geschlossenen AGM kann sehr unterschiedliche sein. In der Regel wird für die AGM-Batterien sogar ei-

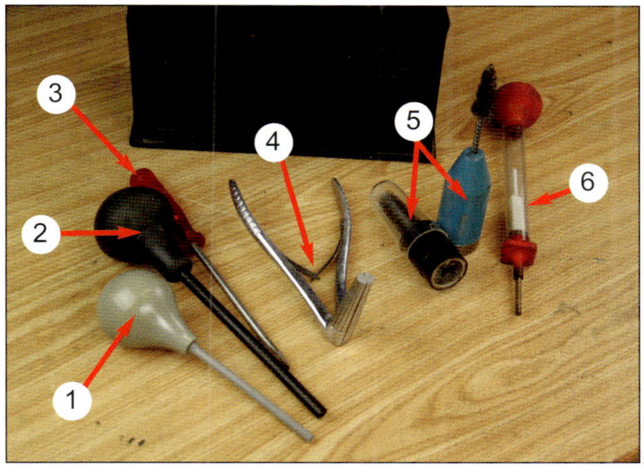

Batteriewartungsset: 1 Flüssigkeitsheber klein, 2 Flüssigkeitsheber groß, 3 Schraubendreher, 4 Polzange, 5 Polbürsten, 6 Säureheber.

Polbürste im Einsatz: 7 Bürste für die Polanschlussklemmen, 8 Bürste für die Batteriepole.

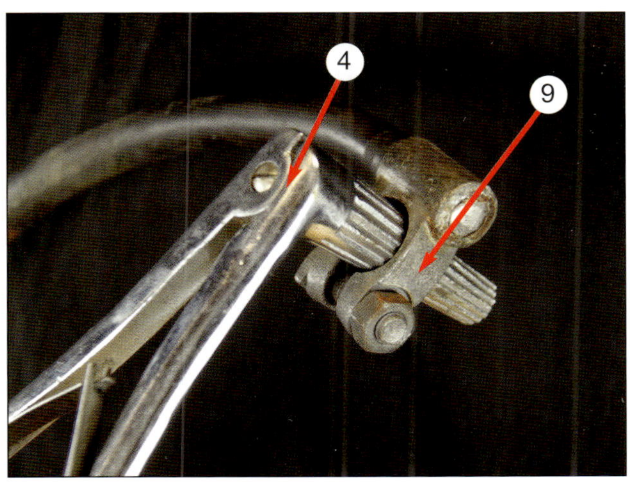

Polzange im Einsatz beim Aufweiten: 4 Polzange, 9 Polanschlussklemme.

ne etwas höhere Spannung angefordert. Die Ladespannung wird oft von Ladegeräten aber auch vom Bordnetzsystem des Fahrzeugs überschritten. Eine zu hohe Spannung bringt die Batterien zum Ausgasen (Gasungsspannung) und eine zu geringe Ladespannung verursacht dann eine nicht vollständig geladene Batterie.

Einfache Ladesysteme

Natürlich gibt es schon sehr günstige Ladegeräte, die aber leider in der Regel lediglich spannungsbezogen arbeiten. In der Anfangsphase wird wegen der hohen Stromaufnahme der Spannungswert gerade so erreicht. Die Weiterladung erfolgt mit zu hoher Spannung. Das fördert die Gasbildung und kann gerade die geschlossenen Batteriesysteme wie die AGM schädigen. Auch die Vollladung erfolgt mit zu hoher Spannung, um überhaupt einen Ladestrom erzeugen zu können.

Prozessor-geführte Ladesysteme

Die Erhaltungsladung wird im Volksmund auch Batteriejogging genannt. Diese Funktion kann die Lebensdauer deutlich erhöhen und sogar einen Teil der Sulfatierung wieder regenerieren.

Entsulfatierung der Batterie (1)

Das Ladegerät erkennt eine sulfatierte Batterie. Strom und Spannung pulsieren und entfernen auf diese Weise Sulfat von den Bleiplatten der Batterie, wodurch die Batteriekapazität weitgehend wiederhergestellt wird.

Ladeprüfung (2)

Das Ladegerät prüft, ob die Batterie Ladung aufnehmen kann. Mit diesem Schritt wird das Laden einer defekten Batterie verhindert.

Vorladephase (3)

Hier findet das Laden mit Maximalstrom bis zum Erreichen von ca. 80% der Batteriekapazität statt.

Vollladen (4)

Das Laden wird mit schwächer werdendem Strom bis zum Erreichen von bis zu 100% der Batteriekapazität fortgeführt.

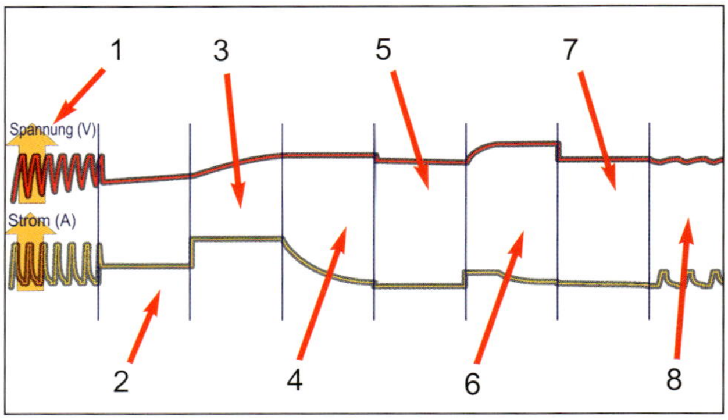

Ladezyklen eines Prozessorladegerätes: 1 Entsulfatierung, 2 Ladeprüfung, 3 Vorladephase, 4 Vollladen, 5 Batterietest, 6 Durchmischung (Sonderprogramm), 7 Ladungserhaltung (Sonderprogramm), 8 Ladungsüberwachung (Sonderprogramm).

Batterietest (5)

Das Ladegerät prüft, ob die Batterie eine Ladung halten kann. Batterien, die ihre Ladung nicht halten können, müssen ersetzt werden.

Durchmischen (6)

Mit dem Programm »Recond« wird der Rekonditionierungsschritt in den Ladevorgang angefügt. Während des Rekonditionierungsschritts wird die Spannung erhöht, um eine kontrollierte Gasbildung in der Batterie zu erzeugen. Das macht natürlich nur bei Nassbatterien Sinn. Durch die Gasbildung wird die Batteriesäure vermischt, um die Schichtung von unterschiedlichen Säuredichten in einer Zelle aufzuheben.

Ladungserhaltung (7)

Die Batteriespannung wird auf ihrem Maximalwert gehalten, indem sie mit konstanter Spannung weiter geladen wird.

Ladungsüberwachung (8)

Die Batteriekapazität wird bei 95-100% gehalten. Das Ladegerät überwacht die Batteriespannung.

Anlasser (Starter) aus- und einbauen

Wir stellen Ihnen im Rahmen dieses Buches eine allgemeingültige Anweisung zur Verfügung, die sich allerdings in kleinen Nuancen unterscheiden kann. Der Aus- und Einbau des Anlassers erfolgt aber von der Unterseite des Fahrzeugs aus.

Start-Stopp-Anlagen

Aufgrund der höheren Anforderung bei aktivem Start-Stopp-System, z. B. im Stadtverkehr, wurde die Zyklenfestigkeit erhöht und der Anlasserzahnkranz verstärkt. Beim Ersatz des Anlassers, auf die korrekten Ersatzteilbezeichnungen achten.

Starter aus- und einbauen

- Batterie abklemmen und falls vorhanden, die Geräuschdämpfung ausbauen.
- Elektrische Steckverbindung (7) trennen und den elektrischen Leitungsstrang (10) freilegen.
- Die Schrauben (9) herausdrehen.
- Kühlmittelausgleichsbehälter (8) mit angeschlossenen Kühlmittelschläuchen etwas zur Seite legen.
- Abschirmkappe (4) der Plusleitungsbefestigung vom Magnetschalter des Anlassers abhebeln.
- Befestigungsmutter (3) der Plusleitung (2) (Klemme 30) vom Magnetschalter des Anlassers abschrauben.
- Elektrische Steckverbindung (Klemme 50) (6) am Magnetschalter des Anlassers entriegeln und trennen, dann die Befestigungsmutter des Leitungshalters abschrauben und die Leitungen beiseite drücken.
- Die obere Befestigungsschraube (5) des Anlassers herausschrauben.
- Die Befestigungsmutter der Minusleitung (Klemme 31) vom Anlasser abschrauben, die Leitung beiseite drücken.
- Die untere Befestigungsschraube (5) des Anlassers herausschrauben.

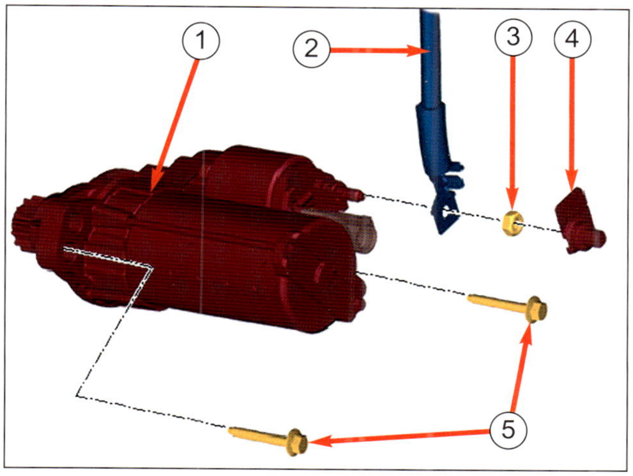

Starter und Anschluss: 1 Starter, 2 Plusleitung, 3 Befestigungsmutter, 4 Abschirmkappe, 5 Befestigungsschrauben.

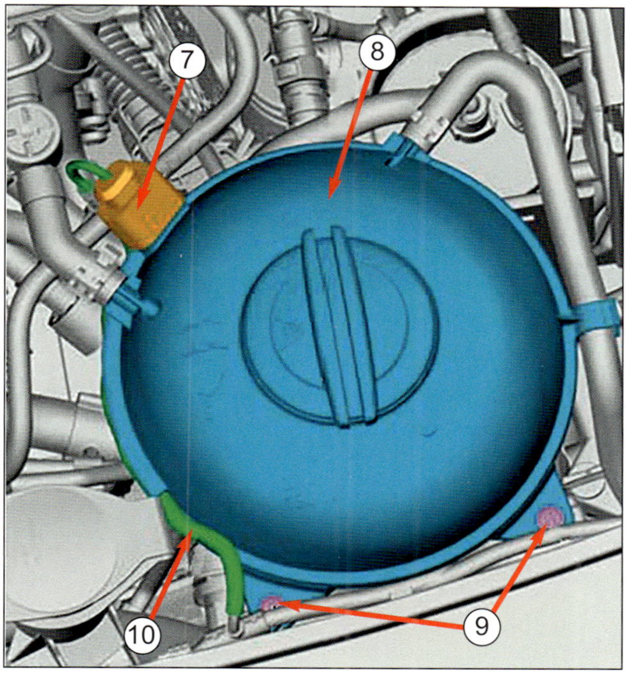

Kühlmittelausgleichbehälter: 7 elektrische Steckverbindung, 6 Anschlussklemme 50, 8 Kühlmittelausgleichsbehälter, 9 Schrauben, 10 Leitungsstrang.

- Anlasser herausnehmen.

Der Einbau erfolgt sinngemäß in umgekehrter Reihenfolge.

Generator (Lichtmaschine) aus- und einbauen

Generator aus- und einbauen

Beim Einbau bereits gelaufener Keilrippenriemen beachten Sie die beim Ausbau gekennzeichnete Laufrichtung! Achten Sie vor dem Einbau des Keilrippenriemens darauf, dass alle Aggregate (Generator, Klimakompressor) festmontiert sind. Beim Auflegen des Riemens auf korrekten Sitz des Keilrippenriemens in den Riemenscheiben achten!

2,0 l TDI-Motoren

- Batterie abklemmen.
- chlossträger in die Servicestellung bringen.
- Keilrippenriemen ausbauen.
- Die Befestigungsschrauben des Klimakompressors lösen, um die angeschlossenen Schläuche für den Ausbau des Generators etwas bewegen zu können. Die Schläuche des Klimakompressors dürfen dabei nicht gezogen oder geknickt werden.
- Elektrische Steckverbindung der DF-Leitung entriegeln und trennen.
- Abschirmkappe für den Plusanschluss »KL30« abhebeln.
- Die Befestigungsmutter abschrauben und die darunterliegende B+-Leitung vom Anschlussgewinde des Generators abnehmen.
- Das im Bereich vor dem Generator verlaufende Ladedruckrohr ausbauen.
- Die beiden Befestigungsschrauben des Generators herausschrauben.
- Generator nach oben aus dem Fahrzeug herausnehmen.

Der Einbau erfolgt sinngemäß in umgekehrter Reihenfolge.

- Motor starten und Riemenlauf kontrollieren.

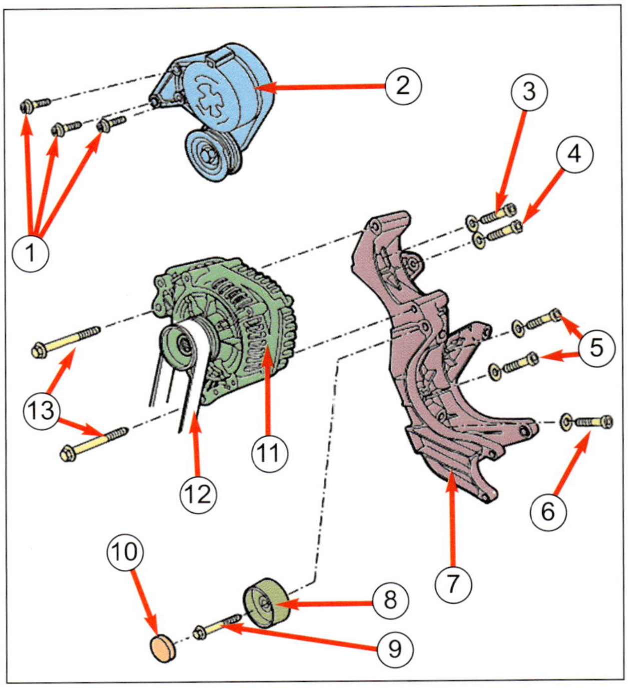

Generator beim 2,0l-SRE-Motor: 1 Innensechskantschraube, 2 Spannelement, 3 Innensechskantschraube, 4 Passschraube, 5 Innensechskantschrauben, 6 Passschraube, 7 Halter, 8 Umlenkrolle, 9 Passschraube, 10 Abdeckkappe, 11 Generator, 12 Keilrippenriemen, 13 Sechskantbundschrauben.

2,0 l SRE-Motoren

- Batterie abklemmen.
- Elektrische Steckverbindung der DF-Leitung entriegeln und trennen und die Abschirmkappe abziehen.
- Batterie-Plusleitung vom Generator abschrauben. Keilrippenriemen ausbauen.
- Spannelement vom Keilrippenriemen ausbauen.
- Befestigungsschrauben des Generators (13) herausschrauben.
- Generator (11) abnehmen.

Der Einbau erfolgt sinngemäß in umgekehrter Reihenfolge.

- Die Gewindebuchsen hinten am Generator etwa 4 mm aus dem Gehäuse des Generators heraustreiben. So entsteht für die Montage des Generators auf dem Halter (7) etwas Platz und der Generator wird nicht verspannt.
- Den Generator in den Halter einsetzen und die Befestigungsschrauben anziehen.
- Keilrippenriemen (12) und Spannelement (2) einbauen.
- Batterie anklemmen.
- Motor starten und Riemenlauf kontrollieren.

2,0 l MED-Motoren

- Batterie abklemmen.
- Keilrippenriemen ausbauen.
- Flügelpumpe für Servolenkung abschrauben. Die Schläuche an der Flügelpumpe für Servolenkung können angeschlossen bleiben. Die Schläuche an der Flügelpumpe dürfen nicht gezogen oder geknickt werden.
- Elektrische Steckverbindung der DF-Leitung entriegeln und trennen.
- Schutzkappe von Klemme 30 abnehmen und Befestigungsmutter der Leitungsverbindung abschrauben.
- Elektrische Steckverbindung am Ölfiltergehäuse entriegeln und trennen.
- Befestigung der Leitungsverbindung am Generator lösen und Leitung beiseitelegen.
- Befestigungsschrauben oben am Generator herausschrauben.
- Schrauben unten am Generator herausschrauben.
- Generator nach unten herausnehmen.

Der Einbau erfolgt in umgekehrter Reihenfolge.

- Die oberen Schrauben zur Befestigung des Generators in den Generator einstecken, bevor der Generator an den Zylinderblock angesetzt wird.
- Motor starten und Riemenlauf kontrollieren.

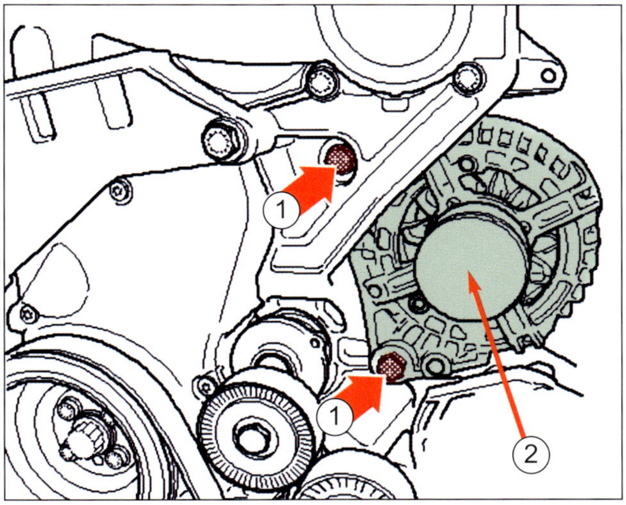

Befestigung in Einbaulage: 1 Befestigungsschrauben, 2 Generator.

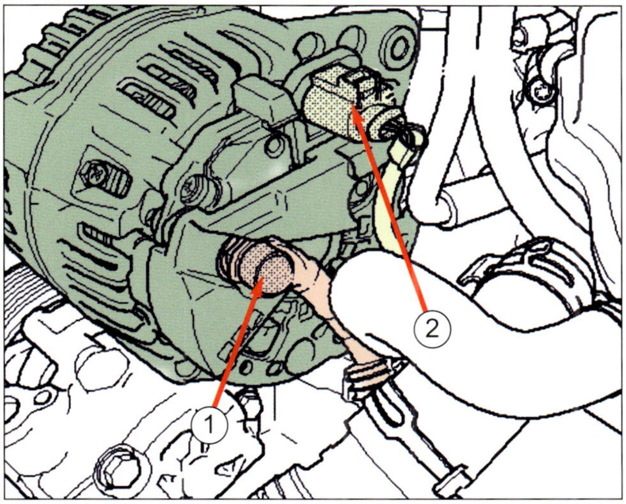

Anschlüsse am Generator: 1 Anschlüsse am Regler (auch für die Multifunktionsregler), 2 Klemme 30 Dauerplusanschluss.

Reparaturen am Generator

Generell ist es möglich, den Generator zu reparieren. Wie man schon an dem Schaubild gut sehen kann, besteht der Generator aus nicht allzu vielen Teilen. Die Zerlegbarkeit scheitert meist an unzureichendem Werkzeug. Beispielweise muss bei einigen Generatoren die Diodenplatte (der Gleichrichter) demontiert werden.

Da er angelötet ist und zudem recht dicke Drähte am Generator verbaut wurden, wird ein Lötgerät mit einer hohen Leistung notwendig.

Für die Demontage der Lager müssen passende Abzieher vorhanden sein, um den Anker und seine Welle nicht zu beschädigen. In den meisten Fällen sind die Kohlen des Reglers verschlissen. Bei einigen Generatoren sind diese einzeln, beziehungsweise mit dem Bürstenhalter lieferbar.

Entscheidend für einen sinnvollen Austausch der Kohlen ist der Zustand der Schleifringe des Ankers. Sind diese durch den langen Betrieb eingelaufen, werden die neuen Kohlen sehr schnell wieder verschleißen. Hier sollte dann auf einen Austauschgenerator zurückgegriffen werden.

Bei allen Arbeiten am Generator gelten die bekannten Hinweise: Nach Abklemmen des Massekabels den Minuspol der Batterie am besten mit Isolierband abkleben, Generator nicht bei angeschlossener Batterie ausbauen, beim Ausbau Radio-Codierung beachten, nach Wiedereinbau Fehlerspeicher auslesen. Fahrzeuggeneratoren und Anlasser sind Austauschteile: Ein defekter wird beim Kauf eines überholten oder neuen Teils in Zahlung genommen. Er muss aber noch vollständig, einigermaßen sauber und zusammengebaut sein.

Zerlegt kann Ihr Generator so aussehen: In wieweit sich diese Arbeit rechnet, hängt von Ihrer Austattung und ihrer fachlichen Erfahrung ab.

Spannungsregler ausbauen

Der Spannungsregler (2) mit Kontakt-Schleifkohlen (Kohlebürsten) ist an die Generatorrückseite geschraubt.
Seine Abdeckung (4) sieht bei den im VW T5 verwendeten Spannungsregler-Typen Bosch und Valeo etwas unterschiedlich aus. Ausbau und Prüfung zeigen wir am Bosch-Regler. Das Prinzip ist auf den Generator von Valeo übertragbar.

Ausbau

- Batterie abklemmen.
- Motorabdeckung, soweit verbaut, oben demontieren.
- Zeichnen Sie die Laufrichtung des Riemens an, falls er weiter verwendet werden soll.
- Generator wie schon beschrieben ausbauen, die B+-Leitung abschrauben.
- Die Schraube (5) abschrauben, Abdeckung (5) abnehmen. Die 2 Schrauben (3) herausschrauben und Regler (2) abnehmen.
- Die Montage erfolgt in umgekehrter Reihenfolge.

Prüfen der Reglerkohlen

Bei Fehlfunktionen des Generators, wie bei Aussetzern, können die Schleifkohlen (Kohlebürsten) des Spannungsreglers verschlissen sein und müssen überprüft werden. Sie dürfen die Verschleißgrenze nicht unterschreiten.

- Gemessen wird vom Reglergehäuse bis zum Ende der herausstehenden Kohlebürsten im ausgebauten Zustand des Reglers. Dieses Verschleißmaß (3) beträgt 5 mm bei 1 mm Toleranz zwischen beiden Kohlebürsten. Bei neuen Spannungsreglern sind die Bürsten 12 mm lang. Im Bedarfsfall müssen die Kohlen erneuert oder der Regler ausgetauscht werden.
- Der Einbau erfolgt sinngemäß umgekehrt.
- Die Kohlebürsten müssen korrekt auf den Schleifbahnen liegen. Die Schleifbahnen im Generator dürfen nicht eingelaufen sein.

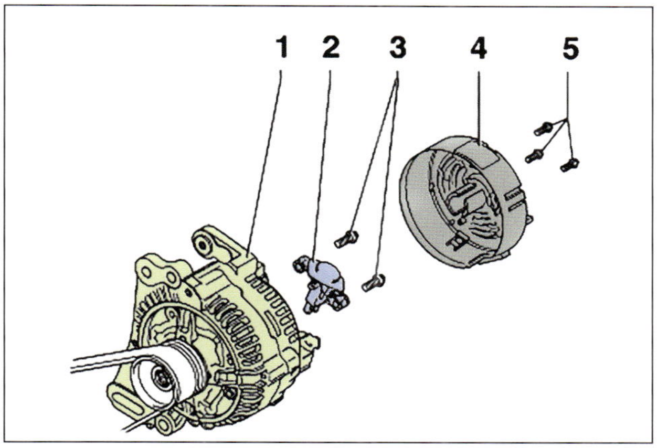

Reglereinheit im Generator: 1 Generator, 2 Generatorregler, 3 Schrauben, 4 Abdeckung, 5 Schrauben.

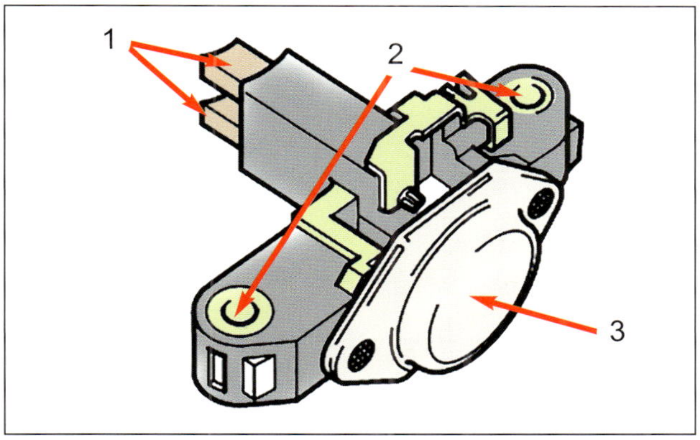

Reglereinheit im Generator: 1 Kohlebürsten, 2 Befestigungsschrauben, 3 Regler (Kühlbereich für den Transistor).

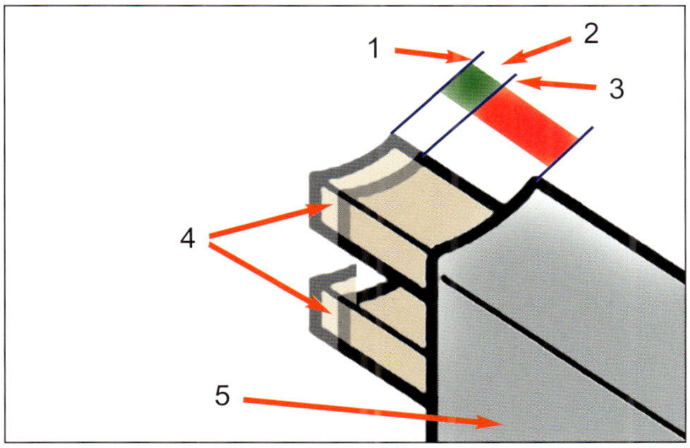

Verschleiß der Kohlebürsten: 1 Neumaß 12 mm, 2 Verschleißbereich, 3 Verschleißgrenze 5 mm, 4 Kohlebürsten, 5 Regler.

Einbaulage Keilrippenriemen

Die Montagearbeiten am Keilrippenriemen werden wir Ihnen im nächsten Kapitel vorstellen. Um Ihnen eine Übersicht zu verschaffen, stellen wir Ihnen hier die gängigen Einbaulagen des Keilrippenriemens am Multivan vor. So können Sie den korrekten Einbau schnell mal nachkontrollieren.

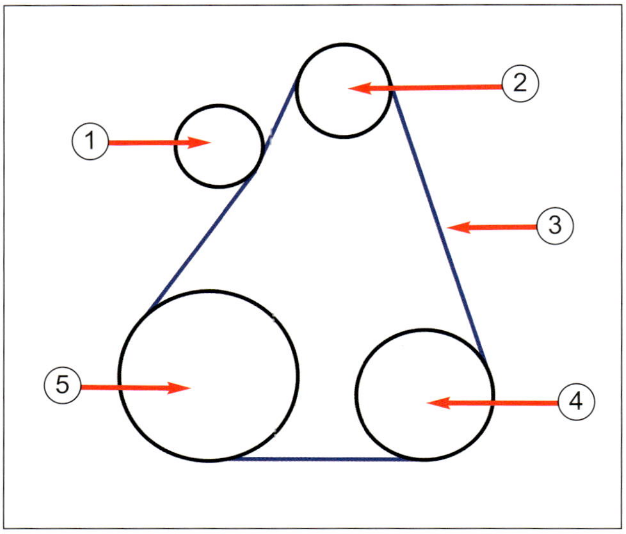

Keilrippenriemen 2,0 l-SRE-Motor ohne Klima: 1 Spannelement, 2 Generator, 3 Keilrippenriemen, 4 Servopumpe Lenkung, 5 Riemenscheibe Kurbelwelle.

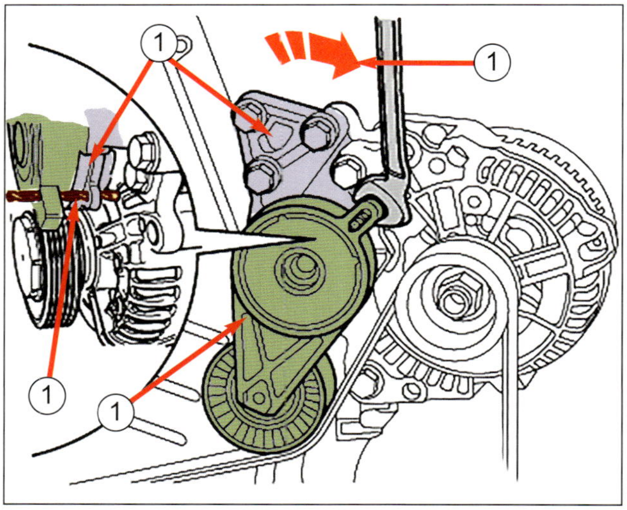

Spannrolle Variante 1: 1 Spannelement, 2 4mm Bohrer zum Sichern , 3 Spannbock, 4 Entspannrichtung

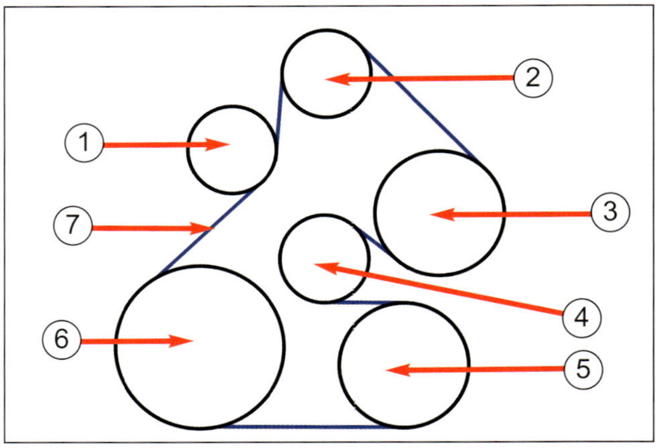

Keilrippenriemen 2,0 l-TDI-Motor mit Klima: 1 Spannelement, 2 Generator, 3 Servopumpe Lenkung, 4 Umlenkrolle, 5 Klimakompressor, 6 Riemenscheibe Kurbelwelle, 7 Keilrippenriemen.

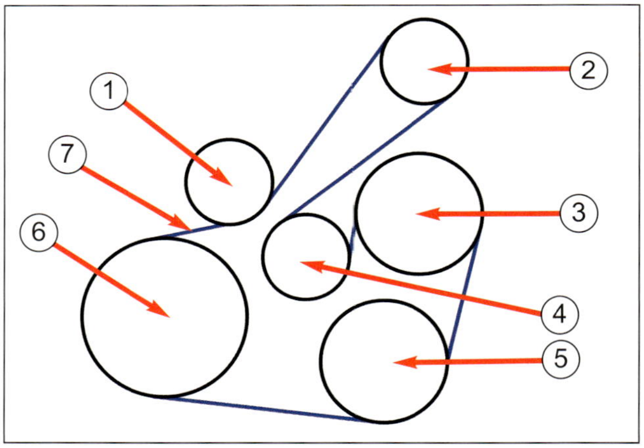

Keilrippenriemen 2,0 TDI Motor mit Klima: 1 Spannelement, 2 Generator, 3 Servopumpe Lenkung, 4 Umlenkrolle, 5 Klimakompressor, 6 Riemenscheibe Kurbelwelle, 7 Keilrippenriemen.

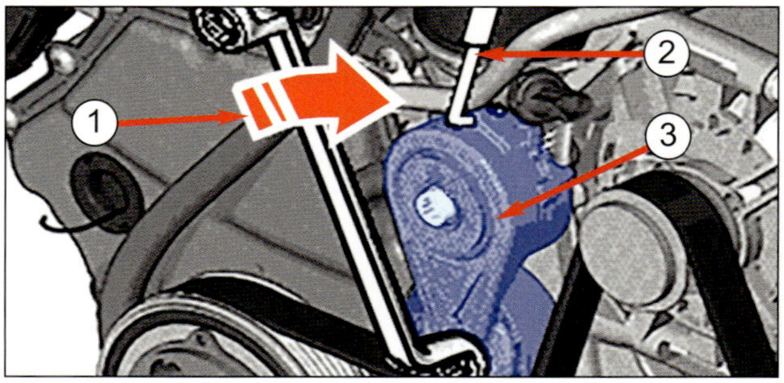

Spannrolle Variante 2: 1 Entspannrichtung, 2 Absteckdorn zum Sichern, 3 Spannelement.

Scheinwerfer vorne

Scheinwerfer ausbauen

Je nach Ausstattungsvariante kommen, wie schon erwähnt, unterschiedliche Scheinwerfertypen zum Einsatz. Die Montagearbeiten unterscheiden sich aber kaum. Wir stellen Ihnen deshalb eine allgemeingültige Beschreibung der Arbeitsschritte zur Verfügung.

- Zündung und alle elektrischen Verbraucher ausschalten und den Zündschlüssel abziehen.
- Stoßfängerabdeckung vorn lösen. Die Stoßfängerabdeckung braucht nicht komplett ausgebaut zu werden. Es reicht aus, beim betroffenen Scheinwerfer die Befestigungen vorn und seitlich der Stoßfängerabdeckung auszubauen. Danach kann die Stoßfängerabdeckung vorsichtig so weit nach unten gedrückt werden, bis die untere Befestigungsschraube vom Scheinwerfer erreichbar ist.
- Die elektrische Steckverbindung hinten am Scheinwerfergehäuse entriegeln und trennen.
- Die Befestigungsschrauben des Scheinwerfers von vorne herausschrauben.
- Den Scheinwerfer nach vorn herausnehmen.

Der Einbau erfolgt sinngemäß in umgekehrter Reihenfolge.

- Beim Einsetzen des Scheinwerfers in die Halterung auf den korrekten Sitz der seitlichen Führung achten.
- Alle Schrauben einschrauben.
- Den Scheinwerfer im Kotflügel ausrichten.
- Alle Schrauben festziehen, Anzugsdrehmomente beachten.
- Funktionen des Scheinwerfers prüfen.
- Scheinwerfereinstellung prüfen und gegebenenfalls einstellen.

PRAXISTIPP

Gasentladungslampen (Xenonlampen)

Es besteht Lebensgefahr durch Hochspannung, Verletzungsgefahr durch die hohen Temperaturen und den elektrischen Strom.

Hochspannung und Hitze
Die Gasentladungslampen werden mit Hochspannung betrieben und können schwere oder tödliche Verletzungen bei unsachgemäßem Umgang verursachen. Wenn nach dem Ausbau eines Scheinwerfers Arbeiten an hochspannungsführenden Bauteilen durchgeführt werden sollen (z. B. Gasentladungslampe wechseln), muss vor dem Scheinwerferausbau das Batterie-Masseband abgeklemmt werden und Restspannungen im Scheinwerfer abgebaut werden.

Helles Licht
Nicht direkt in den gebündelten Lichtstrahl sehen, die UV-Strahlung der Gasentladungslampe ist etwa 2,5-mal höher als bei herkömmlichem Halogenlicht.

Leuchtmittel ausbauen

Wichtiges zur Montage von Scheinwerfern
Die Demontagearbeiten werden für die einzelnen Scheinwerfertypen exemplarisch vorgestellt.
Beim Einbau der Abdeckkappe auf den richtigen Sitz achten. Durch Wassereintritt in den Scheinwerfer wird dieser zerstört. Beim Einbau einer Glühlampe nicht den Glaskolben berühren. Die Finger hinterlassen Fettspuren auf dem Glaskolben, die beim Einschalten der Lampe verdampfen und den Glaskolben trüben.

- Zündung und alle elektrischen Verbraucher ausschalten und den Zündschlüssel abziehen.

Lampe für Blinklicht wechseln
H4-Scheinwerfer

- Die Abdeckkappe, die näher an der Fahrzeugmitte liegt, am Scheinwerfergehäuse abziehen.

Alle Halogenscheinwerfer und Xenonscheinwerfer bis 04/2011

- Fassung der Lampe für Blinklicht ca. 45° gegen den Uhrzeigersinn drehen und aus dem Reflektor herausnehmen.

Xenonscheinwerfer bis 04/2011

- Griffstück in nach links drehen und zusammen mit der Lampe für Blinklicht (11) aus dem Scheinwerfer in herausziehen.
- Lampe aus der Fassung herausnehmen.

Lampe für Tagfahrlicht wechseln
H4-Scheinwerfer

- Die Abdeckkappe, die näher an der Fahrzeugmitte liegt, am Scheinwerfergehäuse abziehen.
- Fassung ca. 45° in gegen den Uhrzeigersinn drehen und zusammen mit der Lampe für Tagesfahrlicht aus dem Reflektor herausnehmen.

Fahrzeuge ab 2010

Die Funktion des Tagfahrlichts wird bei Scheinwerfern mit Gasentladungslampen von LEDs ausgeführt. Die LEDs für das Tagfahrlicht sind nicht ausbaubar.

Lampe für Standlicht wechseln
H4-Scheinwerfer und H7/H15 ab 2010

- Die Abdeckkappe, die näher an der Fahrzeugaußenseite liegt, am Scheinwerfergehäuse abziehen.
- Lampenfassung für Standlicht aus dem Reflektor herausziehen.
- Lampe für Standlicht vorsichtig gerade aus der Fassung herausziehen.

H7/H15 Doppelreflektor und Xenon bis 04/11

- Fassung außen oben ca. 45° in gegen den Uhrzeigersinn drehen.
- Lampe für Standlicht vorsichtig gerade aus der Fassung herausziehen.

Xenon ab 05/2010

- Die Abdeckkappe entriegeln und abnehmen.

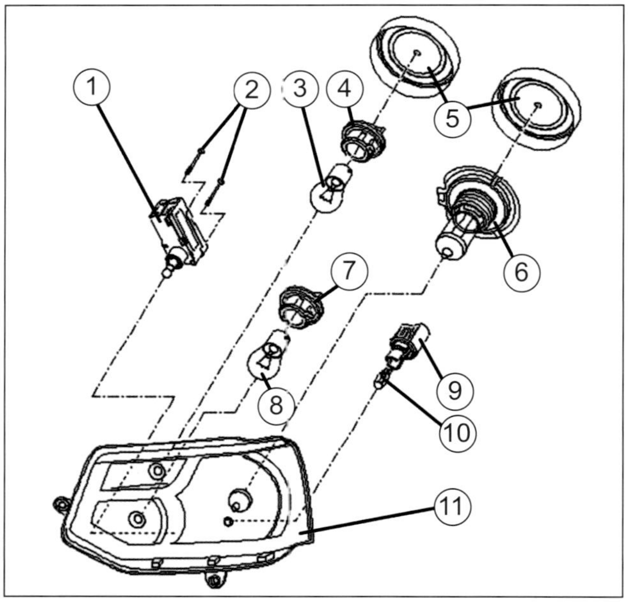

Scheinwerfer H4 ab 2010: 1 Stellmotor Leuchtweitenregelung, 2 Befestigungsschrauben, 3 Lampe für Blinklicht (12 V, PY 21 W), 4 Lampenfassung für Lampe für Blinklicht, 5 Abdeckkappen am Scheinwerfergehäuse hinten, 6 Lampe für Scheinwerfer links (H4), 7 Lampenfassung für Lampe für Tagfahrlicht, 8 Lampe für Tagesfahrlicht (12 V, W 21 W), 9 Lampenfassung für Lampe für Standlicht, 10 Lampe für Standlicht links (12 V, W 5 W), 11 Scheinwerfer.

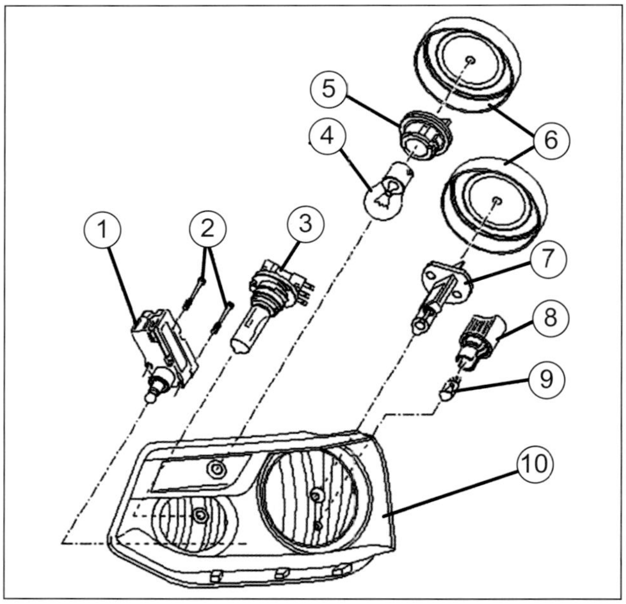

Scheinwerfer H7/H15 ab 2010: 1 Stellmotor links, 2 Befestigungsschrauben, 3 Lampe für Fernlichtscheinwerfer und Tagfahrlicht (H15 12 V, 15/55 W), 4 Lampe für Blinklicht (12 V, PY 21 W) 5 Lampenfassung für Lampe für Blinklicht, 6 Abdeckkappen am Scheinwerfergehäuse hinten 7 Lampe für Abblendlicht Lampe (H 7 12 V, 55 W) 8 Lampenfassung für Lampe für Standlicht, 9 Lampe für Standlicht Lampe (12 V, W 5 W), 10 Scheinwerfer.

- Elektrische Steckverbindung abziehen.
- Den Drahtbügel über die Rastnasen nach außen drücken.
- 2-Faden-Lampe vorsichtig aus der Reflektorfassung herausziehen.
- Neue 2-Faden-Lampe so einsetzen, dass die Nasen in der Aussparung am Reflektor liegen.

Lampe für Abblendlicht wechseln

H4-Scheinwerfer

- Rastnase entriegeln und die Abdeckkappe abnehmen.
- Elektrische Steckverbindung abziehen.
- Den Drahtbügel über die Rastnasen nach außen drücken.
- 2-Faden-Lampe vorsichtig aus der Reflektorfassung herausziehen.

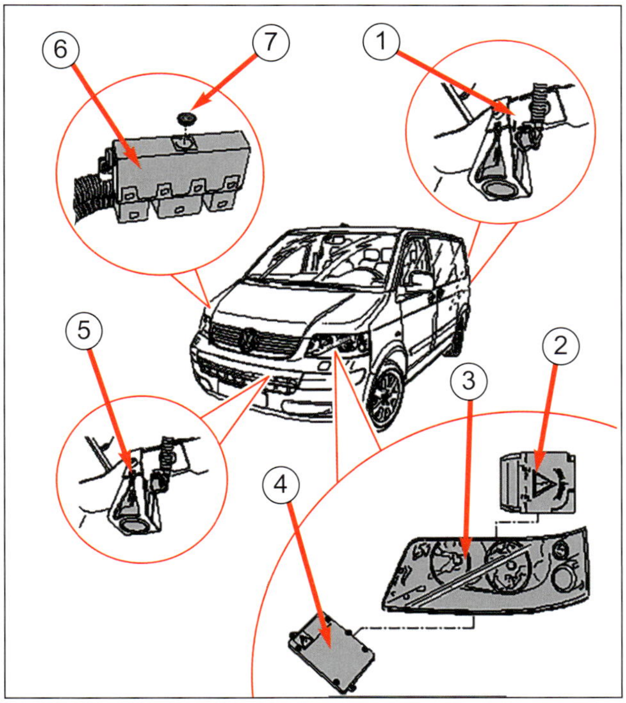

Scheinwerfer Xenon bis 04/2011: 1 Geber für Fahrzeugniveau, 2 Zündgerät, 3 Scheinwerfer, 4 Steuergerät für Gasentladungslampe (Typ D2S, 35W), 5 Geber für Fahrzeugniveau, 6 Steuergerät für Leuchtweitenregelung, 7 Initialisierungsmagnet für Steuergerät für Leuchtweitenregelung.

H1/H7 mit Doppelreflektor

- Drahtbügel nach oben ziehen und die Abdeckkappe des Scheinwerfers abnehmen, elektrische Steckverbindung abziehen.
- Drahtbügel der Leuchtmittelsicherung zur linken Fahrzeugseite drücken und entriegeln.
- Lampe für Abblendlichtscheinwerfer vorsichtig herausziehen.
- Neue Lampe so einsetzen, dass die Nasen in der Aussparung am Reflektor liegen.

H7/H15 ab 2010

- Die Abdeckkappe, die näher an der Fahrzeugaußenseite liegt, am Scheinwerfergehäuse abziehen.

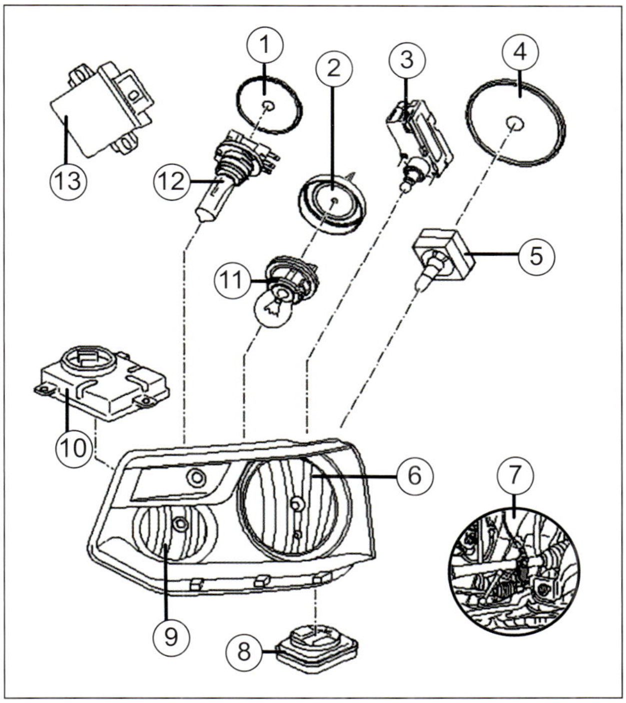

Scheinwerfer Xenon ab 05/2011: 1 Abdeckkappe, 2 Griffstück für Lampe für Blinklicht, 3 Stellmotor links für Leuchtweitenregelung, 4 Abdeckkappe, 5 Gasentladungslampe (Typ D3S, 35W), 6 Leuchtdioden im Scheinwerfergehäuse für Tagfahrlicht und Standlicht, 7 Geber für Fahrzeugniveau, 8 Steuergerät für Tagesfahrlicht und Standlicht rechts, 9 Scheinwerfer, 10 Steuergerät für Gasentladungslampe, 11 Lampe für Blinklicht (12 V, PSY24W SV), 12 Lampe für Fernlicht (H15 12 V, 55 W), 13 Steuergerät für Leuchtweitenregelung.

- Lampenfassung gegen den Uhrzeigersinn drehen und aus dem Reflektor herausnehmen.
- Lampe für Abblendlichtscheinwerfer gerade vorsichtig aus der Fassung herausziehen.

Xenon bis 04/2011
- Zündgerät für Gasentladungslampen ausbauen.
- Die Klammern aus den Halterungen lösen.
- Gasentladungslampe vorsichtig herausziehen.
- Die neue Gasentladungslampe so einsetzen, dass die Nasen in den Aussparungen am Reflektor liegen.
- Elektrische Steckverbindung aufstecken und verrasten.
- Verschlussdeckel am Scheinwerfergehäuse einbauen.
- Zündgerät für Gasentladungslampen einbauen.

Xenon ab 05/2011
- Verschlussdeckel (4) gegen den Uhrzeigersinn drehen und abnehmen.
- Elektrische Steckverbindung abziehen.
- Gasentladungslampe (5) um ca. 45° in gegen den Uhrzeigersinn drehen und Gasentladungslampe vorsichtig herausziehen. Die neue Gasentladungslampe einsetzen und verriegeln.
- Elektrische Steckverbindung aufstecken und verrasten.
- Verschlussdeckel am Scheinwerfergehäuse einbauen.

Lampe für Fernlicht wechseln

H4-Scheinwerfer
- Rastnase entriegeln und die Abdeckkappe abnehmen.
- Elektrische Steckverbindung abziehen.
- Drahtbügel nach hinten oben drücken und entriegeln.
- Lampe für Fernlicht vorsichtig herausziehen.
- Neue Lampe so einsetzen, dass die Nase in der Aussparung am Reflektor liegt.

H1/H7 mit Doppelreflektor
- Drahtbügel nach oben ziehen und die Abdeckkappe des Scheinwerfers abnehmen.
- Elektrische Steckverbindung abziehen.
- Drahtbügel nach hinten oben drücken und entriegeln.
- Lampe für Fernlicht vorsichtig herausziehen.
- Neue Lampe so einsetzen, dass die Nase in der Aussparung am Reflektor liegt.

H7/H15 ab 2010
- Die Abdeckkappe, die näher an der Fahrzeugaußenseite liegt, am Scheinwerfergehäuse abziehen.
- Lampenfassung gegen den Uhrzeigersinn drehen und aus dem Reflektor herausnehmen. Bei Bedarf eine Spitzzange zu Hilfe nehmen, um die Fassung zu drehen. Die Lampe und Fassung sind ein Bauteil und müssen zusammen ersetzt werden.
- Lampe mit Fassung (1) in den Reflektor einsetzen und rechts herum bis zum Anschlag im Uhrzeigersinn drehen. Dadurch ist gewährleistet, dass sich die Kontakte der Lampe in der richtigen Position befinden.

Xenon bis 04/2011
- Drahtbügel zur Seite drücken und den Deckel vom Scheinwerfer abnehmen.
- Elektrische Steckverbindung an der Lampe für Fernlicht trennen.
- Halteklammer ausrasten und Lampe für Fernlicht herausziehen.

Xenon ab 05/2011
- Die Abdeckkappe (2) entriegeln und abnehmen.
- Elektrische Steckverbindung abziehen.
- Die Federklammern nach außen drücken und Lampe für Fernlicht entnehmen.
- Beim Einsetzen der Lampe für Fernlicht auf den korrekten Sitz der Haltenase achten.
- Elektrische Steckverbindung aufstecken.

- Verschlussdeckel am Scheinwerfergehäuse einbauen.

Der Einbau erfolgt jeweils sinngemäß in umgekehrter Reihenfolge.

- Funktion des Scheinwerfers prüfen.
- Scheinwerfereinstellung prüfen und ggf. Scheinwerfer einstellen.

Nebelscheinwerfer im Stoßfänger vorne

Nebelscheinwerfer aus- und einbauen

- Zündung und alle elektrischen Verbraucher ausschalten und den Zündschlüssel abziehen.
- Rastnasen (Pfeile A) entriegeln und die Blende vom Stoßfänger abnehmen.
- Befestigungsschrauben (Pfeile B) herausschrauben.
- Nebelscheinwerfergehäuse aus dem Stoßfänger herausziehen und die elektrische Steckverbindung entriegeln und trennen.

Der Einbau erfolgt sinngemäß in umgekehrter Reihenfolge.

- Funktion des Nebelscheinwerfers prüfen.
- Nebelscheinwerfereinstellung prüfen und gegebenenfalls einstellen.

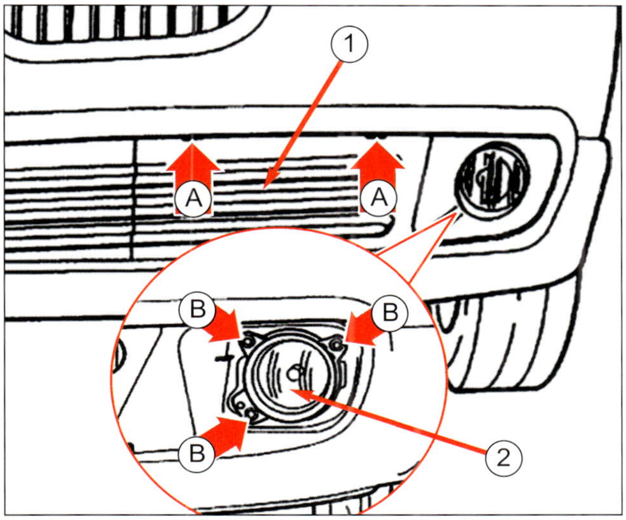

Nebelscheinwerfer ausbauen: 1 Blende Nebelscheinwerfer, 2 Nebelscheinwerfer, A Rastnasen Scheinwerferblende, B Schrauben Nebelscheinwerfer.

Lampe für Nebelscheinwerfer aus- und einbauen

- Zündung und alle elektrischen Verbraucher ausschalten und den Zündschlüssel abziehen.
- Blende Nebelscheinwerfer ausbauen (1).
- Nebelscheinwerfer (2) ausbauen.
- Die Lampenfassung herausdrehen und aus dem Nebelscheinwerfer herausnehmen. Die Lampe für Nebelscheinwerfer (H11 12 V 55 W) ist mit der Lampenfassung fest verbunden und nicht einzeln zu ersetzen.
- Funktion des Nebelscheinwerfers prüfen.
- Nebelscheinwerfereinstellung prüfen und gegebenenfalls einstellen.

Licht einstellen

Voraussetzungen

Prüfungen am Fahrzeug
Der Reifendruck muss in Ordnung sein. Die Scheinwerferscheiben dürfen weder beschädigt noch verschmutzt sein. Reflektoren und Glühlampen sind intakt. Das Fahrzeug muss einige Meter gerollt bzw. vorn und hinten mehrmals durchgefedert werden, damit sich die Federn setzen. Das Fahrzeug und Scheinwerfer-Einstellgerät müssen auf einer ebenen Fläche stehen, eingestellt und ausgerichtet sein.

Belastung und Beladung
Das Fahrzeug muss mit einer Person oder 75 kg auf dem Fahrersitz bei sonst unbelastetem Fahrzeug (Leergewicht) beladen sein. Das Leergewicht ist das Gewicht des betriebsfertigen Fahrzeugs mit vollständig gefülltem Kraftstoffbehälter (mindestens 90%), einschließlich des Gewichts aller im Betrieb mitgeführten Ausrüstungsteile (z. B. Reserverad, Werkzeug, Wagenheber, Feuerlöscher usw.). Ist der Kraftstoffbehälter nicht zu mindestens 90% gefüllt, Belastung wie folgt herstellen:

Den Füllstand des Kraftstoffbehälters an der Kraftstoffvorratsanzeige ablesen. Das Zusatzgewicht anhand der nachstehenden Tabelle ermitteln und Gewicht in den Kofferraum legen.

Füllstand der Kraftstoffvorratsanzeige	Zusatzgewicht in kg
1/4	30
1/2	20
3/4	10
voll	0

Einstellung Scheinwerfer vorne

In der Blende oberhalb des Scheinwerfers sind Neigungsmaßangaben in »%« eingeprägt. Nach diesen Angaben müssen die Scheinwerfer eingestellt werden. Die Prozentangabe ist auf 10 m Projektionsabstand bezogen. Bei einem Neigungsmaß von z. B. 1,0% sind das umgerechnet 10 cm.

Fahrzeuge mit manueller Leuchtweitenregelung

- Das Rändelrad für die Leuchtweitenregelung muss in Position »0« stehen.
- Drehen Sie zuerst zur Höhenverstellung der Hell/dunkel-Grenze die Einstellschraube (2).
- Danach müssen Sie die Seitenverstellung prüfen und gegebenenfalls mit der Einstellschraube (1) korrigieren.

Xenon-Scheinwerfereinstellung

Sie erkennen die Xenon-Scheinwerfer mit Gasentladungslampen und automatischer Leuchtweitenrege-

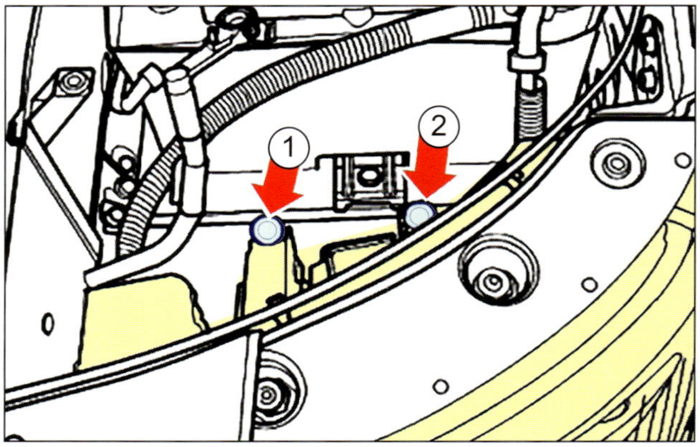

Scheinwerfer bis 2010: 1 Höhenverstellung, 2 Höhen-/Seitenverstellung.

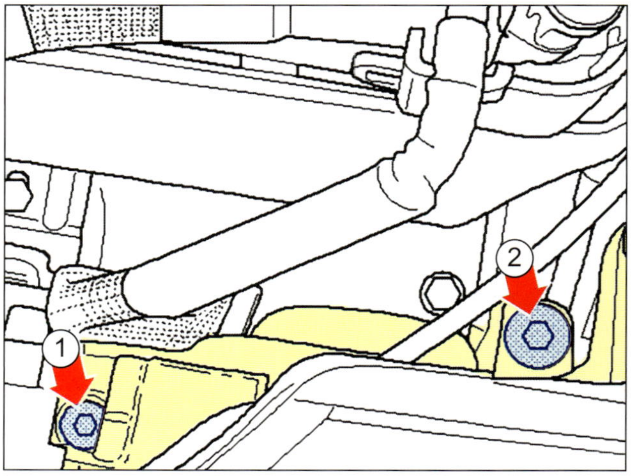

Scheinwerfer ab 2010: 1 Höhenverstellung, 2 Höhen-/Seitenverstellung.

lung am Steuergerät für Leuchtweitenregelung. Das Steuergerät für Leuchtweitenregelung befindet sich im Motorraum an der rechten Wasserkasten-Stirnwand.

- Schalten Sie die Zündung und das Abblendlicht ein.
- Manuelle Einstellung der Hell/dunkel-Grenze mithilfe eines Einstellgeräts vornehmen.
- Licht ausschalten und Fahrzeug in Nähe des Kraftstoffbehälters mit ca. 150 kg beladen.
- Schalten Sie das Abblendlicht wieder ein und überprüfen Sie, ob die Scheinwerfer automatisch in die richtige Höhenposition fahren.

Einstellung Nebelscheinwerfer

Das Neigungsmaß für Nebelscheinwerfer beträgt »2,0 %«.

- Drehen Sie zum Verstellen der Leuchtweite die Einstellschraube (1).

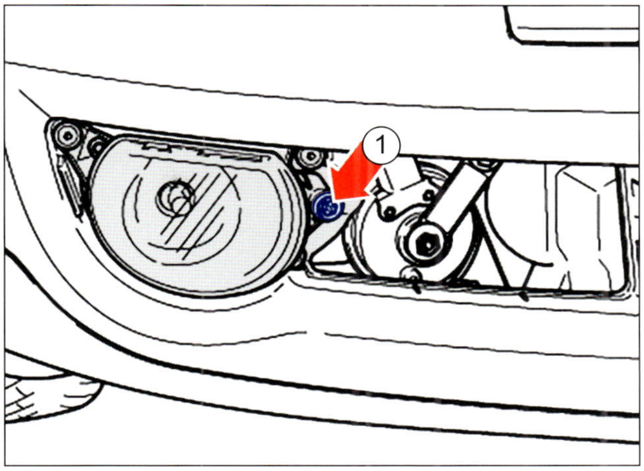

Nebelscheinwerfer: 1 Einstellschraube Höhenverstellung.

- Eine Seitenverstellung ist nicht vorgesehen.

Andere Zusatzscheinwerfer
Nachträglich eingebaute Zusatzscheinwerfer anderer Systeme müssen nach den dafür gültigen Richtlinien geprüft bzw. eingestellt werden.

Seitenblinkleuchte

Seitenblinkleuchte aus- und einbauen

- Zündung und alle elektrischen Verbraucher ausschalten und den Zündschlüssel abziehen.
- Lack an beiden Seiten der Blinkleuchte mit Klebeband abkleben.
- Blinkleuchte vorsichtig in Richtung der Federklammer drücken (Pfeil) und mit der festen Lagerstelle beginnend aus der Karosserie herausschwenken.
- Fassung mit der Glassockellampe vom Lampengehäuse abziehen und Lampengehäuse abnehmen.

Der Einbau erfolgt sinngemäß in umgekehrter Reihenfolge.

- Fassung mit der Glassockellampe so auf das Lampengehäuse aufstecken, dass sich die Rastnasen der Fassung und des Gehäuses sich gegenüberstehen.
- Lampengehäuse mit der Federklammer (2) beginnend in

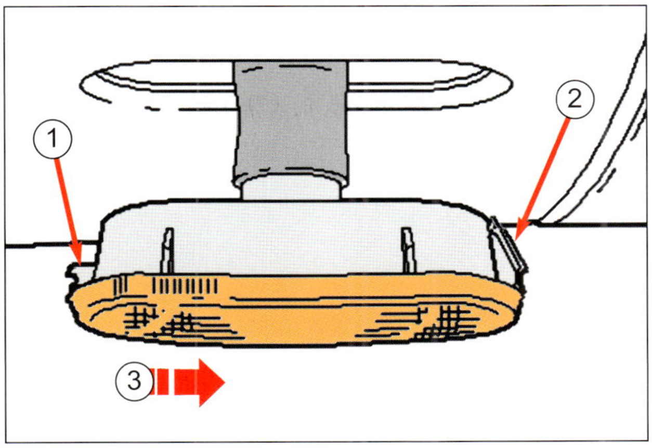

Seitenblinkleuchte im Kotflügel: 1 feste Lagerstelle, 2 Federklammer, 3 Bewegungsrichtung.

die Karosserie einsetzen, Richtung Federklammer drücken (Pfeil) und mit der festen Lagerstelle (1) sicher in der Karosserie verrasten.

- Nach dem Einbau die Funktion der Seitenblinkleuchte prüfen.

Lampen für Seitenblinkleuchte ausbauen

- Zündung und alle elektrischen Verbraucher ausschalten und den Zündschlüssel abziehen.
- Seitenblinkleuchte ausbauen.
- Glassockellampe gerade aus der Fassung herausziehen (12 V, W5W).

Der Einbau erfolgt sinngemäß in umgekehrter Reihenfolge.

- Nach dem Einbau die Funktion der Seitenblinkleuchte prüfen.

Rückleuchten

Rückleuchte aus- und einbauen

- Zündung und alle elektrischen Verbraucher ausschalten und den Zündschlüssel abziehen.
- Befestigungsschrauben (8) abschrauben und Schlussleuchte abnehmen, elektrische Steckverbindung entriegeln und trennen.

Der Einbau erfolgt sinngemäß in umgekehrter Reihenfolge.

- Elektrische Steckverbindung aufstecken und verrasten.
- Schlussleuchte in den Karosserieausschnitt einsetzen und dabei die Arretierungen (9) in die Kugelköpfe (10) setzen.
- Schlussleuchte mit der Hand in die richtige Position zur Karosserie bringen, festhalten und dann die Befestigungsschrauben (8) anziehen.

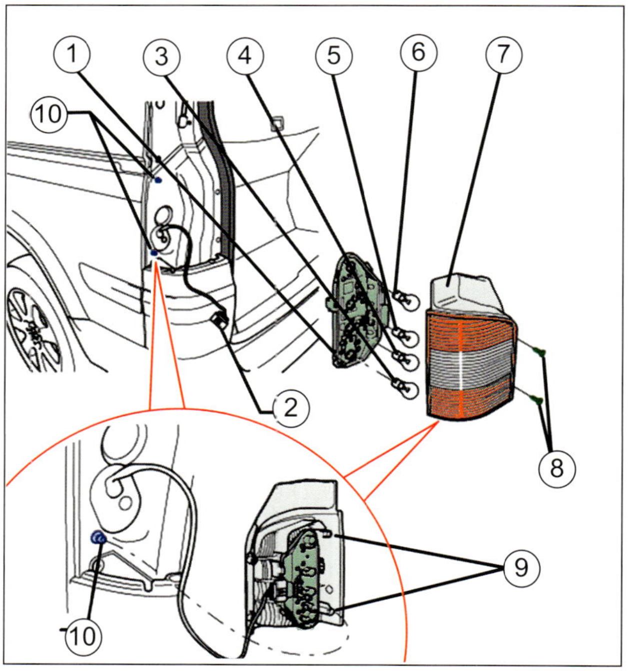

Rückleuchte bis Modelljahr 2010: 1 Lampenträger, 2 elektrische Steckverbindung, 3 Lampe für Nebelschlussleuchte (nur links) (12 V P 21 W), 4 Lampe für Rückfahrlicht (12 V P 21 W), 5 Lampe für Blinklicht (12 V PY 21 W), 6 Lampe für Brems- und Schlusslicht links (12 V P 21 W / 4 W), 7 Gehäuse, 8 Befestigungsschrauben, 9 Arretierung, 10 Kugelkopf.

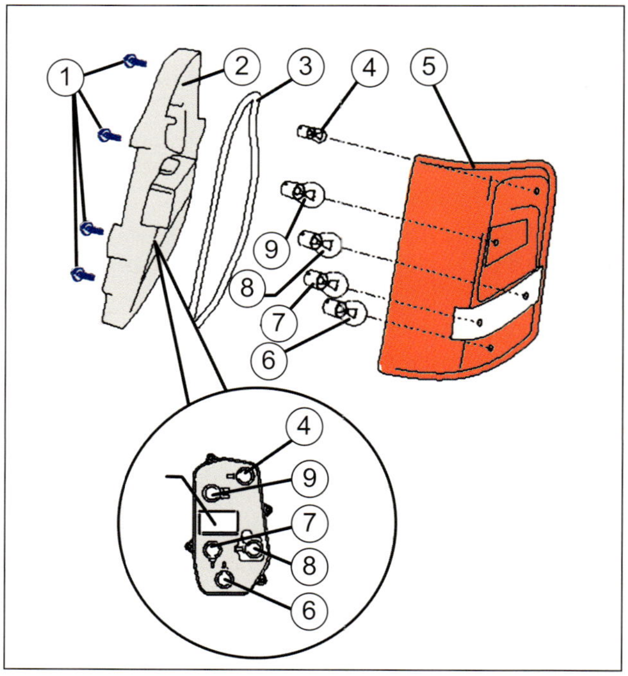

Rückleuchte ab Modelljahr 2010: 1 Befestigungsschrauben, 2 Lampenträger, 3 Dichtung für Lampenträger, 4 Lampe für Schlusslicht (12 V R 10 W LL), 5 Schlussleuchte, 6 Lampe für Nebelschlussleuchte links, 7 Lampe für Blinklicht (12 V, PY 21 W), 8 Lampe für Rückfahrlicht (12 V, P 21 W), 9 Lampe für Brems- und Schlusslicht (12 V, P 5W / 21 W LL).

Lampen für Rückleuchte aus- und einbauen

Beim Einbau einer Glühlampe niemals den Glaskolben berühren. Die Finger hinterlassen Fettspuren auf dem Glaskolben, die beim Einschalten der Lampe verdampfen und den Glaskolben trüben.

- Zündung und alle elektrischen Verbraucher ausschalten und den Zündschlüssel abziehen.
- Schlussleuchte ausbauen.

Multivan bis Modelljahr 2010

- Befestigungslaschen des Lampenträgers in der Rücklampe entriegeln und Lampenträger herausnehmen.
- Die betreffende Lampe in die Fassung drücken, nach links drehen und aus dem Lampenträger herausziehen.

Multivan, Transporter ab Modelljahr 2010

- Befestigungsschrauben (1) herausschrauben.
- Die betreffende Lampe in die Fassung drücken, nach links drehen und aus dem Lampenträger (2) herausziehen.

Der Einbau erfolgt sinngemäß in umgekehrter Reihenfolge.

- Lampe in die Fassung einsetzen.

Multivan bis Modelljahr 2010

- Lampenträger in die Schlussleuchte einsetzen und sicher verrasten.

Multivan ab Modelljahr 2010

- Lampenträger in die Schlussleuchte einsetzen und die Befestigungsschrauben (1) in der angegebenen Reihenfolge festziehen.

Montage an der Kennzeichenleuchte

Heckklappe bzw. Heckflügeltür

- Zündung und alle elektrischen Verbraucher ausschalten und den Zündschlüssel abziehen.
- Befestigungsschrauben (1) für Kennzeichenleuchte (2) herausschrauben.
- Kennzeichenleuchte (2) abnehmen.

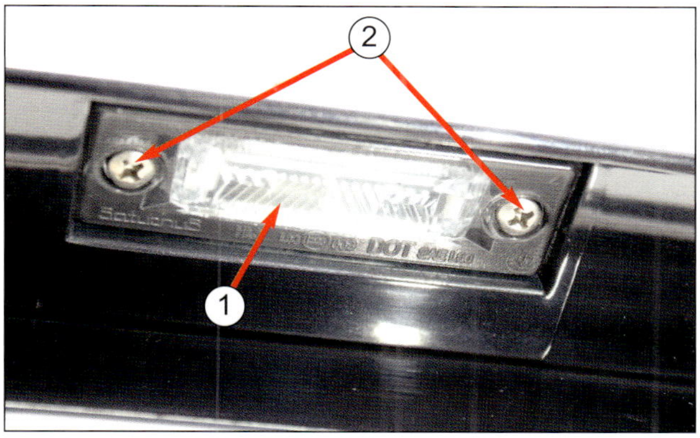

Kennzeichenleuchte: 1 Schrauben, 2 Kennzeichenleuchte links oder Kennzeichenleuchte rechts.

Der Einbau erfolgt sinngemäß in umgekehrter Reihenfolge.

- Auf der Streuscheibe der Kennzeichenleuchte (2) ist ein kleiner silberfarbener Blendschutzstreifen aufgebracht. Dieser muss beim Einbau der Streuscheibe immer der Stoßfängerseite zugewandt sein.

Lampe für Kennzeichenleuchte aus- und einbauen

- ündung und alle elektrischen Verbraucher ausschalten und den Zündschlüssel abziehen.

Heckklappe bzw. Heckflügeltür

- Kennzeichenleuchte ausbauen.
- Das Kontaktblech von der Lampe wegdrücken und die Glühlampe aus der Fassung herausnehmen (12V, 5 W).

Der Einbau erfolgt sinngemäß in umgekehrter Reihenfolge.

Montage an der dritten Bremsleuchte

Fahrzeuge mit Heckklappe

- Zündung und alle elektrischen Verbraucher ausschalten und den Zündschlüssel abziehen.
- Falls vorhanden, obere Verkleidung der Heckklappe abbauen.
- Die Befestigungsschrauben (Pfeile) herausschrauben.
- Hochgesetzte Bremsleuchte herausnehmen.
- Elektrische Steckverbindung (Pfeil) entriegeln und trennen.

- Lampe für hochgesetztes Bremslicht abnehmen.

Der Einbau erfolgt sinngemäß in umgekehrter Reihenfolge.

Fahrzeuge mit Heckflügeltüren
Die Lampe für das hochgesetzte Bremslicht ist bei Fahrzeugen mit Heckflügeltüren auf beide Flügeltüren aufgeteilt.

- Zündung und alle elektrischen Verbraucher ausschalten und den Zündschlüssel abziehen.
- Die Befestigungsschrauben (2) der hochgesetzten Bremsleuchte (1) herausschrauben.
- Hochgesetzte Bremsleuchte herausnehmen.
- Elektrische Steckverbindung entriegeln und gerade abziehen.
- Lampe für hochgesetztes Bremslicht abnehmen.

Der Einbau erfolgt sinngemäß in umgekehrter Reihenfolge.

Glühlampen/Leuchtdioden für hochgesetzte Bremsleuchte aus- und einbauen

Die LEDs in der hochgesetzten Bremsleuchte sind nicht einzeln ersetzbar. Im Reparaturfall muss die Lampe für hochgesetztes Bremslicht komplett ersetzt werden. Die Einzel-LEDs (Licht emittierende Dioden) in der hochgesetzten Bremsleuchte sind in Gruppen zu 3 LEDs zusammengefasst und werden gruppenweise mit Strom versorgt. Durch den Ausfall einzelner LEDs werden die intakten LEDs dieser Gruppe höher belastet, weshalb mit einem baldigen Ausfall weiterer LEDs zu rechnen ist. Ist eine LED-Gruppe (3 Einzel-LEDs) ausgefallen, werden die gesetzlichen Lichtwerte der ECE-Regelung (Economic Commission for Europe) weiterhin erfüllt. Sind mehr als 3 Einzel-LEDs ausgefallen, werden die gesetzlichen Lichtwerte nicht mehr erfüllt und die hochgesetzte Bremsleuchte ist zu ersetzen.

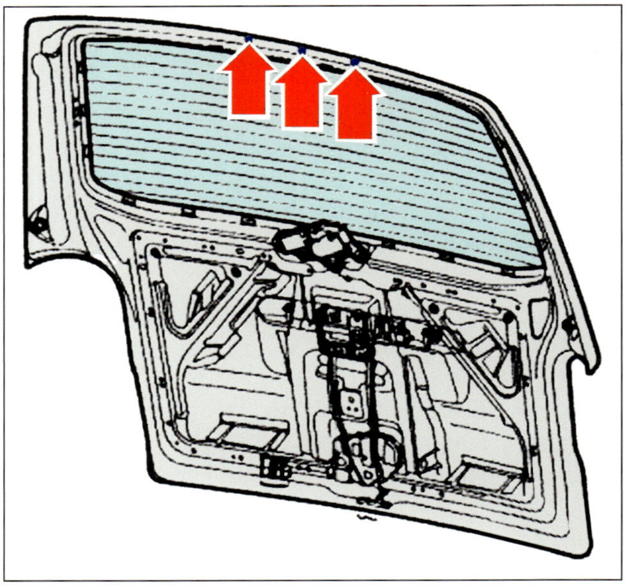

Bremsleuchte in der Heckklappe: Pfeile Befestigungsschrauben.

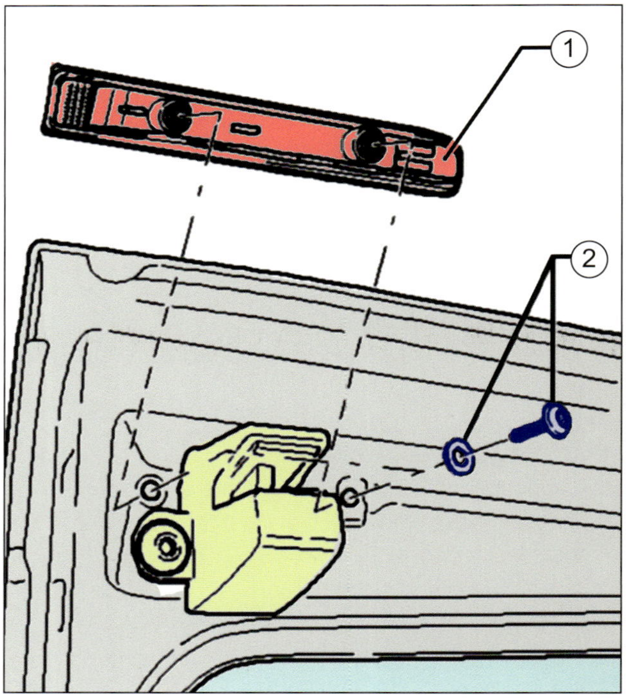

Bremsleuchten bei den Flügeltüren: 1 Leuchte, 2 Befestigungsschrauben.

Lichtanlage prüfen

Prüfung der Lichtanlage
Kontrollieren Sie mit einem Helfer regelmäßig die Funktion der Lampen und Leuchten. Kontrollieren Sie auch den Zustand hinsichtlich Beschädigungen und Verschmutzung.

- Schalten Sie die Zündung ein.
- Schalten Sie das Licht ein.
- Kontrollieren Sie Blinker, Standlicht, Tagfahrlicht, Nebelscheinwerfer, Aufblendlicht und Abblendlicht vorne.
- Kontrollieren Sie das Fahrlicht, die Kennzeichenleuchten, die drei Bremsleuchten das Rückfahrlicht, die Blinker und die Nebelschlussleuchte hinten.
- Ersetzen Sie defekte Leuchtmittel sofort. Verwenden Sie ausschließlich die vorgesehenen Leuchtmittel.

Verbaute Lampen (Leuchtmittel) vorne

Funktion	Lampentyp
Blinker	PY21W
Abblendlicht (je nach Lampensystem)	H7 55W
Standlicht	W5W
Nebelscheinwerfer	H11
Fernlicht (je nach Lampensystem)	H7 55W
Blinkleuchten seitlich	WY5W

Verbaute Lampen (Leuchtmittel) hinten

Funktion	Lampentyp
Funktion	Lampentyp
Blinker	PY21W
Fahr/Bremslicht	12V 21/5W
Rückfahrlicht	12V 21W
Nebelscheinwerfer	H11
Kennzeichenbeleuchtung	C5W
Nebelschlussleuchte	12V 21W

Licht und Schallzeichen prüfen

- Warnblinkanlage: Zündung aus, Druckschalter mit rot umrandetem Dreieck betätigen. Alle vier Blinklampen und Kontrollleuchte/Schalter sowie die zusätzlichen Blinkleuchten im Kotflügel leuchten im gleichen Rhythmus.
- Richtungsblinker: Zündung einschalten, Blinkerhebel drücken. Beide Blinker einer Fahrzeugseite müssen blinken, auch die Blinkerkontrolle in der Schalttafel.
- Bremsleuchten: Fahrzeug mit dem Heck zur Wand stellen, Bremspedal drücken: Wand muss rot aufleuchten oder ein Helfer gibt Bescheid. Funktionieren alle drei Lampen nicht: Sicherung und Bremslichtschalter prüfen.
- Lichthupe: Funktioniert die Lichthupe nicht, obwohl die Scheinwerfer brennen, zuerst prüfen, ob an den beiden roten Klemme-30-Kabeln zum Lenkstockschalter Spannung anliegt. Ist dies der Fall, dürfte der Lichtumschalter im Hebelschalter defekt sein.
- Signalhorn: Betätigen Sie die Druckplatte auf dem Lenkrad. Die Hupe muss ertönen.

STÖRUNGSBEISTAND

Batterie und Generator

Störung	Was kann das sein?	Was muss ich tun?
A Rote Ladekontrolle brennt nicht beim Einschalten der Zündung	**1** Batterie leer	Mit Starthilfekabel starten oder Wagen anschleppen
	2 Batteriekabel gebrochen. Kabelklemmen lose oder oxidiert	Batteriekabel und -klemmen kontrollieren
	3 Kontrollleuchte defekt	ersetzen
	4 Kabelweg zwischen Zündschloss und Kontrollampe unterbrochen	Stromweg mit Multimeter kontrollieren
	5 Schleifkohlen abgenutzt	Regler tauschen
	6 Spannungsregler defekt	Regler austauschen
	7 Generator schadhaft	Generator überholen oder austauschen
	8 Feuchtigkeit bildet einen isolierenden Schmierfilm zwischen den Schleifringen und Kohlen (z.B. nach Motorwäsche)	Lichtmaschine mit Druckluft ausblasen oder Schleifringe und Kohlen sauberreiben
B Ladekontrolle brennt oder glimmt bei laufendem Motor	**1** Keilrippenriemen lose bzw. ohne Spannung	Keilrippenriemenspannung kontrollieren
	2 Mangelnder Kontakt an Kabelanschlüssen des Generators oder unterbrochene Kabel	Kabelanschlüsse und Kabel prüfen
C Batterieoberfläche feucht	**1** Zu viel eingefülltes destilliertes Wasser	Ausgasen lassen, keine Säure absaugen
	2 Batterieverschlüsse verstopft	Entlüftungslöcher säubern
	3 Spannungsregler defekt	austauschen
D Batterie gast stark	**1** Batterie Zellenschluss	Batterie ersetzen
	2 Ladespannung zu hoch Fehlerspeicher auslesen (lassen)	Lastmanagement prüfen,

Anlasser

	Störung	Was kann das sein?	Was muss ich tun?
A	**Beim Drehen des Zündschlüssels in Startstellung dreht der Anlasser zu lange oder gar nicht**	**1** Kontrolllampen brennen schwach oder verlöschen **1a** Batterie entladen **1b** Kabelanschlüsse lose oder oxidiert **1c** Batterie entladen	Mit Starthilfekabel starten, Auto anschieben/anschleppen, Kabel befestigen, Anschlüsse säubern, Anlasser überholen lassen oder austauschen
		2 Kontrolllampen brennen hell, Klicken aus Richtung Anlasser **2a** Kohlenbürsten bzw. deren Anschlüsse im Anlasser gelöst **2b** Kontakte im Magnetschalter verschmort **2c** Anlasserwicklung schadhaft	Anlasser überholen lassen oder austauschen
B	**Der Anlasser dreht, aber der Motor dreht nicht**	**1** Ritzel verschmutzt	Ritzel reinigen
		2 Einrückvorrichtung klemmt	Anlasser überholen lassen
		3 Verzahnung des Ritzels oder der Motorschwungscheibe beschädigt	Wagen bei eingelegtem Gang durch Helfer ein Stück vorschieben lassen. Erneut starten. Beschädigte Teile ersetzen
C	**Magnetschalter schaltet schnell ein und aus. Anlasser läuft nicht an**	**1** Batterie stark entladen, beim Einschalten des Magnetschalters fällt die Spannung ab und er schaltet wieder ab	Batterie laden
		2 Einrückvorrichtung klemmt	Anlasser überholen lassen
		3 Verzahnung des Ritzels oder der Motorschwungscheibe beschädigt	Wagen bei eingelegtem Gang durch Helfer ein Stück vorschieben lassen – Zündung aus! Erneut starten. Beschädigte Teile ersetzen
D	**Anlasser läuft weiter, obwohl der Zündschlüssel losgelassen wurde**	**1** Magentschalter hängt oder schaltet nicht ab	Zündung sofort abschalten, notfalls Batterie abklemmen. Magnetschalter reparieren oder Anlasser austauschen
		2 Zünd-/Anlassschalter defekt	Schalter ersetzen
E	**Ritzel spurt nach Anspringen des Motors nicht aus**	**1** Rückstellfeder des Einrückhebels lahm oder gebrochen	Motor abstellen, Anlasser austauschen

Hupe

STÖRUNGSBEISTAND

	Störung	Was kann das sein?	Was muss ich tun?
A	**Hupe tönt nicht**	**1** Sicherung defekt	Ersetzen
		2 Kabel vom Lenkrad zum Bordnetzsteuergerät oder zur Hupe	Kabelverlauf kontrollieren, Steckkontakte der Hupe blankkratzen
		3 Hupe defekt	Prüfen, ggf. ersetzen
		4 Relais defekt	Prüfen, ggf. ersetzen
B	**Hupe tönt dauernd**	**1** Kabel vom Hupenkontakt zur Hupe hat Masseschluss	Anschlüsse zum Lenksäulensteuergerät prüfen
		2 Hupe hat inneren Masse-anschluss	Hupe ersetzen. Unterwegs Kabel von der Hupe abziehen

Bremslicht

STÖRUNGSBEISTAND

	Störung	Was kann das sein?	Was muss ich tun?
A	**Eine Bremsleuchte brennt nicht**	**1** Glühlampe durchgebrannt	Austauschen
		2 Masseverbindung unterbrochen. Brennen alle übrigen Lampen in derselben Heckleuchte?	Kabel kontrollieren
		3 Unterbrechung in der Zuleitung	Kabel kontrolllieren
B	**Beide bzw. alle drei Bremslichter brennen nicht**	**1** Sicherung defekt	Ersetzen
		2 Bremslichtschalter defekt	Überprüfen, ggf. ersetzen
		3 siehe A1 und A3	
C	**Bremslicht brennt dauernd**	**1** Kabel zum Bremslichtschalter haben direkten Kontakt	Kabel kontrollieren

Warnblink- und Blinkanlage

	Störung	Was kann das sein?	Was muss ich tun?
A	**Kontrolllampe für Richtungsblinker leuchtet in ganz kurzen Intervallen auf. Normaler Blinkrhythmus beim Warnblinken**	**1** Eine Glühlampe defekt oder ohne Kontakt	Auswechseln
B	**Blinkleuchten und Kontrollleuchte brennen bei Richtungs- und Warnblinken dauernd oder gar nicht**	**1** Blinkrelais defekt	Auswechseln
C	**Richtungsblinken funktioniert, aber kein Warnblinken**	**1** Sicherung defekt	Auswechseln
		2 Kabel vom Steckkontakt am Warnblinkschalter zur Sicherung bzw. Blinkerrelais unterbrochen	Durchgang kontrollieren, ggf. erneuern
		3 Warnblinkschalter defekt	Auswechseln
D	**Warnblinken funktioniert, aber kein Richtungsblinken**	**1** Kabel zwischen Blinkerschalter und Blinkerrelais unterbrochen	Durchgang kontrollieren, ggf. erneuern
		2 Blinkerschalter defekt	Auswechseln (lassen)
		3 Sicherung defekt	Ersetzen
E	**Kein Richtungs- und kein Warnblinken**	**1** Sicherung defekt	Auswechseln
		2 Warnblinkschalter defekt	Auswechseln
		3 Anschluss am Bordnetzsteuergerät defekt oder Programmierung fehlerhaft	prüfen

Antrieb: Motor und Öl, Kühlung und Getriebe

Der T5 Multivan hat recht kleine, leistungsstarke und sparsame Motoren. Die Wartung der Triebwerke am Schmier- und am Kühlsystem sowie die Anbindung der Motoren ans Fahrwerk über das Getriebe sind Gegenstand dieses Kapitels.

Motoren im Multivan

Downsizing ist das Zauberwort, was ausschließlich 2-l-Motoren im T5 übrig lässt. Turbolader machen eine hohe Leistungsausbeute und passend verlaufende Drehmomentkurven möglich.

Bis auf den AXA sind die Motoren keine klassischen Saugrohreinspritzer. Diese Mehrpunkt-Einspritzanlage ist mit einer Düse pro Zylinder bestückt, die in den Ansaugkrümmer den zerstäubten Kraftstoff einspritzt. Für Direkteinspritzung bei Benzinmotoren steht bei Volkswagen eigentlich der Begriff FSI »Fuel Stratified Injection«. Wenn diese Motoren noch aufgeladen werden, nennt VW sie »TSI« (vorher TFSI). Geschieht das mit Abgasturbolader, werden sie als »Turbocharger« bezeichnet; geschieht die Aufladung per Turbolader und Kompressor, heißen sie »Twincharger«.

Dazu kommen noch acht TDI-Dieselmotoren, die zwar unterschiedliche Leistungsbereiche aufweisen, sich aber für die hier beschriebenen Arbeiten recht gut zusammenfassen lassen.

WISSENSWERTES

Das Viertaktprinzip

Bei den VW-Motoren umfasst ein Arbeitszyklus des Kolbens im Zylinder vier Takte. Der Raum, den der Kolben im Zylinder durchmisst, ist der Hubraum. Hat der Kolben darin seinen höchsten Punkt erreicht, bleibt nur der Brennraum mit dem Kraftstoff-Luft-Gemisch. Hubraum plus Brennraum bilden den Zylinderraum. Das Verhältnis des Zylinderraums zum Brennraum gibt an, auf den wievielten Teil des Zylinderraums das Kraftstoff-Luft-Gemisch verdichtet wird:

Verdichtung bei den Benzin Motoren	10 : 1
Verdichtung bei den TDI Motoren	19,5 : 1

Die vier Takte:

- Ansaugen: Der Kolben gleitet zum Unteren Totpunkt UT. Die Einlassventile öffnen, das Einspritzventil arbeitet, Luft und Kraftstoff strömen in den Zylinder.
- Verdichten: Der Kolben bewegt sich vom UT zum Oberen Totpunkt OT. Die Einlassventile schließen. Der Kolben verdichtet das eingeströmte Gemisch.
- Verbrennen: Kurz vor dem OT wird das Gemisch gezündet. Es verbrennt und drückt den Kolben zum UT. Sein Pleuel dreht die Kurbelwelle.
- Ausstoßen: Der Kolben geht nach oben. Die Auslassventile öffnen, die verbrannten Gase werden ins Abgassystem (und in den Turbolader) geschoben.

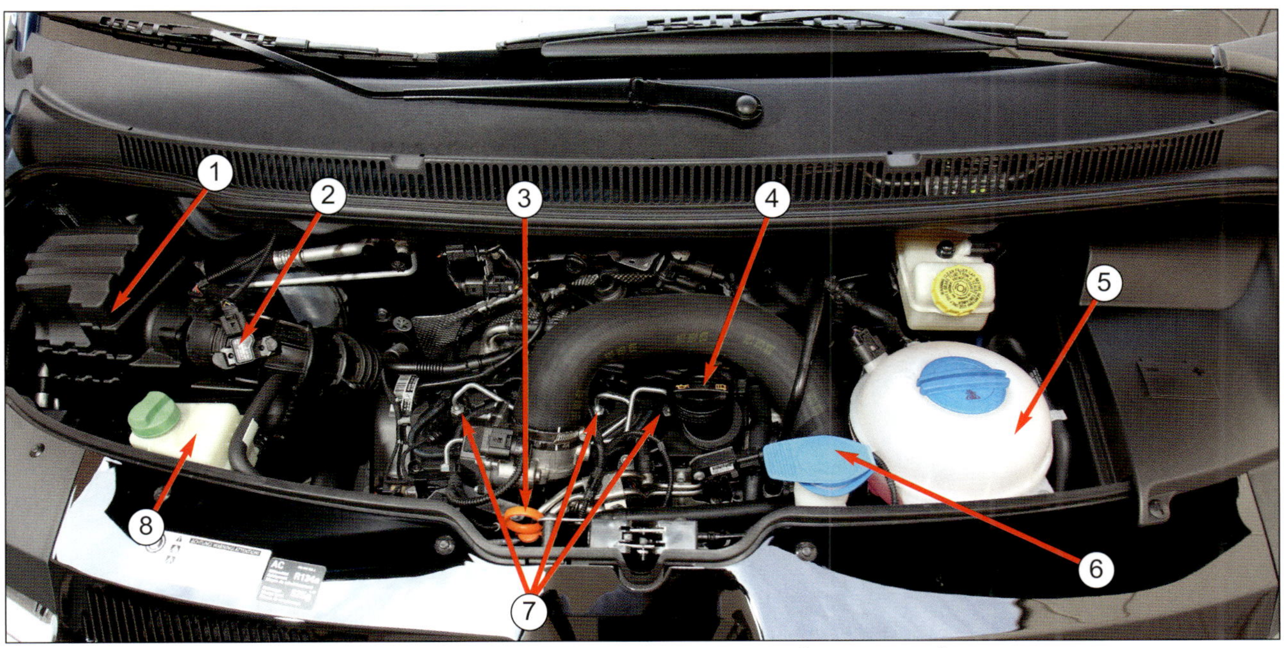

Motorraumübersicht beim T5 TDI: 1 Luftfiltergehäuse, 2 Luftmassenmesser, 3 Ölpeilstab, 4 Öleinfüllstutzen, 5 Kühlmittelausgleichsbehälter, 6 Vorratsbehälter Scheibenwaschwasser, 7 Injektoren (4 Stück), 8 Ausgleichsbehälter Hydraulikflüssigkeit der Servolenkung.

Das Schmiersystem

Alle Stellen im Motor, an denen Metalle aufeinander gleiten, müssen ständig mit Öl versorgt werden: Kolben, Zylinderlaufbahnen, die Lager von Kurbelwelle und Nockenwelle. Kein Triebwerk hält mehr als einige Minuten ohne passende Schmierung durch. Ein Teil des Schmieröls wird vom Kreislauf abgezweigt und zur Kühlung u. a. des Kolbens direkt in dessen Inneres gespritzt.

Das Motoröl

Öl vermindert Reibung und Verschleiß und dichtet die engen Räume zwischen Kolben, Kolbenringen und Zylinderwand so fein ab, dass der hohe Druck bei der Verbrennung fast ohne Verluste auf die Kurbelwelle übertragen wird. Öl kühlt auch den Motor, zum Beispiel die Kolben in den Zylindern und die Lager von Kurbelwelle und Nockenwelle. Außerdem schützt es vor Rost, bindet Schmutzpartikel und einen Teil der Verbrennungsrückstände. Wichtige Kenngröße für Motoröl ist seine Viskosität. Sie ist das Maß für die Fließfähigkeit des Schmieröls. Im Winter muss ein Motoröl so dünnflüssig sein, dass es nach dem Kaltstart sofort alle Schmierstellen versorgt. Bei höheren Temperaturen ist dickflüssiges Öl gefragt, das den Schmierfilm nicht abreißen lässt. Im T5 Multivan fließt ganzjährig fahrbares »Mehrbereichsöl« (Bilder 1/2).
Die meisten Motoröle sind solche Öle aus Mineralöl und bis zu 20% Additiven. Diese Zusätze bewirken, dass sich das Öl den Temperaturen im Motor anpasst, dass der Viskositäts-Index steigt (»VI-Verbesserer«). Sie schützen das Öl vor Oxidation und verhindern das Aufschäumen bei hohen Drehzahlen. Die Additive verschleißen aber bei hohen Temperaturen und verlieren ihre Wirkung. Wasser, Kraftstoff und Verbrennungsrückstände setzen der Lebensdauer des Motoröls ebenfalls Grenzen. Rechtzeitiger Ölwechsel ist daher kein Luxus, sondern reine Notwendigkeit, wenn Ihr Motor reibungslos funktionieren soll.

1

WISSENSWERTES – Normen für Motoröl

■ SAE-Klasse: Einstufung durch die Society of Automotive Engineers. Bezeichnet die Klasse der Viskosität, zum Beispiel SAE 5W-30 (unser Bild). Je kleiner die erste Zahl, umso dünner und bei Kälte besser fließend ist das Öl (W = Winter). Ein Öl mit 0W schmiert noch bei minus 30 Grad, bei 5W ist es gut bis minus 25 Grad, bei 15W bis minus 15 Grad. Je höher die zweite Zahl, umso besser widersteht das Öl hohen Temperaturen. Das von Volkswagen empfohlene Öl entspricht wie in Bild 2 der SAE 5W-30.

■ ACEA-Norm: Von der Association des Constructeurs Européen d'Automobiles im Jahre 1996 eingeführte europäische Ölnorm. Nach ACEA gibt es für Benziner die Gruppen A1 (Sprit sparendes Öl), A2 (gering belastetes Öl), Van (Hochleistungs-Öl). Für Diesel gilt eine Einteilung von B1 bis B4.

■ API-Norm: Vorschrift des American Petroleum Institute. Diese Spezifikation besteht aus den Buchstaben S bzw. G (Benziner) und C bzw. PD (Diesel) sowie einem weiteren Buchstaben bzw. einer Zahl. Je höher im Alphabet oder je größer die Zahl, umso besser ist die Qualität des Öls.

2

Der Ölkreislauf

Im Motorblock strömt das Öl durch ein System von Leitungen und feinen Bohrungen an die richtige Adresse. Dieses System bildet von der Ölwanne unten am Motor über die verschiedenen Stationen bis in die Wanne zurück einen Kreislauf mit der Ölpumpe im Zentrum.
Die Pumpe holt über die Saugleitung das Öl aus der Wanne. Im Hauptstrom sitzt der Ölfilter (Bild 3), der Verunreinigungen wie Ruß, Metallabrieb und Staub zurückhält. Vom Filter gelangt das Motoröl über Bohrungen im Zylinderblock zu den Schmierstellen der Kurbelwelle und zu den Pleueln. Von den Gleitlagern der Kurbelwelle wird das Öl in den Zylinderkopf, zu den Nockenwellenlagern und an andere sensible Stellen gedrückt. Rücklaufkanäle führen wieder in die Ölwanne.

Der Ölfilter

Bauform und Montage des Ölfilters unterscheiden sich je nach Motortyp, aber das Prinzip ist immer ähnlich dem im Bild für den 1.6 TDI gezeigten. Der Filter arbeitet nur so lange, bis er vom Schmutz zugesetzt ist. Deshalb Filtereinsatz (2) beim Ölwechsel tauschen!
Wenn er nicht rechtzeitig gewechselt wurde, tritt ein Überdruckventil in Aktion. Es öffnet, und das Motoröl umgeht den Filter. Damit ist zwar die Ölversorgung sichergestellt, doch ungefiltertes Motoröl bewirkt einen höheren Verschleiß an den Lagerstellen.
Durch die Mittelachse der Filterpatrone gelangt das gereinigte Öl direkt in den Hauptölkanal. Der Öldruckschalter dort signalisiert über die Kontrollleuchte im Schalttafeleinsatz und einen Warnton zu niedrigen Öldruck .

Der Öldruck

Denn damit die Schmierung bei jeder Belastung des Motors sicher gestellt ist, muss der Öldruck stimmen. Bei zu kaltem und sehr zähflüssigem Öl kann ein zu hoher Druck entstehen. Dann öffnet ein Überdruckventil eine Umgehungsleitung (Bypass) und leitet das Öl direkt auf die Saugseite der Ölpumpe zurück. Der Ölkreislauf bleibt in diesem Fall erhalten.

Problematisch ist zu niedriger Öldruck, der z. B. vorkommt, wenn Sie bei zu geringem Ölstand mit hohem Tempo durch eine Kurve fahren. Die Ölpumpe saugt dann Luft anstatt Öl aus der Ölwanne. Der Öldruck fällt abrupt ab, was zu schweren Lagerschäden führen kann. Wenn nach schnellen Autobahn- oder Passfahrten die Öldrucklampe im Leerlauf flackert, ist das ein Indiz dafür, dass der Öldruck durch zu heißes und damit dünnflüssiges Öl unter den normalen Wert gesunken ist, obgleich das Öl einen extra Kühler passiert (4).
Wenn die Kontrollleuchte beim Gasgeben wieder verlischt, ist alles in Ordnung. Wenn aber der Geber in der Ölwanne zu geringen Ölstand signalisiert, könnte Motorschaden drohen. Sofort anhalten, Motor abstellen, Öl auffüllen und prüfen, ob die Warnsignale damit ausgeschaltet sind. Sonst Werkstatt oder Selbsthilfe!

3

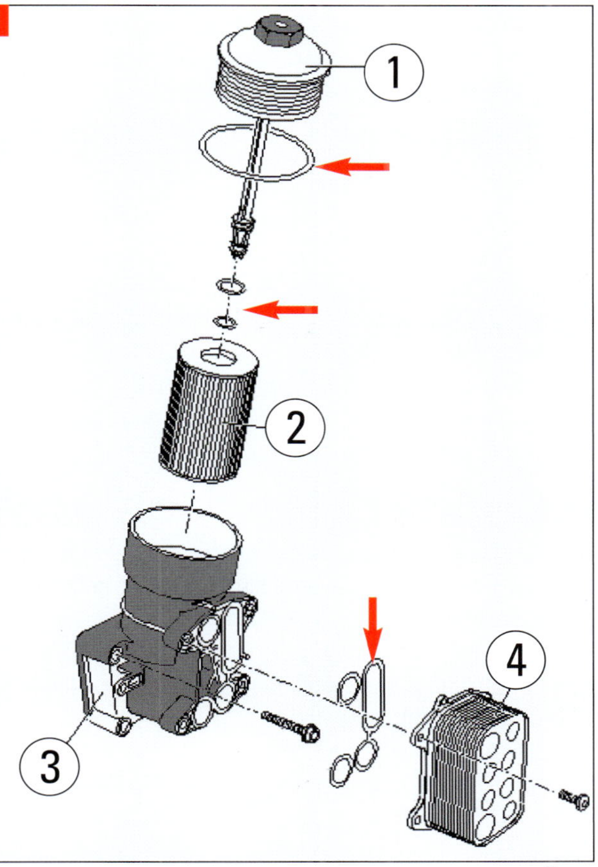

Ölfilter beim TDI: 1 Verschlussdeckel, 2 Filtereinsatz, 3 Ölfiltergehäuse, 4 Motorölkühler. Pfeile: Dichtung zwischen Filtergehäuse und Ölkühler, Dichtringe, (O-Ringe) zwischen Filtereinsatz und Deckel.

Ölstand prüfen

■ Ölstand prüfen: Nach Betriebsanleitung des Fahrzeugs vorgehen. Ölstandskontrolle laut Faustregel nach jedem zweiten Tanken ist nicht verkehrt, aber bei den Van-Motoren kaum noch nötig. Auf jeden Fall ist Prüfen mit dem Peil- oder Messstab (Bilder 1 und 2) in regelmäßigen Abständen erforderlich für sicheres Fahren zwischen den Ölwechseln.

■ Kontrolle bei mindestens 60 °C Öltemperatur (10 min Fahrt nach Kaltstart). Messstab ziehen (Vorsicht vor heißer Umgebung der Stabführung!). Stab flusenfrei abwischen, wieder einschieben, kurz warten, erneut herausziehen. Ölbedeckung an der Messspitze auswerten. Bild 2 zeigt Varianten der Messspitzen von Ölpeilstäben bei TDI-Motoren. Andere Ausführungen sind möglich. Es gilt:

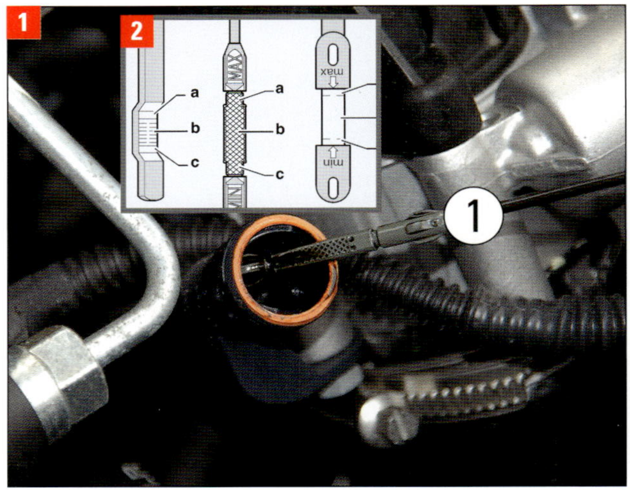

A = Maximalstand, kein Öl nachfüllen.
B = Normalbereich, Nachfüllen nicht nötig, kann aber erfolgen bis höchstens zur Marke »A«.
C = Minimalstand, Öl muss nachgefüllt werden.

■ Öl nachfüllen: mit Trichter in die Öleinfüllöffnung. Nur Motoröl nach Norm 504 00 / 507 00 verwenden, SAW 5W30; z. B. das bereits früher im Kapitel erwähnte Aral Super-Tronic LongLife III, eine Empfehlung von Volkswagen.

Öl und Filter wechseln

■ Öl und Filter wechseln: Die T5-Multivan-LongLife-Motoren gestatten Intervalle von zwei Jahren oder 30.000 Fahrkilometern, falls die Anzeige nicht früheren Service verlangt. Bei ausschließlichen Stadtfahrten macht früherer Wechsel in jedem Falle Sinn. Im Winterhalbjahr können schon sechs Monate (7000 bis 10.000 km) ausreichend sein.

■ Das Altöl sollte abgesaugt werden, man kann es aber auch ablassen. Wenn ein Ölabsauggerät verfügbar ist (V.A.G 1782; Mietwerkstatt), können Sie den Ölwechsel in eigener Regie vornehmen. Das sollte Sie aber nicht dazu veranlassen, billiges Motoröl zu verwenden. Das ist für die hoch entwickelten und damit auch sehr anspruchsvollen Motoren der jüngsten Generation nicht zu empfehlen.

■ Mit dem Ölwechsel ist immer auch der Ölfilterwechsel verbunden. Der Ölfilter ist vorn am Motor nahe der Ölmessstabführung montiert (bei TDI obere Motorabdeckung abnehmen).

■ Ölwechsel am betriebswarmen Motor. Entsorgungsvorschriften beachten. Am mit Ölkühler verschraubten Filtergehäuse den Verschlussdeckel mit Ringschlüssel (Steckschlüssel) SW 36 lösen und abschrauben.

■ Den Filterwechsel vor dem Ölwechsel vornehmen: Durch das Herausnehmen des Filterelements wird ein Ventil geöffnet, und das Öl im Filtergehäuse fließt automatisch ins Kurbelgehäuse. Es kann dann abgelassen (Schraube unten an der Ölwanne) oder eben besser abgesaugt werden.

■ Filtereinsatz herausnehmen. Der O-Ring vom Deckel muss ersetzt werden, dazu den neuen O-Ring leicht einölen. Einen neuen Filtereinsatz (Spezifikation laut Gehäuseaufdruck) einsetzen, Deckel wieder aufschrauben. Motoröl mit einem Absauggerät (bei VW Gerät 1782) absaugen.

■ Öl der genannten Spezifikation und Menge einfüllen. Nach dem Filter- und Ölwechsel beim ersten Motorstart beachten: Solange die Kontrollleuchte für Öldruck leuchtet, nur Leerlauf! Bei Gasstößen kann der Turbolader beschädigt werden oder ganz ausfallen.

Das Kühlsystem

Für die richtige Betriebstemperatur des Motors sorgt das Kühlsystem. In dem Kreislauf zirkuliert die in den Ausgleichsbehälter (Bild 1) eingefüllte Flüssigkeit aus Wasser und Kühlmittelzusatz. Das System besteht aus Kühler, Temperaturregler (Thermostat; Bild 2), Wasserleitungen und einem Netz kleiner Kanäle in Motorblock und Zylinder. Dieser Wassermantel führt die Verbrennungswärme über die Schläuche des Kühlsystems an den Kühler ab.

Der Kurzschlusskreislauf

Nach dem Kaltstart zirkuliert das Kühlmittel im kleinen Kühlkreislauf, der sich auf Motor und Heizung beschränkt. In diesem »Kurzschlusskreislauf« hält der Thermostat den Durchfluss zum Kühler geschlossen. Das Kühlmittel (Bild 3) gelangt auf direktem Weg zurück in den Motor. So erhitzt sich die Kühlflüssigkeit schneller und der Motor wird schneller warm. Der Kühler tritt erst in Aktion, wenn die Kühlflüssigkeit eine bestimmte Temperatur erreicht hat. Wenn dann der Thermostat öffnet, wird kaltes Wasser aus dem Kühler mit erwärmtem Wasser aus dem kleinen Kühlkreislauf vorgemischt.

Kühlung bei Betriebstemperatur

Solange die Wassertemperatur steigt, öffnet der mit dem Anschlussstutzen (roter Pfeil in Bild 2) in den Zylinderblock geschraubte Thermostat den Kaltwasserzufluss aus dem Kühler immer weiter und schließt den Kurzschlusskreislauf. Bei Betriebstemperatur zirkuliert die Kühlflüssigkeit vom unteren Kühlwasserschlauch zur Wasserpumpe (Kühlmittelpumpe), die sie in Motorblock und Zylinderkopf drückt. Der größte

1

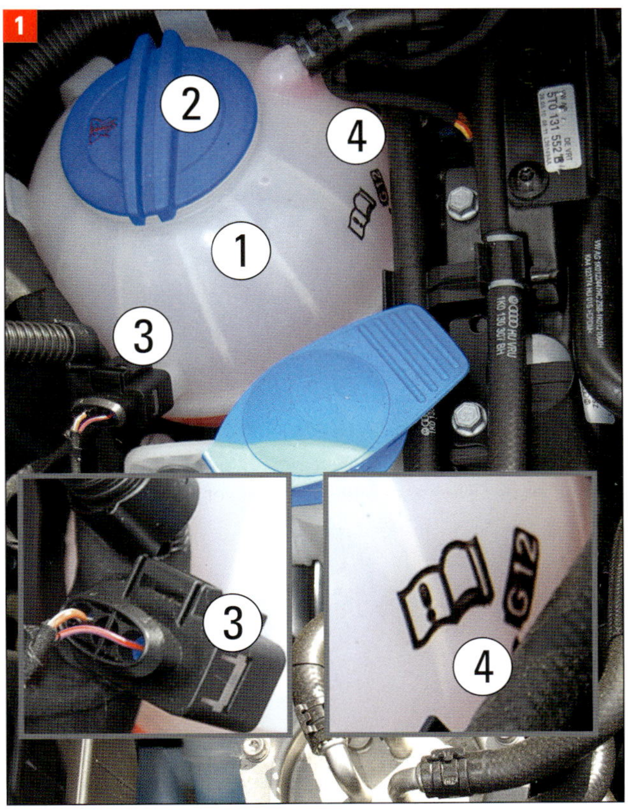

Kühlmittel für den Touran: (1) Behälter, (2) Deckel mit Ventil, (3) Geberanschluss, (4) »Buch« = Bedienungsanleitung beachten und »G 12« = Kühlmittelzusatz-Spezifikation.

2

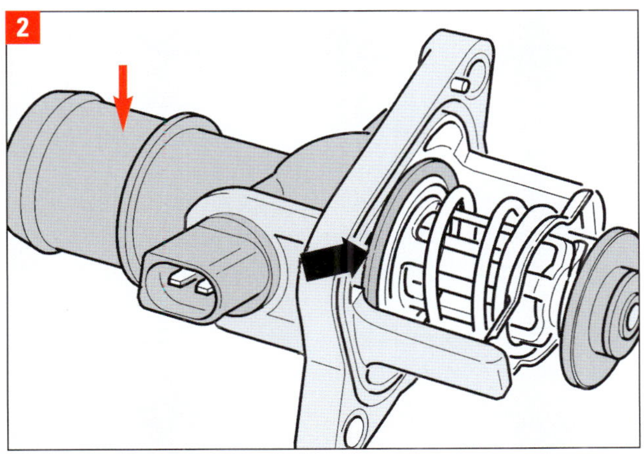

3

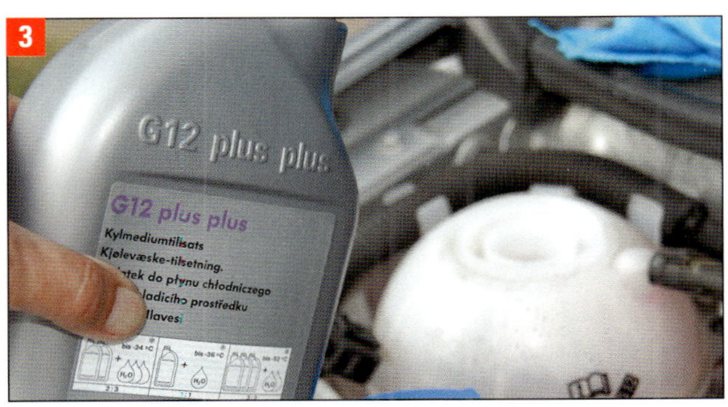

Bild 2 Thermostat: Der große Ventilteller (schwarzer Pfeil) muss mit gesamtem Umfang gegen den Flansch abdichten.
Bild 3 Kühlmittelzusatz: VW schreibt G12 plus plus vor.

Teil der Flüssigkeit läuft über den geöffneten Thermostat zum Kühler, der Rest zum Wärmetauscher der Heizung. Das im Kühler unten abfließende kalte Wasser zieht heißes Kühlmittel oben in den Kühler nach. Dort wird es durch die Kühlerlamellen abgekühlt. Sinkt während der Fahrt die Wassertemperatur unter die Soll-Betriebstemperatur, sperrt der Thermostat den Kühlerdurchfluss erneut, bis das Kühlmittel warm genug ist. Das Kühlsystem steht unter einem Überdruck von etwa 1,2 bis 1,5 bar bei Betriebstemperatur. Dadurch und durch den Einsatz von Kühlmittelzusätzen erhöht sich der Siedepunkt der Kühlflüssigkeit von 100 °C auf rund 135 °C. Die höhere Temperatur ermöglicht einen wirtschaftlicheren, Kraftstoff sparenden Motorbetrieb.

Der Kühlerventilator

Es kann bei langsamer Fahrt vorkommen, dass das Kühlmittel im System überhitzt wird. Dann muss der Kühlerventilator den Kühler zusätzlich kühlen. Bei 92 bis 97 °C Kühlmitteltemperatur wird die erste Stufe (halbe Drehzahl), bei 99 bis 105 °C die zweite Stufe mit voller Drehzahl geschaltet.

Arbeiten am Kühlsystem

Das Kühlmittel

Kühlflüssigkeit besteht aus Wasser und Kühlmittelzusatz. Bei dem Kühlmittelzusatz im VW-Konzern handelt es sich um das Kühlerfrost- und Korrosionsschutzmittel G 12 plus mit lila Färbung (Bild 3). Es soll stets nur G 12 lila nachgefüllt werden. Der Zusatz ist aber mit den älteren Mitteln G 11 und G 12 (rot) mischbar. G 12 ist als Lebensdauerfüllung geeignet und schützt optimal vor Frost, Korrosionsschäden, Kalkansatz und Überhitzung. Der Kühlmittelzusatz verliert seine Wirksamkeit nach etwa vier Jahren und sollte dann erneuert werden. Die Autohersteller schreiben einen turnusmäßigen Wechsel nicht vor, aber Auffüllen von Zusatz nach Ablassen einer Differenzmenge kann nötig werden. Dann Vorsicht: Beim Öffnen des Ausgleichsbehälters kann heißer Dampf entweichen. Verschlussdeckel vor dem Aufdrehen mit Lappen abdecken und erst dann vorsichtig öffnen! Zischen zeigt Druckabbau. Wichtig bei Arbeiten am Kühlsystem ist die richtige Befestigung der Kühlmittelschläuche. Es sollten immer die originalen Klemmschellen des Herstellers verwendet werden. Das geeignetste Werkzeug bei Entfernung und Befestigung ist eine Schlauchklemmenzange.

Frostschutz prüfen

Das Mittel sorgt auch für bessere Wärmeableitung. Deshalb soll das Kühlsystem unbedingt ganzjährig mit dem Mittel befüllt sein, mindestens 40% gemischt mit 60% Wasser. Das Mischungsverhältnis sollte immer einmal mit einem handelsüblichen Prüfgerät (Bild 4) oder ganz präzise mit einem Refraktometer kontrolliert werden. Der Zusatzanteil am Gemisch von mindestens 40% sichert Frostschutz bis -25 °C. Bis zu dieser Temperatur muss der Frostschutz gewährleistet sein, in Ländern mit arktischem Klima sogar bis -35 °C. Der Anteil soll 60% nicht übersteigen, weil sich bei zu viel Zusatz Frostschutz und Kühlwirkung wieder verschlechtern.

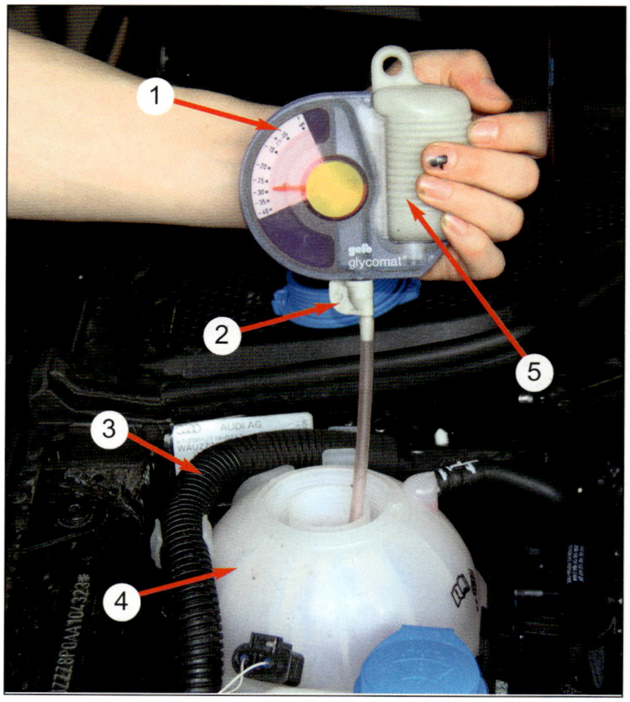

Frostschutz prüfen: 1 Anzeige Skala, 2 Hahn, 3 Entnahmeschlauch, 4 Ausgleichsbehälter, 5 Pumpball.

Frostschutzmittel: G12 in Rot und das »Normale« in Gelb.

- Starten Sie den Motor.
- Lassen Sie das Kühlsystem etwas abkühlen.
- Öffnen Sie vorsichtig den Deckel des Ausgleichsbehälters.
- Stecken Sie den Entnahmeschlauch (3) in den Ausgleichsbehälter (4) (siehe Bild auf S.210).
- Öffnen Sie den Hahn (2), drücken Sie den Pumpball (5) zusammen und saugen sie so viel Kühlmittel an, dass Sie keine Luftblase im Schauglas (1) sehen können.
- Lesen Sie auf der Skala (1) ab, bis wie viel °C Ihr Kühlmittel frostsicher ist.

Thermostat prüfen

Der Thermostat regelt die Temperatur des Kühlsystems, indem er den Zugang zum »großen Kühlkreislauf« freigibt oder langsam abregelt. Hier wird bestimmt, welche Wassermenge den Durchfluss zum Kühler schafft. Im Thermostat der alten Bauweise ist ein Wachselement verbaut, welches sich mit Zunahme der Temperatur ausgedehnt hat und dann das Ventil des Thermostaten entsprechend aufdrückte. Heute werden diese Regelfunktionen teilweise schon von angesteuerten Regelventilen übernommen. Diese Funktion ist deutlich schneller abzufragen und es kann leicht eine Systemüberwachung mit Kennfeldabgleich und auch entsprechende Fehlerspeicherablage realisiert werden.

- Bauen Sie den Thermostaten aus.
- Biegen Sie sich zwei Schweißdrähte so, dass Sie den Thermostat im Kochtopf zur Beobachtung aufhängen können.
- Füllen Sie den Kochtopf mit Wasser. Der Thermostat muss vollständig bedeckt sein.
- Positionieren Sie den Messsensor des Multimeters (5) so, dass Sie die Wassertemperatur am Thermostat erfassen können.
- Schalten Sie die Kochplatte (3) ein und beobachten Sie den Temperaturanstieg.
- Notieren Sie sich die Temperatur, an dem der Thermostat mit der Öffnung begonnen hat.
- Achten Sie darauf, dass sich der Thermostat ruckfrei öffnet. Ist das der Fall, muss er sofort ersetzt werden. Der Öffnungsringspalt muss auch gleichmäßig ausfallen. Eine ungleichmäßige Öffnung ist ein Hinweis auf Schäden am Thermostat.
- Die maximale Öffnung sollte bei etwa 95 °C erreicht sein.
- Nachdem der Thermostat seine maximale Öffnung erreicht hat, lassen Sie ihn abkühlen und beobachten hierbei das ruckfreie Schließen.

Thermostat prüfen: 1 Topf mit Wasser, 2 Thermostat mit Schweißdraht aufgehängt, 3 Kochplatte, 4 Schalter, 5 Multimeter mit Temperaturmessung.

Das Motormanagementsystem

Kraftstoffzufuhr und -dosierung, Herstellung des optimalen Kraftstoff-Luftgemischs, Arbeit des Turboladers und Abgaskontrolle werden von der Motorsteuerung bewerkstelligt. Das Motormanagement ist mit Kennfeldern für Gemischaufbereitung und Kraftstoffeinspritzung vorprogrammiert. Gesteuert werden Einspritzmenge und -beginn, Leerlaufdrehzahl, Abgasrückführung, Turbolader, Aufladung, Ladeluftkühlung und Ladedruck.

Bordcomputer und Diagnose

Im VW T5 Multivan gibt es je nach Ausstattung bis zu 26 Steuergeräte. Unter der Wasserkastenabdeckung Mitte befindet sich als Bauteil »J 623« das Motorsteuergerät. Die TDI-Motoren werden von Bosch-Geräten Typ EDC, die TSI-Motoren von Simos 10.1 oder Bosch-Geräten der Motronic-Baureihe Version MED 17 gesteuert. Zur Funktionsdiagnose und Fehlerabfrage von Steuergeräten gibt es im Fahrzeug den nach internationaler Vorschrift unter der Schalttafel Fahrerseite angeordneten Steckanschluss (Bild 1a; »Diagnoseinterface«), der über Kabel mit dem mobilen Diagnosegerät verbunden wird. VW-Werkstätten verwenden Diagnosetester der Typen VAS 505x oder VAS 6150. Diese Werkstattsysteme sind so programmiert, dass die Einstellung »Fahrzeug – Eigendiagnose« und der Menüpunkt »Gateway – Verbauliste« angewählt werden. Dann folgt der Schritt »Steuergeräte mit hinterlegtem Fehlerspeichereintrag auslesen«. Relevante Fehler müssen schnell behoben werden. Freie typbezogene Tester wie der VCSD (VAG-Com) erreichen bis auf den Onlinesupport der Hersteller die gleichen Diagnosetiefen wie die originalen Werkstatttester. Hilfestellungen zur Fehlersuche werden gut sortiert in entsprechenden Foren ausgearbeitet.

Hier gilt grundsätzlich: Oft können durch eine Stunde surfen etliche Stunden Fehlersuche und Schrauben eingespart werden.

Einige Hersteller bieten Diagnosegeräte für den typenoffenen Einsatz an. Markentester wie VDO, VCDS oder Bosch erlauben eine deutlich tiefergehende Diagnose als die günstigsten Geräte. Es geht eben nicht mehr nur darum, den Fehlereintrag entschlüsseln zu können, sondern auch um die Daten und Begebenheiten rund um den Fehler. Hinzu kommt, dass fast alle Systeme eigendiagnosefähig sind. Der Stellgliedtest (das Ansteuern einer Komponente) ist wie die Istwert-Darstellung (Messwert oder Zustand) sehr wichtig.

Effiziente Systeme

Die elektronischen Systeme für das Motormanagement errechnen die bestmöglichen Werte für Kraftstoffaufbereitung und Verbrennung. Motorsteuergerät Kraftstoff-Hochdruckpumpe, Common-Rail mit Injektoren und die nötigen Sensoren bilden das Einspritzsystem (Bild 2), das den Einspritzvorgang optimiert und maßgeblich zu hoher Wirtschaftlichkeit und niedrigen Emissionen der Motoren beiträgt. Die Elektronik wertet in Echtzeit alle Sensordaten über die Kühlmittel-, Kraftstoff- und Ansauglufttemperatur sowie über die momentane Motordrehzahl, die Gaspedalstellung und über die angesaugte Luftmasse aus. Das ist Voraussetzung für Systeme wie elektronisches Gaspedal (E-Gas), automatische Geschwindigkeitsregelung (AGR) und Leerlauf-Regelung. Schließlich ermöglicht die Elektronik die On-Board-Diagnose sowie den Datenaustausch mit dem Steuergerät des Automatikgetriebes. Dies stellt sicher, dass der Motor im verbrauchsgünstigsten Bereich arbeitet, und gestattet ruckfreie Gangwechsel mit hoher Dynamik.

Steuergerät, CAN-System, Geber

Das Motorsteuergerät mit Funktions- und Überwachungsrechner ist gegen äußere Einflüsse in einem Metallgehäuse gekapselt. Es enthält vor Kurzschlüssen und Überlastung geschützte Endstufen, die genügend Leistung für direkten Anschluss der Stellglieder liefern. Zum Datenaustausch zwischen den elektronischen Komponenten dienen Daten-Bus-Systeme, bei denen sehr viele Daten parallel in einen einzigen Kabelstrang eingespeist werden. Für Kraftfahrzeuge wurde das Bussystem »CAN« konzipiert und international genormt. Die elektronischen Steuergeräte brauchen eine serielle Schnittstelle CAN, dann sind sie über die Datensammelschiene miteinander und auch mit dem Diagnoseanschluss zu verbinden. Das Steuergerät erfasst folgende Parameter:

Luftbeschaffenheit

Luftmassenmesser, Geber für Ansauglufttemperatur, Höhenmesser und Ladedrucksensor bestimmen präzise die Dichte der Umgebungsluft und den Druck für den Turbolader. Von der Luftdichte hängt der Anteil der für die Verbrennung entscheidenden Sauerstoffteilchen ab. Die Luftfüllung ist zusammen mit der Motortemperatur ein Berechnungsfaktor für Einspritzmenge und jeweiliges Motor-Drehmoment.

Motordrehzahl

Der Drehzahlgeber an der Kurbelwelle informiert über Motordrehzahl, genaue Stellung der Kurbelwelle und Stellung des Kolbens jedes einzelnen Zylinders. Dazu werden per Magnetfeld Impulse erzeugt, deren Anzahl pro Zeit ein Maß für die Drehzahl des Schwungrades ist.

Nockenwellenstellung

Der Nockenwellenpositionssensor (»Hallgeber«) gibt die Stellung der Nockenwelle an. Motordrehzahl und Nockenwellenstellung bestimmen Einspritzzeitpunkt und sequenzielle Einspritzung jedes Zylinders.

E-Gas und Drosselklappe

Zwei Geber für Gaspedalstellung sitzen als gemeinsames Modul direkt am Gaspedal. Das elektronische Gaspedal erfasst den »Fahrerwunsch« als eine Haupteingangsgröße für das Motorsteuergerät. Nach dieser Information wird vom Drosselklappensteller der Öffnungswinkel in Abhängigkeit vom Betriebszustand reguliert. Beim Beschleunigen kann die Klappe schon ganz geöffnet sein, obgleich das Gaspedal erst halb durchgetreten ist. Auch die Einflussnahme auf die Systeme des Fahrwerks (ABS, ESP) ist möglich. Falls z. B. der Fahrer zu viel Gas gibt, kann das Steuergerät so weit drosseln, bis kein Rad mehr durchdreht.

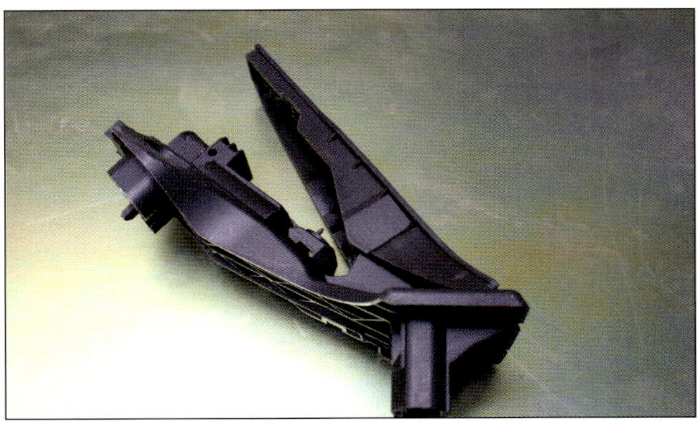

Fahrpedal- oder E-Gas-Sensor: Informationen an das Steuergerät über den Fahrerlastwunsch.

WISSENSWERTES

Das Duell von Diesel und Otto

Als Ende des 19. Jahrhunderts die Herren Rudolf Diesel und Nikolaus August Otto ihre Erfindungen zum Patent anmeldeten, konnten beide nicht ahnen, dass ihr Duell um das beste Motorenkonzept bis heute nicht entschieden sein wird. Lange Zeit galt der Benziner als das Maß der Dinge, war er doch auch schon rund 30 Jahre früher erfunden worden. Die schweren, robusten Diesel kamen zunächst nur bei Schiffen, Lastkraftwagen und Taxis zum Zuge, also überall dort, wo Temperament und Spitzenleistung kein Thema waren. Denn im Gegensatz zum Benziner, bei dem das Gemisch durch einen Funken fremdgezündet wird, braucht der hochverdichtete Diesel mehr Zeit, bis sich das Gemisch auf Grund des Druck- und Temperaturanstieges entzündet. Durch diesen so genannten Zündverzug kann der Diesel bis heute keine hohen Drehzahlen erreichen, bei maximal 5500 U/min ist Schluss. Kraft war dagegen schon immer vorhanden: Dieselkraftstoff hat mit 35,3 MJ/L nämlich einen höheren Energiegehalt als Benzin (32 MJ/L). Der spezifische Verbrauch pro kW war deshalb von Anfang an niedriger, das Drehmoment höher. Ab den 70er-Jahren machte der Turbolader den Dieseln zusätzlich Dampf. Das verfügbare Drehmoment hing bei hohem Luftüberschuss im Wesentlichen nur noch von der dazu eingespritzten Menge Diesel ab. Der Benziner ist dagegen in jedem Betriebszustand auf ein bestimmtes Gemisch (14,7 Teile Luft zu einem Teil Kraftstoff), abgesehen von den Benzindirekteinspritzern FSI, welche auch mit »Luftüberschuss« betrieben werden können, angewiesen. Alles andere verbrennt nur unvollständig. Das konnten erst die elektronisch gesteuerten Einspritzsysteme wirklich gut, die Anfang der 80er-Jahre zusammen mit dem geregelten Katalysator Einzug hielten. Die Diesel kamen erst später in den Genuss einer digitalen Motorsteuerung, dann aber zusammen mit der Hochdruck-Direkteinspritzung. Heute ist das Vorglühen eine Sache von Sekunden, Abgasrückführung und Rußfilter sorgen für eine weitgehend reine Weste. Aber: Das raue Laufgeräusch ist geblieben und längst nicht jedermanns Sache. Ebenfalls direkteinspritzende Benziner der neusten Generation versprechen weiteres Sparpotenzial und noch saubere Abgase. Die Technik von Diesel und Benziner wird dabei immer ähnlicher. Bereits heute laufen die ersten Diesotto-Motoren auf dem Prüfstand.

Der Luftmassenmesser (Bild 2)
Er befindet sich im Ansaugrohr zwischen Luftfilter und Drosselklappe und bestimmt die Menge der angesaugten Luft, die bekanntlich von Temperatur, Feuchtigkeit und Dichte abhängt. Im Gegensatz zum früher verwendeten mechanischen Luftmengenmesser, der lediglich das Volumen der durchgesetzten Luft im Ansaugtrakt bestimmen konnte, gibt der heute sowohl beim Diesel als auch beim Benziner verwendete Heißfilmluftmassenmesser viel präzisere Signale zur Einspritzregelung ab.

Motortemperaturfühler (Bild 3)
Der Motortemperatursensor sitzt im Kühlmittel-Kreislauf und gibt dessen Temperatur an das Steuergerät weiter. Der Ansauglufttemperatursensor befindet sich im Ansaugkanal und gibt die Temperatur der Ansaugluft an das Steuergerät weiter.

Der Saugrohrdrucksensor
Der Saugrohrdrucksensor liefert zusammen mit der Motordrehzahl eine der Hauptsteuergrößen für die Bestimmung der Einspritzgrundzeit. Er kann entweder im Saugrohr oder als Element der Motorsteuerung verbaut sein.

1

Drosselklappenpoti: hier noch mit echten erkennbaren Schleifbahnen!

Das Drosselklappenpotenziometer (Bild 1)
Die Stellung der Drosselklappe wird über diesen Sensor an die Motorsteuerung weitergegeben. Der Wert gibt an, wieweit die Drosselklappe tatsächlich angesteuert ist.

Der Klopfsensor
Ein Piezokeramik-Bauteil eingebaut in den Zylinderblock registriert die bei klopfender Verbrennung entstehende Schwingung und wandelt sie in elektrische Signale um. Die Motorsteuerung reguliert danach den Zündzeitpunkt.

2

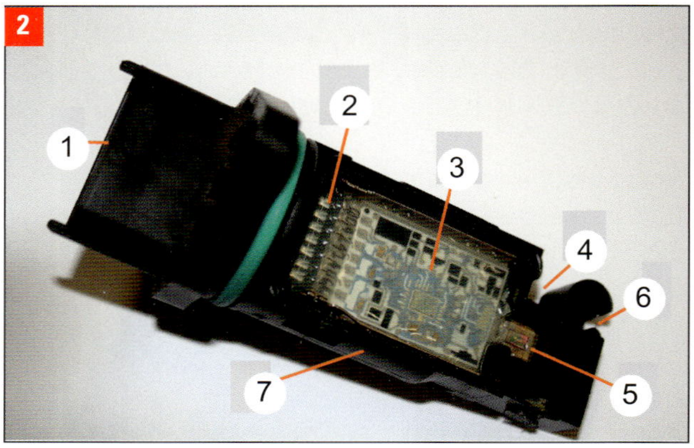

Luftmassenmesser geschnitten: 1 Anschluss, 2 Leitungen, 3 Platine, 4 Lufteinlass, 5 Sensorelelement, 6 Luftauslass, 7 Gehäuse.

3

Temperaturfühler: 1 Temperaturfühler, 2 Sicherungsklammer.

Motor und Gemischbildungssysteme

Ottos Motoren

Einspritzung und Zündung

Die Einspritzdüsen werden für jeden Zylinder einzeln angesteuert. Das bildet die ideale Grundlage für ein funktionales Gemischaufbereitungssystem. Die Betätigung der Einspritzventile erfolgt elektromechanisch, durch die Ansteuerung können die Einspritzzeit und damit auch die Einspritzmenge geregelt werden. Durch die verkürzten Wege im Saugrohr ist die Gefahr, dass sich bei kaltem Motor das Benzin an der Saugrohrwand niederschlägt, ebenfalls stark verringert. Auch die Zündanlage wird von diesem System komplett angesteuert. Jeder Zylinder hat seine eigene Zündspule, die auf der Zündkerze montiert ist. Verbrannte Verteilerkappen und Finger gehören bei diesen Zündanlagen endlich der Vergangenheit an. Die Ansteuerung durch das Steuergerät ermöglicht die Veränderung des Zündwinkels und des Zündzeitpunktes. Sogar eine Laufruheregelung für jeden einzelnen Takt des Motors wird nun möglich.

Die Einspritzdüsen

Das Steuergerät sorgt mit Hilfe eines elektrischen Impulses für das Öffnen der Einspritzdüsen. Die Öffnungsdauer, Art der Düsen und der anliegende Kraftstoffdruck entscheiden dann über die jeweils eingespritzte Kraftstoffmenge. In jedem Fall wird der Kraftstoff fein zerstäubt, um sich mit der Luft zu mischen.

Die Lambdasonde

Die Lambdasonde hat die Aufgabe den Luftanteil im Abgasstrom zu messen. Sie ist Bestandteil eines Regelkreises, der ständig die richtige Zusammensetzung des Luft-Kraftstoffgemisches sicherstellt. Das optimale Mischungsverhältnis der Luftmenge zu Kraftstoff, bei dem eine maximale Umsetzung der Schadstoffe im Katalysator erreicht wird, liegt bei Lambda=1. Es entspricht einem Anteil von Luft zu Kraftstoff im Verhältnis von etwa 14,5 : 1 (auch »stöchiometrisches Mittel« genannt). Änderungen dieser Zusammensetzung werden von der Lambdasonde, die im Abgasrohr sitzt, registriert und dienen dem Motormanagement zur Steuerung zahlreicher Funktionen. Übermäßige Abweichungen werden ebenfalls erkannt und gelten als erster Hinweis für mögliche Fehler. Das Funktionsprinzip der Lambdasonde beruht auf der Umwandlung des gemessenen Luft-Kraftstoffverhältnisses in elektrische Spannung. Dies ermöglicht ein gasundurchlässiger Keramikkörper, der von einer dünnen, mikroporösen Platinschicht ummantelt ist. Die Keramik erlaubt ab einer Temperatur von ca. 300 °C die Leitung von Sauerstoffionen. Der Unterschied an Sauerstoffanteilen im Abgasstrom zwischen Abgas- und Luftseite bewirkt dabei die Entstehung einer elektrischen Spannung. Der Regelwert nimmt bei Lambda=1 sprunghaft einen bestimmten Wert (z. B. 500 mV) an. Bei Abweichungen dieser Größe (z. B. zwischen 100 mV = mageres Gemisch und 800 mV = fettes Gemisch), leitet das Motorsteuergerät entsprechende Korrekturmaßnahmen ein.

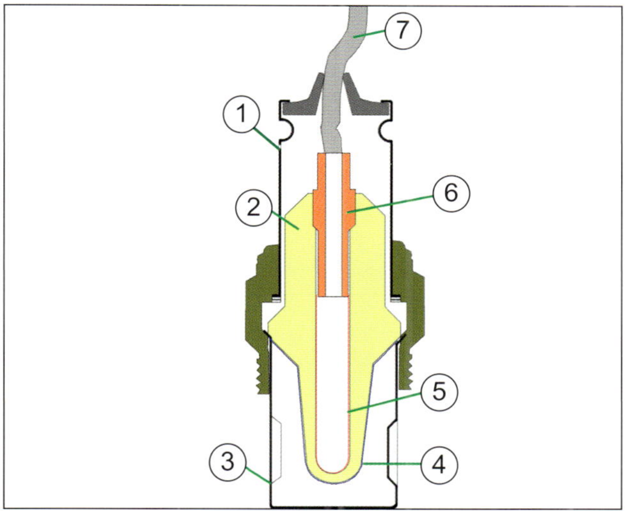

Aufbau der Lambdasonde: 1 Belüftung, 2 Sondenkeramik, 3 Schutzrohr, 4 Elektrode (-), 5 Elektrode (+), 6 Kontaktbuchse, 7 Anschlusskabel.

Kraftstoffdosierer für Benziner: Die Einspritzdüsen, hier mit der Schutzverpackung um den Anschluss oben und den Bohrungen unten.

Rudolfs Diesel hat Erfahrung

1989 startete die Erfolgsgeschichte der TDI-Motoren (Turbocharged Direct Injection = Turbodieseltechnik mit Direkteinspritzung): VW-Partner Audi stellte damals auf der IAA in Frankfurt den weltweit ersten Pkw-Dieselmotor mit Direkteinspritzung und elektronischer Regelung vor. In Serie zunächst im Audi 80 verbaut, sorgte der durchzugsstarke Turbodiesel auch oder vor allen Dingen seiner gesitteten Trinkmanieren wegen für Aufsehen bei der Fachpresse sowie den glücklichen Käufern. Der TDI-Erfolg ist mittlerweile auch im Rennsport unbestritten: Im Jahr 2006 sorgte ein TDI, abermals in einem Audi, für reichlich Aufsehen: als Sieger des ruhmreichen 24-Stundenrennens von Le Mans. Der Verbrauchsvorteil der 650 PS-Boliden kam hier voll zum Tragen. Durch längere Etappen auf der Strecke und damit weniger Boxenstopps gegenüber den Otto-Aggregaten der Konkurrenz bescherte der TDI-Audi auf dem Siegerpodium den ersten und dritten Platz. Sie als Van-TDI-Fahrer müssen wir damit aber zuletzt beeindrucken. Denn auch ohne Le Mans-Sieg wissen Sie die genannten Vorzüge Ihrer Motorisierung im täglichen Einsatz besser zu schätzen, als wir es in Worten ausdrücken könnten.

Die Elektronische Diesel Control (EDC)

Die Komplexität moderner Dieselmotoren stellt selbstverständlich auch Herausforderungen an die Steuerung des Verbrennungsvorgangs. Ebenso wie der Einspritz- und Zündvorgang beim Benziner wird auch die Selbstzündung des Dieselkraftstoffs heute von Sensoren, Aktoren und einem Steuergerät beeinflusst und gesteuert. Zusammengefasst sind all diese Aufgaben in der Elektronic Diesel Control, kurz EDC. Ihr Regelkreis verfolgt dabei das klassische Prinzip Eingabe – Verarbeitung – Ausgabe. Für die Eingabe, der Datenerfassung aller momentanen Stellgrößen des Motors, sind die Sensoren zuständig. Zu den wichtigsten zählen Temperatursensoren im Kühlmittelkreislauf, im Ansaugkanal oder auch an der Einspritzpumpe. Der Kurbelwellen-Drehzahlsensor erkennt die Stellung der Kurbelwelle, wodurch die Position der einzelnen Kolben errechnet wird. Auch beim Diesel misst ein Luftmassenmesser die Menge und Dichte der angesaugten Luft. Die Aufladung mittels Turbo macht auch einen Ladedrucksensor erforderlich. Der Fahrpedalsensor gibt den Fahrerwunsch an das Steuergerät weiter. Dieses verarbeitet die Daten und bedient dann die Stellglieder, wie beispielsweise das Ladedruck-Regelventil oder auch die Regelung der Abgasrückführung. Diese hat beim Diesel die Aufgabe, die Rohemissionen zu senken und arbeitet nur in bestimmten Lastzuständen. Das wichtigste Teil ist jedoch die Pumpe, deren elektronische Regelung über Einspritzzeitpunkt und Menge wacht. Die Regelung ist dabei so exakt, dass bei den PDE-Triebwerken während der kurzen Zeitdauer eines Taktspiels mehrere Einspritzintervalle möglich sind. Dadurch läuft ein Diesel wesentlich sanfter und umweltfreundlicher.

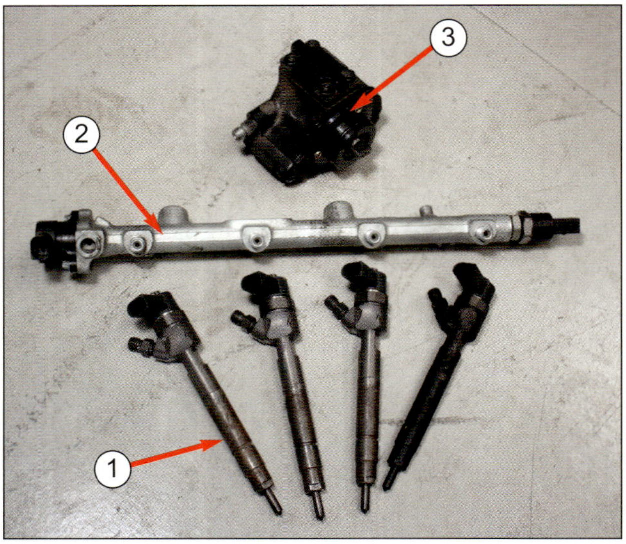

Kraftstoffdosierer für Diesel: 1 Injektoren, 2 Railrohr, 3 Hochdruckpumpe.

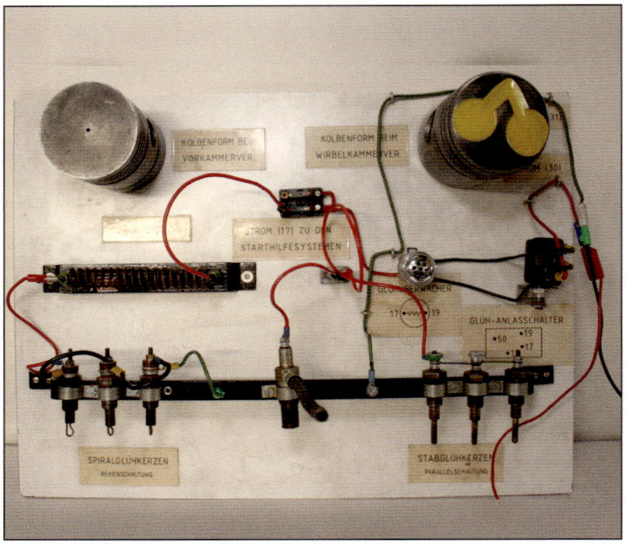

Historie in der Starthilfe: Die Technologie hat sich zwar weiterentwickelt, die Vorgehensweise hat sich aber nicht verändert.

Die Glühanlage

Da in der kalten Jahreszeit beim Startvorgang die Wärme der verdichteten Luft nicht zur Selbstzündung ausreicht, gibt es die Vorglühanlage. Sie heizt mittels einer Glühkerze den Brennraum auf Selbstzündungs-Temperatur auf. Die modernen 3-Phasen-Glühkerzen in Ihrem Van ermöglichen einen problemlosen Kaltstart genauso schnell wie beim Benziner, selbst bis -30 Grad Celsius Außentemperatur. Nach Einschalten der Zündung hat die Glühkerze in weniger als zwei Sekunden bereits eine Temperatur von 850 Grad Celsius erreicht, was allemal genügt, um einen sicheren Kaltstart zu ermöglichen. Danach werden während dem Warmlaufen (Phase 2) die Glühkerzen weitergeglüht. Dies hat gleich mehrere Vorteile: Zum einen werden die Emissionen um bis zu 40% reduziert – vollständige Verbrennung des Dieselkraftstoffs –, zum anderen wird das dieseltypische Nagelgeräusch in dieser Phase minimiert. Als erfreulicher Langzeiteffekt bleibt Ihr Dieselaggregat durch den ruhigeren Motorlauf geschont, was zur längeren Lebensdauer beiträgt.

Die Hochdruckeinspritzung

Doch wie konnte sich aus dem ehemals stinkig-blauqualmenden und vor allen Dingen trägen Dieselmotor das leistungsfähige und drehmomentstarke TDI-Sparwunder entwickeln? Hauptverantwortlich für diesen Fortschritt ist die Entwicklung der Hochdruck-Direkteinspritzung. Zunächst unter Verwendung einer zentralen Verteilereinspritzpumpe, die den Dieselkraftstoff allen Einspritzventilen zuteilt, und später mit der Pumpe-Düse-Technologie, bei der jeder Zylinder seine eigene Hochdruckpumpe in Form eines Dieselinjektors direkt am Zylinder sitzen hat. Damit wurden Einspritzdrücke von über 2000 bar möglich. Gegenüber dem Vorkammer- oder Wirbelkammerverfahren bietet die Direkteinspritzung einen deutlich gesteigerten Wirkungsgrad. Der im Brennraum als feiner Sprühnebel verteilte Dieselkraftstoff bietet ein viel größeres Angriffsvolumen zur Entflammung und kann dadurch optimaler ausgenutzt werden.

Das Verschleißteil Glühkerze

Durch die Verwendung einer Regelwendel, die vor Überhitzung schützt, ist die Glühkerze sehr standfest. Um die Funktion sicherzustellen, empfehlen wir Ihnen die Glühkerzen regelmäßig etwa alle 15.000 km zu prüfen. Ein Wechsel wird von VW alle 60.000 km vorgesehen, bei sehr stark beanspruchten Motoren, beispielsweise durch häufigen Hängerbetrieb oder in überwiegend heißen Temperaturregionen, kann der Wechsel aber auch schon nach 30.000 km notwendig sein. Lesen Sie dazu im Arbeitsabschnitt die Seiten »Zünd- und Glühkerzen tauschen«. In allen Dieselmotorvarianten des Vans wird dieselbe Glühkerze verwendet. Sie können zum Beispiel vom Glühkerzenhersteller Beru das Modell GN855 einsetzen. Beachten Sie unbedingt das Anzugsdrehmoment von 15 Nm bei der Montage, um Schäden an der Glühkerze und dem Einschraubgewinde zu vermeiden.

Zeitraffer: Bereits kurze Zeit nach der Ansteuerung durch das Vorglührelais erreicht die Glühstiftkerze eine Temperatur von 850 Grad Celsius.

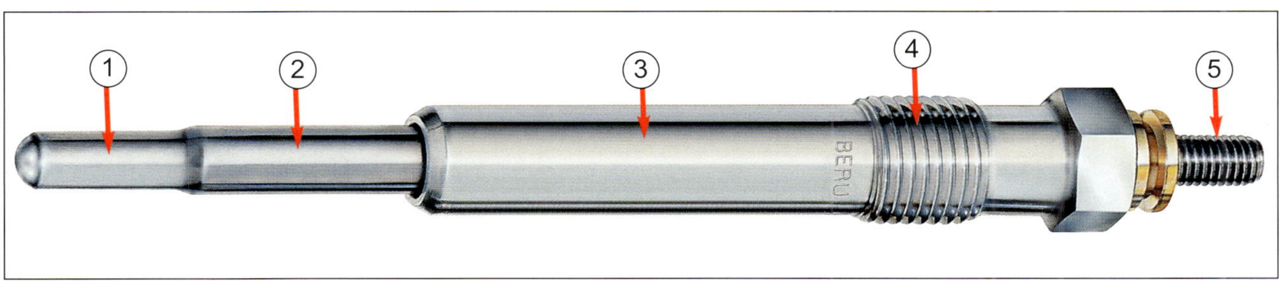

Aufbau einer Glühstiftkerze: (1) u. (2) Heiz- und Regelwendel (innerhalb des Glührohrs), (3) Kerzenkörper, (4) Einschraubgewinde, (5) Anschlussbolzen.

Keilrippenriemen prüfen

Die unterschiedlichen Einbaulagen des Keilrippenriemens Ihres T5 Multivans haben wir bereits im Kapitel »Fahrzeugelektrik« in der Arbeitsbeschreibung für den Generator-Aus- und Einbau beschrieben. In diesem Kapitel werden wir uns mit den unterschiedlichen Spannvorrichtungen befassen und den Umgang mit ihnen darstellen.
Die Prüfkriterien für den Keilriemen und den Keilrippenriemen unterscheiden sich im Ablauf und im Umfang nicht.

Spannung prüfen

Spannung für Keil- und Keilrippenriemen prüfen (ohne automatische Spannvorrichtung)

- Drücken Sie den Antriebsriemen in einem Bereich (A), wo er frei hängt, mit einem kräftigen Daumendruck nach unten.
- Er sollte sich etwa 5 mm herunterdrücken lassen, korrigieren Sie die Vorspannung, wenn erforderlich.

Spannung für Keilrippenriemen prüfen (mit automatischer Spannvorrichtung)

- Drücken Sie den Keilrippenriemen in einem Bereich, wo er frei hängt, mit einem kräftigen Daumendruck nach unten.
- Die Spannrolle muss nun nachgeben. Wenn Sie den Druck wegnehmen, muss sich die Spannrolle ohne Verzögerung zurückbewegen und den Antriebsriemen wieder spannen.

Zustand prüfen

Kontrollieren Sie die Keil- und Keilrippenriemen nach folgenden Gesichtspunkten an mehreren Stellen:

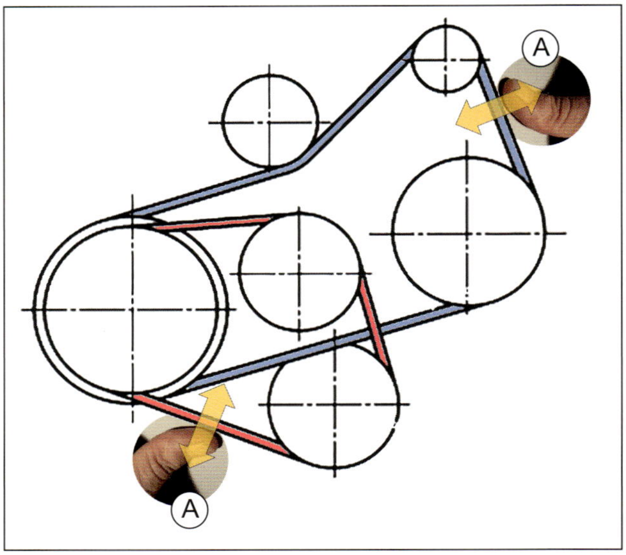

Riemenspannung prüfen: Grundsätzlich an Stellen, an denen der Riemen frei hängt (A).

- Unterbaurisse (Anrisse, Kernbrüche, Querschnittsbrüche).
- Lagentrennung (Deckschicht, Zugstränge).
- Ausbruch am Unterbau.
- Ausfransen der Zugstränge.
- Flankenverschleiß (Materialabtrag, Ausfransungen, Flankenverhärtung, Oberflächenrisse).
- Öl und Fettspuren.

Keilrippenriemen aus- und einbauen

Einbaulage

Der Keilrippenriemen treibt als wichtiger Teil des Kurbeltriebs die Nebenaggregate Drehstromgenerator und Klimakompressor. Der Aufbau sieht für die Benziner und auch für die Dieselmotoren ähnlich aus, unterscheidet sich aber im Detail. Abweichungen ergeben sich vor allem durch drei Faktoren:

Die Kühlwasserpumpe wird im Riementrieb oder separat angetrieben.

- Es ist ein Klimakompressor vorhanden oder keine Klimaanlage verbaut.

- Die Bauformen und die Platzierung von Spannelement und Umlenkrollen.

De- und Montage des Keilrippenriemens

Die Einbaulage des Keilrippenriemens haben wir bereits unter der »Einbaulage Keilrippenriemen« im Bild dargestellt. Auch die beiden Spannvorrichtungssysteme sind dort abgebildet.

- Geräuschdämpfung oben (soweit verbaut) ausbauen.
- Geräuschdämpfung unten (soweit verbaut) ausbauen.
- Wenn der Keilrippenriemen wiederverwendet werden soll, bitte die Laufrichtung des Keilrippenriemens kennzeichnen.

2,0 l-SRE-Benzinmotor (AXA)

- Spannelement zum Entspannen des Keilrippenriemens mit einem passenden Schlüssel in Pfeilrichtung schwenken.
- Spannelement mit einem Spiralbohrer arretieren.
- Keilrippenriemen abnehmen.

2,0 l-MED-Benzinmotor (CJKA, CJKB)

- Spannelement zum Entspannen des Keilrippenriemens mit einem passenden Schlüssel in Pfeilrichtung schwenken.
- Spannelement mit einem Spiralbohrer arretieren.

2,0 l-Dieselmotor (CAAA-CAAE, CCHA, CCHB, CFCA)

- Spannelement zum Entspannen des Keilrippenriemens mit einem passenden Schlüssel im Uhrzeigersinn schwenken.
- Spannelement mit dem Absteckdorn (T10060 A) arretieren.

Der Einbau erfolgt in umgekehrter Reihenfolge.

- Nach fertiggestellter Arbeit immer den Motor starten und den Riemenlauf kontrollieren.

2,0 l-Dieselmotor (CAAA-CAAE, CCHA, CCHB, CFCA)

- Keilrippenriemen zuletzt auf das Spannelement auflegen.

Luftfilter aus- und einbauen

Bei allen Arbeiten am Luftfiltersystem muss genauestens darauf geachtet werden, dass keine Fremdstoffe in das Ansaugsystem gelangen können.

Vorarbeiten

- Grundsätzlich sollten Sie das Gehäuse reinigen und wenn erforderlich auch mit einem Staubsauger aussaugen. Beim Ausblasen des Luftfiltergehäuses mit Pressluft ist Folgendes zu beachten: zur Vermeidung von Funktionsstörungen bitte die kritischen luftführenden Motorbauteile wie Luftmassenmesser, Lufteinlassrohre usw. mit einem sauberen Putzlappen abdecken. Schlauchstutzen und Schläuche für Ladeluftsystem müssen vor dem Montieren öl- und fettfrei sein. Verwenden Sie keine silikonhaltigen Gleitmittel bei der Montage.
- Motorraumabdeckung und Innenraumklappe über dem Motor ausbauen.

Arbeiten am Luftfilter

Filter mit Sättigungsanzeige

Der Luftfilterkasten Ihres T5 kann durch eine Sättigungsanzeige überwacht werden. Eigentlich ist diese Anzeige nur für »staubreiche Länder« vorgesehen. Diese Anzeige gibt es in zwei Bauformen. In der ersten Variante befindet sich die Sättigungsanzeige auf dem Luftfiltergehäuse und zeigt den Verschmutzungsgrad des Filtereinsatzes mit Farbfeldern an. Erreicht die rote Fläche in dem Anzeigefeld die 75-%-Markierung, ist das Filtergehäuse zu reinigen und der Filtereinsatz zu ersetzen.

Die Anzeige muss dann nach Filterwechsel und Gehäusereinigung durch die Drehung des Knopfes (6) nach links erfolgen. Im Anzeigefeld darf nach dem Zurücksetzen die rote Fläche nicht mehr zu sehen sein. Die zweite Variante stellt den Verschmutzungszustand im Fahrerdisplay dar. Das Zurücksetzen er-

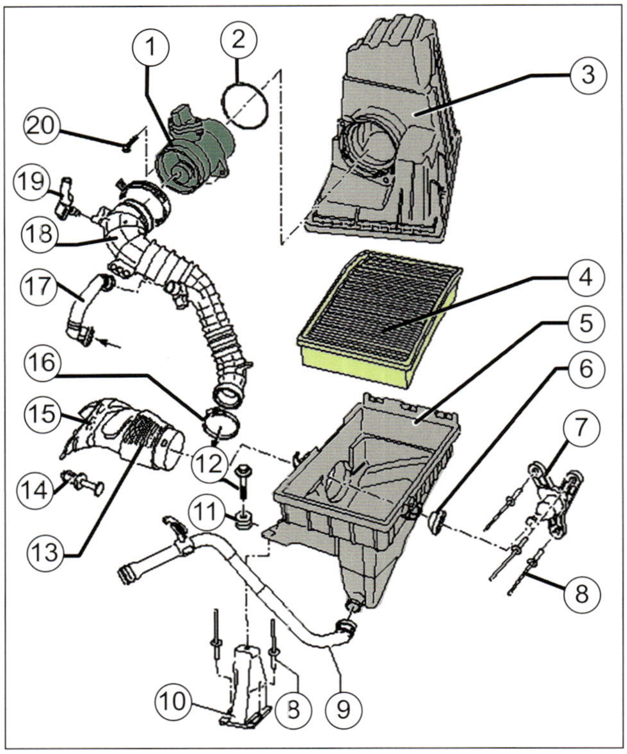

Luftfilter bei den Dieselmotoren: 1 Luftmassenmesser, 2 O-Ring, 3 Luftfilteroberteil, 4 Filtereinsatz, 5 Luftfilterunterteil, 6 Gummilager, 7 Halter, 8 Blindniet, 9 Entwässerungsrohr, 10 Halter, 11 Gummilager, 12 Schraube, 13 Luftführung, 14 Spreizclip, 15 Aufnahme für Luftführung, 16 Schraubschelle, 17 Verbindungsrohr, 18 Verbindungsschlauch, 19 Saugrohrdruckgeber, 20 Schraube.

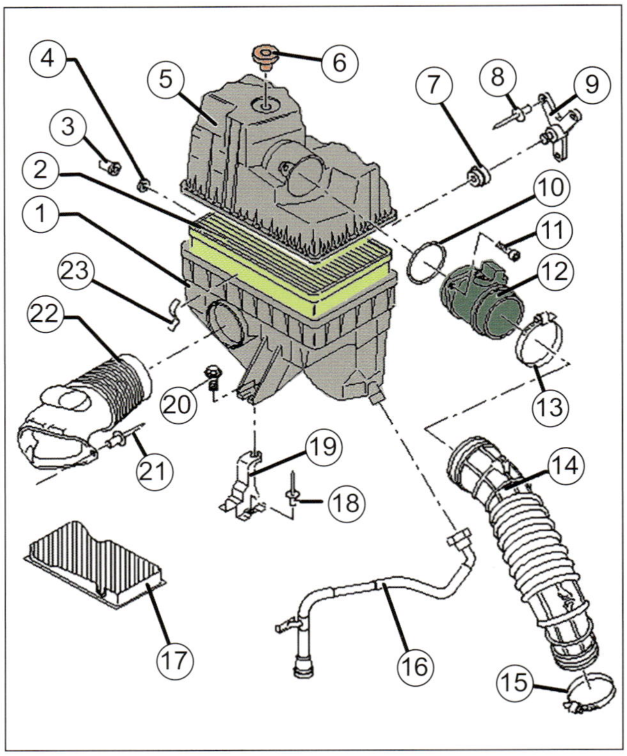

Luftfilter bei den Benzinmotoren: 1 Luftfilterunterteil, 2 Luftfiltereinsatz, 3 Tülle, 4 Stopfen, 5 Luftfilteroberteil, 6 Luftfilter Wartungsanzeige, 7 Anschlagpuffer, 8 Blindniet, 9 Halter, 10 O-Ring, 11 Schraube, 12 Luftmassenmesser, 13 Schelle, 14 Ansaugschlauch, 15 Schelle, 16 Wasserablaufschlauch, 17 Gitter, 18 Blindniet, 19 Halter, 20 Schraube, 21 Spreizniet, 22 Luftführung, 23 Verschlussbügel.

folgt mit dem Diagnosetester über die Lernwerte des Motorsteuergeräts.

Wechsel des Luftfiltereinsatzes

Nicht nur der Aufbau der Kästen, sondern auch die Arbeitsschritte unterscheiden sich so geringfügig, dass wir sie in einer allgemeingültigen Beschreibung zusammenfassen können.

- Ziehen Sie den Stecker vom Luftmassenmesser (12) ab.
- Lösen Sie die Klemmschelle vom Ansaugschlauch und ziehen Sie den Ansaugschlauch ab.
- Öffnen Sie die Spannverschlüsse (23).
- Heben Sie das Luftfilteroberteil (5) an und nehmen Sie den Luftfilter (2) nach oben heraus.
- Reinigen Sie gegebenenfalls das Luftfiltergehäuse.

Der Einbau erfolgt sinngemäß in umgekehrter Reihenfolge.

- Bauen Sie den neuen Luftfiltereinsatz ein. Beachten Sie beim Einbau den richtigen Sitz des Luftfiltereinsatzes im Gehäuse und kontrollieren Sie die korrekte Auflage der umlaufenden Dichtung.
- Senken Sie das Luftfilteroberteil ab und verschließen Sie die Spannverschlüsse (23). Beachten Sie unbedingt, dass die »Nasen« des Luftfilteroberteils korrekt in die »Aufnahmen« des Luftfilterunterteils eingeführt werden.

Kraftstofffilter

TDI-Motoren

Für die Dieselmotoren werden zwei unterschiedliche Filtersysteme verbaut. Zum einen mit oder auch ohne Vorheizung. Sie sind bereits an den Anschlüssen zu erkennen, die zusätzlichen Anschlüsse binden den Kraftstoffkühler mit ein. Der Kraftstofffilter befindet sich im Motorraum links.

Kennzeichnungen der Kraftstoffleitungen auf dem Kraftstofffilter

- Rücklaufleitung zum Kraftstoffbehälter mit »RT« gekennzeichnet.
- Vorlaufleitung zum Filter mit »VF« gekennzeichnet.
- Rücklaufleitung zum Filter mit »RF« gekennzeichnet.
- Vorlaufleitung zum Motor mit »VM« gekennzeichnet.

Demontage des Kraftstofffilters

- Legen Sie einen Lappen unter die Filtereinheit, um abtropfenden Kraftstoff aufnehmen zu können.
- Lösen Sie die Kraftstoffleitungen (2, 3 und 10, 11 im Bild 12) am Filter und legen Sie sie beiseite.
- Lösen Sie die Schelle (1) und nehmen Sie den Filter gerade nach oben heraus.

Montage des Kraftstofffilters

- Kraftstoffleitungen auf die Kraftstofffilter-Anschlussstutzen aufschieben. Hierbei auf festen Sitz und die Kennzeichnungen der Kraftstoffleitungen auf dem Kraftstofffilter achten.

Benzin-Motoren

- Auffangwanne unter den Kraftstofffilter stellen.
- Die Kraftstoffleitungen 3, 4 und 5 abziehen. Die Kraftstoffleitung steht unter Druck!
- Lösen Sie die Schelle (2).
- Nehmen Sie den Kraftstofffilter ab.

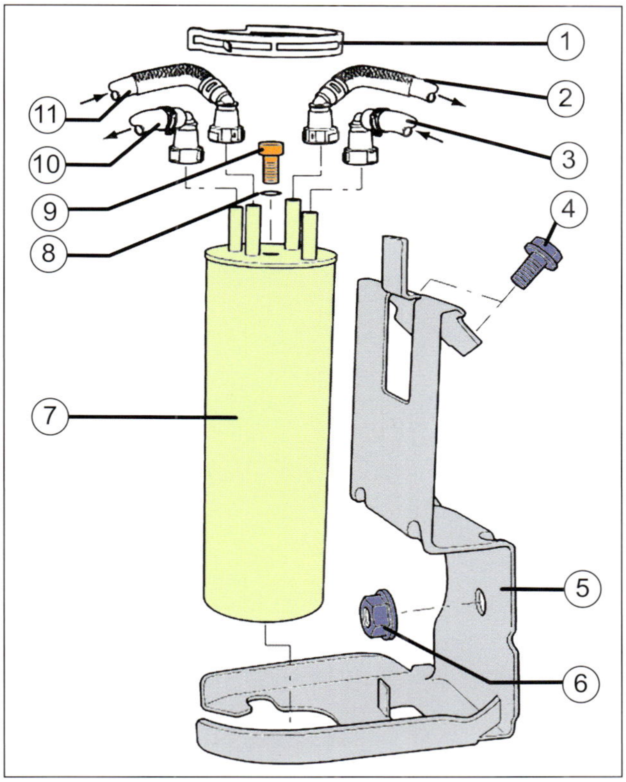

Filter für die Dieselmotoren (mit Vorheizung): 1 Befestigungsschelle, 2 Rücklauf, 3 Vorlauf, 4 Schraube, 5 Halter, 6 Mutter, 7 Kraftstofffilter, 8 Dichtring, 9 Entwässerungsanschluss, 10 Vorlaufleitung, 11 Rücklaufleitung.

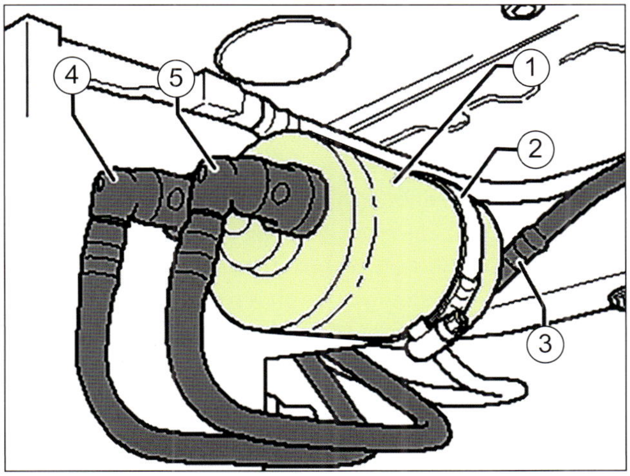

Filter für die Benzinmotoren: 1 Kraftstofffilter, 2 Schelle, 3 Schlauchverbindung, 4 Schlauchverbindung, 5 Schlauchverbindung.

Der Einbau erfolgt in umgekehrter Reihenfolge, dabei bitte Folgendes beachten:

- Steckkupplungen müssen beim Verriegeln »hörbar« einrasten. Den festen Sitz der Steckkupplung durch Gegenziehen prüfen!

- Beim Einbau der Steckkupplungen die Farbzuordnung beachten. Die Durchflussrichtung ist am Filtergehäuse mit Pfeilen gekennzeichnet. Der Stift am Filtergehäuse muss in die Aussparung der Führung am Filterhalter eingreifen.

Zünd- und Glühkerzen

Glühkerzen am 2,0l-TDI-Motor

Achten Sie auf Sauberkeit. Schmutz darf keinesfalls in die abgezogenen Rücklaufleitungen und in die Anschlüsse der Einspritzeinheiten sowie in die Glühkerzen-Öffnungen gelangen.

Vorbereitungsarbeiten

- Schalten Sie die Zündung aus.

- Bauen Sie, soweit verbaut, die Motorabdeckung ab.

- Nehmen Sie die Geräuschdämpfung an den Injektoren heraus.

- Ziehen Sie die Steckverbindungen an den Injektoren, dem Drucksensor für Abgas- und dem Raildrucksensor ab.

- Drehen Sie die Befestigungsschrauben der Kühlmittelleitung auf dem Saugrohr heraus und legen Sie die Leitung vor dem Saugrohr ab.

Demontage der Glühkerzen

- Setzen Sie die Spezialzange zum Abziehen die Glühkerzenkabel am Bund der Stützhülse an und ziehen Sie die Stecker von den Glühstiftkerzen ab. Achten Sie darauf, dass keine Kabelverbindung beim Abziehen der Steckverbindungen beschädigt wird. Ansonsten muss der gesamte Leitungsstrang erneuert werden. Drücken Sie die Zange (VAG 3314) zum Abziehen der Steckverbindungen nicht zu fest zusammen, da sonst die Stützhülse beschädigt werden kann.

- Ziehen Sie die Steckverbindung vorsichtig von der Glühstiftkerze ab.

- Schrauben Sie die Befestigungsmutter der Kraftstoffrücklaufleitung auf dem Saugrohr ab, öffnen Sie die Schelle und ziehen Sie die Leitung am Rail ab.

- Nehmen Sie die komplette Rücklaufleitung ab und legen Sie sie vor dem Saugrohr ab.

- Nehmen Sie die Kabelführung ab und legen Sie sie zur Seite.

- Reinigen Sie den Glühkerzenkanal im Zylinderkopf (Schmutz darf nicht in den Zylinder fallen).

Montage der Glühkerzen

- Verwenden Sie zum Festziehen der Glühkerzen den Gelenkschlüssel Schlüsselweite 10 (VAG 3220) mit einem geeigneten Drehmomentschlüssel.

- Ziehen Sie die Glühkerzen mit dem Anzugsdrehmoment von 18 Nm fest.

- Stecken Sie die Glühkerzenstecker wieder auf die jeweilige Glühkerze, auf festen Sitz achten.

Der weitere Einbau erfolgt in umgekehrter Reihenfolge.

- Löschen Sie den Ereignisspeicher des Motorsteuergeräts.

Zündkerzen am 2,0 l-Otto-Motor

Alle Zündsysteme am T5 verwenden keinen Zündverteiler. Der 2,0-l-SRE-Motor ist mit einer Doppelfunkenspule ausgerüstet. Zwischen Zündtrafo und Zündkerze sind Zündkabel verbaut. Die 2,0-l-MED-Motoren sind mit Einzelfunkenspulen ausgerüstet, die direkt auf der Zündkerze montiert sind.

Zündkerzen wechseln 2,0 l SRE

- Steckverbindungen der Einspritzventile trennen.
- Zündkabel mit Montagewerkzeug »T10029« abziehen.
- Passenden Zündkerzenschlüssel auf die Zündkerzen aufsetzen und diese herausschrauben.
- Zündkerzen mit dem Zündkerzenschlüssel oder einem aufgesteckten Schlauch herausnehmen.
- Zündkerzen mit dem Zündkerzenschlüssel oder einem aufgesteckten Schlauch vorsichtig einsetzen und festziehen (25 Nm).
- Zündkabel aufstecken, dabei die Zündfolge beachten.
- Die Stecker der Einspritzventile wieder zusammenstecken.

Zündkerzen wechseln 2,0 l MED

- Ziehen Sie mit dem Abzieher (T40039) alle Zündspulen ca. 30 mm aus dem Zündkerzenschacht. Die Zündspulen können leicht beschädigt werden, wenn Sie versuchen diese mit einem Schraubendreher oder einer Zange herauszuziehen. Unter dem Kürzel »T40039« finden Sie in den Internetportalen den passenden Abzieher für die Zündspulen.
- Entriegeln Sie die Stecker und ziehen Sie alle Stecker gleichzeitig von den Zündspulen.

PRAXISTIPP

Reinigen des Glühkerzenkanals

- Groben Schmutz mit einem Staubsauger aussaugen.
- Sprühen Sie einen Bremsenreiniger oder einen geeigneten Reiniger in den Glühkerzenkanal, kurz einwirken lassen und mit Pressluft ausblasen.
- Reinigen Sie anschließend den Glühkerzenkanal mit einem Öl benetzten Lappen.
- Verwenden Sie zum Lösen der Glühkerzen den Gelenkschlüssel Schlüsselweite 10 (VAG 3220).

- Reinigen Sie den Kerzenschacht gründlich mit Druckluft.
- Achten Sie auf den vorgeschriebenen Elektrodenabstand der Zündkerzen.
- Bauen Sie die Zündkerzen ein (25 Nm).
- Stecken Sie alle Zündspulen locker in den Zündkerzenschacht.
- Richten Sie die Zündspulen zu den Steckern aus und stecken Sie alle Stecker gleichzeitig auf die Zündspulen.
- Drücken Sie die Zündspulen gleichmäßig mit der Hand auf die Zündkerzen.

Abgasanlage beim T5

Grundsätzliches zur Abgasanlage

Die Abgas- oder Auspuffanlage am Unterboden des T5 reinigt mit Partikelfilter und Oxidationskatalysator und Abgasvorrohr oder mit Katalysator und Abgasvorrohr die Verbrennungsabgase und leitet sie mit geringem Gegendruck ins Abgasrohr mit Schalldämpfer und Endrohr am Fahrzeugheck. Der Schalldämpfer reduziert die Verbrennungsgeräusche auf ein Minimum. Der Differenzdruckgeber und der Abgastemperaturgeber mit Regelsystem tragen dazu bei, die Motorleistung zu optimieren.
Der Auspuff moderner Pkw ist für mehr als 90.000 Kilometer gut, wobei die Lebensdauer natürlich auch von den Einsatzbedingungen des Fahrzeugs abhängt. Ist man überwiegend auf kurzen Strecken unterwegs, fallen mehr Kondensat, Ruß und aggressive Säuren im Innern der Anlage an, als beim Langstreckenbetrieb mit voll durchgewärmtem Motor. Das Abgasvorrohr ist seltener als die anderen Teile vom Rost bedroht, weil dort die Verbrennungsgase noch mit Temperaturen zwischen 800 und 1000 °C einströmen. Danach verlieren die Abgase an Temperatur und sind am Endrohr nur noch 150 bis 300 °C heiß. Dort tritt das meiste Kondenswasser aus. Es mischt sich mit Verbrennungsrückständen zu aggressiven Säuren und lässt das Auspuffblech von innen nach außen durchrosten. Falls das Endrohr nicht aus besonders korrosionsbe-

ständigem Material hergestellt wurde, ist Arbeit angesagt: Ausbau des alten und Einbau eines neuen Abgasrohrs mit Schalldämpfer.

Hinweise und Regeln

Reparaturen an durchgerosteten Auspuffanlagen, z. B. mit Auspuffkitt und Bandagen, haben nur kurzzeitig Erfolg. Das Blech bricht bald neben der Reparaturstelle. Werkstätten wechseln Auspuffanlagen meist komplett aus. Vor weiteren Arbeiten daher Zustand der Anlage genau prüfen und dann entscheiden, ob einzelne Teile oder das ganze System erneuert werden sollen. Die Abgasanlage hinten kann, bei der Demontage abgestützt, komplett mit Schalldämpfer ausgebaut werden.

Wird nach gründlicher Prüfung an der Abgasanlage gearbeitet, sollten folgende Grundregeln beachtet werden:

- Bei einer Demontage darf die Abgasanlage keinesfalls herunterfallen. Dabei könnten wichtige Teile beschädigt werden.

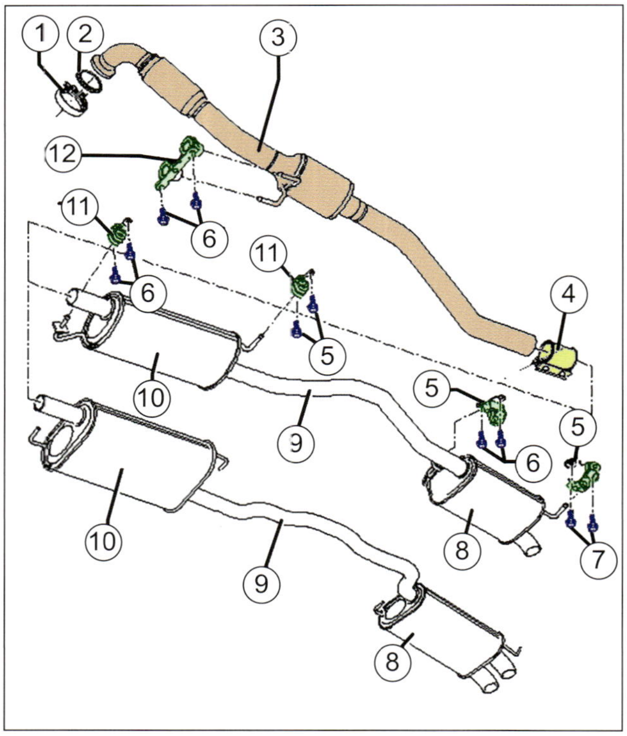

Abgasanlage beim Dieselmotor: 1 Schraubschelle, 2 Dichtung, 3 Abgasvorrohr mit Katalysator, 4 Doppelschelle, 5 Aufhängung, 6 Schraube, 7 Schraube, 8 Nachschalldämpfer, 9 Trennstelle, 10 Vorschalldämpfer, 11 Aufhängung, 12 Aufhängung für Abgasvorrohr.

> **PRAXISTIPP – Lambdasonden Montage**
>
> Für Arbeiten an Lambdasonden gilt: Nur das Gewinde mit Heißschraubenpaste »G 052 112 A3« fetten. An die Schlitze des Sondenkörpers darf kein Fett kommen. Aus- und Einbau am besten mit Ringschlüsselsatz für Lambdasonde (3337). Dichtring bei Undichtigkeit aufkneifen und ersetzen, festziehen mit 50 bzw. 55 Nm.

- Dichtungen und selbstsichernde Muttern immer ersetzen.
- Verschraubungen der Auspuffanlage lassen sich beim nächsten Mal leichter lösen, wenn die Gewinde beim Einbau mit hochhitzefestem Kupferfett bestrichen werden. Werden Partikelfilter oder Differenzdruckgeber gewechselt, muss der Differenzdruckgeber zwingend über den Fahrzeugdiagnosetester angepasst werden (Tester erforderlich).
- Werden Partikelfilter ausgebaut und ersetzt, müssen die Altteile vorschriftsmäßig entsorgt werden. Sie dürfen nicht wie Schrott behandelt werden, weil sie wertvolles Edelmetall enthalten, das wieder in den Produktionsprozess eingebracht werden kann.
- Alle Schlauchverbindungen mit Schlauchschellen sichern, die dem Serienstand entsprechen.
- Alle Kabelbinder, die beim Ausbau gelöst werden, sind beim Einbau an der gleichen Stelle wieder anzubringen.
- Nach Montagearbeiten an der Abgasanlage darauf achten, dass die Anlage nicht verspannt wird und ausreichend Abstand zum Aufbau hat. Gegebenenfalls Doppelschelle lösen und Schalldämpfer und Abgasrohr so ausrichten, dass überall ausreichend Abstand zum Aufbau vorhanden ist und die Aufhängungen gleichmäßig belastet werden.
- Nach getaner Arbeit immer Motorprobelauf durchführen und »Auspuffanlage auf Dichtheit prüfen«. Ansonsten gelten für Arbeiten an Abgasanlage und Abgasrückführung hinsichtlich Sauberkeit und Sicherheit die Vorschriften, die auch für Arbeiten an Motor, Kraftstoff- oder Einspritzsystem üblich sind.

Abgasanlage ausrichten und auf Dichtheit prüfen

Dichtheitsprüfung

- Motor anlassen und im Leerlauf drehen lassen.

- Auspuffendrohr für die Dauer der Dichtheitsprüfung verschließen (Lappen, Stöpsel). Der Motor kann ausgehen. Grundsätzlich sollten Sie keine lauten Zischgeräusche wahrnehmen können.

- Verbindungsstellen Zylinderkopf/Abgaskrümmer, Abgasturbolader/Abgasvorrohr usw. durch Abhören auf Dichtheit prüfen. Gibt es zischende Geräusche an Verbindungsstellen, ist die Anlage an der Geräuschstelle undicht.

- Festgestellte Undichtigkeiten beseitigen.

Abgasanlage spannungsfrei ausrichten

- Der Motor muss kalt sein.

- Die Verschraubungen der vorderen Klemmschelle lösen und handfest anziehen.

- Abgasanlage so weit nach vorn schieben, bis der Abstand an der vorderen Halteschlaufe des Mittelschalldämpfers etwa 5 mm, an der hinteren Halteschlaufe etwa 7 mm zur Senkrechten zum Halter beträgt.

- An der vorderen Halteschlaufe des Nachschalldämpfers beträgt das Maß etwa 9 mm und an der hinteren Halteschlaufe 11 mm.

- Nachschalldämpfer so ausrichten, dass der Abstand zwischen den Anbauteilen und den Abgasendrohren rechts und links gleich ist.

- Nachschalldämpfer so ausrichten, dass der Abstand zwischen den Anbauteilen zu den Abgasendrohren parallel verläuft.

- Zum Ausmitteln des Nachschalldämpfers müssen die Aufhängungen des Nachschalldämpfers gelöst werden.

- Die Verschraubungen der »Klemmhülse vorn« (Doppelschelle) müssen nach rechts zeigen, dürfen nicht über die Unterkante der Klemmhülse hinausragen und sollten zur Waagerechten einen Winkel zwischen 15° und maximal 20° bilden.

- Nach dem Anziehen der Klemmhülse das Maß prüfen und gegebenenfalls korrigieren.

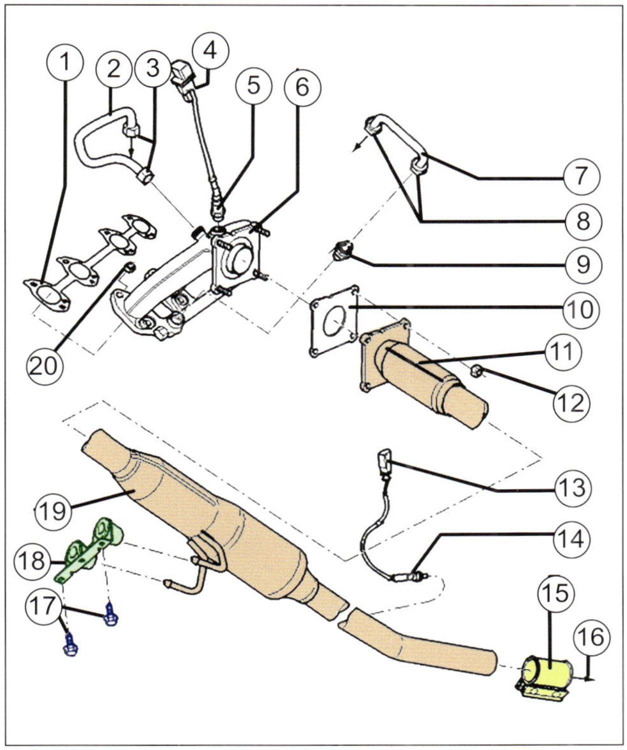

Katalysator am 2,0 l SRE: 1 Dichtung, 2 Verbindungsrohr, 3 Überwurfmutter, 4 Stecker, 5 Lambdasonde vor Katalysator, 6 Abgaskrümmer, 7 Verbindungsrohr, 8 Überwurfmutter, 9 Verschraubung, 10 Dichtung, 11 Abgasvorrohr mit Katalysator, 12 Mutter, 13 Stecker, 14 Lambdasonde nach Katalysator, 15 Doppelschelle, 16 zum Vorschalldämpfer, 17 Schraube, 18 Aufhängung für Abgasvorrohr, 19 Katalysator, 20 Mutter.

Einfacher Test: Zuhalten des Abgasrohres zur Dichtheitsprüfung – Achtung, das Endrohr kann heiß sein.

Antrieb und Getriebe

Varianten und Variationen

In dieser Fahrzeugkategorie des Volkswagenkonzerns ergibt sich in den unterschiedlichen Modellvarianten fast die gesamte Palette des Möglichen in Sachen Antrieb.
Angefangen beim Schaltgetriebe mit 6-Gängen, das eine bessere Abstufung für eine optimale Motordrehzahl in den unterschiedlichen Fahrgeschwindigkeiten erlaubt, wird das elektronische Schaltgetriebe DSG angeboten. Dieses Getriebe erlaubt extrem schnelle und schlupfarme Schaltvorgänge, die sich auch automatisch ansteuern lassen. Ein Automatikgetriebe also, das wie ein Schaltgetriebe aufgebaut ist. Das markante Unterscheidungsmerkmal ist die so genannte Doppelkupplung. Diese erlaubt den folgenden zu schaltenden Gang schon mal einzulegen, ohne dass er eingekuppelt ist.
Hinzu kommt noch das Allradsystem. Es gibt über den Kardan Kraft auf das Achsgetriebe hinten. Elektronische Regelsysteme übernehmen den intelligenten Einsatz einiger Bremsanlageteile, um Sperrfunktionen zu realisieren.

Wartungsarbeiten und Reparaturen an Getriebe und Antrieb

Ganz sicher ist es möglich, auch einen Ölwechsel am Getriebe zu machen. Diese Arbeiten beschreiben wir in den Reparaturanleitungen zum T5. Der Aufwand würde den Rahmen dieses Buches sprengen. Reparaturen an Getrieben sollten Sie grundsätzlich nur den Spezialisten überlassen. Sogar die meisten Werkstätten vergeben Instandsetzungsarbeiten an den Getrieben an Spezialisten. Die Arbeiten rund um das DSG und den Allradantrieb machen auch spezielle Werkzeuge erforderlich. Es bleiben aber noch immer wichtige Kontrollen, die Sie regelmäßig durchführen sollten. Sie können so oftmals größere Schäden vermeiden.

Beobachtung bei einer Probefahrt

- Geräusche beim Beschleunigen. Achten Sie auf mögliche Geräusche der Antriebswellen und des Getriebes.
- Geräusche beim Kurvenfahren. Gerade bei großem Radeinschlag kann eine defekte Antriebswelle schnell entdeckt werden.
- Ruckfreies Anfahren. Rucken oder Rubbeln können auf einen anstehenden Kupplungsschaden hinweisen. Trennt die Kupplung schlecht, kann auch ein Schaden am Zweimassenschwungrad vorliegen.

Kontrollen im Motorraum

- Befestigung von Schalt- und Kupplungszügen.
- Zustand der Motor- und Getriebelagerungen.

Kontrollen unter dem Fahrzeug

- Dichtheit von Getriebe(n) und Motor.
- Zustand von Faltenbälgen und Lenkmanschetten.

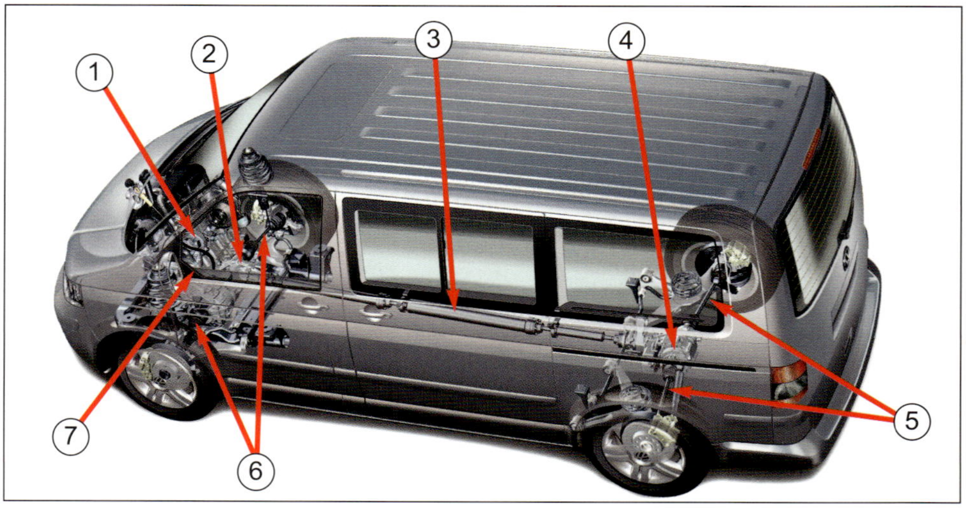

Allrad im Detail: 1 Motor, 2 Verteilergetriebe, 3 Kardanwelle, 4 Achsgetriebe hinten, 5 Antriebswellen hinten, 6 Antriebswellen vorne, 7 Getriebe.

Motor

	Störung	Was kann das sein?	Was muss ich tun?
A	**Motor startet nicht, Anlasser dreht nicht**	**1** Die Wegfahrsperre bzw. die Anlasssicherung	Zu- und wieder aufschließen, Bremse getreten halten und Schalthebel auf Stellung N
		2 Batterie leer	Wenn die Scheinwerfer bei eingeschalteter Zündung nur schwach leuchten: Alle Verbraucher abschalten, Starthilfekabel benutzen und dann mindestens 20 Kilometer fahren
B	**Der Anlasser dreht, aber der Motor springt nicht an**	**1** Die häufigsten Ursachen sind: Kein Sprit und/oder kein Zündfunke. Das kann leider an sehr vielen Bauteilen liegen	Zuerst prüfen, ob noch Sprit und auch die richtige Sorte (Benzin oder Diesel) im Tank ist. Dann die Verkabelung im Motorraum auf Beschädigungen prüfen (Marderbiss?) Vorsicht! Zündung dabei unbedingt ausschalten!
C	**Motor läuft nach dem Start unrund**	**1** Benziner: ein Fehler in der Kraftstoffversorgung und/oder Zündanlage, Nebenluft durch undichte Schläuche	Zunächst eine Sichtkontrolle des Motorraums bei ausgeschalteter Zündung durchführen. Beschädigte Leitungen mit Isolierband notdürftig flicken. Mit einem Diagnosegerät den Fehlerspeicher auslesen lassen.
		2 Diesel: Falschbetankung oder defekte Glühkerzen	Vorsicht: Bei Falschbetankung nicht mehr weiterfahren, sonst kann die Hochdruckpumpe kollabieren
D	**Motor qualmt und stinkt aus dem Auspuff**	**1** Turbolader (blauer Rauch) oder Zylinderkopfdichtung (weißer Rauch) defekt	Ist der Turbolader defekt, besteht akute Gefahr: Bruchstücke wandern durch den Motor. Nicht mehr starten! Bei einer kaputten Kopfdichtung fehlt Wasser im Ausgleichsbehälter, auf jeden Fall auffüllen
		2 Diesel: Wenn der Motor warm gut läuft, sind es die Glühkerzen	Die Glühkerzen können Sie selber prüfen und ersetzen. Anleitung dazu finden Sie in diesem Kapitel
E	**Motor zieht nicht mehr richtig**	**1** Der Hauptverdächtige ist auch hier der Turbolader, besonders wenn der Motor im Leerlauf oder bei wenig Gas noch gut läuft	Beobachten Sie die Ladedruckanzeige (sofern vorhanden) und achten Sie auf ungewöhnliche Geräusche beim Beschleunigen. Eventuell entweicht Ladedruck. Ein blockierter Lader macht dagegen gar keine Geräusche mehr
		2 Luftmassenmesser defekt	Ladedruck prüfen und Fehlerspeicher auslesen
		3 AGR-Ventil prüfen	AGR-Ventil rüfen, Fehlerspeicher auslesen
F	**Hoher Verbrauch**	**1** Wahrscheinlich ist der Luftfilter stark verschmutzt	Luftfilter austauschen, die Anleitung dazu finden Sie in diesem Kapitel
G	**Motor wird zu langsam warm**	**1** Thermostat hängt	Sie können zunächst weiter fahren, der Thermostat sollte jedoch so bald wie möglich getauscht werden

Technische Daten – Praxis

Datenblätter nach Motor und Ausrüstung

Bezeichnung	2,0 l-SRE (Saugrohreinspritzer)	2,0 l-TSI Direkteinspritzer	2,0 l-TDI Direkteinspritzer
Kraftstoff (Qualität)	Benzin (95 ROZ)	Benzin (95 ROZ)	Diesel (51CZ)
Kraftstoffverbrauch	10,6 l	9,0 - 9,8 l	7,3 - 7,8 l
Hubraum	1984 ccm	1984 ccm	1968 ccm
Motorkennbuchstaben	AXA	CJKA, CJKB	CAAA
Zylinderzahl	4	4	4
Ventile pro Zylinder	2	4	4
Bauform Ventiltrieb	OHC	DOHC	DOHC
Leistung kW bei 1/min	85/5200	150/4200-6000	62/3500
Drehmoment Nm bei 1/min	170/2700 bis 4700	350/1500 bis 4000	200/1250 bis 2500
Bohrung Ø mm	82,5	82,5	81,0
Hub mm	92,8	92,8	95,5
Material Zylinderkopf/ Motorblock	Aluminium-Legierung/ Grauguss	Aluminium-Legierung/ Grauguss	Aluminium-Legierung/ Grauguss
Anzahl der Nockenwellen	1	2	2
Lage der Nockenwellen	Oben	Oben	Oben
Antrieb der Nockenwellen	Zahnriemen	Steuerkette	Zahnriemen
Anzahl der Kurbelwellenlager	5	5	5
Gemischaufbereitung	SRE ME 7,5	Direkte Benzin-Einspritzung	Common Rail
Aufladung/Typ/Druck	Keine	Turbolader mit Umluftventil	VTG Turbolader
Zündanlage	Doppelfunkenspule	Einzelspule	Keine
Abgasreinigung	3-Wegekat/2 Sonden	3-Wegekat/2 Sonden	Dieselpartikelfilter, Zweiwege-Oxikat
Schadstoffklasse	Euro 5	Euro 5	Euro 5
CO^{2}-Emmission (kombiniert)	243 g/km	206 - 228 g/km	184 - 205 g/km
Beschleunigung 0-100 km/h	17,3 s	9,5-12,5 s	11,4 - 22,2 s
Getriebe (Motorisierungsabhängig)	5-Gang	6-Gang/7-Gang-DSG	5-Gang, 6-Gang, 7-Gang-DSG

Aussagen zu Drehmoment und Leistung

Leistungsdiagramme zur Darstellung der Motorcharakteristik sind bei allen Herstellern üblich. Die Bedeutung im Alltag ist aber nicht immer klar.

Messwerte und Bedeutungen

Eigentlich ist die Leistungsangabe in PS nicht mehr üblich und wurde nicht nur aufgrund der besseren Vergleichbarkeit gegen die Leistungsangabe in kW (Kilowatt = 1000 W) ersetzt. Tatsächlich gehören die PS aber zu den Stammtischgesprächen, wie der Hopfen zum Bier. Die Angaben in PS werden wahrscheinlich nicht nur aus alter Tradition als vorstellbarer Vergleichswert herangezogen. Spricht man über die Eckdaten eines Fahrzeuges, wird recht häufig die Motorleistung als eines der wichtigsten Themen angesprochen. Kaum jemand schenkt dem Begriff »Drehmoment« Beachtung. Betrachtet man allerdings den Inhalt der Gespräche genauer, stellt sich oftmals heraus, dass mit der Leistung eben die »Power« gemeint ist und der Durchzug am Berg beschrieben wird. Um zu verstehen, was Leistung eigentlich darstellt, muss zuerst klar werden, aus welchen Bestandteilen sich Leistung zusammensetzt.

Leistung und Arbeit

Nehmen wir an, Ihr Fahrzeug hat eine Panne und Sie schieben es nach Hause. Physikalisch gesehen bewegen Sie nun ein Gewicht über eine bestimmte Strecke. Um das Fahrzeug zu schieben, benötigen Sie Kraft. Genauer betrachtet verrichten Sie »Arbeit« um Ihr Fahrzeug nach Hause zu bewegen. Um allerdings eine Leistung benennen zu können, benötigen wir natürlich noch die Zeit, in der Sie das Fahrzeug nach Hause geschoben haben. Je schneller Sie mit Ihrem Fahrzeug zu Hause sind, umso größer war die erbrachte Leistung. Konnten Sie das Fahrzeug gar nicht bewegen, so ist die erbrachte Leistung zumindest aus physikalischer Sicht gleich null. Arbeit = Bewegung des Fahrzeugs über eine Distanz, Leistung = Arbeit in einem Zeitraum.

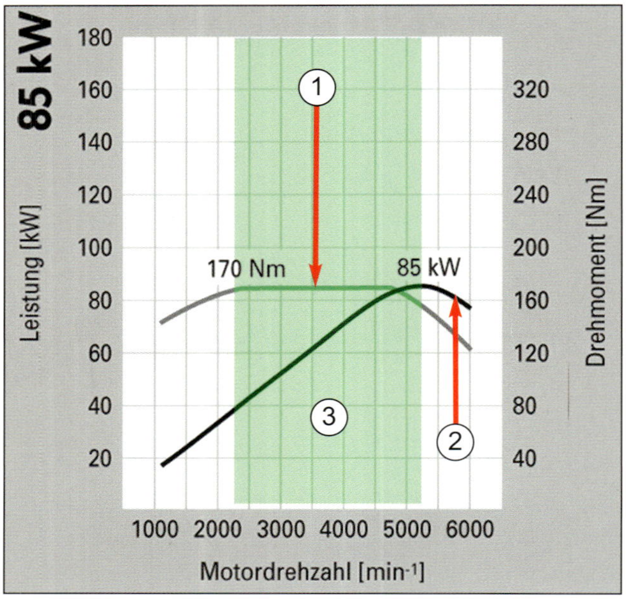

Drehmoment und Leistungskurven für den AXA: 1 maximales Drehmoment (170 Nm), 2 maximale Motorleistung (85 kW), 3 elastischer Bereich.

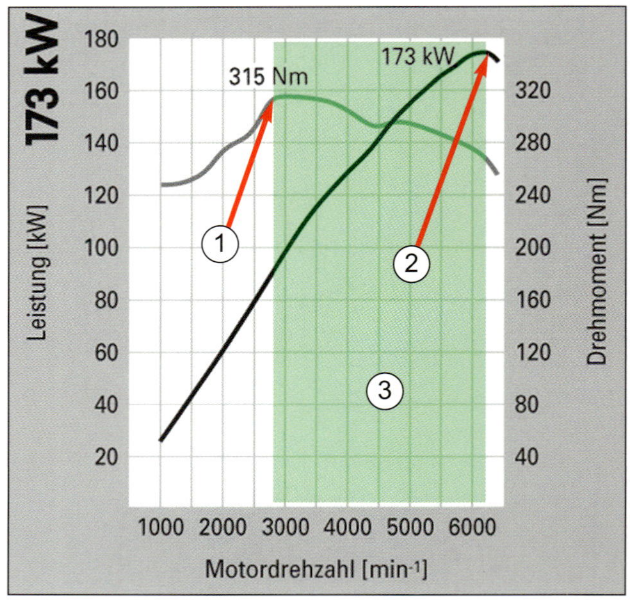

Drehmoment und Leistungskurven für den V6: 1 maximaler Drehmoment (315 Nm), 2 maximale Motorleistung (173 kW), 3 elastischer Bereich.

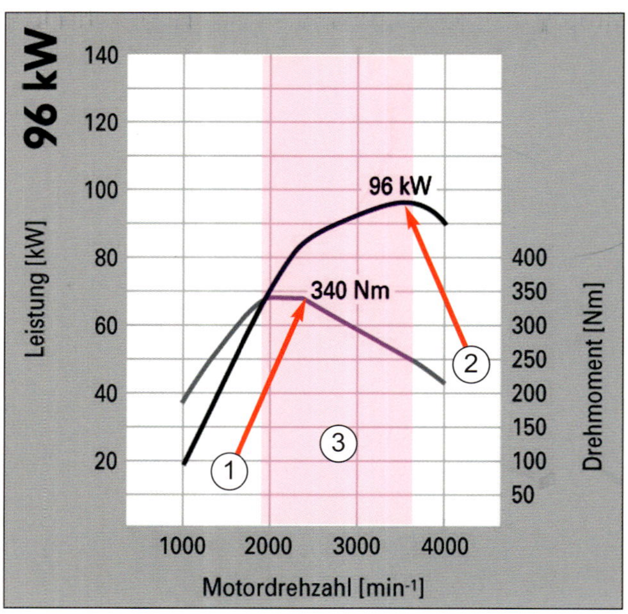

Drehmoment und Leistungskurven für den BNZ: 1 maximales Drehmoment (340 Nm), 2 maximale Motorleistung (96 kW), 3 elastischer Bereich.

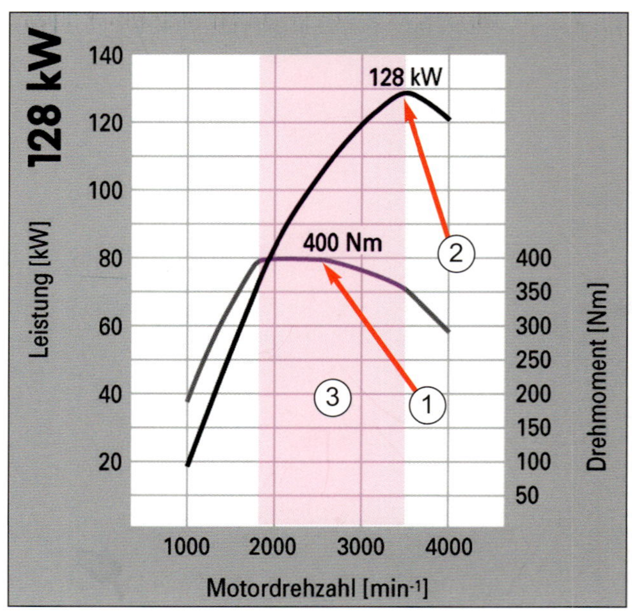

Drehmoment und eistungskurven für den BPC: 1 maximales Drehmoment (400 Nm), 2 maximale Motorleistung (128 kW), 3 elastischer Bereich.